C语言 精粹版

从入门到精通

◉梁义涛 编著

U0341520

人民邮电出版社

北京

图书在版编目（CIP）数据

C语言从入门到精通：精粹版 / 梁义涛编著. -- 北京：人民邮电出版社，2018.8
ISBN 978-7-115-46340-1

Ⅰ. ①C… Ⅱ. ①梁… Ⅲ. ①C语言—程序设计 Ⅳ. ①TP312.8

中国版本图书馆CIP数据核字(2018)第111557号

内 容 提 要

本书以零基础讲解为宗旨，用实例引导读者学习，深入浅出地介绍了 C 语言的相关知识和实战技能。

本书第Ⅰ篇【基础知识】主要讲解 C 语言的基础知识、C 程序的组成、字符集、标识符和关键字、变量、数制、数据类型、运算符和表达式、顺序结构与选择结构、循环结构与转向语句、输入和输出、数组以及字符数组等；第Ⅱ篇【算法应用】主要讲解算法与流程图、基础算法、C 世界中的高级算法、数学在程序设计中的应用、算法设计的常用思路以及算法竞赛实例等；第Ⅲ篇【核心技术】主要介绍函数、函数中的变量、文件、库函数、位运算、结构体和联合体以及数据结构等；第Ⅳ篇【高级应用】主要介绍指针、指针与数组、指针与函数、指针与字符串、指针与结构体以及指针的高级应用与技巧等；第Ⅴ篇【趣味题解】主要介绍 K-均值聚类算法、哥德巴赫猜想、猴子选大王游戏、迷宫求解、背包问题求解、火车车厢重排、哈夫曼编码、八皇后问题、商人过河游戏、K 阶斐波那契序列以及最短路径等。

本书提供了与图书内容全程同步的教学录像。此外，还赠送了大量相关学习资料，以便读者扩展学习。

本书适合任何想学习 C 语言的读者，无论您是否从事计算机相关行业，是否接触过 C 语言，均可通过学习快速掌握 C 语言的开发方法和技巧。

◆ 编　　著　梁义涛
　　责任编辑　张　翼
　　责任印制　马振武

◆ 人民邮电出版社出版发行　　北京市丰台区成寿寺路 11 号
　邮编　100164　电子邮件　315@ptpress.com.cn
　网址　http://www.ptpress.com.cn
　固安县铭成印刷有限公司印刷

◆ 开本：787×1092　1/16
　印张：35　　　　　　　　　　2018 年 8 月第 1 版
　字数：877 千字　　　　　　　2025 年 2 月河北第 12 次印刷

定价：79.80 元

读者服务热线：(010)81055410　印装质量热线：(010)81055316
反盗版热线：(010)81055315

"从入门到精通"系列是专为初学者量身打造的一套编程学习用书，由知名计算机图书策划机构"龙马高新教育"精心策划而成。

　　本书主要面向 C 语言初学者和爱好者，旨在帮助读者掌握 C 语言基础知识、了解开发技巧并积累一定的项目实战经验。

为什么要写这样一本书

　　荀子曰：不闻不若闻之，闻之不若见之，见之不若知之，知之不若行之。

　　实践对于学习的重要性由此可见一斑。纵观当前编程图书市场，理论知识与实践经验的脱节，是某些 C 语言图书中经常出现的情况。为了避免这一现象，本书立足于实战，从项目开发的实际需求入手，将理论知识与实际应用相结合。目标就是让初学者能够快速成长为初级程序员，并拥有一定的项目开发经验，从而在职场中拥有一个高起点。

C 语言的学习路线

　　本书总结了作者多年的教学实践经验，为读者设计了学习路线。

本书特色

● 零基础、入门级的讲解

　　无论读者是否从事计算机相关行业，是否接触过 C 语言，是否使用 C 语言开发过项目，都能从本书中获益。

● **超多、实用、专业的范例和项目**

本书结合实际工作中的范例，逐一讲解 C 语言的各种知识和技术。最后，还以实际开发项目来总结本书所学内容，帮助读者在实战中掌握知识，轻松拥有项目经验。

● **随时检测自己的学习成果**

每章首页给出了"本章要点"，以便读者明确学习方向。每章最后的"实战练习"则根据所在章的知识点精心设计而成，读者可以随时自我检测，巩固所学知识。

● **细致入微、贴心提示**

本书在讲解过程中使用了"提示""注意""技巧"等小栏目，帮助读者在学习过程中更清楚地理解基本概念、掌握相关操作，并轻松获取实战技巧。

超值电子资源

● **30 小时全程同步教学录像**

涵盖本书所有知识点，详细讲解每个范例及项目的开发过程及关键点。帮助读者更轻松地掌握书中所有的 C 语言程序设计知识。

● **超多资源大放送**

赠送大量资源，包括 Java 和 Oracle 项目实战教学录像、C 语言标准库函数查询手册、C 语言常用信息查询手册、10 套超值完整源代码、全国计算机等级考试二级 C 语言考试大纲及应试技巧、C 语言常见面试题、C 语言常见错误及解决方案、C 语言开发经验及技巧大汇总、C 语言程序员职业规划、C 语言程序员面试技巧。

读者对象

• 没有任何 C 语言基础的初学者。

• 已掌握 C 语言的入门知识，希望进一步学习核心技术的人员。

• 具备一定的 C 语言开发能力，缺乏 C 语言实战经验的人员。

• 大专院校及培训学校的老师和学生。

二维码视频教程学习方法

为了方便读者学习，本书提供了大量视频教程的二维码。读者使用微信、QQ 的"扫一扫"功能扫描二维码，即可通过手机观看视频教程。

如图所示，扫描标题旁边的二维码即可观看本节视频教程。

▶1.1 C 语言的开发环境

学习一门编程语言之前，首先要做的就是：熟悉这门语言所使用的开发软件——开发环境。下面介绍一下 C 语言常用的开发环境。

龙马高新教育 App 使用说明

搜索"龙马高新教育"，下载、安装并打开龙马高新教育 App，可以直接使用手机号码注册并登录。

（1）在【个人信息】界面，用户可以订阅图书类型、查看问题及添加的收藏、与好友交流、管理离线缓存、反馈意见并更新应用等。

（2）在首页界面单击顶部的【全部图书】按钮，在弹出的下拉列表中可查看订阅的图书类型，在上方搜索框中可以搜索图书。

（3）进入图书详细页面，单击要学习的内容即可播放视频。此外，还可以发表评论、收藏图书并离线下载视频文件等。

（4）首页底部包含4个栏目：在【图书】栏目中可以显示并选择图书，在【问同学】栏目中可以与同学讨论问题，在【问专家】栏目中可以向专家咨询，在【晒作品】栏目中可以分享自己的作品。

创作团队 ---------------●

　　本书由国家 863 中部软件孵化器组织编写，梁义涛任主编。参与本书编写、资料整理、多媒体开发及程序调试的人员有孔万里、周奎奎、张田田、常俊杰、黄月、谢洋洋、刘江涛、张芳、江百胜、尚梦娟、张会锋、王金丽、贾祥铎、陈小杰、左琨、邓艳丽、崔姝怡、侯蕾、左花苹、刘锦源、普宁、王常吉、师鸣若、钟宏伟、陈川、刘子威、徐永俊、朱涛和翟桂花等。

　　在此书的编写过程中，我们竭尽所能地将最好的讲解呈现给读者，但书中也难免有疏漏和不妥之处，敬请广大读者不吝指正。若读者在阅读本书时遇到困难或疑问，或有任何建议，可发送邮件至 zhangyi@ptpress.com.cn。

　　读者可以申请加入编程语言交流学习群（QQ：829094243），可在群中获得本书的学习资料，并和其他读者进行交流，帮助你无障碍地快速阅读本书。

编者

目录
CONTENTS

第 III 篇　核心技术

第 IV 篇　高级应用

第 V 篇
趣味题解

赠送资源
Free resources

❶ C语言标准库函数查询手册

❷ C语言常用信息查询手册

❸ 10套超值完整源代码

❹ 全国计算机等级考试二级C语言考试大纲及应试技巧

❺ C语言常见面试题

❻ C语言常见错误及解决方案

❼ C语言开发经验及技巧大汇总

❽ C语言程序员职业规划

❾ C语言程序员面试技巧

❿ Java和Oracle项目实战教学录像

第 **0** 章

学习攻略

在学习任何一门编程语言之前，都应该对这门语言的用途和应用领域有一个比较清楚的认识。只有这样，才能有目的、有方向地去学习。

本章要点（已掌握的在方框中打钩）

☐ C 语言的来源

☐ C 语言的特点

☐ C 语言的应用领域

☐ C 语言的学习路线

▶0.1 编程的魔力

提到计算机编程，大家第一反应就是：**繁琐的代码和复杂的指令**。但实际上，编程是一个神奇的、具有魔力的东西。

首先不妨看下 2147483647 这个数字，2147483647 仅可以被 1 及其本身整除，因此也被称为质数（素数）。它在 1722 年被欧拉发现，在当时堪称世界上已知的最大的质数，由于证明过程复杂，欧拉也就被冠以"数学英雄"的美名。但是，现在通过简单的编程，不到 1 秒的时间就可以证明 2147483647 是质数。

下面我们再来看一下八皇后问题。八皇后问题是一个古老而著名的问题，该问题是国际西洋棋棋手马克斯·贝瑟尔于 1848 年提出的。在 8×8 格的国际象棋上摆放八个皇后，使其不能互相攻击，即任意两个皇后都不能处于同一行、同一列或同一斜线上，问有多少种摆法？

上图所示的就为其中的一种摆法，但是有没有其他方案呢？一共有 92 种解决这个问题的摆法，想知道通过编程多久能计算出来吗？可以告诉你，不到 1 秒就可以。

相信很多读者都玩过数独这个经典的数字游戏（如果没有玩过这个游戏，不妨在网上先了解一下游戏的背景及要求），题目很多，而每一个题目都会对应很多种解法，有的甚至会有几万种。如果想在纸上解出所有方法，是很难实现的，但是通过编程，1 秒，甚至不到 1 秒，就可以轻松计算出来有多少种解决方法。

除了上面提到的问题外，还有猴子选大王、迷宫求解、商人过河、哥德巴赫猜想及选美比赛等很多趣味问题，读者既可以了解每个问题背后有趣的故事，又可以自己动手编程获得问题的解答方法，既开阔眼界，又能学习知识，这也算是编程的特殊魔力吧！

▶0.2 C 语言的来源及特点

C 语言是一种计算机程序设计语言，它既有高级语言的特点，又具有低级汇编语言的特点。它可以作为系统设计语言来编写工作系统应用程序，也可以作为应用程序设计语言来编写不依赖计算机硬件的应用程序。因此，它的应用范围非常广泛。下面就来了解一下 C 语言的来源及特点。

01 C 语言的来源

C 语言的诞生及发展历程如图所示。

(1) 第 1 阶段：A 语言

　　C 语言的发展颇为有趣，它的原型是 ALGOL 60 语言（也就是算法语言 60），也称 A 语言。ALGOL 60 是一种面向问题的高级语言，它离硬件比较远，不适合编写系统程序。ALGOL 60 是程序设计语言由技艺转向科学的重要标志，其特点是具有局部性、动态性、递归性和严谨性。

(2) 第 2 阶段：CPL 语言

　　1963 年，剑桥大学将 ALGOL 60 语言发展成为 CPL（Combined Programming Language），CPL 在 ALGOL 60 的基础上与硬件接近了一些，但规模仍然比较宏大，难于实现。

(3) 第 3 阶段：BCPL 语言

　　1967 年，剑桥大学马丁·理察斯（Martin Richards）对 CPL 进行了简化，推出了 BCPL（Basic Combined Programming Language）。BCPL 是计算机软件人员在开发系统软件时作为记述语言使用的一种结构化程序设计语言，它能够直接处理与机器本身数据类型相近的数据，具有与内存地址对应的指针处理方式。

(4) 第 4 阶段：B 语言

　　在 20 世纪 70 年代初期，时任美国贝尔实验室的肯·汤普逊对 BCPL 进行了修改，设计出比较简单而且很接近硬件的语言，取名为 B 语言。B 语言还包括了汤普逊的一些个人偏好，比如在一些特定的程序中减少非空格字符的数量。和 BCPL 以及 FORTH 类似，B 语言只有一种数据类型，计算机字。大部分的操作将其作为整数对待，例如，进行 +、-、*、/ 操作；但进行其余的操作时，则将其作为一个复引用的内存地址。在许多方面，B 语言更像是一种早期版本的 C 语言，它还包括了一些库函数，其作用类似于 C 语言中的标准输入 / 输出函数库。

(5) 第 5 阶段：C 语言

　　由于 B 语言过于简单，数据没有类型，功能也有限，所以美国贝尔实验室的丹尼斯·里奇在 B 语言的基础上最终设计出了一种新的语言，取名为 C 语言，并试着以 C 语言编写 UNIX。1972 年，丹尼斯·里奇完成了 C 语言的设计，并成功地利用 C 语言编写出了操作系统，从而降低了作业系统的修改难度。

　　1978 年，C 语言先后移植到大、中、小、微型计算机上，风靡世界，成为应用最广泛的几种计算机语言之一。

　　1983 年，美国国家标准学会（ANSI）对 C 语言进行了标准化，当年颁布了第一个 C 语言标准草案（83

ANSI C），1987 年又颁布了另一个 C 语言标准草案（87 ANSI C）。1994 年，ISO 修订了 C 语言的标准。而 C 语言标准 C99 是在 1999 年颁布、在 2000 年 3 月被 ANSI 采用，正式名称是 ISO/IEC9899:1999。

02　C 语言的特点

每一种语言都有自己的优缺点，C 语言也不例外，所以才有了语言的更替，有了不同语言的使用范围。下面列举 C 语言的一些优点。

（1）功能强大、适用范围广、可移植性好。

许多著名的系统软件都是由 C 语言编写的，而且 C 语言可以像汇编语言一样对位、字节和地址进行操作，而这三者是计算机的基本工作单元。

C 语言适合于多种操作系统，如 DOS、UNIX 等。对于操作系统、系统使用程序以及需要对硬件进行操作的场合，使用 C 语言明显优于其他解释型高级语言。此外，一些大型应用软件也是用 C 语言编写的。

（2）运算符丰富。

C 语言的运算符包含的范围广泛，共有 34 种运算符。C 语言把括号、赋值、强制类型转换等都作为运算符处理，从而使 C 语言的运算类型极其丰富，表达式类型多样化。灵活地使用各种运算符可以实现在其他高级语言中难以实现的运算。

（3）数据结构丰富。

C 语言的数据类型有整型、实型、字符型、数组类型、指针类型、结构体类型、共用体类型等，能用来实现各种复杂的数据结构的运算。C 语言还引入了指针的概念，从而使程序的效率更高。

（4）C 语言是结构化语言。

结构化语言的显著特点是代码及数据的分隔化，即程序的各个部分除了必要的信息交流外彼此独立。这种结构化方式可使程序层次清晰，便于使用、维护以及调试。C 语言是以函数形式提供给用户的，因此用户可以方便地调用这些函数，并具有多种循环和条件语句来控制程序的流向，从而使程序完全结构化。

（5）C 语言可以进行底层开发。

C 语言允许直接访问物理地址，可以直接对硬件进行操作，因此可以使用 C 语言来进行计算机软件的底层开发。

（6）其他特性。

C 语言对语法的限制不太严格，其语法比较灵活，允许程序编写者有较大的自由度。另外，C 语言生成目标代码的质量高，程序执行效率高。

▶ 0.3 让计算机开口说话

计算机是用来帮助人类改变生活的工具，如果希望计算机帮助你做事情，首先需要做什么？当然是与计算机进行沟通，那么沟通就需要依赖于一门语言。人与人之间可以用肢体、语言进行沟通。如果要与计算机沟通就需要使用计算机能够听懂的语言。其中，C 语言便是人类与计算机沟通的一种语言。

既然计算机是人类制造出来的帮助人类的工具，显然让计算机开口说话，把计算机所知道的东西告诉人类是非常重要的。那么，首先就来看一下如何让计算机开口说话！

计算机要把它所知道的告诉人类，有两种方法：一种是显示在显示器屏幕上，另一种是通过音箱等设备发出声音。但目前让计算机用音箱输出声音比较麻烦，因此可以采用另外一种方法，用屏幕输出。这里就需要一个让计算机开口说话的命令"printf"。

```
printf("ni hao");
```

printf 和中文里面的"说"、英文里面的"say"是一个意思，就是控制计算机说话的一个单词。在 printf 后面紧跟一对圆括号 ()，把要说的内容放在这个括号里。在 ni hao 的两边还有一对双引号 ""，双引号里面的就是计算机需要说的内容。最后，还需要用分号";"表示一个语句的结束。

但在编写程序的过程中，仅仅包含 printf("ni hao"); 这样的语句，计算机是识别不了的，需要加一个框架。

```
#include <stdio.h>
#include <stdlib.h>
int main()
{
printf("ni hao");
return 0;
}
```

所有 C 语言程序都必须有框架，并且类似 printf 这样的语句都要写在这一对中括号 {} 之间才有效。

除了与计算机交流的这些语言外，还需要有一个名字叫"C 语言编译器"的特殊软件，其作用是把代码变成一个可以让计算机直接运行的程序。这些软件需要下载并安装到计算机中才能使用。

当然，不同的编程语言，让计算机"说话"的方式不同，这些就等着大家去学习。或许通过大家的努力，将来让计算机通过人类语言与人类交流也能够轻松实现。

▶ 0.4 C 语言的用途

C 语言应用范围极为广泛，不仅仅是在软件开发上，各类科研项目也都要用到 C 语言。下面列举了 C 语言一些常见的用途。

(1) 应用软件。Linux 操作系统中的应用软件都是使用 C 语言编写的，因此这样的应用软件安全性非常高。

(2) 对性能要求严格的领域。一般对性能有严格要求的程序都是用 C 语言编写的，比如网络程序的底层和网络服务器端的底层、地图查询等软件。

(3) 系统软件和图形处理。C 语言具有很强的绘图能力、数据处理能力和可移植性，可以用来编写系统软件、制作动画、绘制二维图形和三维图形等。

(4) 数字计算。相对于其他编程语言，C 语言是数字计算能力很强的高级语言。

(5) 嵌入式设备开发。手机、PDA 等时尚消费类电子产品相信大家都不陌生，其内部的应用软件、游戏等很多都是采用 C 语言进行嵌入式开发的。

(6) 游戏软件开发。对于游戏大家更不陌生，很多人就是因为玩游戏而熟悉了计算机。利用 C 语言可以开发很多游戏，例如推箱子、贪吃蛇等。

▶ 0.5 学习 C 语言的方法

C 语言是在国内外广泛使用的一种计算机语言，很多新型的语言，如 C++、Java、C#、J#、Perl 等都是衍生自 C 语言。掌握了 C 语言，可以说就相当于掌握了很多门语言。

在编写一个较大的程序时，应该把它分成几个小程序来看，这样会容易得多。同时，C 语言应该是操作和理论相结合的课程，两者是不可分割的。

读者要学习 C 语言，首先要注意以下几个方面。

(1) 首先要培养学习 C 语言的兴趣。从简单的引导开始，有了学习的兴趣，才能够真正掌握 C 语言。此外，还要养成良好的学习习惯，切忌逼迫学习，把学习当成负担。

(2) 学习语法。可以通过简单的实例来学习语法，了解它的结构。如变量，首先要了解变量的定义方式（格式），其意义是什么（定义变量有什么用）；其次就是要怎么去运用它（用什么形式去应用它）。这些都是语法基础，也是 C 语言的基础，如果把它们都了解了，那么编起程序来就很得心应手了。

(3) 学好语法基础后就可以开始编程了。在编写程序的时候，应该养成画流程图的好习惯。因为 C 语言的程序是以顺序为主，一步步地从上往下执行的，而流程图的思路也是从上到下一步步画出来的。流程图画好了，编程的思路也基本定了，然后只要根据思路来编写程序即可。

(4) 养成良好的编程习惯。例如，编写程序时要有缩进，程序复杂时还要写注释，这样程序看起来就会很清晰，错误也会减少很多。

学习编程语言就是一个坚持看、敲、写的过程。

(1) 要学好 C 语言，首先要有一本好的入门书籍。本书把 C 语言所涉及的内容由易到难进行了详细的讲解，对于读者来说是个不错的选择。

(2) 看书，在大概了解内容后，一定要把程序敲出来自己运行一遍。编程工具推荐 VC 6.0。

(3) 读程序。找一些用 C 语言编写的程序的例子，试着去读懂。

(4) 自己改写程序。通过前面的学习，应该已经掌握了一些基本的编程技巧，在此基础上对程序进行改写。一定要有自己的想法，然后让自己的想法通过程序来实现。编程语言的学习过程就是坚持的过程，只要掌握了一种编程语言，再去学习其他的语言就很轻松了。

第 I 篇

基础知识

第 **1** 章

步入 C 的世界

——Hello C

     C 语言是国际上广泛流行的计算机高级程序设计语言，从诞生就注定了会受到世界的关注，它是世界上最受欢迎的语言之一，具有强大的功能，许多著名的软件都是用 C 语言编写的。学习好 C 语言，可以为以后的程序开发之路打下坚实的基础。现在就跟我一起步入 C 语言的世界吧。

本章要点（已掌握的在方框中打钩）

☐ C 语言的开发环境

☐ 认识常用开发环境

☐ 编写第 1 个 C 程序

▶ 1.1 C 语言的开发环境

学习一门编程语言之前，首先要做的就是：熟悉这门语言所使用的开发软件——开发环境。下面介绍一下 C 语言常用的开发环境。

1.1.1 C 语言常用的开发环境

C 语言常用的集成开发环境有 Microsoft Visual C++ 6.0、Microsoft Visual C++.NET、Turbo C 以及 Borland C++ Builder 等。

01 Microsoft Visual C++

Microsoft Visual C++ 不仅是一个 C++ 编译器，而且是一个基于 Windows 操作系统的可视化集成开发环境。Microsoft Visual C++ 目前选项新的版本为 2017 版，但业界比较流行的为 Microsoft Visual C++ 6.0，简称 VC++ 6.0。

02 Microsoft Visual C++.NET

Microsoft Visual Studio.NET 是 Microsoft Visual Studio 6.0 的后续版本，是一套完整的开发工具集。它在 .NET 平台下调用 Framework 的类库，功能强大，其中包含了 Visual C++ 开发组件。

03 Turbo C

Turbo C 是美国 Borland 公司的产品，目前比较新的版本为 Turbo C 3.0，不过常用的版本是 Turbo C 2.0。

04 Borland C++ Builder

Borland C++ Builder 是由 Borland 公司继 Delphi 之后推出的一款高性能集成开发工具，具有可视化的开发环境。

不同版本的 C 编译系统，所实现的语言功能和语法规则又略有差别，因此读者应了解所用的 C 语言编译系统的特点，这可以参阅有关手册来实现。

本书主要是以 Microsoft Visual C++ 6.0 为 C 语言开发环境，因为它功能完善，操作简便，界面友好，适合初学者开发使用。考虑到大家存在的多种需求，本章也将简要介绍较为常用的 Turbo C 2.0 开发环境。

1.1.2 VC++ 开发环境的安装

VC++ 6.0 的具体安装过程如下。

(1) 打开 VC++ 6.0 的安装目录，单击运行【AUTORUN.EXE】，弹出如下界面。VC++ 6.0 有中文版和英文版两种安装方式，本书使用的是英文版操作界面，单击【英文版】按钮。

(2) 单击【Next】按钮，选择 "I accept the agreement"，然后单击【Next】按钮，在打开的界面中，输入产品序列号、ID 及账户信息，单击【Next】按钮。

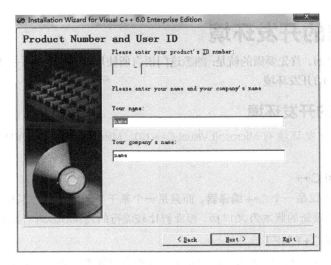

(3) 选择第一个选项"Install Visual C++6.0 Enterprise Edition"，然后单击【Next】按钮，进入下一界面。

(4) 安装路径选择默认位置，单击【Next】按钮，进入下一界面。

(5) 开始启动安装程序，单击【继续】按钮，进入下一界面。

(6) 单击【继续】按钮，进入下一界面。

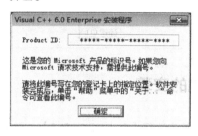

(7) 单击【确定】按钮，进入下一界面。安装程序提示是否替换 VSS 6.0 源代码管理工具的安装环境，根据实际需要选择，然后进入下一界面。

(8) 单击【OK】按钮，进入下一界面，等待 Visual C++ 6.0 Enterprise Setup 安装到 100% 时，出现如下界面，单击【确定】按钮，开发环境安装完成。

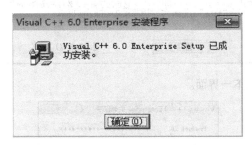

1.1.3 Turbo C 2.0 开发环境的安装

Turbo C 2.0 的具体安装过程如下。

(1)打开 Turbo C 2.0 的安装目录，单击运行【Turbo C 2.0.EXE】，弹出如下界面。

(2)单击【下一步】按钮，进入下一界面。

(3)默认以上的选项，单击【下一步】按钮，进入下一界面。

(4) 在指定位置选择安装路径，单击【下一步】按钮，进入下一界面。

(5) 程序安装完成，进入下一界面。

(6) 单击【确定】按钮，开发环境安装完成。

▶1.2 认识常用开发环境

C语言集成开发环境比较多，没有必要对每一种开发环境都熟练地掌握，只需要精通一种开发环境即可。下面分别来认识一下常用的两种开发环境：**Visual C++ 6.0** 和 **Turbo C 2.0**。

1.2.1 ▶ 认识 VC++ 开发环境

安装 Visual C++ 6.0 之后，选择【开始】▶【程序】▶【Microsoft Visual Studio 6.0】▶【Microsoft Visual C++ 6.0】菜单命令，即可启动 Visual C++ 6.0。

启动 Visual C++ 6.0 并新建程序，新建程序的步骤可参照 1.3.2 节，新建程序后的界面如下图所示。

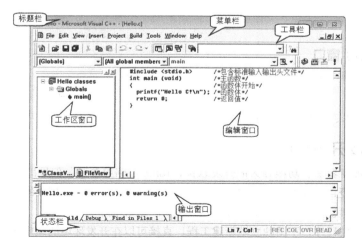

01 菜单栏

通过菜单栏中的菜单命令，读者可以轻松地完成编辑程序和资源、编译、链接及调试程序等各项工作。常用菜单如下图所示。

File　Edit　View　Insert　Project　Build　Tools　Window　Help

(1)【File】文件菜单：File菜单包含了各种对文件进行操作的选项，如加载、保存、打印和退出等。

(2)【Edit】编辑菜单：Edit菜单中的命令用来使用户便捷地编辑文件内容，如进行删除、复制等操作，其中的大多数命令的功能与Windows中的标准字处理程序的编辑命令一致。

(3)【View】查看菜单：View菜单中的命令主要用来改变窗口和工具栏的显示方式，激活调试时所用的各个窗口等。

(4)【Insert】插入菜单：Insert菜单中的命令主要用于项目及资源的创建和添加。

(5)【Project】工程菜单：Project菜单中的命令主要用于项目的操作，如项目中添加源文件等。

(6)【Build】编译菜单：Build菜单中的命令主要用于应用程序的编译、连接、调试和运行。

(7)【Tools】工具菜单：Tools菜单中的命令主要用于选择或制定开发环境中的一些实用工具。

(8)【Window】窗口菜单：Window菜单中的命令主要用于文档窗口的操作，如排列文档、打开或关闭一个文档窗口、重组或切分文档窗口等。

(9)【Help】帮助菜单：Visual C++ 6.0同大多数其他的Windows应用软件一样，能够提供大量详细的帮助信息，而Help菜单便是得到这些帮助信息的最有效和最主要的途径之一。

02 工具栏

工具栏中提供了大部分常用的操作命令，通过单击工具栏中相应的按钮，可以快捷地进行各种操作。在工具栏中的空白处单击鼠标右键，在弹出的快捷菜单中选择相应的菜单项可以定制（添加或删除）工具栏。

03 Workspace（工作区）窗口

工作区窗口共有以下3个标签，分别代表3种视图形式。

(1)【ClassView（类视图）】：显示项目中所有的类信息。

(2)【ResourceView（资源视图）】：包含了项目中所有资源的层次列表。每一种资源都有自己的图标。在字符界面或者控制台界面中没有该项，只有在Windows程序下才出现。

(3)【FileView（文件视图）】：可将项目中的所有文件分类显示，每一类文件在【FileView】页面中都有自己的目录项。可以在目录项中移动文件，还可以创建新的目录项，以及将一些特殊类型的文件放在该目录项中。

> 📋 提示
>
> 这里只是从概念上对工作区窗口进行简单的介绍，在后面的章节中会详细地介绍工作区窗口。读者不必在这里花费太多的时间。

04 Output（输出）窗口

输出窗口显示程序编译和连接错误与警告。

05 编辑窗口

编辑窗口可进行输入、修改以及删除代码等操作。

1.2.2 认识 Turbo 开发环境

相比现在有漂亮视窗界面、功能强大的开发软件，Turbo C略显单薄，但是即使面对这样强大的对手，Turbo C依然拥有较为广泛的使用群体，这是因为Turbo C不仅是一个快捷、高效的编译程序，同时还有一个易学、易用的集成开发环境。

使用Turbo C 2.0开发程序，不用独立地新建工程，直接可以在开发环境的编辑区输入所需的程序，然后编译运行程序就可以了，操作简单快捷，具体的程序开发过程请参照 1.3.3 节。

01 启动 Turbo C 2.0

安装 Turbo C 2.0 之后，可以通过以下方式启动 Turbo C 2.0。

(1) 命令行方式启动。

选择【开始】▶【程序】▶【附件】▶【命令提示符】，在打开的命令行中输入 Turbo C 2.0 的路径，如"C:\TURBOC2\TC"，按【Enter】键，即可进入 Turbo C 2.0 集成环境的主菜单窗口。

(2) 从 Windows 环境进入。

在 Windows XP 环境中，如果本机中已安装了 Turbo C，可以在桌面上建立一个快捷方式，双击该快捷方式即可进入 C 语言开发环境。或者选择【开始】▶【运行】，在运行对话框中输入程序的路径，单击【确定】按钮即可。

02 Turbo C 2.0 开发环境介绍

Turbo C 2.0 的主界面分为 4 个部分，由上至下分别为菜单栏、编辑区、信息区和功能键索引。

(1) 菜单栏：包括【File】（文件）菜单、【Edit】（编辑）菜单、【Run】（运行）菜单、【Compile】（编译）菜单、【Project】（项目）菜单、【Options】（选择）菜单、【Debug】（调试）菜单和【Break/watch】（断点及监视）菜单等。

(2) 编辑区：编辑区的第 1 行为编辑状态行，用来指示游标所在位置、文件名称以及编辑相关的状态信息。其他为代码编辑区域。

(3) 信息区：显示程序编译和连接错误与警告。

(4) 功能键索引：Turbo C 2.0 不支持鼠标操作，功能键索引给出了功能按键的索引号。

▶1.3 开始 C 编程——我的第 1 个 C 程序

我们已经大致了解了 **Visual C++ 6.0** 和 **Turbo C 2.0** 的界面，本节引入第 1 个 C 程序"**Hello C！**"，开始我们的 C 编程之旅。

1.3.1 程序编写及运行流程

汇编程序要转换成可执行文件（可以理解为能够"单独运行"的文件，一般在 Windows 操作系统中常见的可执行文件为 *.exe/*.sys/*.com 文件等），需要通过汇编器来实现。那么，对于用 C 语言编写的代码，是如何把它转换为可执行文件的呢？

要转换 C 语言为可执行文件，需要借助的工具是编译器（Compiler），转换的过程叫作编译。经过编译，生成目标程序，目标文件是机器代码，是不能够直接执行的，它需要有其他文件或者其他函数库辅助，才能生成最终的可执行文件，这个过程称之为连接，使用的工具叫做连接器。

C 程序的编写和运行流程如图所示。

我们把编写的代码称为源文件或者源代码，输入修改源文件的过程称为编辑，在这个过程中还要对源代码进行布局排版，使之美观有层次，并辅以一些说明的文字，帮助我们理解代码的含义，这些文字称为注释，它们仅起到说明的作用，不是代码，不会被执行；经过编辑的源代码经过保存，生成后缀名为".c"的文件，这些源文件并不能够直接运行，而需要经过编译，把源文件转换为以".obj"为后缀名的目标文件；此时目标文件再经过一个连接的环节，最终生成以".exe"为后缀名的可执行文件。能够运行的是可执行文件。

1.3.2 在 Visual C++ 6.0 中开发 C 程序

本小节介绍使用 Visual C++ 6.0 开发 C 程序的过程。本书的所有例程都是在 VC++ 6.0 中开发的。

📝 范例 1-1   使用Visual C++ 6.0创建C程序并运行。

第 1 步：创建空工程。

(1) 在 Visual C++ 6.0 中，选择【Flie】➤【New】菜单，在弹出的对话框中选择【Projects】选项卡，在左侧列表框中选择【Win32 Console Application】，在【Project name】文本框中输入工程名"Hello"，单击【Location】文本框右侧的 ⋯ 按钮，选择工程要存放的文件夹。

(2) 单击【OK】按钮，选中【An empty project】单选按钮，单击【Finish】按钮，显示工程信息，然后单击【OK】按钮，即可完成空工程的创建。

第2步：添加C源程序。

(1) 选择【Flie】➤【New】菜单，在弹出的对话框中选择【Files】选项卡，在左侧列表框中选择【Text File】，新建一个程序文档，在【File】文本框中输入"Hello.c"，单击【Location】文本框右侧的 ⋯ 按钮，可浏览到程序存放的文件夹（这个文件夹要和工程文件夹保持一致）。

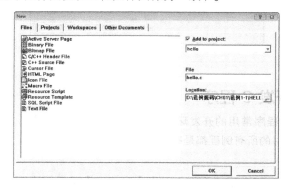

(2) 单击【OK】按钮，在编辑窗口输入以下代码（代码1-1.txt）。

```
01  #include <stdio.h>    /* 包含标准输入输出头文件 */
02  int main (void)        /* 主函数 */
03  {                      /* 函数体开始 */
04    printf("Hello C!\n"); /* 函数体 */
05    return 0;            /* 返回值 */
06  }                      /* 函数体结束 */
```

第3步：运行程序。

(1) 单击工具栏中的【Compile】按钮，或选择【Build】➤【Compile Hello.c】菜单命令，程序开始编译，并在输出窗口显示编译信息。

(2) 单击工具栏中的【Build】按钮，或选择【Build】➤【Build Hello.exe】菜单命令，开始连接程序，并在输出窗口显示连接信息。

（3）单击工具栏中的【Execute Programe】按钮 ，或选择【Build】▶【Execute Hello.exe】菜单命令，即可在命令行中输出程序的结果。

📋 提示

可以省略第 1 步创建空工程的步骤，直接从第 2 步开始。但是在程序编译时，会要求确认是否为 C 程序创建默认的工作空间，单击【是】按钮即可，如下图所示。

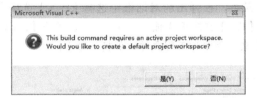

1.3.3 在 Turbo C 中开发 C 程序

因为 Turbo C 也是开发 C 程序常用的开发环境，所以结合【范例 1-1】，下面分步骤详细讲解如何使用 Turbo C 2.0 创建 C 程序，但本书的所有例程都是在 VC++ 6.0 中开发的。

第 1 步：设置环境。

（1）在 Turbo C 2.0 中，按【ALT+O】组合键，弹出【Options】菜单，使用方向键选择【Directories】菜单命令，按【Enter】键，选择【Output directory】项，按【Enter】键，输入已存在的路径，如"d:\Final"。

（2）按【Enter】键，然后选择【Options】▶【Save Options】，按【Enter】键，保存配置信息，最后连按两次【Esc】键，退出菜单。

第 2 步：编辑和编译程序。

（1）按【Alt+F】组合键，选择【Write to】菜单命令，按【Enter】键，输入"d:\Final\hello.c"，按【Enter】键，即可将输入的程序保存在 D 盘的 Final 目录中，文件名为"HELLO.C"。

（2）在编辑区中输入源程序（程序见【范例 1-1】中的"代码 1-1.txt"）。

（3）按【F2】键直接保存文件。按【Alt+C】组合键，选择【Compile to OBJ D：HELLO.OBJ】，编译"HELLO. C"程序，并出现编译成功与否的信息对话框。

（4）按【Enter】键，按【Alt+C】组合键，选择【Make EXE file D：HELLO.EXE】，生成可执行文件，并显示生成执行文件成功与否的信息对话框。

（5）按【Enter】键，按【Ctrl+F9】组合键，运行程序，但会一闪而过。按【Alt+F5】组合键，可在屏幕中查看程序运行结果。

(6) 按任意键，返回 Turbo C 2.0 开发环境。

▶1.4 高手点拨

开发任何一种语言编程，实践练习都是十分重要的，不要只看不练、眼高手低。学会活学活用，看完课本中的例程之后，自己要在开发环境中独立操作一遍，不能认为简单而不亲手去操作。在书写 C 语言编程时，一定要注意养成好的书写习惯；好的书写习惯是一名优秀程序员要具备的基本修养。一段程序可以反映一个人的编程水平，所以，针对 C 语言编程的书写，有以下 4 点建议。

(1) 在每个程序文件最前面注释书写日期、程序的目的。

(2) 代码格式要清晰，避免错乱不堪；每段代码后面要注释这段代码的功能，便于以后的修改和查看。

(3) 程序的模块化，也就是说对于一些功能复杂的程序，除了 main() 函数之外，还要定义其他函数，以免 main() 函数中的程序繁琐，也便于其他函数调用某个功能模块。例如，一个程序既要实现整数的排序，又要实现比较大小，那么可以将排序的程序放在函数 A 中；将比较大小的程序放在函数 B 中。只需要在 main() 函数中调用这两个函数就可以了。如果其他函数中的整数也要排序，只需调用排序函数 A 就可以了，避免反复书写同样的程序。

(4) 函数命名规范化，例如，某段程序专门实现排序，可以将这段程序放到一个自定义函数中，将这个函数命名为 "order"。因为 order 有排序的意思，所以这样命名可以一目了然，通过函数名就可以知道该函数实现什么样的功能，便于理解。

▶1.5 实战练习

分别在 VC++ 6.0 和 Turbo C 2.0 中编写 C 程序，在命令行中输出如下一行内容：

"你好，世界！"

第 **2** 章

C 程序的组成

在 C 语言中，根据存储方式和表示形式，数据有常量和变量之分，就像方程有已知数和未知数一样。

本章要点（已掌握的在方框中打钩）

☐ 声明区
☐ 主函数
☐ 函数定义区
☐ 注释
☐ 代码的规矩

▶2.1 简单例子

范例 2-1　计算圆的周长。

(1) 在 Visual C++ 6.0 中,新建名为 "计算圆周长 .c" 的【Text File】文件。
(2) 在代码编辑区域输入以下代码(代码 2-1.txt)。

```
01  /* 内容：计算圆周长
02   目的：了解 C 语法 */
03  #include <stdio.h>   /* 包含标准输入输出头文件 */
04  #include <math.h>    /* 包含数学函数库头文件 */
05  #define PI 3.14      /* 定义常量 PI，它的值是 3.14*/
06  int main() /* 主函数 */
07  {
08    int radius;          /* 整型变量，存储半径值 */
09    float circum;        /* 浮点型变量，存储周长值 */
10    radius = 2;          /* 半径赋值 */
11    circum = 2 * PI * radius;     /* 计算周长 */
12    printf(" 变量 radius 地址是 %d\n",&radius);      /* 输出变量 radius 存储地址 */
13    printf(" 半径开方值是 %f\n",sqrt(radius));       /* 输出变量 radius 的开方值 */
14    printf(" 半径是 %d, 周长是 %f\n",radius,circum);      /* 输出变量 radius 值和 circum 值 */
15    return 0; /* 返回值 */
16    }          /* 函数体结束 */
```

【运行结果】

编译、连接、运行程序,即可在命令行中输出以下结果。

【范例分析】

这个范例的目的是让大家看到一个较复杂的 C 程序的组成,所谓复杂只是多了些说明和代码。

▶2.2 声明区

2.2.1 头文件

一个 C 程序可以由若干个源程序文件组成,每一个源文件可以由若干个函数和预处理命令以及全局变量声明部分组成,每一个函数由函数首部和函数体组成。C 程序的结构如图所示。

作为一名程序开发人员，不可能每次编写都从最底层开发。如在上例中，要输入一串字符到输出设备上，我们需要做的仅是调用 printf() 函数，至于"Hello C！"是怎样显示的，我们并不关心。我们认识 printf() 函数，在编写程序时调用它，更需要让程序认识它，这样才能使用 printf() 函数提供的功能，这就需要使用 #include <stdio.h>，包含标准输入输出头文件，这样程序就能够认识 printf() 函数，并执行其功能。

C 提供有丰富的函数集，我们称之为标准函数库。标准函数库包括 15 个头文件，借助这些函数可以完成不同的功能。

例如，【范例 2-1】中有 #include<math.h> 时，就可以使用该数学函数库头文件提供的如开平方函数 sqrt()，求出半径 radius 为 2 时的开平方值 1.414；又如，当程序包含头文件"malloc.h"时，就可以完成对内存的申请和释放等功能。

2.2.2 函数声明

标准 C 语言引入了新的更好的函数声明方法，即用函数原型指定函数更多的信息，通过函数原型可以将函数的名字和函数类型以及形式参数的个数、类型、顺序通知编译系统，以便在调用函数时，系统可以对照检查。

函数声明由函数返回类型、函数名和形参列表组成。形参列表必须包括形参类型，但是不必对形参命名。这 3 个元素被称为函数原型，函数原型描述了函数的接口。定义函数的程序员提供函数原型，使用函数的程序员就只需要对函数原型编辑即可。

函数声明的一般形式为：

函数返回类型　函数名（参数类型 1，参数类型 2，……）；

函数声明包括函数的返回类型和函数名，来看下面这个例子。

```
01  int fun(int a, int b);
02  void display();
03  float fn (float x);
```

其中，int、void 和 float 都是函数返回类型，也属于数据类型。fun、display 和 fn 是所调用的函数名。也就是说，fun() 函数返回的数据类型为整型 int；display() 函数返回的类型为 void 型，指函数无返回值；fn() 返回的数据类型为浮点型 float。

fun(int a, int b) 函数内部的 a 和 b 为形参，其参数类型都为 int 型。fn (float x) 函数内部参数 x 的类型为 float 型。函数声明中的形参名往往被忽略，如果声明中提供了形参的名字，也只是用作辅助文档。另外要注意函数声明是一个语句，后面不可漏分号！

进一步对函数做解释，需要注意的有以下几点。

(1)函数名称后面必须有小括号，不能省略，这是函数的特征。

(2)函数结束必须有分号，不能省略。

(3) 字符串结尾有这样的内容"\n"，它叫作转义符，表示的含义是把光标移动到下一行的行首，也就是回车换行，因为我们无法直接通过键盘输入换行的指令，所以需要使用转义符；又比如输出内容后希望返回该行的行首，重新输出内容，键盘上也没有对应的功能键，我们就可以使用回车符转义符"\r"来代替。当然，转义还包含其他内容，后续章节中会详细讲述。

2.2.3 ▶ 变量声明

在大多数语言中，在使用一个变量之前，都要对这个变量进行声明，C语言同样如此。那么，什么是变量的声明呢？有什么作用呢？变量的声明其实就是在程序运行前，告诉编译器程序使用的变量以及与这些变量相关的属性，包括变量的名称、类型和长度等。这样，在程序运行前，编译器就可以知道怎样给变量分配内存空间，可以优化程序。

变量的声明语句的形式如下：

变量类型名 变量名

变量的声明包括变量类型名和变量名两个部分。来看下面的例子：

```
01   int num
02   double area
03   char ppt
```

其中，int、double 和 char 是变量类型名，num、area 和 ppt 是变量名。其实，变量类型名也是数据类型的一种，就是说变量 num 是 int 类型，area 是 double 类型，ppt 是 char 类型。

变量类型名是 C 语言自带的数据类型和用户自定义的数据类型。C 语言自带的数据类型包括整型、字符型、浮点型、枚举型和指针类型等。

变量名其实就是一个标识符，当然，标识符的命名规则在此处同样适用。除此之外，变量命名的时候还需要注意以下几点。

(1) 变量名区分大小写，变量 Num 和 num 是两个不同的变量。

(2) 变量的命名建议与实际应用有关联，例如，num 一般表示数量，area 表示面积等。

(3) 变量的命名必须在变量使用之前。

📄 提示

如果变量没有经过声明而直接使用，则会出现编译器报错的现象。

下面用一个例子来验证声明必须在变量使用的前面。

📝 范例 2-2   验证未声明的标识符不可用。

(1) 在 Visual C++ 6.0 中，新建名为"undeclaredvar.c"的【Text File】文件。

(2) 在编辑窗口中输入以下代码（代码 2-2.txt）。

```
01   #include<stdio.h>
02   int main(void)
03   {
04       printf("output undeclaredvar num=%d\n",num);
05       return 0;
06   }
```

【运行结果】

编译后显示出错，信息如下：

undeclaredvar.c(4) : error C2065: 'num' : undeclared identifier

【范例分析】

在此例子中，没有对标识符 num 进行声明就直接引用，编译器不知道 num 是什么，所以调试时编译器就会报错。

【拓展训练】

在第 3 句和第 4 句之间插入语句：

04	int num=10;

或者：

04	int num;
05	num=10;

检验一下程序能否运行，是否还报错。

▶2.3 主函数

每个 C 程序必须有而且只有一个主函数，也就是 main() 函数，它是程序的入口。main() 函数有时也作为一种驱动，按次序控制调用其他函数，C 程序是由函数构成的，这使得程序容易实现模块化；main() 函数后面的 "()" 不可省略，表示函数的参数列表；"{" 和 "}" 是函数开始和结束的标志，不可省略。

下图是对主函数调用其他函数的说明。

主函数 main() 在程序中可以放在任何位置，但是编译器都会首先找到它，并从它开始运行。它就像汽车的引擎，控制程序中各部分的执行次序。

下图是对主函数各部分名称的说明。

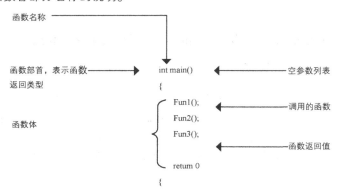

在前面的两个范例中，主函数 main() 的部首都是 int 类型，int 是整数 integer 单词的缩写，表示返回给系统的数据类型是整型数据，返回值是 0，在 return 语句中体现了出来。

▶2.4　函数定义区

C语言编译系统是由上往下编译的。一般被调函数放在主调函数后面时，前面就该有声明，否则 C 语言由上往下的编译系统将无法识别。正如变量必须先声明后使用一样，函数也必须在被调用之前先声明，否则无法调用！函数的声明可以与定义分离，要注意的是一个函数只能被定义一次，但可以声明多次。

函数定义：

```
返回类型 函数名（参数类型1 参数名1，…，参数类型n 参数名n）
{
函数体 ...
}
```

例如：

```
int fun(int a,int b)
{
int c;
c=a+b;
return c;
}
```

在程序中，如果 main() 函数在前，必须在 main() 中写函数声明；如果函数在 main() 前面，可以不在 main() 中写函数声明！

下面看一个有关函数声明和函数定义的综合例子，比较一下它们有何不同。

```
#include<stdio.h>
int add(int x,int y); // 函数声明语句
main()
{
int a,b,c;
c=add(a,b);
printf("%d",c);
}
int add(int x,int y)// 函数定义
{
  int z;
z=x+y;
return z;
}
```

▶2.5　注释

读者可能已经注意到，很多语句后面都跟有 "/*" 和 "*/" 符号，它们表示什么含义呢？

在前文已经说过，我们在编辑代码的过程中，希望加上一些说明的文字，来表示代码的含义，这是很有必要的。

费了很大精力，绞尽脑汁编写的代码，如果没有写注释或者注释得不够清楚，一年后又要使用这段代码时，当年的思路全部记不得了，无奈之中，只得重分析、重理解。试问，因为当初一时的懒散造成了今日的结局，值得吗？又比如，一个小组共同开发程序，别人需要在该小组写的代码上进行二次开发，如果代码很复杂、没有注释，恐怕只能用 4 个字形容组员此时的心情：欲哭无泪。所以，编写代码时建议书写注释，这样做有百利而无一弊。

注释的要求如下。

(1) 使用 "/*" 和 "*/" 表示注释的起止,注释内容写在这两个符号之间,注释表示对某语句的说明,不属于程序代码的范畴,比如【范例 1-1】和【范例 2-1】代码中 "/*" 和 "*/" 之间的内容。

(2) "/" 和 "*" 之间没有空格。

(3) 注释可以注释单行,也可以注释多行,而且注释不允许嵌套,嵌套会产生错误,比如:

/* 这样的注释 /* 特别 */ 有用 */

这段注释放在程序中不但起不到说明的作用,反而会使程序产生错觉,原因是 "这样" 前面的 "/*" 与 "特别" 后面的 "*/" 匹配,注释结束,而 "有用 */" 就被编译器认为是违反语法规则的代码。

▶ 2.6　代码的规矩

从书写代码清晰、便于阅读、理解、维护的角度出发,在书写程序时应遵循以下规则。

(1) 一个说明或一个语句占一行。我们把空格符、制表符、换行符等统称为空白符。除了字符串、函数名和关键字,C 忽略所有的空白符,在其他地方出现时,只起间隔作用,编译程序对它们忽略不计。因此在程序中使用空白符与否,对程序的编译不产生影响,但在程序中适当的地方使用空白符,可以增加程序的清晰性和可读性。

例如下面的代码:

```
int
main(
){
    printf( "Hello C!\n"
);
}   /* 这样的写法也能运行,但是太乱,很不妥 */
```

(2) 用 "{" 和 "}" 括起来的部分,通常表示程序某一层次的结构。"{" 和 "}" 一般与该结构语句的第 1 个字母对齐,并单独占一行。

例如下面的代码:

```
int main()
{
printf( "Hello C!\n" );
return 0;}     /* 这样的写法也能运行,但是阅读起来比较费事 */
```

(3) 低一层次的语句通常比高一层次的语句留有一个缩进后再书写。一般来说,缩进指的是存在两个空格或者一个制表符的空白位置。

例如下面的代码:

```
int main()
{
  printf( "Hello C!\n" );
  {
  printf( "Hello C!\n" );
  }
    return 0;
}
```

(4) 在程序中书写注释,用于说明程序做了什么,同样可以增加程序的清晰性和可读性。

以上介绍的 4 点规则,大家在编程时应力求遵循,以养成良好的编程习惯。

▶ 2.7　高手点拨

文件中声明函数,就像变量可以在头文件中声明,而在源文件中定义一样,函数也可以在头文件中声明，在源文件中定义。把函数声明直接放在每个使用该函数的源文件中是大多数新手习惯并喜爱的方式，这是合法的。但是这种方式古板且易出错。解决方法就是把函数的声明放在头文件中，这样可以确保指定函数的所有声明保持一致。如果函数接口发生变化，则只需修改其唯一的声明即可。

将提供函数声明的头文件包含在定义该函数的源文件中，可使编译器能检查该函数的定义和声明是否一致。特别地，如果函数定义和函数声明的形参列表一致，但返回类型不一致，编译器会发出警告或出错信息来指出差异。

那么学过了函数声明与函数定义，它们到底有什么不同呢？我们知道函数的定义是一个完整的函数单元，它包含函数类型、函数名、形参及形参类型、函数体等，并且在程序中，函数的定义只能有一次，函数首部与花括号间也不加分号。而函数声明只是对定义函数的返回值类型进行说明，以通知系统在本函数中所调用的函数是什么类型。它不包含函数体，并且调用几次该函数就应在各个主调函数中作相应声明，函数声明是一个说明语句，必须以分号结束！

学习了这一章的内容，读者是不是对 C 语言有更好的理解呢？下面了解一下我们在使用函数时，需要注意的一些问题。

① 函数声明可以省略形参名，但是函数定义的首部必须写出所有形参名并给出其对应的数据类型。

② 函数原型的主要目的是为了声明函数返回值类型以及函数期望接受的参数的个数、参数类型和参数顺序。

③ 如果程序中没有某个函数的函数原型（没有说明），编译系统就会用第一次出现的这个函数（函数定义或函数调用）构造函数原型。

④ 在默认下，编译系统默认函数返回值为 int。

在编写函数时的常见错误：当调用的函数与函数原型不相匹配时，程序会提示语法错误，并且当函数原型和函数定义不一致时，也会产生错误。

▶2.8 实战练习

1. 要求输入两个整数 a 和 b，然后再输出这两个数。
2. 输入两个数，求两个数的和 sum 以及平均数 avg(float 类型)。

> 📋 提示
>
> 求和的公式是 sum=a+b;
> 求平均数的公式是 avg=sum/2。

3. 请参照本章例题，编写一个 C 程序，输出以下信息：

```
***************************
    Very   Good!
***************************
```

第 **3** 章

C 语言的基本构成元素
——字符集、标识符和关键字

字符是组成语言的基本元素。在 C 语言中使用的字符分为标识符、关键字、运算符、分隔符、常量和注释符等 6 类。C 语言中使用的常量可分为数字常量、字符常量、字符串常量、符号常量及转义字符等多种。

本章要点（已掌握的在方框中打钩）

☐ 标识符
☐ 关键字
☐ 常量
☐ 常量的类别

▶3.1 标识符和关键字

在学习常量和变量之前，我们先来了解 C 语言中的标识符和关键字。

3.1.1 标识符

在 C 语言中，常量、变量、函数名称等都是标识符。可以将标识符看作一个代号，就像日常生活中物品的名称一样。

标识符的名称可以由用户来决定，但也不是想怎么命名就怎么命名，也需要遵循以下一些规则。

(1)标识符只能是由英文字母（A ～ Z，a ～ z）、数字（0 ～ 9）和下划线（_）组成的字符串，并且其第 1 个字符必须是字母或下划线。如：

int MAX_LENGTH;　　/* 由字母和下划线组成 */

(2)不能使用 C 语言中保留的关键字。

(3)C 语言对大小写是敏感的，程序中不要出现仅靠大小写区分的标识符，如：

int x, X;　　/* 变量 x 与 X 容易混淆 */

(4)标识符应当直观且可以拼读，让别人看了就能了解其用途。标识符可以采用英文单词或其组合，不要太复杂，且用词要准确，便于记忆和阅读。切忌使用汉语拼音来命名。

(5)标识符的长度应当符合 "min-length && max-information（最短的长度表达最多的信息）" 原则。

(6)尽量避免名字中出现数字编号，如 Value1、Value2 等，除非逻辑上需要编号。这是为了防止程序员不肯为命名动脑筋，而导致产生无意义的名字。

3.1.2 关键字

关键字是 C 程序中的保留字，通常已有各自的用途（如函数名），不能用来作标识符。例如 "int double;" 就是错误的，会导致程序编译。因为 double 是关键字，不能用作变量名。

下面列出了 C 语言中的所有关键字。

auto	enum	restrict	unsigned
break	extern	return	void
case	float	short	volatile
char	for	signed	while
const	goto	sizeof	_Bool
continue	if	static	_Complex
default	inline	struct	_Imaginary
do	int	switch	
double	long	typedef	
else	register	union	

▶3.2 常量

其实我们已经使用过常量了，只是不知道，在前面的程序中输出过的 "Hello World！" 就是一个常量，是一个字符串常量。从这不难看出，常量的值在程序运行中是不能改变的。

3.2.1 什么是常量

在程序中，有些数据是不需要改变的，也是不能改变的，因此，我们把这些不能改变的固定值称为常量。

到底常量是什么样的？下面来看几条语句。

```
int a=1;
char ss='a'
printf("Hello \n");
```

"1"、"a"、"Hello"，这些在程序执行中都是不能改变的，它们都是常量。

细心一些的读者可能会问：这些常量怎么看上去不一样呢？确实，就像布可以分为丝绸、棉布、麻布各种类型一样，常量也是有种类之分的。

下面来看一个范例，认识一下这些不同类型的常量。

📝 范例 3-1　　显示不同类型常量的值。

(1)在 Visual C++ 6.0 中，新建名为 "types.c" 的【Text File】文件。

(2)在编辑窗口中输入以下代码（代码 3-1.txt）。

```
01  #include <stdio.h>
02  int main(void)        /* 程序的入口 */
03  {
04      printf("+125 \n"); /* 输出 +125 并换行 */
05      printf("-50 \n");  /* 输出 -50 并换行 */
06      printf("a \n");    /* 输出 a 并换行 */
07      printf("Hello \n"); /* 输出 Hello 并换行 */
08      return 0;/* 程序无错误安全退出 */
09  }
```

【代码详解】

printf 的作用是输出双引号里的内容，\n 不显示，作用是换行。由于入口函数使用了 int main()，因此在程序结束的时候一定要有返回值，语句 "return 0;" 就起到程序安全退出的作用。如果使用的是 "void main()" 语句，就可以省略返回语句。

【运行结果】

编译、连接、运行程序，即可在命令行中输出各个数值常量。

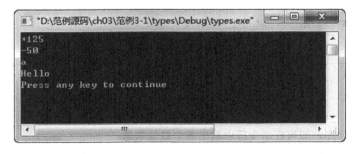

【范例分析】

本例中有 4 个常量，分别是数值 +125 和 -50，字符 "a" 和字符串 "Hello"。这些就是常量的不同类型的值。在这里，可以把常量分为数值常量、字符常量、字符串常量和符号常量等（后面会具体介绍）。

3.2.2 常量的声明

常量分为静态常量和动态常量。

静态常量声明的同时要设置常量值，首先它的类型必须属于值类型范围，且其值不能通过 new 来进行设置，不需要消耗内存。对于类对象而言：所有类的对象的常量值是一样的。

< 访问修饰符 > 数据类型 常量名称 = 常量值

动态常量声明的时候可以不设置常量值，可以在类的构造函数中进行设置。它没有类型限制，可以用它定义任何类型的常量，但要分配内存，保存常量实体。对于类对象而言：对于类的不同对象而言，常量的值可以是不一样的。

常量有以下几个优点。

(1) 增加程序易读性。

(2) 提高程序对常量使用的一致性。

(3) 增强程序的易维护性。

▶ 3.3 常量的类别

3.3.1 数值常量

上例中的 +125 和 -50 都是数值常量，通常表示的是数字，就像数字可以分为整型、实型一样，数值常量也可以分为整型常量和实型常量。数字有正负之分，数值常量的值当然也有正负。在上面的例子中，+125 带的是 "+"，当然也可以不带，而 -50 前面的 "-" 则是必须要带的。

📝 范例 3-2　在命令行中输出数值常量。

(1) 在 Visual C++ 6.0 中，新建名为 "numConstant.c" 的【Text File】文件。

(2) 在编辑窗口中输入以下代码（代码 3-2.txt）。

```
01  #include <stdio.h>
02  int main(void)
03  {
04    printf("123\n");      /* 输出 123*/
05    printf("45.31\n");    /* 输出 45.31*/
06    printf("-78\n");      /* 输出 -78*/
07    printf("-12.8975\n");     /* 输出 -12.8975*/
08    return 0;
09  }
```

【运行结果】

编译、连接、运行程序，即可在命令行中输出各个数值常量。

【范例分析】

第 4 行输出一个正整数 123，第 5 行输出正实数 45.31，第 6 行输出负整数 -78，第 7 行输出负实数 -12.8975，这些都是数值常量。

> **注意**
>
> 在数学中，数字的范围是无限的，但是在 C 语言的世界里却不是这样，C 语言的数值都有一定的范围，超过了这个范围就会出现错误。

在 C 语言中，数值常量如果大到一定的程度，程序就会出现错误，无法正常运行，这是为什么？

原来，C 程序中的量，包括我们现在学的常量，也包括在后面要学到的变量，在计算机中都要放在一个空间里，这个空间就是常说的内存。可以把它们想成是一个个规格定好了的盒子，这些盒子的大小是有限的，不能放无穷大的数据。那到底能放多大的数据？读者在学习数据类型后就会有所认识。这里只需记住，整数也好，小数也好，不是想放多大就能放多大的。不过也不用担心，我们能遇到的数，不管多大都能想办法放进程序中去，具体的办法读者慢慢就能学会。

3.3.2　字符常量

在 C 语言中，字符常量就是指单引号里的单个字符，如【范例 3-1】中的 'a'，这是一般情况。还有一种特殊情况，比如 '\n'、'\a'，像这样的字符常量就是通常所说的转义字符。这种字符以反斜杠（\）开头，后面跟一个字符或者一个八进制或十六进制数，表示的不是单引号里面的值，而是"转义"，即转化为具体的含义。

下面给出 C 语言中常见的转义字符。

字符形式	含义
\x20	空字符
\n	换行符
\r	回车符
\t	水平制表符
\v	垂直制表符
\a	响铃
\b	退格符
\f	换页符
\'	单引号
\"	双引号
\\	反斜杠
\?	问号字符
\ddd	任意字符
\xhh	任意字符

> **注意**
>
> 在 C 语言中，3 和 '3' 的含义是不一样的，一个是数值，可运算，一个是字符，一个符号而已。而 'a' 和 'A' 同样也是不一样的，字符区分大小写。

下面看一个例子，比较一下这些字符常量的含义。

范例 3-3　比较字符常量的含义。

(1) 在 Visual C++ 6.0 中，新建名为 "compare.c" 的【Text File】文件。
(2) 在编辑窗口中输入以下代码（代码 3-3.txt）。

```
01  #include <stdio.h>
02  int main(void)
03  {
04    printf("a,A \n");    /* 输出 a, A 并换行 */
05    printf("123\x20\'\x20\"\n");  /* 输出 123、空格、单引号、空格和双引号，最后换行 */
06    return 0;
07  }
```

【运行结果】

编译、连接、运行程序，即可在命令行中输出以下字符常量。

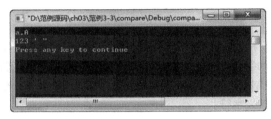

【范例分析】

本范例中不仅用到了数值常量（比如 123）和字符常量（比如 "a"、"A" 等），还用到了转义字符（如 "\n"、"\'"、"\""、"\x20" 等）。第 4 行首先输出一个小写字母 "a"，然后又输出一个大写字母 "A"，接着输出一个转义字符 "\n"，相当于输出一个换行符。第 5 行先输出一个数值常量 123，接着输出一个转义字符 "\x20"，相当于输出 1 个空格，接着输出转义字符 "\'"，相当于输出 1 个单引号，接下来又输出空格、双引号，最后输出换行符。

3.3.3　字符串常量

在前面的 Hello 程序中，程序中输出的 "Hello" 就是字符串常量，用双引号括起来的形式显示，其值就是双引号里面的字符串。所以字符串常量可以定义为在一对双引号里的字符序列或转义字符序列，比如 ""、" "、"a"、"abc"、"abc\n" 等。

提示

通常把 "" 称为空串，即一个不包含任意字符的字符串；而 " " 则称为空格串，是包含一个空格字符的字符串。二者不能等同。

比较 "a" 和 'a' 的不同。

(1) 书写形式不同：字符串常量用双引号，字符常量用单引号。

(2) 存储空间不同：在内存中，字符常量只占用一个存储空间，而字符串存储时必须有占用一个存储空间的结束标记 '\0'，所以 'a' 占用一个，而 "a" 占用两个。

(3) 二者的操作功能也不相同。例如，可对字符常量进行加减运算，字符串常量则不能。

3.3.4　符号常量

当某个常量引用起来比较复杂而又经常要被用到时，可以将该常量定义为符号常量，也就是分配一个符号给这个常量，在以后的引用中，这个符号就代表了实际的常量。这种用一个指定的名字代表一个常量称为符号常量，即带名字的常量。

在 C 语言中，允许将程序中的常量定义为一个标识符，这个标识符称为符号常量。符号常量必须在使用前先定义，定义的格式为：

#define <符号常量名> <常量>

其中，<符号常量名>通常使用大写字母表示，<常量>可以是数值常量，也可以是字符常量。

一般情况下，符号常量定义命令要放在主函数 main() 之前。

如：

#define PI 3.14159

表示用符号 PI 代替 3.14159。在编译之前，系统会自动把所有的 PI 替换成 3.14159，也就是说编译运行时系统中只有 3.14159，而没有符号。

📝 范例 3-4　　使用符号常量计算圆的周长和面积。

(1) 在 Visual C++ 6.0 中，新建名为 "signconstant.c" 的【Text File】源文件。

(2) 在编辑窗口中输入以下代码（代码 3-4.txt）。

```
01  #define PI 3.14159   /* 定义符号常量 PI 的值为 3.14159*/
02  #include <stdio.h>
03  int main(void)
04  {
05      float r;
06      printf(" 请输入圆的半径： ");          /* 提示输入圆的半径 */
07      scanf("%f",&r);    /* 读取输入的值 */
08      printf(" 圆的周长为： %f\n",2*PI*r); /* 计算圆的周长并输入 */
09      printf(" 圆的面积为： %f\n",PI*r*r); /* 计算圆的面积并输入 */
10      return 0;
11  }
```

【运行结果】

编译、连接、运行程序，根据提示输入圆的半径 6，按【Enter】键，程序就会计算圆的周长和面积并输出。

【范例分析】

由于我们在程序前面定义了符号常量 PI 的值为 3.14159，所以经过系统预处理，程序在编译之前已经将 "2*PI*r" 变为 "2*3.14159*r"，将 "PI*r*r" 变为 "3.14159*r*r"，然后经过计算并输出。

代码第 1 行中的 #define 就是预处理命令。程序在编译之前，首先要对这些命令进行一番处理，在这里就是用真正的常量值取代符号。

有的人可能会问，那既然在编译时都已经处理成常量，为什么还要定义符号常量？原因有两个。

(1) 易于输入，易于理解。在程序中输入 PI，我们可以清楚地与数学公式对应，且每次输入时相应的字符数少一些。

(2) 便于修改。此处如果想提高计算精度，如把 PI 的值改为 3.1415926，只需要修改预处理中的常量值，那么在程序中不管用多少次，都会自动地跟着修改。

✿技巧

① 符号常量不同于变量，它的值在其作用域内不能改变，也不能被赋值。② 习惯上，符号常量名用大写英文标识符，而变量名用小写英文标识符，以示区别。③ 定义符号常量的目的是为了提高程序的可读性，便于程序的调试和修改。因此在定义符号常量名时，应尽量使其表达它所代表的常量的含义。④ 对程序中用双引号括起来的字符串，即使与符号一样，预处理时也不做替换。

▶3.4 综合应用——常量指针与指针常量

常量指针与指针常量的实例。

```
01    #include <stdio.h>
02    #include <string.h>
03    #include <stdlib.h>
04    #include <fcntl.h>
05    int main(){
06    char a[]="ABCDE";
07    char b[]="abcde";
08    char* p1="abcde";
09    const char* p2="abcde";
10    char* const p3=p1;
11    *p1='A';// 编译能通过，运行时发生错误，试图去改变常量区内容
12    *p2='A';// 编译不能通过，p2 指向字符串常量，内容不能改变
13    p2=a;// 可以，修改的是指针 p2 的值
14    *p3='A';// 若 p3 指向数组 a，那么编译运行都能通过，如果 p3 指向字符指针变量 p1，那么编译能通过，运行不
能通过，因为试图去改变常量区的内容
15    p3=a;// 不可以，p3 指针本身不能被修改，是个常量
16    p1=a;
17    printf("%s/n",p3);//abcde, p3 指向指针变量 p1,p1 一开始指向常量区，此时 p1 指向 a, 但 p3 仍然指向 p1 原来的地址
18    return 0;
```

在这里要注意以下两点。

(1) 如果指针常量指向的是字符指针变量，那么当修改 *p 时，原则上能够修改，在编译时能通过，而在运行时不能通过，因为它试图去修改常量区的内容，显示是非法的。

(2) 当指针常量指向另外一个指针时，当这个指针指向别的内容时，那么指针常量还是指向原先的内容。

如：

```
char * q="123";
char *q1="456";
char* const p=q;  q=q1;
```

那么，p 所指向的内容还是 123。指针本身是常量，不可变。

可以这么理解：p 里面原先放的是 q 的地址，内容是 123，后来 q 里面放的是 q1 的地址，内容是 456。此时 p 里面放的仍然是原来的地址，与现在的 q 无关。

▶3.5 高手点拨

常量指针与指针常量是 C 语言中两个比较容易混淆的概念。

(1) const char* p;

(2) char* const p=a;

(3) char* p="abc";

(1) 式定义了一个常量指针，即指向一个常量的指针，指向的内容是常量，不可修改，放在常量区，但指针本身可以修改，即 *p='b' 是非法的，*p 是 p 指向的常量的第 1 个字符，是个常量，不能改变的。p=&q 是可以的，指针可以指向不同的地址。

(2) 式定义了一个指针常量，即指针本身是个常量，不可修改，但指针指向的内容可以修改，一开始定义时让它指向数组 a. *p='b' 这是可以的，但 p=&b 是非法的。

记忆：const 常量 * 指针，const 在 * 之前就是常量指针，在 * 之后就是指针常量。

const char*p 即 char*p 是个常量，所以内容是常量。

char* const p; 即指针 p 是个常量。

(3) char*p 定义的是一个指针变量 p，指向字符串 abc 的首地址。这里特别要注意，在 C 语言中，(3) 式定义的是一个常量字符串，它被放在静态存储区的常量区进行存储，而 p 是一个指针变量，放在栈上。如果 *p='b'，在编译时能通过，但在运行时就会出现错误，因为试图去改变常量区的内容。

总之，常量指针指的是内容不可变，地址可以改变，即指针可以指向别的地址。而指针常量指的是指针本身不可变，而内容可以修改。

▶ 3.6 实战练习

1. 输入一个字符，判定它是什么类型的字符（大写字母、小写字母、数字或者其他字符）。

```
char ch;
Console.WriteLine(" 请输入一个字符 ");
ch = char.Parse(Console.ReadLine());
if (ch >= 'A' && ch <= 'Z')
Console.WriteLine(" 大写字母 ");
else if (ch >= 'a' && ch <= 'z')
Console.WriteLine(" 小写字母 ");
else if (ch >= '0' && ch <= '9')
Console.WriteLine(" 数字 ");
else
Console.WriteLine(" 其他字母 ");
```

2. 编一个程序，设圆的半径 r=1.2，高 h=1.5，定义圆周率常量 Pi=3.1415，求出圆柱的体积。

```
const double Pi = 3.1415;
double r=1.2,h=1.5;
double v;
v = Pi * r * r * h;
Console.WriteLine(" 圆柱体的体积是 {0}",v);
```

3. 编一个程序，设圆半径 r=1.5，圆柱高 h=3.6，圆周率 3.1415 定义为常量，求出圆周长、圆面积、圆柱体积。然后用 Console.WriteLine 方法输出计算结果，输出时要求有文字说明，取小数点后 2 位数字。例如，圆周长 =×××.××。

```
const double Pi = 3.1415;
double r = 3, h = 5;
double c, s, v;
c = 2 * Pi * r;
s = Pi * r * r;
v = Pi * r * r * h;
Console.WriteLine(" 圆的周长为 {0:f2}",c);
Console.WriteLine(" 圆的面积为 {0:f2}", s);
```

```
Console.WriteLine(" 圆的体积为 {0:f2}", v);
```

4.编一个程序，输入一个字符，如果输入的字符是大写字母，则转换为小写字母，如果输入的字符是小写字母，则转换为大写字母，否则不转换。

```
char ch,c;
Console.WriteLine(" 请输入一个字符 ");
ch = char.Parse(Console.ReadLine());
if (ch >= 'A' && ch <= 'Z')
{
c = (char)(ch + 32);
Console.WriteLine(" 字符 {0} 为大写字母，转换为小写字母为 {1}", ch, c);
}
else if (ch >= 'a' && ch <= 'z')
{
c = (char)(ch - 32);
Console.WriteLine(" 字符 {0} 为小写字母，转换为大写字母为 {1}", ch, c);
}
else
Console.WriteLine("{0} 既不是大写字母也不是小写字母 ",ch);
```

第 **4** 章

变量

常量和变量都是用来存储数值的，就像用来存放东西的一堆小箱
子，里面的东西永远不变的就是常量，会变的就是变量。

本章要点（已掌握的在方框中打钩）

□ 变量
□ 变量的类别
□ 变量的存储类型
□ 变量的赋值和初始化

▶4.1 变量

我们把程序中不能改变的数据称为常量，相对地，能改变的数据就称为变量。

4.1.1 什么是变量

变量用于存储程序中可以改变的数据。其实变量就像一个存放东西的抽屉，知道了抽屉的名字（变量名），也就能找到抽屉的位置（变量的存储单元）以及抽屉里的东西（变量的值）等。当然，抽屉里存放的东西也是可以改变的，也就是说，变量里的值也是可以变化的。

我们可以总结出变量的 4 个基本属性。

(1) 变量名：一个符合规则的标识符。

(2) 变量类型：C 语言中的数据类型或者是自定义的数据类型。

(3) 变量位置：数据的存储空间位置。

(4) 变量值：数据存储空间内存放的值。

程序编译时，会给每个变量分配存储空间和位置，程序读取数据的过程其实就是根据变量名查找内存中相应的存储空间，从其内取值的过程。

> 📝 **范例 4-1　变量的简单输出。**
>
> (1) 在 Visual C++ 6.0 中，新建名为 "SimpleVar.c" 的【Text File】文件。
> (2) 在编辑窗口中输入以下代码（代码 4-1.txt）。
>
> ```
> 01  #include<stdio.h>
> 02  void main(void)
> 03  {
> 04    int i=10;/* 定义一个变量 i 并赋初值 */
> 05    char ppt='a';        /* 定义一个 char 类型的变量 ppt 并赋初值 */
> 06    printf(" 第 1 次输出 i=%d\n",i);       /* 输出变量 i 的值 */
> 07    i=20;    /* 给变量 i 赋值 */
> 08    printf(" 第 2 次输出 i=%d\n",i);        /* 输出变量 i 的值 */
> 09    printf(" 第 1 次输出 ppt=%c\n",ppt);  /* 输出变量 ppt 的值 */
> 10    ppt='b'; /* 给变量 ppt 赋值 */
> 11    printf(" 第 2 次输出 ppt=%c\n",ppt);  /* 输出变量 ppt 的值 */
> 12    return 0;
> 13  }
> ```

【运行结果】

编译、连接、运行程序，即可在命令行中输出以下结果。

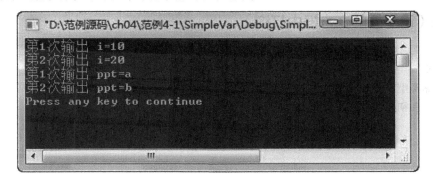

【范例分析】

变量在使用前，必须先进行声明或定义，在这个程序中，变量 i 和 ppt 就是先进行的定义。而且变量 i 和 ppt 都进行了两次赋值，可见，变量在程序运行中值是可以改变的。第 5 行和第 7 行是给变量赋初值的两种方式，是变量的初始化。

4.1.2 变量的定义与声明

在 2.2.3 小节已经详细讲解了变量的声明，那么变量的声明与变量的定义有什么区别呢？声明一个变量意味着向编译器描述变量的类型，但并不为变量分配存储空间。定义一个变量意味着在声明变量的同时还要为变量分配存储空间。在定义一个变量的同时还可以对变量进行初始化。来看下面的例子：

```
01   void main()
02   {  int a;
03      int b=1; }
```

对于第二行代码，编译器不会做任何事，不会为变量 a 分配存储空间；到第三行，b=1 时，编译器会将变量 b 压入栈中为其分配内存地址，并且为它赋值。

▶ 4.2 变量的类别

变量是指在程序运行过程中其值可以改变的量。而变量名是用户根据需要而命名的，但必须符合标识符的命名规则。为了满足程序多样化的需求，C 语言设置了以下变量：不同数据类型的变量、全局变量、局部变量、静态变量（静态全局变量和静态局部变量）、寄存器变量等。

变量如果按存储区域分为全局变量、静态全局变量和静态局部变量，都存放在内存的静态存储区域，局部变量存放在内存的栈区。按作用域分，全局变量在整个工程文件内都有效；静态全局变量只在定义它的文件内有效；静态局部变量只在定义它的函数内有效，只是程序仅分配一次内存，函数返回后，该变量不会消失，只有程序结束后才释放内存；局部变量在定义它的函数内有效，但是函数返回后失效。

4.2.1 局部变量

局部变量也称为内部变量。局部变量是在函数内作定义说明的。其作用域仅限于函数内，离开该函数后再使用这种变量是非法的。

```
int fun(int a) /* 函数 fun，a,b,c 的作用域 */
{
  int b,c;
}
  main()      /* 主函数 main，x,y 的作用域 */
{
  int x,y;
}
```

x、y 作用域在函数 fun() 内定义了 3 个变量，a 为形参，b、c 为一般变量。在 fun() 的范围内 a、b、c 有效，或者说 a、b、c 变量的作用域限于 fun() 内。同理，x、y 的作用域限于 main() 函数内。

范例 4-2　局部函数使用。

(1) 在 Visual C++ 6.0 中，新建名为 "localfunction.c" 的【Text File】文件。
(2) 在编辑窗口中输入以下代码（代码 4-2.txt）。

```
01    #include<stdio.h>
02    main(void)
03    {
04      int i=3,j=3,k;
05      k=i*j;
06      {
07        int k=8;
08        if (i==3)
09          printf("%d\n",k);
10      }
11      printf("%d\n%d\n",j,k);
12    }
```

【运行结果】

【范例分析】

在此例子中，main() 函数中定义了 i、j、k 共 3 个变量，其中，k 未赋初值。而在复合语句内又定义了一个变量 k，并赋初值为 8。应该注意这两个 k 不是同一个变量。在复合语句外由 main() 定义的 k 起作用，而在复合语句内则由在复合语句内定义的 k 起作用。因此程序第 4 行的 k 为 main() 所定义，其值应为 9。第 9 行输出 k 值，该行在复合语句内，由复合语句内定义的 k 起作用，其初值为 8，故输出值为 8，第 11 行输出 j、k 值。j 是在整个程序中有效的，第 4 行对 j 赋值为 3，故输出也为 3。而第 11 行已在复合语句之外，输出的 k 应为 main() 所定义的 k，此时 k 值由第 5 行已获得为 9，故输出也为 9。

局部变量也只有局部作用域，它在程序运行期间不是一直存在的，而只在函数执行期间存在，函数的一次调用执行结束后，变量被撤销，其所占用的内存也被收回。

4.2.2　形式参数

函数的参数分为形参和实参两种，自定义函数中的"形参"全称为"形式参数"，由于它不是实际存在的变量，所以又称虚拟变量。在定义函数名和函数体的时候使用的参数，其目的是用来接收调用该函数时传入的参数。形参即函数的自变量，其初值来源于函数的调用。只有在程序执行过程中调用了函数，形参才有可能得到具体的值，并参与运算求得函数值。可见形参表相当于变量说明，在调用函数时，实参将赋值给形参。因而，必须注意实参的个数，类型应与形参一一对应，并且必须要有确定的值。

形参和实参的功能是数据传送。发生函数调用时，主调函数把实参的值传送给被调函数的形参，从而实现主调函数向被调函数的数据传送。

范例 4-3   形参和实参的区别（代码4-3.txt）。

```
01   void main()
02   {
03      int n;
04      printf("input number\n");
05      scanf("%d",&n);
06      s(n);
07      printf("n=%d\n",n);
08   }
09   int s(int n)
10   {
11      int i;
12      for(i=n-1;i>=1;i--)
13          n=n+i;
14      printf("n=%d\n",n);
15   }
```

【运行结果】

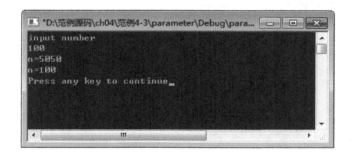

【范例分析】

本程序中定义了一个函数 s，该函数的功能是求 n+(n-1)+(n-2)+…+2+1 的值。在主函数中输入 n 值，并作为实参，在调用时传送给 s 函数的形参量 n(注意，本例的形参变量和实参变量的标识符都为 n，但这是两个不同的量，各自的作用域不同)。在主函数中用 printf 语句输出一次 n 值，这个 n 值是实参 n 的值。在函数 s 中也用 printf 语句输出了一次 n 值，这个 n 值是形参最后取得的 n 值。从运行情况看，输入 n 值为 100，即实参 n 的值为 100。把此值传给函数 s 时，形参 n 的初值也为 100，在执行函数过程中，形参 n 的值变为 5050。返回主函数之后，输出实参 n 的值仍为 100。可见实参的值不随形参的变化而变化。

函数的形参和实参具有以下特点。

(1) 形参变量只有在被调用时才分配内存单元，在调用结束时，即刻释放所分配的内存单元。因此，形参只有在函数内部有效。函数调用结束返回主调函数后则不能再使用该形参变量。

(2) 实参可以是常量、变量、表达式、函数等，无论实参是何种类型的量，在进行函数调用时，它们都必须具有确定的值，以便把这些值传送给形参。因此应预先用赋值、输入等办法使实参获得确定值。

(3) 实参和形参在数量、类型、顺序上应严格一致，否则会发生类型不匹配的错误。

(4) 函数调用中发生的数据传送是单向的，即只能把实参的值传送给形参，而不能把形参的值反向地传送给实参。因此在函数调用过程中，形参的值发生改变，而实参中的值不会变化。

4.2.3 ▶ 全局变量

全局变量也称为外部变量，它是在函数外部定义的变量，不属于哪一个函数，它属于一个源程序文件，其作用域是整个源程序。在函数中使用全局变量，一般应作全局变量说明，只有在函数内经过说明的全局变量才能使用。全局变量具有全局作用域，只需在一个源文件中定义，就可以作用于所有的源文件。当然，其他不包含全局变量定义的源文件需要用 extern 关键字再次声明这个全局变量。例如：

```
int a,b; /* 外部变量 */
void fun1() /* 函数 fun1*/
{…}
float c,d; /* 外部变量 */
int fun2() /* 函数 fun2*/
{…}
main() /* 主函数 */
{…}/* 全局变量 a,b 作用域 全局变量 c,d 作用域 */
```

从上例可以看出，a、b、c、d 都是在函数外部定义的外部变量，都是全局变量。但 c,d 定义在函数 fun1() 之后，而 fun1() 内又没有对 c,d 加以说明，所以它们在 fun1() 内无效。a,b 定义在源程序最前面，因此在 fun1(),fun2() 及 main() 内不加说明也可使用。

范例 4-4　输入正方体的长宽高l,w,h。求体积及3个面x*y,x*z,y*z的面积（代码4-4.txt）。

```
01   #include <stdio.h>
02   int ar1,ar2,ar3;
03   int vol( int a, int b, int c) /* 求正方体体积 */
04   {
05    int v;
06    v=a*b*c;
07    ar1=a*b;
08    ar2=b*c;
09    ar3=a*c;
10    return v;
11   }
12    void main()
13   {
14    int v, l, w, h;
15    printf("input length, width and height\n");
16    scanf("%d%d%d", &l, &w, &h); /* 输入长、宽、高 */
17    v=vol(l, w, h);
18    printf("v=%d s1=%d s2=%d s3=%d\n",v,ar1,ar2,ar3);
19   }
```

【运行结果】

【范例分析】

【范例 4-4】中定义了 3 个外部变量 ar1、ar2、ar3，用来存放 3 个面积，其作用域为整个程序。函数

vol() 用来求正方体体积和 3 个面积，函数的返回值为体积 v。由主函数完成长、宽、高的输入及结果输出。C 语言规定函数返回值只有一个，当需要增加函数的返回数据时，用外部变量是一种很好的方式。本例中，如不使用外部变量，在主函数中就不可能取得 v、ar1、ar2、ar3 等 4 个值。而采用了外部变量，在函数 vol() 中求得的 ar1、ar2、ar3 在 main() 函数中仍然有效。因此外部变量是实现函数之间数据通信的有效手段。

▶ 4.3 变量的存储类型

4.3.1 自动变量

　　自动变量就是指在函数内部定义使用的变量。该变量只允许在定义它的函数内部使用，在函数外的其他任何地方都不能使用。自动变量是局部变量，即它的区域性是在定义它的函数内部有效。当然这说明自动变量也没有链接性，因为它也不允许其他的文件访问。由于自动变量在定义它的函数外面的任何地方都是不可见的，所以允许在这个函数外的其他地方或者是其他函数内部定义同名的变量，它们之间不会发生冲突。因为这些变量都有自己的区域性，而且没有链接性（即不允许其他的文件访问）。

　　计算机在执行这个函数的时候，创建并为它分配内存，当函数执行完毕返回后，自动变量就会被销毁。这个过程是通过一个堆栈的机制来实现的。为自动变量分配内存就压栈，而函数返回时就退栈。自动变量的说明是在变量名及类型之前加上关键字 auto。一般形式如下。

(auto) 数据类型 变量 1，变量 2，…

　　自动变量的特征：①定义在函数内部，执行完后，自动消失；②定义自动型数组变量时，不能同时赋予初始值；③没有给自动型变量赋予初始值的时候，无法确认其变量值；④省略 "auto" 时，程序照样识别成自动型变量；⑤利用自动型变量可以节省内存空间。

```
01   void main()
02   {
03     auto int x, y;          /* 定义自动型变量 */
04     auto float a=3;         /* 赋予初始值 */
05     int b, c;               /* 省略 auto 也能被识别成自动变量 */
06   }
```

4.3.2 静态变量

　　静态变量用关键字 static 声明，根据变量的类型可以分为静态局部变量和静态全程变量。

01 静态局部变量

　　它与局部变量的区别在于，在函数退出时，这个变量始终存在，但不能被其他函数使用，当再次进入该函数时，将保存上次的结果。其他与局部变量一样。

02 静态全程变量

　　静态全程变量就是指只在定义它的源文件中可见而在其他源文件中不可见的变量。它与全程变量的区别是，全程变量可以再说明为外部变量 (extern)，被其他源文件使用，而静态全程变量却不能再被说明为外部的，即只能被所在的源文件使用。

static 数据类型 变量 1, 变量 2, …;

例如，声明一个静态变量：

```
static int a=5, b=10;  /* 声明全局静态变量 */
void main()
{
static float x, y, z;  /* 声明内部静态变量 x,y,z*/
}
```

范例 4-5　理解静态变量（代码4-5.txt）。

```
01   void myF()
02   {
03        static int x = 10;/* 声明静态变量 */
04        x=x+1;
05        printf("%d \n", x);
06   }
07   void main()
08   {
09        myF();
10        myF();
11        myF();
12   }
```

【运行结果】

【范例分析】

变量 x 是函数 myF 的内部静态变量，第一次执行加 1 操作之后，结果是 11。然后退出本函数，函数虽然消亡了，但其内部静态变量的值却一直被保留。当再次进行该函数时，x 的值已经是 11 了，此时应该输出 12。当第三次进入该函数，同理输出结果是 13。如果把 static 关键字去掉，应该输出 3 个 11。

注意：静态变量，只会被初始化一次，意思是 x 被赋值为 10 的操作只会执行一次，第二次进入的时候，将不会被执行。

4.3.3　外部变量

外部变量用关键字 extern 声明。为了使变量除了在定义它的源文件中可以使用外，还可以被其他文件使用，就要将全程变量通知每一个程序模块文件，此时可用 extern 来说明。外部变量特征是，必须先在函数外面定义变量，后用 extern 表明要参照此变量；一旦定义成外部参照型变量，可以在其他源程序文件参照此变量；变量中的值将保留到程序结束为止。

外部变量定义必须在所有的函数之外，且只能定义一次。其一般形式为，其中方括号内的 extern 可以省去不写。

```
[extern] 数据类型 变量 1, 变量 2,…;
```

下面简单声明一个外部变量。

```
int x=10;
main()
{
  extern int x;      /* 声明一个外部变量 */
  printf（"x=%d\n", x);
}
```

在 main() 函数外部定义一个变量 x，赋值为 10。main() 函数体内部，也定义了一个变量 x，但该变量被定义为外部变量，那么输出 x 的值为 10。

范例 4-6　使用外部变量求解正方体体积（代码4-6.txt）。

```
01  #include <stdio.h>
02  int l=3,w=4,h=5;
03  int vol(int l,int w)
04  {
05    extern int h;
06    int v;
07    v=l*w*h;
08    Return v;
09  }
10  void main()
11  {
12    extern int w,h;
13    int l=5;
14    printf("v=%d\n",vol(l,w));
15  }
```

【运行结果】

【范例分析】

本例程序中，外部变量 l、w 与 vol() 函数的形参 l、w 同名。外部变量都做了初始赋值，main() 函数中也对 l 做了初始化赋值。执行程序时，在 printf 语句中调用 vol() 函数，实参 l 的值应为 main() 中定义的 l 值，等于 5，外部变量 l 在 main() 内不起作用；实参 w 的值为外部变量 w 的值，为 4，进入 vol() 后这两个值传送给形参 l、w，vol() 函数中使用的 h 为外部变量，其值为 5，因此 v 的计算结果为 100，返回主函数后输出。变量的存储类型各种变量的作用域不同，就其本质来说是因变量的存储类型相同。所谓存储类型是指变量占用内存空间的方式，也称为存储方式。

4.3.4 寄存器变量

寄存器变量通常在比较注重执行速度的情况下使用，其思想是告诉编译程序把该变量放在某个 CPU 寄存器中。因为数据在寄存器中操作比在内存中快，这样就提高了程序代码的执行速度。寄存器变量的说明是在变量名及类型之前加上关键字 register。值得注意的是取地址运算符 & 不能作用于寄存器变量。

寄存器变量一般分配在 CPU 的通用寄存器中，便于高速运算。由于 CPU 的通用寄存器数量有限，一般定义 1~3 个，如果寄存器变量定义数目过多，则会自动将超出的变量设为自动型变量。而且不能定义占用字节数多的变量，如 long、float、double，只允许 int、char、short 指针型变量，寄存器变量的内存分配和回收与自动型变量相同。

在 C 语言中可以使用寄存器变量来优化程序的性能，比较常见的是在一个函数体当中，将变量声明为寄存器变量：

register 数据类型 变量 1, 变量 2, …;

看如下例子：

register int x, y; /* 定义整型寄存器变量 */
register r1, r2;   /* 定义寄存器变量，可以省略 int*/
register char a, b; /* 定义字符型寄存器变量 */
register int *a;   /* 定义指针型寄存器变量 */

如果可能的话，编译器就会为它们分配单独的寄存器，在整个函数执行期间对变量的操作全都是对这些寄存器进行，这时候就不用频繁地去访问内存了，自然就提高了性能，但不能用于全局变量。注意， register 是不能取址的。

register int j;
int *p = &j; /* 上述代码是错的，因为无法对寄存器的定址。*/

📝 **范例 4-7**　寄存器变量的使用（代码4-7.txt）。

```c
#include <stdio.h>
void main() {
        register int a, b, c;
        a = 10;
        b = 20;
        c = b-a;
        printf( "a=%d \n" , a);
        printf( "b=%d \n" , b);
        printf( "c=%d \n" , c);
}
```

【运行结果】

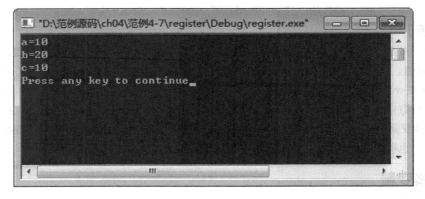

```
"D:\范例源码\ch04\范例4-7\register\Debug\register.exe"
a=10
b=20
c=10
Press any key to continue_
```

【范例分析】

程序首先定义了 3 个整型寄存器变量 a、b、c，其运算过程与自动变量类似，然后输出运行结果。

▶4.4 变量的赋值和初始化

既然变量的值可以在程序中随时改变，那么，变量必然可以多次赋值。我们把第 1 次的赋值行为称为变量的初始化。也可以这么说，变量的初始化是赋值的特殊形式。

下面来看一个赋值的例子：

```
int i;
double f;
char a;
i=10;
f=3.4;
a='b';
```

在这个语句中，第1~ 第3行是变量的定义，第4~ 第6行是对变量赋值。将10赋给了int类型的变量i，3.4赋给了double类型的变量f，字符b赋给了char类型的变量a。第4~ 第6行使用的都是赋值表达式。

对变量赋值的主要方式是使用赋值表达式，其形式如下：

变量名=值；

那么，变量的初始化语句的形式为：

变量类型名 变量名=初始值；

例如：

```
int i=10;
int j=i;
double f=3.4+4.3;
char a='b';
```

其中，我们对变量类型名和变量名比较了解，那么就来看一下"="和初始值。

"="为赋值操作符，其作用是将赋值操作符右边的值赋给操作符左边的变量。赋值操作符左边是变量，右边是初始值。其中，初始值可以是一个常量，如第1行的10和第4行的字符b；可以是一个变量，如第2行的i，意义是将变量i的值赋给变量j；还可以是一个其他表达式的值，如第3行的3.4+4.3。那么，变量i的值是10，变量j的值也是10，变量f的值是7.7，变量a的值是字符b。

赋值语句不仅可以给一个变量赋值，也可以给多个变量赋值，形式如下：

类型变量名 1=初始值，变量名 2=初始值…；

例如：

```
int i=10,j=20,k=30;
```

上面的代码分别给变量i赋值10，为变量j赋值20，为变量k赋值30，相当于语句：

```
int i,j,k;
i=10;
j=20;
k=30;
```

📌注意

只有变量的数据类型名相同时，才可以在一个语句里进行初始化。

下面的语句相同吗？

```
int i=10,j=10,k=10;
int i,j,k; i=j=k=10
int i,j,k=10;
```

这几条语句看上去类似，但是却不同。第1行的作用和第2行相同，都是定义i、j、k 3个变量，并对它们初始化。但是第3行的功能则不同，它同样定义了i、j、k等3个变量，但只给k赋了初值10。

▶ 4.5 综合应用——根据变量的不同决定运行的结果

范例 4-8　输入不确定个数的学生的成绩，输入负数时程序结束。

根据输入的数据计算全班的平均成绩，并统计 90 分以上的学生个数、80~90 分的学生个数、70~80 分的学生个数、60~70 分的学生个数，以及不及格的学生个数。

(1) 在 Visual C++ 6.0 中，新建名为"numCount.c"的【Text File】源文件。

(2) 在编辑窗口中输入以下代码（代码 4-8.txt）。

```c
01  #include<stdio.h>
02  int main(void)
03  {
04    float sum=0.0,avg=0.0;        /* 给变量初始化 */
05    int num,count,c9,c89,c78,c67,c6;    /* 定义变量 */
06    num=count=c9=c89=c78=c67=c6=0;  /* 给变量赋值 */
07    scanf("%d",&num);            /* 输入数字 */
08    while(num>0 && num<101)/* 统计 */
09    {
10      sum=sum+num;   /* 求全班成绩总和 */
11      count=count+1;  /* 求全班人数 */
12      if(num>=90)
13        c9=c9+1;         /* 成绩在 90 分以上的人数统计 */
14      else
15        {
16        if(num>=80 && num<90)
17          c89=c89+1; /* 成绩在 80~90 分之间的人数统计 */
18        else
19        {
20          if(num>=70 && num<80)
21            c78=c78+1; /* 成绩在 70~80 分之间的人数统计 */
22          else
23          {
24            if(num>=60 && num<70)
25              c67=c67+1;      /* 成绩在 60~70 分之间的人数统计 */
26            else c6=c6+1;     /* 成绩在 60 分以下的人数统计 */
27          }
28        }
29        }
30      scanf("%d",&num);        /* 再次输入数据 */
31    }
32    avg=sum/count;   /* 求平均成绩 */
33    printf(" 班级平均成绩为 :%f\n",avg); /* 输出平均成绩 */
34    printf("90 分以上的（包括 90）的人数是 :%d\n",c9);   /* 输出成绩在 90 分以上的人数 */
35    printf("80 分 ~90 分（包括 80）的人数是 :%d\n",c89);  /* 输出成绩在 80~90 分之间的人数 */
36    printf("70 分 ~80 分（包括 70）的人数是 :%d\n",c78);  /* 输出成绩在 70~80 分之间的人数 */
37    printf("60 分 ~70 分（包括 60）的人数是 :%d\n",c67);  /* 输出成绩在 60~70 分之间的人数 */
38    printf("60 分以下的人数是 :%d\n",c6);        /* 输出成绩低于 60 分的人数 */
39    return 0;
40  }
```

【代码详解】

第 4 行定义了两个变量——sum 和 avg，sum 用于存储学生的总成绩，avg 用于存放学生的平均成绩，这条语句是对变量初始化。注意，sum 和 avg 的数据类型为 float，为什么？大家可以上机试试，如果定义成其他类型，结果会有什么变化？

第 5 行是定义变量，num 用于存储输入的数据，count 用于存储学生的个数，即输入的符合规则的数据的个数，c9 用于存储成绩在 90 分以上的学生的个数，c89 用于存储成绩在 80~90 分的学生的个数，c78 用于存储成绩在 70~80 分的学生的个数，c67 用于存储成绩在 60~70 分的学生个数，c6 用于存储成绩在 60 分以下的学生的个数。

第 6 行是对第 5 行变量的赋值。

第 7 行是一条输入语句，& 是地址操作符，这条语句的作用是把客户端输入的数据存入 & 后面的变量 num 中。

第 8~31 行是 while 语句，只要满足 while 后面括号内的条件，就可以执行 while 后面大括号的语句（循环体），用于判断输入的数据是否符合规则，符合规则就求数据和、数据的个数，并判断属于哪个成绩段。

第 32 行是求平均成绩。第 33~38 行是输出语句。

> **提示**
>
> 在做累加和累乘运算时，运算结果可能会很大，如果定义成 整型变量，可能会超出范围，所以如果无法保证结果的范围不超出整型数的范围，那么建议定义成双精度型或长整型，如本例的 **sum** 变量。求平均时，如果是两整型变量相除，商自动为整型，如 6/4 结果为 1。为了保证精度，本例把 **sum** 和 **ave** 变量都定义成了 **float** 型。

【运行结果】

编译、连接、运行程序，输入学生的成绩（输入负数时结束），按【Enter】键，即可在命令行中输出以下结果。

【范例分析】

我们首先分析一下解决这个问题需要用到的几个变量：首先读入的是整数，这里用 num；总和和平均值各需要一个变量，分别用 sum 存放总和，用 avg 存放平均值；程序读入数据是重复的动作，显然要用到循环语句，在这里循环次数不固定，适宜用 while 循环，循环结束条件是输入的数据为负数，此时不需要用到循环控制变量。还需要哪些变量呢？求平均该怎么求，肯定是用总和除以数的个数，显然在输入的过程中一定要统计输入的变量个数，所以用到了 count；又要计算各个分数段的人数，所以用到了 c9、c89、c78、c67 和 c6。

求和怎么求？用累加的方法，读入一个往存放和的变量中加一个。作为存放和的这个变量，我们称之为累加器。

累加器既然是用来统计总数的，那么在统计之前一定要把现在可能的东西清理干净，也就是要给它赋初值 0，即累加器清零。

本例中的 sum 用来放和，当然是累加器，所以在使用之初也应该清 0。

如果一个变量被用来存放几个数的积，我们称它为累乘器，累乘器在使用之前必须赋初值 1，这样才不会改变真正的待求的几个数的积。

给累乘器赋初值 1，称为累乘器置 1。

在这里还要考虑一种特殊情况，即第 1 个数是 0，这样就不算平均，所以可以给 avg 也赋初值 0。

▶ 4.6　高手点拨

在定义和使用变量时，需注意以下问题。

(1) 变量的声明和变量的定义有什么不同？

① 形式不同：定义比声明多了一个分号，就是一个完整的语句。

② 其作用的时间不同：声明是在程序的编译期起作用，而定义在程序的编译期起声明作用，在程序的运行期作用是为变量分配内存。

(2) 为什么变量要初始化？如果没有初始化，会影响变量的使用吗？

变量的定义是让内存给变量分配内存空间，在分配好内存空间，程序没有运行前，变量会分配一个不可知的混乱值，如果程序中没有对其进行赋值就使用，势必会引起不可预期的结果。所以，使用变量前务必要对其进行初始化。

(3) 对于全局变量还有以下几点说明。

① 对于局部变量的定义和说明，可以不加区分。而对于外部变量则不然，外部变量的定义和外部变量的说明并不是一回事。外部变量定义必须在所有的函数之外，且只能定义一次。

例如：int a,b; 等效于 extern int a,b;。

② 外部变量可加强函数模块之间的数据联系，但是又使函数要依赖这些变量，因而使得函数的独立性降低。从模块化程序设计的观点来看这是不利的，因此在不必要时尽量不要使用全局变量。

③ 在同一源文件中，允许全局变量和局部变量同名。在局部变量的作用域内，全局变量不起作用。

(4) 关于局部变量的作用域还要说明以下几点。

① 主函数中定义的变量也只能在主函数中使用，不能在其他函数中使用。同时，主函数中也不能使用其他函数中定义的变量。因为主函数也是一个函数，它与其他函数是平行关系。这一点是与其他语言不同的，应予以注意。

② 形参变量是属于被调函数的局部变量，实参变量是属于主调函数的局部变量。

③ 允许在不同的函数中使用相同的变量名，它们代表不同的对象，分配不同的单元，互不干扰，也不会发生混淆。

④ 在复合语句中也可定义变量，其作用域只在复合语句范围内。

▶ 4.7　实战练习

1. 给出两个数，输出较大的那个数。

2. 使用外部变量求解圆的面积。

3. 运用强制类型转换将浮点型数据转换成整型数据。

4. 输入 4 个数，要求按从小到大排列的顺序输出。

5. 要将 'China' 译成密码，译码规律是：用原来字母后面的第 4 个字母代替原来的字母。例如，字母 'A' 后面第 4 个字母是 'E'，'E' 代替 'A'。用赋初值的方法使 c1、c2、c3、c4、c5 5 个变量的值分别为 'C'、'h'、'i'、'n'、'a'，经过运算，使 c1、c2、c3、c4、c5 分别变为 'G'、'l'、'm'、'r'、'e'，并输出。

6. 输出 1~5 的阶乘值。

第 **5** 章

计算机如何识数
——数制

数制是用来表示数的大小的不同方式，有二进制、八进制、十进制、十六进制。在使用的进位计数制中，表示数的符号在不同的位置上时所代表的数的值是不同的。数制计数的特点是逢 N 进 1 且采用位权表示法。

本章要点（已掌握的在方框中打钩）

□ 数制
□ 二进制
□ 八进制
□ 十进制
□ 十六进制
□ 数制间的转换

数据在计算机里是以二进制形式表示的，在实际程序中，许多系统程序需要直接对二进制位的数据进行操作，还有不少硬件设备与计算机通信，都是通过一组二进制数控制和反映硬件的状态。在表示一个数时，二进制形式位数多，八进制和十六进制比二进制书写方便些，它们都是计算机中计算常用的数制。

▶ 5.1 二进制

二进制是逢二进一的数制，目前的计算机全部都采用二进制系统。**0 和 1 是二进制数字符号**，运算规则简单，操作方便，因为每一位数都可以用任何具有两个稳定状态的元件表示，所以二进制易于用电子方式实现。

01 二进制运算规则

- 加法：$0 + 0 = 0$，$0 + 1 = 1$，$1 + 0 = 1$，$1 + 1 = 10$
- 减法：$0 - 0 = 0$，$1 - 0 = 1$，$1 - 1 = 0$，$10 - 1 = 1$
- 乘法：$0 \times 0 = 0$，$0 \times 1 = 0$，$1 \times 0 = 0$，$1 \times 1 = 1$
- 除法：$0 \div 1 = 0$，$1 \div 1 = 1$

例如，$(1100)_2 + (0111)_2$ 的计算如下：

$$
\begin{array}{r}
1100 \\
+\,0111 \\
\hline
10011
\end{array}
$$

02 二进制转换为十进制

十进制是逢十进一，由数字符号 0、1、2、3、4、5、6、7、8、9 组成，可以这样分析十进制数：

$(1234)_{10} = 1 \times 10^3 + 2 \times 10^2 + 3 \times 10^1 + 4 \times 10^0 = 1000 + 200 + 30 + 4 = (1234)_{10}$

可采用同样的方式转换二进制为十进制。

$(1101)_2 = 1 \times 2^3 + 1 \times 2^2 + 0 \times 2^1 + 1 \times 2^0 = 8 + 4 + 0 + 1 = (13)_{10}$

$(10.01)_2 = 1 \times 2^1 + 0 \times 2^0 + 0 \times 2^{-1} + 1 \times 2^{-2} = 2 + 0 + 0 + 0.25 = (2.25)_{10}$

03 十进制转换为二进制

(1)十进制整数转换为二进制：方法是除以 2 取余，逆序排列，以 $(89)_{10}$ 为例，如下。

$$
\begin{array}{lll}
89 \div 2 & & \text{余 } 1 \\
44 \div 2 & & \text{余 } 0 \\
22 \div 2 & & \text{余 } 0 \\
11 \div 2 & & \text{余 } 1 \\
5 \div 2 & & \text{余 } 1 \\
2 \div 2 & & \text{余 } 0 \\
1 \div 2 & & \text{余 } 1 \\
\end{array}
$$

$(89)_{10} = (1011001)_2$

$(5)_{10} = (101)_2$

$(2)_{10} = (10)_2$

(2)十进制小数转换为二进制：方法是乘以 2 取整，顺序排列，以 $(0.625)_{10}$ 为例。

$$
\begin{array}{ll}
0.625 \times 2 = 1.25 & \text{取整 } 1 \\
0.25 \times 2 = 0.5 & \text{取整 } 0 \\
0.5 \times 2 = 1 & \text{取整 } 1 \\
\end{array}
$$

$(0.625)_{10} = (0.101)_2$

$(0.25)_{10} = (0.01)_2$

$(0.5)_{10} = (0.1)_2$

▶5.2 八进制

八进制是逢八进一的数制，由 0~7 等 8 个数字组成。八进制比二进制书写方便，也常用于计算机计算。需要注意的是，在 C 语言中，八进制数以数字 0 开头，比如 04、017 等。

01 八进制转换为十进制

与二进制转换为十进制的原理相同，如：$(64)_8 = 6 \times 8^1 + 4 \times 8^0 = 48 + 4 = (52)_{10}$。

02 二进制转换为八进制

整数部分从最低有效位开始，以 3 位二进制数为一组，最高有效位不足 3 位时以 0 补齐，每一组均可转换成一个八进制的值，转换结果就是八进制的整数。小数部分从最高有效位开始，以 3 位为一组，最低有效位不足 3 位时以 0 补齐，每一组均可转换成一个八进制的值，转换结果就是八进制的小数。例如，$(11001111.01111)_2 = (011\ 001\ 111.011\ 110)_2 = (317.36)_8$。

▶5.3 十进制

十进制是组成以 **10** 为基础的数制系统，由 **0、1、2、3、4、5、6、7、8、9** 这 **10** 个基本数字组成。十进位位值制记数法包括十进位和位值制两条原则，"十进"即满十进一；"位值"则是同一个数位在不同的位置上所表示的数值也就不同，如三位数"123"，右边的"3"在个位上表示 3 个一，中间的"2"在十位上就表示 2 个十，左边的"1"在百位上则表示 1 个百。这样，就使极为困难的整数表示和演算变得简便易行，以至于人们往往忽略它对数学发展所起的关键作用。

把二进制数转换成十进制数很容易，只要把数按权展开，再把各项相加即可（见上文）。十进制数转换成二进制数的方法如下。

(1) 十进制整数转换为二进制整数——除 2 取余法

例如，把十进制数 13 转换成二进制数的过程如下。

$$13 \div 2，商 6 余 1，余数应为第 1 位上的数字；$$
$$6 \div 2，商 3 余 0，第 2 位上应为 0；$$
$$3 \div 2，商 1 余 1，第 3 位上应为 1；$$
$$1 \div 2，商 0 余 1，第 4 位上应为 1。$$

这时，从下往上读出余数就是相应的二进制整数，即 $(13)_{10} = (1101)_2$。

(2) 十进制小数转换为二进制小数——乘 2 取整法

例如，把十进制数 0.6875 转换成二进制数。

$$0.6875 \times 2 = 1.3750 \rightarrow 整数位为 1。$$
$$0.3750 \times 2 = 0.7500 \rightarrow 整数位为 0$$
$$0.7500 \times 2 = 1.5000 \rightarrow 整数位为 1$$
$$0.5000 \times 2 = 1.0000 \rightarrow 整数位为 1$$

这时，只要从上往下读出整数部分，就是相应的二进制数，即

$$(0.6875)_{10} = (0.1011)_2$$

如果一个数既有整数又有小数，可以分别转换后再合并。

▶5.4 十六进制

十六进制就是逢十六进一的数制，由 **0~9** 和 **A~F** 共 **16** 个数字组成 (**A** 代表 **10**，**F** 代表

15)，也常用于计算机计算。在 C 语言中，十六进制数以数字 0x 开头，比如 0x1A、0xFF 等。

01 十六进制转换为十进制

和二进制转换为十进制的原理相同，例如：

$(2FA)_{16} = 2 \times 16^2 + F \times 16^1 + A \times 16^0 = 512 + 240 + 10 = (762)_{10}$

02 二进制转换为十六进制

与二进制转换为八进制相似，这里是以 4 位为一组，每一组转换为一个十六进制的值。例如：

$(11001111.01111)_2 = (1100\ 1111.0111\ 1000)_2 = (CF.78)_{16}$

▶ 5.5 数制间的转换

了解了二进制、八进制和十六进制的原理和转换方法后，下面通过程序实际操作一下，根据运行结果分析原因。

前面已经接触过标准输出函数 printf()，在这里就使用 printf() 函数输出转换的结果。printf() 函数的格式控制参数如下表所示。

格式控制参数	描述
%d	十进制有符号整数
%u	十进制无符号整数
%f	十进制浮点数
%o	八进制数
%x	十六进制数

📝 范例 5-1　　分别使用十进制、八进制和十六进制输出已知数值。

(1) 在 Visual C++ 6.0 中，新建名为"进制转换 .c"的【Text File】文件。
(2) 在代码编辑区域输入以下代码（代码 5-1.txt）。

```
01  #include <stdio.h>
02  int main(void)
03  {
04    unsigned int x=12;
05    unsigned int y=012;              /* 八进制 0 开头 */
06    unsigned int z=0x12;            /* 十六进制 0x 开头 */
07    printf(" 十进制 %u 转换为 八进制 %o 十六进制 %x\n",x,x,x);     /*%u 表示无符号十进制数 */
08    printf(" 八进制 %o 转换为 十进制 %u 十六进制 %x\n",y,y,y);     /*%o 表示无符号八进制数 */
09    printf(" 十六进制 %x 转换为 八进制 %o 十进制 %u\n",z,z,z);    /*%x 表示无符号十六进制数 */
10    return 0;
11  }
```

【运行结果】

编译、连接、运行程序，即可在命令行中输出以下结果。

【范例分析】

根据 3 种进制的转换关系，通过二进制这样一个媒介，可以得出下面的结论。

$$(12)_{10} = (1100)_2 = (14)_8 = (C)_{16}$$
$$(12)_8 = (1010)_2 = (A)_{16} = (10)_{10}$$
$$(12)_{16} = (10010)_2 = (22)_8 = (18)_{10}$$

▶5.6 综合应用——数制转换

1. $(53)_{10} = (?)_8$

解：

```
2 | 53
2 | 26  ——  1      LSB
2 | 13  ——  0       ↑
2 |  6  ——  1       |
2 |  3  ——  0       |
2 |  1  ——  1       |
    0  ——  1      MSB
```

余数

箭头表示由高位到低位的方向，所以 $(53)_{10} = (110101)_2$。同理，若将十进制数转换成八进制数，由于基数为 8，所以依次除以 8 取余数即可。$(53)_{10} = (65)_8$。

2. $(0.375)_{10} = (?)_2$

解：

```
          0.375
    ×       2
    ——————————————
        (0).750      b_{-1}=0
    ×       2
    ——————————————
        (1).500      b_{-2}=1
    ×       2
    ——————————————
        (1).000      b_{-3}=1
```

所以 $(0.375)_{10} = (0.011)_2$。

▶5.7 高手点拨

（1）二进制与八进制（3 位一组）、十六进制（4 位一组）转换要注意分组，这样可以快速准确地转换。

（2）将 R 进制数转换为十进制数可采用多项式替代法，即将 R 进制数按权展开，再在十进制的数制系统内进行计算，所得结果就是该 R 进制数的十进制数形式。

（3）将十进制数转换成斜进制数可采用基数除乘法。即整数部分的转换采用基数除法，小数部分的转换采用基数乘法，然后再将转换结果合并起来。下面以十进制数转换成二进制数为例进行说明。

① 整数转换，采用基数除法。

设有一个十进制整数 $(N)_{10}$，将它表示成二进制的形式：

$$(N)_{10} = b_{n-1}2^{n-1} + b_{n-2}2^{n-2} + \cdots + b_1 2^1 + b_0 2^0$$

将 2 从前 n-1 项括出，相当于除以 2，得

$$(N)_{10} = 2(b_{n-1}2^{n-2} + b_{n-2}2^{n-3} + \cdots + b_1) + b_0 = 2A_1 + b_0$$

式中，A_1 为除以 2 后所得的商，b_0 为余数。可见余数 b_0 就是二进制数的最低位。把商 A_1 再除以 2 得到余数 b_1，为二进制数的第二位，如此连续除以 2 得：

$$A_1 = 2A_2 + b_1$$
$$A_2 = 2A_3 + b_2$$
$$\vdots$$
$$A_i = 2A_{i+1} + b_i$$

一直进行到商为 0，余数为 b_{n-1} 为止。

② 小数转换，采用基数乘法。

设有一个十进制小数 $(N)_{10}$，将它表示成二进制的形式：

$$(N)_{10} = b_{-1}2^{-1} + b_{-2}2^{-2} + \cdots + b_{-m}2^{-m}$$

上式两边乘以 2，得

$$2(N)_{10} = b_{-1} + (b_{-2}2^{-1} + \cdots + b_{-m}2^{-m+1})$$

b_{-1} 为 0 或 1，而括号中的数值则小于 1。连续乘以 2，可以得到 $b_{-1}, b_{-2}, \cdots, b_{-m}$。直至最后乘积为 0 或达到一定的精度为止。

▶ 5.8 实战练习

1. $(11010.11)_2 = (?)_{10}$
2. $(137.504)_8 = (?)_{10}$
3. $(12AF.B4)_{16} = (?)_{10}$
4. 编写一个 N 函数，输入一个十六进制数，输出相应的十进制数。

第 **6** 章

数据的种类
——数据类型

输入／输出是计算机的基本行为，也是任何语言必需的功能，可在用户和计算机之间起到"桥梁"的作用。那么，在 C 语言的世界里，输入和输出是怎样实现的？怎样才能高速、高效地输入和输出呢？

本章要点（已掌握的在方框中打钩）

☐ 数据类型的分类

☐ 整型

☐ 字符型

☐ 浮点型

☐ 类型转换

▶6.1 数据类型的分类

所谓数据类型是按被说明量的性质、表示形式、占据存储空间的大小、构造特点来划分的。在 C 语言中，数据类型可分为基本数据类型、构造数据类型、指针数据类型、空类型四大类。

6.1.1 基本数据类型

C 语言中常用的数据类型有整型、浮点型、字符型、无值型。

6.1.2 构造数据类型

构造数据类型是根据已定义的一个或多个数据类型用构造的方法来定义的。也就是说，一个构造类型的值可以分解成若干个"成员"或"元素"。每个"成员"都是一个基本数据类型或一个构造类型。在 C 语言中，构造类型有以下几种：数组类型、结构类型、联合类型。

前面已介绍了基本类型（即整型、实型、字符型等）的变量，还介绍了构造类型——数组，而数组中的元素是属于同一类型的。

但在实际应用中，有时需要将一些有相互联系而类型不同的数据组合成一个有机的整体，以便于引用。如学生学籍档案中的学号、姓名、性别、年龄、成绩、地址等数据，对每个学生来说，除了其各项的值不同外，表示形式是一样的。

这种多项组合又有内在联系的数据称为结构体 (structure)。它是可以由用户自己定义的。

6.1.3 指针数据类型

指针是一种特殊的同时又具有重要作用的数据类型，其值用来表示某个量在内存储器中的地址。虽然指针变量的取值类似于整型量，但这是两个类型完全不同的量，因此不能混为一谈。

6.1.4 空类型

空类型在调用函数值时，通常应向调用者返回一个函数值。这个返回的函数值是具有一定数据类型的，应在函数定义及函数说明中给以说明，例如，max() 函数定义中，函数头为 int max(int a,int b)，其中，"int"类型说明符表示该函数的返回值为整型量。又如库函数 sin()，如果系统规定其函数返回值为双精度浮点型，那么在赋值语句 s=sin (x); 中，s 也必须是双精度浮点型，以便与 sin() 函数的返回值一致。所以在说明部分，把 s 说明为双精度浮点型。但是，也有一类函数，调用后并不需要向调用者返回函数值，这种函数可以定义为"空类型"，其类型说明符为 void。

▶ 6.2 整型

整型数据的英文单词是 Integer，比如 0、-12、255、1、32767 等都是整型数据。整型数据是不允许出现小数点和其他特殊符号的。

从图中可以看出整型数据共分为 7 类，分别是字符型、短整型、整型、长整型、无符号短整型、无符号整型和无符号长整型。其中，短整型、整型和长整型是有符号数据类型。

01 取值范围

我们知道，计算机内部的数据都是以二进制形式存储的，把每一个二进制数称为一位 (bit)，位是计算机里最小的存储单元，又把一组 8 个二进制数称为一个字节 (byte)，不同的数据有不同的字节要求。通常来说，整型数据长度的规定是为了程序的执行效率，所以 int 类型可以得到最大的执行速度。这里以在 Miscrosoft Visual C++ 6.0 中数据类型所占存储单位为基准，建立如下的整型数据表。

类型	说明	字节	范围
整型	int	4	-2147483648~2147483647
短整型	short (int)	2	-32768~32767
长整型	long (int)	4	-2147483648~2147483647
无符号整型	unsigned (int)	4	0~4294967295
无符号短整型	unsigned short (int)	2	0~65535
无符号长整型	unsigned long (int)	4	0~4294967295
字符型	char	1	0~255

在使用不同的数据类型时，需要注意的是不要让数据超出范围，也就是常说的数据溢出。

02 有符号数和无符号数

int 类型在内存中占用了 4 个字节，也就是 32 位。因为 int 类型是有符号的，所以这 32 位并不是全部用来存储数据的，使用其中的 1 位来存储符号，使用其他的 31 位来存储数值。为了简单起见，下面用一个字节 8 位来说明。

对于有符号整数，以最高位（左边第 1 位）作为符号位，最高位是 0，表示的数据是正数；最高位是 1，表示的数据是负数。

整数　10 二进制形式：

0	0	0	0	1	0	1	0

整数 −10 二进制形式：

1	0	0	0	1	0	1	0

对于无符号整数，因为表述的都是非负数，因此一个字节中的 8 位全部用来存储数据，不再设置符号位。

整数　10 二进制形式：

0	0	0	0	1	0	1	0

整数 138 二进制形式：

1	0	0	0	1	0	1	0

03 类型间转换

不同类型的整型数据所占的字节数不同，在相互转换时就需要格外留心，不要将过大的数据放在过小的数据类型中。在把所占字节较大的数据赋值给占字节较小的数据时，应防止出现以下情况。

例如：

```
int a = 2147483648;
printf("%d",a);
```

这样赋值后，输出变量 a 的值并非预期的 2147483648，而是 -2147483648，原因是 2147483648 超出了 int 类型能够装载的最大值，数据产生了溢出。但是换一种输出格式控制符，如下：

```
printf("%u",a);
```

输出的结果就是变量 a 的值，原因是 %u 是按照无符号整型输出的数据，而无符号整型的数据范围上限大于 2147483648 这个值。

例如：

```
unsigned short a = 256;
char b = a;
printf("%d",b);
```

这样赋值后，输出变量 b 的值并非预期的 256，而是 0，原因是 256 超出了 char 类型能够装载的最大值，b 只截取了 a 的低 8 位的数据。

变量 a：

0	0	0	0	0	0	0	1	0	0	0	0	0	0	0	0

变量 b：

当把所占字节较小的数据赋值给占字节较大的数据时，可能出现以下两种情况。

第 1 种情况，当字节较大数是无符号数时，转换时新扩充的位被填充成 0。

例如：

```
char b = 10;
unsigned short a = b;
```

```
printf("%u",a);
```

这样赋值后，变量 a 中输出的值是 10，原因如下。

变量 b：

空的！	0	0	0	0	1	0	1	0

变量 a：

0	0	0	0	0	0	0	0	0	0	0	0	1	0	1	0

第 2 种情况，当字节较大数是有符号数时，转换时新扩充的位被填充成符号位。

例如：

```
char b = 255;
short a = b;
printf("%d",a);
```

这样赋值后，变量 a 输出的值是 -1，变量 a 扩充的高 8 位根据变量 b 的最高位 1 都被填充成了 1，所以数值由正数变成了负数，因为变量 a 的最高位符号位是 1。至于为什么 16 个 1 表示的是 -1，涉及二进制数的原码和补码问题，这里我们先不深究。转换图示如下。

变量 b：

空的！	1	1	1	1	1	1	1	1

变量 a：

1	1	1	1	1	1	1	1	1	1	1	1	1	1	1	1

▶6.3 字符型

字符型是整型数据中的一种，它存储的是单个的字符，存储方式是按照 ASCII 码（American Standard Code for Information Interchange，美国信息交换标准码）的编码方式，每个字符占一个字节、8 位。

> **提示**
>
> ASCII 虽然用 8 位二进制编码表示字符，但是其有效位为 7 位。

字符使用单引号 "'" 引起来，与变量和其他数据类型相区别，比如 'A'、'5'、'm'、'$'、';' 等。

又比如有 5 个字符 'H'、'e'、'l'、'l'、'o'，它们在内存中存储的形式如下所示。

01001000	01100101	01101100	01101100	01101111
H	e	l	l	o

字符型的输出既可以使用字符的形式输出，即采用 '%c' 格式控制符，还可以使用上一节采用的其他整数输出方式。比如：

```
char c = 'A';
printf("%c,%u",c);
```

输出结果是 A,65 。

此处的 65 是字符 'A' 的 ASCII 码。

范例 6-1　字符和整数的相互转换输出。

(1)在 Visual C++ 6.0 中，新建名为 "字符整数转换 .c" 的【Text File】文件。
(2)在代码编辑区域输入以下代码 (代码 6-1.txt)。

```
01  #include <stdio.h>
02  int main(void)
03  {
04      char c='a';              /* 字符变量 c 初始化 */
05      unsigned i=97;          /* 无符号变量 i 初始化 */
06      printf("%c,%u\n",c,c);  /* 以字符和整形输出 c*/
07      printf("%c,%u\n",i,i);  /* 以字符和整形输出 i*/
08      return 0;
09  }
```

【运行结果】

编译、连接、运行程序，即可在命令行中输出以下结果。

【范例分析】

因为字符是以 ACSII 码形式存储的，所以字符 a 和整数 97 是可以相互转换的。

提示

字符 'a' 的 ASCII 值为 97。

在字符的家族中，控制符是无法通过正常的字符形式表示的，比如常用的回车、换行、退格等，而需要使用特殊的字符形式来表示，这种特殊字符称为转义符。

转义符	说明	ASCII 码
\n	换行，移动到下一行首	00001010
\t	水平制表键，移动到下一个制表符位置	00001001
\b	退格，向前退一格	00001000
\r	回车，移动到当前行行首	00001101
\a	报警	00000111
\?	输出问号	00111111
\'	输出单引号	00100111
\"	输出双引号	00100010
\ooo	八进制方式输出字符，o 表示八进制数	空
\xhhh	十六进制方式输出字符，h 表示十六进制数	空
\0	空字符	000000

📝 **范例 6-2** 　**输出字符串，分析转义符的作用。**

(1) 在 Visual C++ 6.0 中，新建名为"转义符 .c"的【Text File】文件。
(2) 在代码编辑区域输入以下代码（代码 **6-2.txt**）。

```
01  #include <stdio.h>
02  int main(void)
03  {
04      printf("12345678901234567890\n");    /* 参考数据 */
05      printf("abc\tdef\n");              /* 转移符使用 */
06      printf("abc\tde\bf\n");
07      printf("abc\tde\b\rf\n");
08      printf("abc\"def\"ghi\?\n");
09      printf(" 整数 98\n");              /* 转移符数制 */
10      printf(" 八进制表达整数 98 是 \142\n");
11      printf(" 十六进制表达整数 98 是 \x62\n");
12      return 0;
13  }
```

【运行结果】

编译、连接、运行程序，即可在命令行中输出以下结果。

【范例分析】

"abc\tdef\n"输出字符 c 后，水平跳一个制表符位置，下一个字符 d 从第 9 位开始，在输出字符 f 后，输出换行转义符，移动到下一行行首。

"abc\tde\bf\n"在输出字符 e 后，后退一格，下一个字符 f 就覆盖了先输出的字符 e。

"abc\tde\b\rf\n"在输出 e 后先后退一格，又退回到当前行的行首，字符 f 覆盖了先输出的字符 a。

如果在字符串中直接键入 98，则输出就是 98；如果改成转义符的形式，就可以看到 ASCII 码为 98 所对应的字符 b。

▶ 6.4 浮点型

C 语言中除了整型外的另外一种数据类型就是浮点型，浮点型可以表示有小数部分的数据。浮点型包含 3 种数据类型，分别是单精度的 float 类型、双精度的 double 类型和长双精度 long double 类型。

浮点型数据的位数、有效数字和取值范围如下表所示。

类型	位数	有效数字	取值范围
float	32	6~7	-1.4e-45~3.4e38
double	64	15~16	-4.9e-324~1.8e308
long double	128	18~19	–

　　浮点数有效数字是有限制的，所以在运算时需要注意，比如不要对两个差别非常大的数值进行求和运算，因为取和后，较小的数据对求和的结果没有什么影响。例如：

```
float f = 123456789.00 + 0.01;
```

　　当参与运算的表达式中存在 double 类型，或者说，参与运算的表达式不是完全由整型组成的，在没有明确的类型转换标识的情况下（将在下一节中讲解），表达式的数据类型就是 double 类型。例如：

```
1 + 1.5 + 1.23456789    /* 表达式运算结果是 double 类型 */
1 + 1.5          /* 表达式运算结果是 double 类型 */
1 + 2.0          /* 表达式运算结果是 double 类型 */
1 + 2            /* 表达式运算结果是 int 类型 */
```

　　对于例子当中的 1.5，编译器也默认它为双精度的 double 类型参与运算，精度高且占据存储空间大。如果只希望以单精度 float 类型运行，在常量后面添加字符“f”或者“F”都可以，比如 1.5F、2.38F。同样，如果希望数据是以精度更高的 long double 参与表达式运算，在常量后面添加字符“l”或者“L”都可以，比如 1.51245L、2.38000L。建议使用大写的“L”，因为小写的“l”容易和数字 1 混淆。

　　下面举几个运算的表达式的例子。

```
int i,j;
float m;
double x;
i + j/* 表达式运算结果是 int 类型 */
i + m          /* 表达式运算结果是 float 类型 */
i + m +x       /* 表达式运算结果是 double 类型 */
```

　　浮点型数据在计算机内存中的存储方式与整型数据不同，浮点型数据是按照指数形式存储的。系统把一个浮点型数据分成小数部分和指数部分，分别存放。指数部分采用规范化的指数形式。根据浮点型的表现形式不同，我们还可以把浮点型分为小数形式和指数形式两种。

指数形式如下所示（"e"或者"E"都可以）。

2.0e3	表示 2000.0
1.23e-2	表示 0.0123
.123e2	表示 12.3
1. e-3	表示 0.001

对于指数形式，有以下两点要求。

(1)字母 e 前面必须有数字。

(2)字母 e 的后面必须是整数。

在 Miscrosoft Visual C++ 6.0 开发环境下，浮点数默认输出 6 位小数位，虽然有数字输出，但是并非所有的数字都是有效数字。

例如：

```
float f = 12345.6789；
printf("f=%f\n",f);
```

输出结果为 12345.678611（可能还会出现其他相似的结果，均属正常）。

> **注意**
>
> 浮点数是有有效位数要求的，所以要比较两个浮点数是否相等，比较这两个浮点数的差值是不是在给定的范围内即可。

例如：

```
float f1=1.0000;
float f2=1.0001;
```

只要 f1 和 f2 的差值不大于 0.001，就认为它们是相等的，可以采用下面的方法表示（伪代码如下所示）。

```
如果 (f1-f2) 的绝对值小于 0.001 则
f1 等于 f2
结束
```

▶6.5 类型转换

在计算过程中，如果遇到不同的数据类型参与运算，是终止程序，还是转换类型后继续计算？编译器采取第 2 种方式，能够转换成功的继续运算，转换失败时程序再报错终止运行。有两种转换方式——隐式转换和显式转换。

6.5.1 隐式转换

C 语言中设定了不同数据参与运算时的转换规则，编译器就会悄无声息地进行数据类型的转换，进而计算出最终结果，这就是隐式转换。

数据类型转换如下图所示。

图中标示的是编译器默认的转换顺序，比如有 char 类型和 int 类型混合运算，则 char 类型自动转换为 int 后再进行运算；又比如有 int 型和 float 类型混合运算，则 int 和 float 自动转换为 double 类型后再进行运算。

例如：

```
int i;
i = 2 + 'A';
```

先计算 "=" 号右边的表达式，字符型和整型混合运算，按照数据类型转换先后顺序，把字符型转换为 int 类型 65，然后求和得 67，最后把 67 赋值给变量 i。

```
double d;
d = 2 + 'A' + 1.5F;
```

先计算 "=" 号右边的表达式，字符型、整型和单精度 float 类型混合运算，因为有浮点型参与运算，"=" 右边表达式的结果是 float 类型。按照数据类型转换顺序，把字符型转换为 double 类型 65.0，2 转换为 2.0，1.5F 转换为 1.5，最后把双精度浮点数 68.5 赋值给变量 d。

上述情况都是由低精度类型向高精度类型转换。如果逆向转换，可能会出现丢失数据的危险，编译器会以警告的形式给出提示。例如：

```
int i;
i = 1.2;
```

浮点数 1.2 舍弃小数位后，把整数部分 1 赋值给变量 i。如果 i=1.9，运算后变量 i 的值依然是 1，而不是 2。

> **注意**
>
> 把浮点数转换为整数，则直接舍弃小数位。

范例 6-3　整型和浮点型数据类型间的隐式转换。

(1) 在 Visual C++ 6.0 中，新建名为 "隐式转换 .c" 的【Text File】文件。
(2) 在代码编辑区域输入以下代码（代码 6-3.txt）。

```
01  #include <stdio.h>
02  int main(void)
03  {
04      int i;
05      i=1+2.0*3+1.234+'c'-'A';    /* 混合运算 */
06      printf("%d\n",i);    /* 输出 i*/
07      return 0;
08  }
```

【运行结果】

编译、连接、运行程序，即可在命令行中输出以下结果。

【范例分析】

代码经过编译输出这样的警告信息：

warning C4244: '=' : conversion from 'const double ' to 'int ', possible loss of data

这句话的含义是，"="两端存在把双精度的 double 类型转换为 int 类型，可能会丢失数据。原因是把高精度类型转换为了低精度，小数位丢失了。题目转换后得到以下结果。

i = 1+6.0 1.234+99-65=1.0+6.0+1.234+99.0+65.0

警告还告诉我们这样一个信息："="右边是 double 类型，这也符合前面所讲的，在有浮点数参与运算，而且明确标识出数据类型转换时，表达式的类型是 double 类型。

代码修改如下：

```
i=1+2.0F*3+1.234F+'c'-'A';
```

经过编译会输出这样的警告信息：

warning C4244: '=' : conversion from 'const float ' to 'int ', possible loss of data

原因是我们给浮点数加了字符 'F'，显式地告诉编译器是 float 类型。

6.5.2 显式转换

隐式类型转换编译器是会产生警告的，提示程序存在潜在的隐患。如果非常明确地希望转换数据类型，就需要用到显式类型转换。

显式转换格式如下：

(类型名称) 变量或者常量

或者：

(类型名称) (表达式)

例如，我们需要把一个浮点数以整数的形式使用 printf() 函数输出，怎么办？可以调用显示类型转换，代码如下。

```
float f=1.23;
printf("%d\n",(int)f);
```

可以得到输出结果 1，没有因为调用的 printf() 函数格式控制列表和输出列表前后类型不统一导致程序报错。

继续分析上例，我们只是把 f 小数位直接舍弃，输出了整数部分，变量 f 的值没有改变，依然是 1.23，可以再次输出结果查看。

```
printf("%f\n", f);
```

输出结果是 1.230000。

再看下面的例子，分析结果是否相同。

例如：

```
float f1,f2;
f1=(int)1.2+3.4;
f2=(int)(1.2+3.4);
printf("f1=%f,f2=%f",f1,f2);
```

输出结果：f1=4.4,f2=4.0。

显然结果是不同的，原因是 f1 只对 1.2 取整，相当于 f1=1+3.4；而 f2 是对 1.2 和 3.4 的和 4.6 取整，相当于 f2=(int)4.6。

▶ 6.6 综合应用——类型转换

本节综合应用数据类型和类型转换的知识，分析和解决范例中的问题。

> 📋 **范例 6-4**   **综合应用数据类型和类型转换知识的例子。**

(1) 在 Visual C++ 6.0 中，新建名为"类型转换 .c"的【Text File】文件。
(2) 在代码编辑区域输入以下代码（代码 6-4.txt）。

```
01  #include <stdio.h>
02  int main(void)
03  {
04    int i;
05    double d;
06    char c='a';
07    printf(" 不同进制数据输出字符 \'a\'\n");
08    printf("%u,0%o,0x%x\n",c,c,c);        /* 十进制八进制十六进制 */
09    i=2;
10    d=2+c+0.5F;           /* 隐式类型转换 */
11    printf(" 隐式数据类型转换 %f\n",d);
12    i=d;        /* 隐式类型转换，舍弃小数位 */
13    printf(" 隐式数据类型转换 %d\n",i);
14    d=(int)1.2+3.9;       /* 显式类型转换，1.2 取整 */
15    printf(" 显式数据类型转换 %f\n",d);
16    d=(int)(1.2+3.9);     /* 显式类型转换，和取整 */
17    printf(" 显式数据类型转换 %f\n",d);
18    return 0;
19  }
```

【运行结果】

编译、连接、运行程序，即可在命令行中输出以下结果。

【范例分析】

本范例综合了本章的知识点，需要注意隐式数据类型转换是否丢失了数据，以及显式数据类型转换的转换对象。

▶ 6.7 高手点拨

学过数据类型这一章后，在以后声明变量以及编写程序时应注意以下问题。

(1) 当标识符由多个词组成时，每个词的第一个字母大写，其余全部小写，比如 int

CurrentVal，这样的名字看起来比较清晰，远比一长串字符好得多。

(2) 尽量避免名字中出现数字编号，如 Value1、Value2 等，除非逻辑上的确需要编号。比如驱动开发时为管脚命名，非编号名字反而不好。初学者总是喜欢用带编号的变量名或函数名，这样子看上去很简单方便，但其实是一颗颗定时炸弹。初学者一定要把这个习惯改过来。

(3) 程序中不得出现仅靠大小写区分的相似的标识符。例如：

int x, X; /* 变量 x 与 X 容易混淆。*/

void foo(int x);
void FOO(float x);/* 函数 foo 与 FOO 容易混淆 */

这里还有一个要特别注意的就是 1（数字 1）和 l（小写字母 l）之间、0（数字 0）和 o（小写字母 o）之间的区别。

(4) 一个函数名禁止被用于其他地方。例如：

```
void foo(int p_1)
{
    int x = p_1;
}
    void static_p(void)
{
    int foo = 1u;
}
```

(5) 所有宏定义、枚举常数、只读变量全用大写字母命名，用下划线分割单词。例如：

const int MAX_LENGTH = 100; // 这不是常量，而是一个只读变量

(6) 考虑到习惯性问题，局部变量中可采用通用的命名方式，仅限于 n、i、j 等作为循环变量使用。一定不要写出如下这样的代码。

```
int p;
char i;
int c;
char * a;
```

一般来说，习惯上用 n、m、i、j、k 等表示 int 类型的变量；用 c、ch 等表示字符类型变量；用 a 等表示数组；用 p 等表示指针。当然这仅仅是一般习惯，除了 i、j、k 等可以用来表示循环变量外，别的字符变量名尽量不要使用。

▶6.8　实战练习

1. 写出程序运行的结果。

```
main()
{int i,j,m,n;
    i=8;
    j=10;
    m=++i;
    n=j++;
    printf("%d,%d,%d,%d",i,j,m,n);
}
```

2. 若有定义：int a=7; float x=2.5,y=4.7，则表达式 a+(int)(b/3*(int)(a+c)/2)%4 的值为多少？

3. 表达式 8/4*(int)2.5/(int)(1.25*(3.7+2.3)) 的值是什么数据类型？

4. 求下面算术表达式的值。

(1) x+a%3*(int)(x+y)%2/4

　　设 x=2.5,a=7,y=4.7

(2) (float)(a+b)/2+(int)x%(int)y

　　设 a=2,b=3,x=3.5,y=2.5

5. 将 "China" 译成密码。

译码规律：用原来字母后面的第 4 个字母代替原来的字母。例如，字母 "A" 后面第 4 个字母是 "E","E" 代替 "A"。因此，"China" 应译为 "Glmre"。请编一程序，用赋初值的方法使 c1、c2、c3、c4、c5 5 个变量的值分别为 'C'、'h'、'i'、'n'、'a'，经过运算，使 c1、c2、c3、c4、c5 分别变为 'G'、'l'、'm'、 'r'、'e'，并输出。

第**7**章

C 世界中的加减乘除
——运算符和表达式

  C 语言中的运算符和表达式是极其丰富的，因此 C 语言的功能表现得十分完善。运算符是告诉编译程序执行特定算术或逻辑操作的符号。C 语言的运算范围很宽，把除了控制语句和输入 / 输出以外的几乎所有基本操作都作为运算符处理，主要分为三大类：算术运算符、关系运算符与逻辑运算符、按位运算符。表达式由运算符、常量及变量构成。C 语言的表达式基本遵循一般代数规则。

本章要点（已掌握的在方框中打钩）

□ 算术运算符和表达式

□ 关系运算符和表达式

□ 逻辑运算符和表达式

□ 条件运算符和表达式

□ 赋值运算符和表达式

□ 自增、自减运算符和表达式

□ 逗号运算符和表达式

□ 运算符的优先级

▶7.1 C 中的运算符和表达式

在 C 语言中，程序需要对数据进行大量的运算，就必须利用运算符操纵数据。用来表示各种不同运算的符号称为运算符，而表达式则是由运算符和运算分量（操作数）组成的式子。正是因为有丰富的运算符和表达式，C 语言的功能才能十分完善，这也是 C 语言的主要特点之一。

7.1.1 运算符

在以往学习的数学知识中，总是少不了加、减、乘、除这样的运算，用符号表示出来就是 "+" "-" "×" "÷"。同样，在 C 语言的世界里，也免不了进行各种各样的运算，因此也出现了各种类型的运算符。用来对数据进行运算的符号就称为运算符。例如，C 语言中也有加 (+)、减 (−)、乘 (*)、除 (/) 等运算符，只是有些运算符与数学符号表示的不一致而已。当然，C 语言除了这些进行算术运算的运算符以外，还有很多其他的运算符，如下表所示。

运算符种类	作用	包含运算符
算术运算符	用于各类数值运算	加 (+)、减 (-)、乘 (*)、除 (/)、求余 (或称模运算，%)、自增 (++)、自减 (--)
关系运算符	用于比较运算	大于 (>)、小于 (<)、等于 (==)、大于等于 (>=)、小于等于 (<=)、不等于 (!=)
逻辑运算符	用于逻辑运算	与 (&&)、或 (‖)、非 (!)
位操作运算符	参与运算的量，按二进制位进行运算	位与 (&)、位或 (|)、位非 (~)、位异或 (^)、左移 (<<)、右移 (>>)
赋值运算符	用于赋值运算	简单赋值 (=)、复合算术赋值 (+=,-=,*=,/=,%=)、复合位运算赋值 (&=,|=,^=,>>=,<<=)
条件运算符	用于条件求值	(?:)
逗号运算符	用于把若干个表达式组合成一个表达式	(,)
指针运算符	用于取内容和取地址	取内容 (*)、取地址 (&)
求字节数运算符	用于计算数据类型所占的字节数	(sizeof)
其他运算符	其他	括号 ( )，下标 [ ]，成员 (→，.) 等

按运算符在表达式中与运算分量的关系（连接运算分量的个数），运算符可分为以下 3 类。

① 单目运算符，即一元运算符，只需要 1 个运算分量，如 -5 和 !a。

② 双目运算符，即二元运算符，需要 2 个运算分量，如 a+b 和 x‖y。

③ 三目运算符，即三元运算符，需要 3 个运算分量，如 a>b?a:b。

7.1.2 表达式

在数学中，将 "3+2" 称为算式，是由 3 和 2 两个数据通过 "+" 号相连接构成的一个式子。那么，C 语言中运算符和数据构成的式子，就称为表达式；表达式运算的结果就称为表达式的值。因此，"3+2" 在 C 语言中称为表达式，表达式的值为 5。

根据运算符的分类，可以将 C 语言中的表达式分为 8 类——算术表达式、关系表达式、逻辑表达式、赋值表达式、条件表达式、逗号表达式、位表达式和其他表达式。

由以上表达式还可以组成更复杂的表达式，例如：

$$z=x+(y>=0)$$

从整体上来看这是一个赋值表达式，但在赋值运算符的右边，是由关系表达式和算术表达式组成的。

▶ 7.2 算术运算符和表达式

算术运算符和表达式接近于数学上用的算术运算，包含了加、减、乘、除，其运算的规则基本上是一样的。但是 C 语言中还有其特殊运算符和与数学不同的运算规则。

7.2.1 算术运算符

C 语言基本的算术运算符有 5 个，如下表所示。

符号	说明
+	加法运算符或正值运算符
-	减法运算符或负值运算符
*	乘法运算符
/	除法运算符
%	求模运算符或求余运算符

7.2.2 算术表达式

C 语言的算术表达式如同数学中的基本四则混合运算，在实际中运用得十分广泛。简单的算术表达式如下表所示。

算术表达式举例	数学中的表示	含 义	表达式的值
2+3	2+3	2 与 3 相加	5
2-3	2-3	2 减 3	-1
2*3	2×3	2 与 3 相乘	6
2/3	2÷3	2 除以 3	0
2%3		2 对 3 求余数	2

复杂的算术表达式，如下所示：

$$2*(9/3) \quad 结果为 6$$
$$10/((12+8)\%9) \quad 结果为 5$$

需要说明的是，"%"运算符要求两侧的运算分量必须为整型数据。这个很好理解，如果是有小数部分的话，就不存在余数了。例如，6.0%4 为非法表达式。对负数进行求余运算，规定：若第 1 个运算分量为正数，则结果为正；若第 1 个运算分量为负，则结果为负。

7.2.3 应用举例

本小节通过两个范例来学习算术运算符和表达式的使用。

📝 范例 7-1   使用算术运算符计算结果。

(1) 在 Visual C++ 6.0 中，新建名称为 "Arithmetic Operation1.c" 的【Text File】文件。
(2) 在代码编辑区域输入以下代码（代码 7-1.txt）。

```
01  #include <stdio.h>
02  void main()
03  {
04      int a=99;          /* 定义整型变量 a,b,c,d，并分别赋初值 */
05      int b=5;
06      int c=11;
07      int d=3;
```

```
08      printf("a-b=%d\n",a-b);        /* 输出 a-b 的结果 */
09      printf("b*c=%d\n",b*c);        /* 输出 b*c 的结果 */
10      printf("a/b=%d\n",a/b);        /* 输出 a/b 的结果 */
11      printf("a%%b=%d\n",a%b);       /* 输出 a%b 的结果 */
12      printf("a%%d+b/c=%d\n",a%d+b/c); /* 输出 a%%d+b/c 的结果 */
13   }
```

【运行结果】

编译、连接、运行程序，即可在命令行中输出结果。

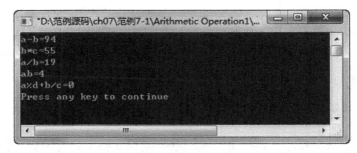

【范例分析】

此范例中使用了本节介绍的 5 种运算符，分别输出不同算术表达式的值。其中，"printf("a-b=%d\n",a-b);"，表示先输出"a-b="，然后再输出 a-b 的值，所以最后输出"a-b=94"。其余按相同方法处理。

📝 范例 7-2　算术运算符和表达式的应用。

(1)在 Visual C++ 6.0 中，新建名称为"Arithmetic Operation 2.c"的【Text File】文件。
(2)在代码编辑区域输入以下代码（代码 7-2.txt）。

```
01   #include <stdio.h>
02   void main()
03   {
04       int x,a=3;
05       float y;
06       x=20+25/5*2;
07       printf("(1)x=%d\n",x);
08       x=25/2*2;
09       printf("(2)x=%d\n",x);
10       x=-a+4*5-6;
11       printf("(3)x=%d\n",x);
12       x=a+4%5-6;
13       printf("(4)x=%d\n",x);
14       x=-3*4%-6/5;
15       printf("(5)x=%d\n",x);
16       x=(7+6)%5/2;
17       printf("(6)x=%d\n",x);
18       y=25.0/2.0*2.0;
19       printf("(7)y=%f\n",y);
20   }
```

【运行结果】

编译、连接、运行程序，即可在命令行中输出结果。

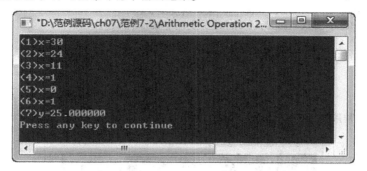

【范例分析】

此范例中使用了复杂的算术表达式，即同一个表达式中出现了多个运算符，因此计算结果应根据不同运算符的优先级与结合性进行运算。如 20+25/5*2，应先计算 25/5 的值，再乘以 2，最后与 20 相加，因为 "/"与 "*" 运算符的优先级高于 "+" 运算符，而 "/" 与 "*" 优先级相同，自左向右进行计算，结果为 30。

▶ 7.3 关系运算符和表达式

关系运算符中的"关系"二字指的是两个运算分量间的大小关系，与数学意义上的比较概念相同，只不过 C 语言中关系运算符的表示方式有所不同。

7.3.1 关系运算符

C 语言提供了 6 种关系运算符，分别是 >（大于）、>=（大于等于）、<（小于）、<=（小于等于）、==（等于）、!=（不等于）。它们都是双目运算符。

7.3.2 关系表达式

用关系运算符把两个 C 语言表达式连接起来的式子称为关系表达式。关系表达式的结果只有两个——1 和 0。关系表达式成立时值为 1，不成立时值为 0。

例如，若 x=3，y=5，z=-2，则：

- x+y<z 的结果不成立，表达式的值为 0；
- x!=(y>z) 的结果成立，表达式的值为 1（因为 y>z 的结果成立，值为 1，x 不等于 1 结果成立，整个表达式的值为 1）。

7.3.3 应用举例

本小节通过一个范例来说明关系运算符和表达式的使用。

📝 范例 7-3   输出程序中表达式的值。

（1）在 Visual C++ 6.0 中，新建名称为 "Relational Operator.c" 的【Text File】文件。
（2）在代码编辑区域输入以下代码（代码 7-3.txt）。

```
01  #include<stdio.h>
02  void main()
03  {
04      int a,b,c;
05      a=b=c=10;        /*a,b,c 均赋值为 10*/
06      a=b==c;          /* 将 b==c 的结果赋值变量 a*/
```

```
07    printf(" a=%d,b=%d,c=%d\n",a,b,c);   /* 分别输出 a,b,c 的值 */
08    a=b>c>=100;       /* 将 b>c>=100 的结果赋给变量 a*/
09    printf(" a=%d,b=%d,c=%d\n",a,b,c);   /* 分别输出 a,b,c 的值 */
10  }
```

【运行结果】

编译、连接、运行程序，即可在命令行中输出结果。

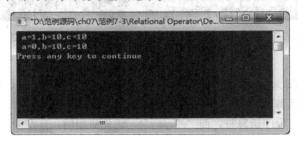

【范例分析】

本范例重点考察了逻辑运算符的使用及表达式的值。如 a=b==c; 是先计算 b==c 的值，由于逻辑表达式的值只有 0 和 1，b 与 c 相等，则 b==c 的值为 1，然后再将 1 赋给变量 a，通过 printf 语句输出 3 个变量的值，观察是否有变量。

▶7.4　逻辑运算符和表达式

什么是逻辑运算？逻辑运算用来判断一件事情是"成立"还是"不成立"或者是"真"还是"假"，判断的结果只有两个值，用数字表示就是"1"和"0"。其中，"1"表示该逻辑运算的结果是"成立"的，"0"表示这个逻辑运算式表达的结果"不成立"。这两个值称为"逻辑值"。

假如一个房间有两个门——A 门和 B 门。要进房间从 A 门进可以，从 B 门进也可以。用一句话来说是"要进房间去，可以从 A 门进'或者'从 B 门进"，用逻辑符号来表示这一个过程，如下所示。

能否进房间用符号 C 表示，C 的值为 1 表示可以进房间，为 0 表示进不了房间；A 和 B 的值为 1 时表示门是开的，为 0 表示门是关着的。那么：

- 两个房间的门都关着（A、B 均为 0），进不去房间（C 为 0）；
- B 是开着的（A 为 0、B 为 1），可以进去（C 为 1）；
- A 是开着的（A 为 1、B 为 0），可以进去（C 为 1）；
- A 和 B 都是开着的（A、B 均为 1），可以进去（C 为 1）。

7.4.1　逻辑运算符

逻辑运算符主要用于逻辑运算，包含"&&"（逻辑与）、"||"（逻辑或）、"!"（逻辑非）3 种。逻辑运算符的真值表如下。

a	b	a&&b	a||b	!a
1	1	1	1	0
1	0	0	1	0
0	1	0	1	1
0	0	0	0	1

其中，"!"是单目运算符，而"&&"和"||"是双目运算符。

7.4.2 逻辑表达式

逻辑运算符把各个表达式连接起来组成一个逻辑表达式，如a&&b、1||(!x)。逻辑表达式的值也只有两个——0和1。0代表结果为假，1代表结果为真。

例如，当x为0时，x<-2 && x>=5的值为多少？

当x=0时，0<-2结果为假，值等于0；0>=5结果也为假，值为0；0&&0仍为0。

当对一个量(可以是单一的一个常量或变量)进行判断时，C编译系统认为0代表"假"，非0代表"真"。例如：

若a=4，则

- !a 的值为0(因为a为4，非0，被认为是真，对真取反结果为假，假用0表示)；
- a&&-5的值为1(因为a为非0，认为是真，-5也为非0，也是真，真与真，结果仍为真，真用1表示)；
- 4||0 的值为1(因为4为真，0为假，真 || 假，结果为真，用1表示)。

7.4.3 应用举例

本小节通过两个范例来学习逻辑运算符和表达式的使用。

📝 范例 7-4　　试写出判断某数x是否小于-2且大于等于5的逻辑表达式。当x值为0时，分析程序运行结果。

(1) 在 Visual C++ 6.0 中，新建名称为 "Logic Operation 1.c" 的【Text File】文件。
(2) 在代码编辑区域输入以下代码（代码 7-4.txt）。

```
01  #include<stdio.h>
02  void main()
03  {
04      int x,y;  /* 定义整型变量 x,y */
05      x=0;
06      y=x<-2 && x>=5;/* 将表达式的值赋给变量 y*/
07      printf("x<-2 && x>=5=%d\n",y);    /* 输出结果 */
08  }
```

【运行结果】

编译、连接、运行程序，即可在命令行中输出结果。

【范例分析】

本范例中判断某数 x 是否小于 -2 且大于等于 5 的逻辑表达式可写为 "x<-2 && x>=5"，因为是两个条件同时成立，应使用 "&&" 运算符将两个关系表达式连接在一起，所以表达式从整体上看是逻辑表达式，而逻辑符左右两边的运算分量又分别是关系表达式。该例应先计算 x<-2（不成立，值为 1）与 x>=5（不成立，值为 0），再用 1&&0，结果为 0。

范例 7-5　试判断给定的某年year是否为闰年。（闰年的条件是符合下面两个条件之一：①能被4整除，但不能被100整除；②能被400整除。）

(1) 在 Visual C++ 6.0 中，新建名称为"Logic Operation 2.c"的【Text File】文件。
(2) 在代码编辑区域输入以下代码（代码 7-5.txt）。

```
01  #include<stdio.h>
02  void main()
03  {
04    int year; /* 定义整型变量 year 表示年份 */
05    printf(" 请输入任意年份 :");           /* 提示用户输入 */
06    scanf("%d",&year);              /* 由用户输入某一年份 */
07    if(year%4==0&&year%100!=0||year%400==0)  /* 判断 year 是否为闰年 */
08      printf("%d 是闰年 \n",year);         /* 若为闰年则输出 year 是闰年 */
09    else
10      printf("%d 不是闰年 \n",year);        /* 否则输出 year 不是闰年 */
11  }
```

【运行结果】

编译、连接、运行程序，根据提示输入任意年份，按【Enter】键即可将该年是否为闰年输出。

【范例分析】

在本例中，用了 3 个求余操作表示对某一个数能否整除。通常，我们采用此方法表示某一个量能够被整除。判断 year 是否为闰年有两个条件，这两个条件是或的关系，第 1 个条件可表示为 year%4==0&&year%100!=0，第 2 个条件可表示为 year%400==0。两个条件中间用"||"运算符连接即可。即表达式可表示为 (year%4==0&&year%100!=0)||(year%400==0)。

由于逻辑运算符的优先级高于关系运算符，且 ! 的优先级高于 &&，&& 的优先级又高于 ||，因此上式可以将括号去掉，写为：

year%4==0 && year%100!=0 || year %400==0

如果判断 year 为平年（非闰年），可以写成：

！（year%4==0 && year%100!=0|| year %400==0 ）

因为是对整个表达式取反，所以要用圆括号括起来。否则就成了 !year%4==0，由于 ! 的优先级高，会先计算 ! year，因此后面必须用圆括号括起来。

本例中使用了 if-else 语句，可理解为若 if 后面括号中的表达式成立，则执行 printf("%d 是闰年 \n",year); 语句，否则执行 printf("%d 不是闰年 \n",year); 语句。

如果要判断一个变量的 a 值是否为 0~5，很自然想到了这样一个表达式：

if(0<a<5)

这个表达式没有什么不正常的，编译可以通过。但是现在仔细分析一下 if 语句的运行过程，表达式

0<a<5 中首先判断 0<a，如果 a>0 则为真，否则为假。

　　设 a 的值为 3，此时表达式结果为逻辑真，那么整个表达式 if(0<a<5) 成为 if(1<5)（注意这个新表达式中的 1 是 0<a 的逻辑值），这时问题就出现了，可以看到当变量 a 的值大于 0 的时候总有 1<5，所以后面的 <5 这个关系表达式是多余的。另外，假设 a 的值小于 0，也会出现这样的情况。由此看来这样的写法肯定是错误的。

　　正确的写法应该是：

if((0<a)&&(a<5))　　　　/* 如果变量 a 的值大于 0 并且小于 5*/

▶7.5　条件运算符和表达式

　　条件运算符由"?"和"："组成，是 C 语言中唯一的一个三目运算符，是一种功能很强的运算符。用条件运算符将运算分量连接起来的式子称为条件表达式。

　　条件表达式的一般构成形式是：

表达式 1？表达式 2：表达式 3

　　条件表达式的执行过程如下。

① 计算表达式 1 的值。

② 若该值不为 0，则计算表达式 2 的值，并将表达式 2 的值作为整个条件表达式的值。

③ 否则，就计算表达式 3 的值，并将该值作为整个条件表达式的值。

　　例如（x>=0）?1:-1，该表达式的值取决于 x 的值，如果 x 的值大于等于 0，该表达式的值为 1，否则表达式的值为 -1。

　　条件运算符的结合性是"右结合"，它的优先级别低于算术运算符、关系运算符和逻辑运算符。

　　例如 a>b?a:c>d?c:d，等价于 a>b?a:(c>d?c:d)。

　　📝 **范例 7-6**　**条件运算符和表达式的应用。**

　　(1) 在 Visual C++ 6.0 中，新建名称为"Conditional Operation.c"的【Text File】文件。

　　(2) 在代码编辑区域输入以下代码（代码 7-6.txt）。

```
01  #include<stdio.h>
02  void main()
03  {
04      int a=6,b=7,m;
05      m=a<b?a:b;          /* 若a<b返回a的值，否则返回b的值 */
06      printf("%d, %d 二者的最小值为:%d\n",a,b,m);          /* 输出两者的最小值 */
07  }
```

【运行结果】

　　编译、连接、运行程序，即可计算并输出 6 和 7 二者的最小值。

【范例分析】

本范例实际上是通过条件表达式来计算两个数的最小值，并将最小值赋给变量 m，从而输出 a 和 b 两个数中相对较小的一个。

▶7.6 赋值运算符和表达式

赋值运算符是用来给变量赋值的。它是双目运算符，用来将一个表达式的值送给一个变量。

7.6.1 赋值运算符

在 C 语言中，赋值运算符有一个基本的运算符（ = ）。

C 语言允许在赋值运算符 "=" 的前面加上一些其他的运算符，构成复合的赋值运算符。复合赋值运算符共有 10 种，分别为 +=、 - =、*=、/=、%=、<<=、>>=、&=、^=、!=。

后 5 种是与位运算符组合而成的，将在后面的章节中介绍。

7.6.2 赋值表达式

由赋值运算符将一个变量和一个表达式连接起来的式子称为赋值表达式。赋值表达式的一般格式为：

变量 = 表达式

对赋值表达式求解的过程是将赋值运算符右侧 "表达式" 的值赋给左侧的变量。整个赋值表达式的结果就是被赋值的变量的值。

说明：右侧的表达式可以是任何常量、变量或表达式（只要它能生成一个值就行）。但左侧必须是一个明确的、已命名的变量，也就是说，必须有一个物理空间可以存储赋值号右侧的值。例如：

a=5;　//a 的值为 5，整个表达式的值为 5
x=10+y;

对赋值运算符的说明如下。

(1) 赋值运算符 "=" 与数学中的等式形式一样，但含义不同。"=" 在 C 语言中作为赋值运算符，是将 "=" 右边的值赋给左边的变量；而在数学中则表示两边相等。

(2) 注意 "==" 与 "=" 的区别，例如，a==b<c 等价于 a==(b<c)，作用是判断 a 与 (b<c) 的结果是否相等；a=b<c 等价于 a=(b<c)，作用是将 b<c 的值赋给变量 a。

(3) 赋值表达式的值等于右边表达式的值，而结果的类型则由左边变量的类型决定。比如：

● 浮点型数据赋给整型变量，截去浮点数据的小数部分；

● 整形数据赋给浮点型变量，值不变，但以浮点数的形式存储到变量中；

● 字符型赋给整型，由于字符型为一个字节，而整型为 2 个字节，故将字符的 ASCII 码值放到整型量的低 8 位中，高 8 位为 0；

● 整型赋给字符型，只把低 8 位赋予字符量。

例如：

int i;
float f;
i=1.2*3;　//i 的值为 3，因为 i 为整型变量，只能存储右边表达式的整数部分
f=23;　//f 的值为 23.000000，因为 f 为浮点型数据，23 虽然是整数，但仍以浮点形式存储到变量中，即增加小数部分。

(4) 使用复合的赋值运算符构成的表达式，例如：

a+=b+c　等价于　a=a+(b+c)

a-=b+c　等价于　a=a-(b+c)

a*=b+c　等价于　a=a*(b+c)

a/=b+c　等价于　a=a/(b+c)

a%=b+c　等价于　a=a%(b+c)

7.6.3 应用举例

本小节通过两个范例来学习赋值运算符和表达式的使用。

范例 7-7　分析下面程序的运行结果。

(1) 在 Visual C++ 6.0 中，新建名称为 "Assignment Operation 1.c" 的【Text File】文件。

(2) 在代码编辑区域输入以下代码（代码 7-7.txt）。

```
01  #include<stdio.h>
02  void main()
03  {
04      int a,b,c;
05      a=b=c=1;
06      a+=b;    /* 等价于 a=a+b*/
07      b+=c;
08      c+=a;
09      printf(" (1)%d\n",a>b?a:b);  /* 输出 a,b 二者的较大者 */
10      (a>=b>=c)? printf(" AA"):printf(" CC");        /* 若 a>=b>=c 成立则输出 AA，否则输出 CC*/
11      printf(" \n a=%d,b=%d,c=%d\n",a,b,c);
12  }
```

【运行结果】

编译、连接、运行程序，即可在命令行中输出程序运行结果。

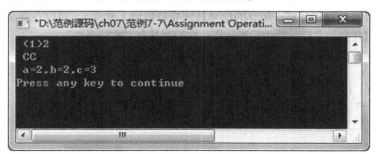

【范例分析】

本范例中通过 3 个复合的赋值运算对 a、b、c 重新赋值，如 a+=b，相当于执行了 a=a+b；将 a+b 的值重新赋给了变量 a，此时变量 a 的值变为 2。后面的两句也按此处理，最终 3 个变量的值分别变化为 2,2,3。

范例 7-8　若a=12，试写出表达式a+=a-=a*=a运算后a的值。

(1) 在 Visual C++ 6.0 中，新建名称为 "Assignment Operation 2.c" 的【Text File】文件。

(2) 在代码编辑区域输入以下代码（代码 7-8.txt）。

```
01  #include<stdio.h>
02  void main()
03  {
04      int a=12;
05      printf("%d\n",a+=a-=a*=a);
06  }
```

【运行结果】

编译、连接、运行程序，即可在命令行中输出程序的运行结果。

【代码详解】

先进行 a*=a 的运算，相当于 a=a*a=12*12=144，此时 a 的值为 144；再进行 a-=144 的运算，相当于 a=a-144=144-144=0，此时 a 的值为 0；最后进行 a+=0 的运算，相当于 a=a+0=0+0，最终结果为 0。

【范例分析】

本范例中是赋值运算符的连续运算，并且为同一变量进行运算。应根据赋值运算符的结合性进行从右到左的运算，变量重新赋值后，使用新的值进行下一步的运算，切记不要与数学运算混淆。

▶7.7　自增、自减运算符

　　C 语言提供了两个特殊的运算符，通常在其他计算机语言中找不到，即自增运算符 ++ 和自减运算符 --。它们都是单目运算符，运算的结果是使变量值增 1 或减 1，可以在变量之前，称为前置运算；也可以在变量之后，称为后置运算。它们都具有"右结合性"。

这两个运算符有以下几种形式。

```
++i    /* 相当于 i=i+1，i 自增 1 后再参与其他运算 */
--i    /* 相当于 i=i-1，i 自减 1 后再参与其他运算 */
i++    /* 相当于 i=i+1，i 参与运算后，i 的值再自增 1*/
i--    /* 相当于 i=i-1，i 参与运算后，i 的值再自减 1*/
```

📝 范例 7-9　前置加和后置加的区别。

　　(1) 在 Visual C++ 6.0 中，新建名称为 "Increment Operation.c" 的【Text File】文件。
　　(2) 在代码编辑区域输入以下代码（代码 7-9.txt）。

```
01  #include <stdio.h>
02  void main()
03  {
04      int a,b,c;
05      a=9;
06      b=++a; /* 前置加 */
07      printf(" (1) a=%d ***b=%d\n",a,b);
08      a=9;
09      c=a++; /* 后置加 */
10      printf(" (2) a=%d ***c=%d\n",a,c);
11  }
```

【运行结果】

编译、连接、运行程序，即可在命令行中输出程序的运行结果。

【范例分析】

本范例中，变量 a 开始赋初值为 9，执行 b=++a 时，相当于先执行 a=a+1=10，再将 10 赋给变量 b，然后输出此时 a、b 的值。A 的值又重新赋值为 9，执行 c=a++，相当于先执行 c=a，c 的值为 9，然后才执行 a++，即 a=a+1=10，此时 a、b 的值分别为 10 和 9。

但是当表达式中连续出现多个加号 (+) 或减号（－）时，如何区分它们是增量运算符还是加法或减法运算符呢？例如：

y=i+++j;

是应该理解成 y=i+(++j)，还是 y=(i++)+j 呢？在 C 语言中，词语分析遵循"最长匹配"原则。即如果在两个运算分量之间连续出现多个表示运算符的字符（中间没有空格），那么，在确保有意义的条件下，则从左到右尽可能多地将若干个字符组成一个运算符，所以，上面的表达式就等价于 y=(i++)+j，而不是 y=i+(++j)。如果读者在录入程序时有类似的操作，可以在运算符之间加上空格，如 i+ ++j，或者加上圆括号，作为整体部分处理，如 y=i+(j++)。

▶7.8 逗号运算符和表达式

在 C 中，逗号不仅作为函数参数列表的分隔符使用，也作为运算符使用。逗号运算符的功能是把两个表达式连接起来，使之构成一个逗号表达式。逗号运算符在所有运算符中是级别最低的。其一般形式为：

表达式 1, 表达式 2

求解的过程是先计算表达式 1，再计算表达式 2，最后整个逗号表达式的值就是表达式 2 的值。

范例 7-10 逗号表达式的应用。

(1) 在 Visual C++ 6.0 中，新建名称为"Comma Operation.c"的【Text File】文件。
(2) 在代码编辑区域输入以下代码（代码 7-10.txt）。

```
01  #include<stdio.h>
02  void main()
03  {
04    int a=2,b=4,c=6,x,y;
05    y=(x=a+b),(b+c);
06    printf("y=%d,x=%d\n",y,x);
07  }
```

【运行结果】

编译、连接、运行程序，即可在命令行中输出程序的运行结果。

【范例分析】

在本范例代码第 5 行，由于逗号运算符的优先级比赋值运算符优先级低，所以该语句整体看是个逗号表达式，第 1 个表达式是 y=(x=a+b)，第 2 个表达式是 b+c。先计算 y=(x=a+b)，其中，x=a+b=8，y=(x=a+b)=8；再计算 b+c=10。这条语句的值等于第 2 个表达式的值 10。

对于逗号表达式还要说明 3 点。

(1) 逗号表达式一般形式中的表达式 1 和表达式 2 也可以是逗号表达式。例如表达式 1，（表达式 2，表达式 3），形成了嵌套情形。因此可以把逗号表达式扩展为以下形式：表达式 1，表达式 2，…，表达式 n，整个逗号表达式的值等于表达式 n 的值。

(2) 程序中使用逗号表达式，通常是要分别求逗号表达式内各表达式的值，并不一定要求整个逗号表达式的值。

(3) 并不是在所有出现逗号的地方都组成逗号表达式，如【范例 7-10】中代码的第 4 行。在变量说明中，函数参数表中的逗号只是用作各变量之间的间隔符。

▶7.9 位运算符

C 语言中提供了以下 6 种位运算符。

位运算符	描述
&	按位与
|	按位或
^	按位异或
~	取反
<<	左移
>>	右移

说明：

(1) 位运算符中，除 ~ 以外，均为双目（元）运算符，即要求两侧各有一个运算量。

(2) 运算量只能是整型或字符型的数据，不能为实型数据。

7.9.1 ▶ 按位与运算符

按位与运算符 "&" 是双目运算符，其功能是参与运算的两数各对应的二进位相与。只有对应的两个二进位均为 1 时，结果位才为 1，否则为 0。即：

0 & 0 = 0，0 & 1 = 0，1 & 0 = 0，1 & 1 = 1

01 正数的按位与运算

例如，计算 10 & 5。需要先把十进制数转换为补码形式，再按位与运算，计算如下。

	0000 1010	10 的二进制补码
&	0000 0101	5 的二进制补码
	0000 0000	按位与运算，结果转换为十进制后为 0

所以，10 & 5 = 0。

02 负数的按位与运算

例如，计算 -9 & -5。

第 1 步：先转换为补码形式。

-9 的原码：1000 1001，反码：1111 0110，补码：1111 0111

-5 的原码：1000 0101，反码：1111 1010，补码：1111 1011

第 2 步：补码进行位与运算。

	1111 0111	-9 的二进制补码
&	1111 1011	-5 的二进制补码
	1111 0011	按位与运算

第 3 步：将结果转换为原码。

补码：1111 0011，反码：1111 0010，原码：1000 1101，原码：-13，所以 -9 & -5 = -13。

03 按位与的作用

按位与运算通常用来对某些位清 0 或保留某些位。例如，把 a 的高 8 位清 0，保留低 8 位，可以使用 a&255 运算（255 的二进制数为 0000000011111111）。

又比如，有一个数是 0110 1101，我们希望保留从右边开始第 3、第 4 位，以满足程序的某些要求，可以这样运算：

	0110 1101
&	0000 1100
	0000 1100

上式描述的就是为了保留指定位进行的按位与运算。如果写成十进制形式，可以写成 109 & 12。

7.9.2 按位或运算符

按位或运算符 "|" 是双目运算符，其功能是参与运算的两数各对应的二进位相或。只要对应的两个二进位有一个为 1，结果位就为 1。即：

$$0|0 = 0, \ 0|1 = 1, \ 1|0 = 1, \ 1|1 = 1$$

参与运算的两个数均以补码出现。例如，10 | 5 可写成如下算式。

	0000 1010	
|	0000 0101	
	0000 1111	15 的二进制补码

所以，10 | 5 = 13。

常用来让源操作数的某些位置为 1，其他位不变。

首先设置一个二进制掩码 mask，执行 s=s|mask，让其中的特定位置为 1，其他位为 0。比如有一个数是 0000 0011，希望从右边开始的第 3、4 位置为 1，其他位不变，可以写成 0000 0011 | 0000 1100 = 0000 1111，也就是 3 | 12 = 15。

7.9.3 按位异或运算符

按位异或运算符 "^" 是双目运算符，其功能是参与运算的两数各对应的二进位相异或。当两对应的二进位相异时，结果为 1。即：

$0^0 = 0, \ 0^1 = 1, \ 1^0 = 1, \ 1^1 = 0$

参与运算数仍以补码出现，例如，10 ^ 5 可写成如下的算式。

$$
\begin{array}{r}
0000\ 1010 \\
\wedge \quad 0000\ 0101 \\
\hline
0000\ 1111 \qquad 15\ 的二进制补码
\end{array}
$$

所以，$10 \wedge 5 = 15$。

充分利用按位异或的特性，可以实现以下效果。

(1) 设置一个二进制掩码 mask，执行 s = s ^ mask，设置特定位置是 1，可以使特定位的值取反；设置掩码中特定位置的其他位是 0，可以保留原值。

设有 0111 1010，想使其低 4 位翻转，即 1 变为 0，0 变为 1。可以将它与 0000 1111 进行 ^ 运算，即：

$$
\begin{array}{r}
0111\ 1010 \\
\wedge \quad 0000\ 1111 \\
\hline
0111\ 0101
\end{array}
$$

(2) 不引入第 3 变量，交换两个变量的值。

想将 a 和 b 的值互换，可以用以下赋值语句实现。

$$
\begin{aligned}
a &= a \wedge b; \\
b &= b \wedge a; \\
a &= a \wedge b;
\end{aligned}
$$

分析如下：（按位异或满足交换率）

$$
\begin{aligned}
a &= a \wedge b; \\
b &= b \wedge a = b \wedge a \wedge b = b \wedge b \wedge a = 0 \wedge a = a; \\
a &= a \wedge b = a \wedge b \wedge a = a \wedge a \wedge b = 0 \wedge b = b;
\end{aligned}
$$

假设 a = 3，b = 4，验证如下。

$$
\begin{array}{r}
a = 011 \\
\wedge \quad b = 100 \\
\hline
a = 111\ （a \wedge b\ 的结果，a\ 变成\ 7） \\
\wedge \quad b = 100 \\
\hline
b = 011\ （b \wedge a\ 的结果，b\ 变成\ 3） \\
\wedge \quad a = 111 \\
\hline
a = 100\ （a \wedge b\ 的结果，a\ 变成\ 4）
\end{array}
$$

7.9.4 按位取反运算符

求反运算符 "~" 为单目运算符，具有右结合性，其功能是对参与运算的数的各二进位按位求反。例如，~9 的运算为 ~（0000 1001），结果为（1111 0110），如果表示无符号数是 246，如果表示有符号数是 -10（按照上文的方法自己演算）。

7.9.5 左移运算符

左移运算符 "<<" 是双目运算符，其功能是把 "<<" 左边运算数的各二进位全部左移若干位，由 "<<" 右边的数指定移动的位数。

01 无符号数的左移

如果是无符号数，则向左移动 n 位时，丢弃左边 n 位数据，并在右边填充 0，如下图所示。

十进制 n=1：	0	0	0	0	0	0	0	1
n<<1，十进制 2：	0	0	0	0	0	0	1	0
n<<1，十进制 4：	0	0	0	0	0	1	0	0
n<<1，十进制 8：	0	0	0	0	1	0	0	0
n<<1，十进制 16：	0	0	0	1	0	0	0	0
n<<1，十进制 32：	0	0	1	0	0	0	0	0
n<<1，十进制 64：	0	1	0	0	0	0	0	0

n<<1，十进制128：	1	0	0	0	0	0	0	0

程序到这里还都是很正常的，每次左移一位，结果是以 2 的幂次方不断变化，此时继续左移。

n<<1，十进制0：	0	0	0	0	0	0	0	0

结果变成了 0，显然结果是不对的，所以左移时一旦溢出就不再正确了。

02 有符号数的左移

如果是有符号数，则向左移动 n 位时，丢弃左边 n 位数据，并在右边填充 0，同时把最高位作为符号位。这种情况对于正数，与上述的无符号数左移结果是一样的，不再分析。那对于负数呢，如下图所示。

十进制 n=-128：	1	0	0	0	0	0	0	1
n<<1，十进制2：	0	0	0	0	0	0	1	0
n<<1，十进制4：	0	0	0	0	0	1	0	0
n<<1，十进制8：	0	0	0	0	1	0	0	0
n<<1，十进制16：	0	0	0	1	0	0	0	0
n<<1，十进制32：	0	0	1	0	0	0	0	0
n<<1，十进制64：	0	1	0	0	0	0	0	0
n<<1，十进制128：	1	0	0	0	0	0	0	0
n<<1，十进制0：	0	0	0	0	0	0	0	0
n<<1，十进制0：	0	0	0	0	0	0	0	0

我们已经看到了有符号数左移是如何移动的。有符号数据的左移操作也非常简单，只不过要把最高位考虑成符号位而已，遇到 1 就是负数，遇到 0 就是正数，就是这么简单，直到全部移除变成 0。

7.9.6 右移运算符

右移运算符 ">>" 是双目运算符，其功能是把 ">>" 左边运算数的各二进位全部右移若干位，">>" 右边的数指定移动的位数。

01 无符号数的右移

如果是无符号数，则向右移动 n 位时，丢弃右边 n 位数据，并在左边填充 0，如下图所示。

十进制 n=128：	1	0	0	0	0	0	0	0
n>>1，十进制64：	0	1	0	0	0	0	0	0
n>>1，十进制32：	0	0	1	0	0	0	0	0
n>>1，十进制16：	0	0	0	1	0	0	0	0
n>>1，十进制8：	0	0	0	0	1	0	0	0
n>>1，十进制4：	0	0	0	0	0	1	0	0
n>>1，十进制2：	0	0	0	0	0	0	1	0
n>>1，十进制1：	0	0	0	0	0	0	0	1

程序到这里还都是正常的，每次右移一位，结果是以 2 的幂次方不断变化，此时继续右移。

n<<1，十进制0：	0	0	0	0	0	0	0	0

结果变成了 0，显然结果是不对的，所以右移时一旦溢出就不再正确了。在溢出的情况下，右移一位相当于乘以 2，右移 n 位相当于乘以 2^n。

02 有符号数的右移

如果是有符号数，则向右移动 n 位时，丢弃右边 n 位数据，而左边填充的内容则依赖于具体的机器，可能是 1，也可能是 0。

对于有符号数 (1000 1010) 来说，右移有以下两种情况。

(1) (1000 1010) >> 2 =(00 10 0010)。

(2) (1000 1010) >> 2 = (11 10 0010)。

我们的机器是按上面哪种方式右移运算的不能一概而论。例如，机器安装的是 Windows XP 系统，使用 Microsoft Visual C++ 6.0 是按照方式 2 运行的有符号运算，如下图所示。

十进制 n=-64:	1	1	0	0	0	0	0	0
n>>1，十进制 -32:	1	1	1	0	0	0	0	0
n>>1，十进制 -16:	1	1	1	1	0	0	0	0
n>>1，十进制 -8:	1	1	1	1	1	0	0	0
n>>1，十进制 -4:	1	1	1	1	1	1	0	0
n>>1，十进制 -2:	1	1	1	1	1	1	1	0
n>>1，十进制 -1:	1	1	1	1	1	1	1	1
n>>1，十进制 -1:	1	1	1	1	1	1	1	1

最高的符号位保持原来的符号位，不断右移，直到全部变成1。在溢出的情况下，右移一位相当于除以2，右移 n 位相当于除以 2 的 n 次幂。

7.9.7 位运算赋值运算符

位运算符与赋值运算符可以组成位运算赋值运算符。

位运算赋值运算符	举例	等价于
&=	a &= b	a = a & b
|=	a |= b	a = a | b
^=	a ^= b	a = a ^ b
>>=	a <<=2	a = a << 2
<<=	a >>=2	a = a >> 2

7.9.8 位运算应用

本小节通过 3 个范例来学习位运算的应用。

范例 7-11　分析以下程序的位运算的结果。

(1) 在 Visual C++ 6.0 中，新建名为"位运算符简单使用 .c"的【Text File】文件。

(2) 在代码编辑区域输入以下代码（代码 7-11.txt）。

```
01  #include <stdio.h>
02  int main()
03  {
04      unsigned char a,b,c;          /* 声明字符型变量 */
05      a=0x3;  /*a 是十六进制数 */
06      b=a|0x8; /* 按位或 */
07      c=b<<1; /* 左移运算 */
08      printf("%d\n%d\n",b,c);
09      return 0;
10  }
```

【运行结果】

编译、连接、运行程序，即可在命令行中输出结果。

【范例分析】

变量 a 的二进制数：

0	0	0	0	0	0	1	1

0x8 的二进制数：

0	0	0	0	1	0	0	0

变量 b 的二进制数：

$$
\begin{array}{r}
0000\ 0011 \\
|\quad 0000\ 1000 \\
\hline
0000\ 1011 \quad \text{十进制 11 的二进制码}
\end{array}
$$

变量 b 左移 1 位，结果如下图所示。

0	0	0	1	0	1	1	0

所以，变量 c 的值是十进制 22。

范例 7-12　取一个整数a的二进制形式从右端开始的4~7位，并以八进制形式输出。

(1) 在 Visual C++ 6.0 中，新建名为 "部分移位 .c" 的【Text File】文件。
(2) 在代码编辑区域输入以下代码（代码 7-12.txt）。

```
01   #include <stdio.h>
02   int main()
03   {
04       unsigned short a,b,c,d;        /* 声明字符型变量 */
05       scanf("%o",&a);
06       b=a>>4;                        /* 右移运算 */
07       c=~(~0<<4);                     /* 取反左移后再取反 */
08       d=b&c;  /* 按位与 */
09       printf("%o\n%o\n",a,d);
10       return 0;
11   }
```

【运行结果】

编译、连接、运行程序，输入 1 个整数并按【Enter】键，即可在命令行中输出结果。

【范例分析】

本范例分 3 步进行，先使 a 右移 4 位，然后设置一个低 4 位全为 1、其余全为 0 的数，可用 ~(~0<<4)，最后将上面二者进行 & 运算。

我们输入的八进制数是 1640，转换为二进制数是 0000 0011 1010 0000，获取其右端开始的 4 ~ 7 位是二进制数 1010，转换为八进制就是 12。

📝 **范例 7-13** 将无符号数a右循环移n位，即将a中原来左面(16-n)位右移n位，原来右端n位移到最左面n位。

(1) 在 Visual C++ 6.0 中，新建名为"循环移位 .c"的【Text File】文件。
(2) 在代码编辑区域输入以下代码（代码 7-13.txt）。

```c
01  #include <stdio.h>
02  void main()
03  {
04    unsigned short a,b,c;        /* 声明字符型变量 */
05    int n;
06    scanf("%o,%d",&a,&n);       /* 输入八进制和十进制数 */
07    b=a<<(16-n);    /* 左移运算 */
08    c=a>>n; /* 右移运算 */
09    c=c|b;  /* 按位或 */
10    printf("%o\n%o\n",a,c);      /* 输出八进制数 */
11  }
```

【运行结果】

编译、连接、运行程序，输入 1 个无符号数（如 1641.3）并按【Enter】键，即可在命令行中输出结果。

【范例分析】

本范例分3步进行，将a的右端n位先放到b中的高n位中，实现语句b = a<<（16-n）；将a右移n位，其左面高位n位补0，实现语句c = a>>n；最后c与b进行按位或运算，即c = c|b。

我们输入的八进制数是1641，转换为二进制数是0000 0011 1010 0001，获取其循环移3位，结果是0010 0000 0111 0100，转换为八进制就是20164。

▶7.10 优先级与结合性

　　C中规定了运算符的优先级和结合性。优先级是指当不同的运算符进行混合运算时，运算顺序是根据运算符的优先级而定的，优先级高的运算符先运算，优先级低的运算符后运算。在一个表达式中，如果各个运算符有相同的优先级，运算顺序是从左向右，还是从右向左，是由运算符的结合性确定的。所谓结合性是指运算符可以和左边的表达式结合，也可以与右边的表达式结合。

　　比如x+y*z，应该先做乘法运算，再做加法运算，相当于x+(y*z)，这是因为乘号的优先级高于加号。当一个运算分量两侧的运算符优先级相同时，要按运算符的结合性所规定的结合方向，即左结合性（自左至右运算）和右结合性（自右至左运算）。例如表达式x-y+z，应该先进行x-y运算，然后再进行+z的运算，这就称为"左结合性"，即从左向右进行计算。

　　比较典型的是右结合性算术运算符，它的结合性是自右向左，如x=y=z，由于"="的右结合性，因此应先进行y=z运算，再进行x=(y=z)运算。

　　C语言中，运算符的优先级共分为15级。1级最高，15级最低。在表达式中，优先级较高的先于优先级较低的进行运算。而当在一个运算量两侧的运算符优先级相同时，则按运算符的结合性所规定的结合方向处理。

7.10.1 算术运算符的优先级和结合性

　　在复杂的算术表达式中，"( )"的优先级最高，"*、/、%"运算符的优先级高于"+、-"运算符。因此，可适当添加括号改变表达式的运算顺序，并且算术运算符中的结合性均为"左结合"，可概括如下。

(1)先计算括号内，再计算括号外。

(2)在没有括号或在同层括号内，先进行乘除运算，后进行加减运算。

(3)相同优先级运算，从左向右依次进行。

7.10.2 关系运算符的优先级和结合性

　　在这6种关系运算符中，">"">=""<"和"<="的优先级相同，"=="和"!="的优先级相同，前4种的优先级高于后两种。

　　例如：

- a==b<c 等价于 a==(b<c)
- a>b>c 等价于 (a>b)>c

关系运算符中的结合性均为"左结合"。

7.10.3 逻辑运算符的优先级和结合性

　　在这3种逻辑运算符中，它们的优先级别各不相同。逻辑非（!）的优先级别最高，逻辑与（&&）的优先级高于逻辑或（||）。

　　如果将前面介绍的算术运算符和关系运算符结合在一起使用时，逻辑非(!)优先级最高，然后是算术运算符、关系运算符、逻辑与(&&)、逻辑或(||)。

　　比如，5>3&&2||!8<4-2 等价于 ((5>3)&&2)||((!8)<(4-2))，结果为1。

　　运算符!的结合性是"右结合"，而&&和||的结合性是"左结合"。

7.10.4 赋值运算符的优先级与结合性

在使用赋值表达式时有以下几点说明。

(1) 赋值运算可连续进行。例如：

a = b = c = 0 等价于 a = (b = (c = 0))，即先求 c=0，c 的值为 0，再把 0 赋给 b，b 的值为 0，最后再把 0 赋给 a，a 的值为 0，整个表达式的值也为 0，因为赋值运算符是"右结合"。

(2) 赋值运算符的优先级比前面介绍的几种运算符的优先级都低。例如：

- a = (b = 9)*(c = 7)　等价于 a = ((b = 9)*(c = 7))
- y=x==0?1:sin(x)/x　　等价于 y= (x==0?1:sin(x)/x)
- max=a>b?a:b　　　　等价于 max= (a>b?a:b)

▶ 7.11 综合应用——根据输入值计算结果

本节通过一个范例来总结本章所学的内容。

📝 范例 7-14　计算如下函数的结果。

其中，a、b 的值分别为 1、5，x 的值由用户指定。

(1) 在 Visual C++ 6.0 中，新建名称为 "Function.c" 的【Text File】文件。

(2) 在代码编辑区域输入以下代码（代码 7-14.txt）。

```
01  #include<stdio.h>
02  void main()
03  {
04  int a=1,b=5,x;
05  double y;
06  printf(" 请输入 x 的值 :");      /* 输出提示信息 */
07  scanf("%d",&x);     /* 输入一个整数 */
08  y=x>=-10?(-a)*(b+x):3.0/(a*a*a+x*x*x)/b;       /* 计算 y 的值 */
09  printf("%f\n",y);
10  }
```

【运行结果】

编译、连接、运行程序，分别输入 4 和 -20，按下【Enter】键，两次程序的运行结果如图所示。

【范例分析】

本范例中主要使用条件运算符完成对 x 值的判断，并计算相应的表达式。由于函数的计算结果有可能是浮点型数据，因此定义函数值为 double 类型。当 x<-10 时，需要计算一个分式，而 C 中表达式必须写在一行上，而且除法运算对于整型数来说，不论是否整除，结果都为整型。为保证结果的准确，将分子上的数字 3，在

程序中写为 3.0，以使表达式的结果仍为浮点型数据。

▶7.12 高手点拨

在运算符和表达式的学习中，需要注意以下几点。

（1）除求余运算符只适用整型数运算外，其余运算符可以作整数运算，也可以作浮点数运符。加、减法运算符还可作字符运算。

（2）两个整数相除其结果为整数。例如，8/5 结果为 1，小数部分舍去。如果两个操作数有一个为负数时，则舍入方法与机器有关。多数机器是取整后向零靠拢。例如，8/5 取值为 1；-8/5 取值为 -1，但也有的机器例外。

（3）求余运算符的功能是舍掉两整数相除的商，只取其余数。两个整数能够整除，其余数为 0。例如，8%4 的值为 0，当两个整数中有一个为负数，其余数如何处理呢？请记住，按照下述规则处理，即余数 = 被除数 - 除数 * 商。这里，被除数是指 % 左边的操作数，除数是指 % 右边的操作数，商是两整数相除的整数商。

（4）关于等于运算符是由两个代数式中的等号组成的，有时容易写成一个等号，与代数式中的等号相混。在 C 语言中，一个等号是赋值运算符，它与等于运算符截然不同，请一定注意其区别。

（5）"算术 2" 表明算术运算符又分 2 个优先级，、、/ 和 % 在前，+、- 在后。"关系 2" 表明它在算术运算符后边有二类优先级，<、<=、>、>= 在前，+、- 在后。"逻辑 2" 表明它在关系运算符之后。又分 2 个优先级，&& 在前，|| 在后。"移位 1 插在前" 表明移位运算符是 1 个优先级插在算术和关系之间，即 >> 和 <<。"逻辑位 3 插在后" 表明逻辑位运算符有 3 个优先级，& 在前，- 在中，| 在后，它们插在关系和逻辑之间，这样，15 种优先级的顺序就记住了。

（6）条件表达式的功能相当于一个 if 语句。在计算条件表达式的值时，先找出 "条件" 来，然后计算其值，分析是非零还是零来选取冒号（:）前还是冒号后的表达式的值作为条件表达式值。"条件" 是在问号（?）前的表达式，确定该表达式是关键。

（7）任何一个表达式都具有一个确定的值和一种类型。正确书写表达式和计算表达式的值和类型是编程和分析程序中重要的工作。在书写表达式和计算表达式时，必须搞清楚表达式的计算顺序。表达式的计算顺序首先是由运算符的优先级决定的，优先级高的先做，优先级低的后做；其次是由运算符的结合性决定的，在优先级相同的情况下，由结合性决定，有少数运算符的结合性从右至左，而多数运算符的结合性是从左至右。

（8）在包含 && 和 {} 运算符的逻辑表达式的求值过程中，当计算出某个操作数的值后就可以确定整个表达式的值时，计算便不再继续进行。这就是说，并不是所有的操作数都被求值，只是在必须求得下一个操作数的值才能求出逻辑表达式的值时，才计算该操作数的值。例如，在由一个或多个运算符组成的逻辑表达式中，自左向右计算各个操作数时，当计算到某个操作数的值为零时，则不再继续进行计算，这时，该逻辑表达式的值为 0*。同样，在由一个或多个运算符组成的逻辑表达式中，自左向右顺序计算各个操作数时，当计算到某个操作数的值为非零时，则不再继续进行计算，这时该逻辑表达式的值为 1。这就是说，在由 $.$. 运算符组成的逻辑表达式中，只有所有的操作数都不为零时，所有的操作数才都被计算；而在由 }! 运算符组成的逻辑表达式中，只有所有的操作数的值都不为非零时，所有的操作数才都被计算。

▶7.13 实战练习

1. 有 3 个整数 a、b、c，由键盘输入，输出其中最大的数。

2. 有一函数：当 x<1 时，y=x；当 1 ≤ x<10 时，y=2*x-1；当 10 ≤ x 时，y=3*x-11；写一个程序，任意输入一个整数 x，求出输出 y。

3. 给一个百分制成绩，要求输出等级 'A'、'B'、'C'、'D'、'E'。90 分以上为 'A'，80~90 分为 'B'，70~79 分为 'C'，60 分以下为 'D'。

说明：对输入的数据进行检查，如小于 0 或大于 100，要求重新输入。(int)(score/10) 的作用是将 (score/10) 的值进行强制类型转换，得到一个整型值。

4. 给定一个不多于 5 位的正整数，要求：① 求它是几位数；② 分别打印出每一位数字；③ 按逆序打印出各位数字。例如，原数为 321，应输出 123。

5. 企业发放的奖金根据利润提成。利润 I 低于或等于 10 万元时，奖金可提成 10%；利润高于 10 万元，低于 20 万元（100000<I ≤ 200000）时，10 万元按 10% 提成，高于 10 万元的部分，可提成 7.5%；200000<I≤400000 时，20 万元仍按上述办法提成（下同），高于 20 万元的部分按 5% 提成；400000<I≤600000 时，高于 40 万元的部分按 3% 提成；600000<I≤1000000 时，高于 60 万的部分按 1.5% 提成；I>1000000 时，超过 100 万元的部分按 1% 提成。从键盘输入当月利润 I，求应发放奖金总数。要求：①用 if 语句编程序；②用 switch 语句编程序。

第 **8** 章

顺序结构与选择结构

火车必须沿着铁轨行驶，在编程世界中，程序控制结构就是程序的"铁轨"。

本章要点（已掌握的在方框中打钩）

☐ 程序流程概述
☐ 语句
☐ 顺序结构与语句
☐ 选择结构

▶8.1 程序流程概述

无论我们做什么事，无论在生活、休闲还是工作中，都有一个"先做什么、接着做什么、最后做什么"的先后顺序，这就是生活中的流程。如厨师烧制美味的菜肴，先购买所需的材料，然后按照烧制的顺序，什么时候放油，什么时候放肉类，什么时候放蔬菜，什么时候放调料，火调至多大，都是有讲究的。按菜谱的顺序和要求来做，便会制作出美味可口的菜肴。

在编程世界中，程序就相当于"菜谱"，是计算机动作执行的过程。而程序的流程便是"菜谱"中规定的执行顺序，即先做什么，后做什么。

程序的流程有顺序结构、选择结构和循环结构3种。

比如生产线上零件的流动过程，应该顺序地从一个工序流向下一个工序，这就是顺序结构。但当检测不合格时，就需要从这道工序中退出，或继续在这道工序中再加工，直到检测通过为止，这就是选择结构和循环结构。

▶8.2 语句

和其他的高级语言一样，C语言的语句用来对数据进行加工处理，完成一定的任务。一个程序或函数包含有若干条语句。利用语句不仅可以表达编程人员所要达到的目标，也规定了达到此目标所要经历的步骤——这就是程序的执行流向。

下面先来了解一下C语言中有哪些语句。

C语言属于第三代语言，是过程性语言，具有结构化程序设计的方法。从程序执行流向的角度上讲，程序可以分为顺序、选择和循环3种基本结构，任何复杂的问题都可以由这3种基本结构结合而完成。但是每个结构中又包含若干条语句，C语句可以分为4类，即表达式语句、控制语句、空语句和复合语句。另外，本节还介绍一下基本的赋值语句和输入/输出语句。

> **注意**
>
> C语句都是用来完成一定操作任务的。声明部分的内容不应称为语句。如 int a; 不是一个C语句，它不产生机器操作，只是对变量的定义。一个函数包含声明部分和执行部分，执行部分即由语句组成。

8.2.1 基本赋值语句

我们已经学习了赋值运算符和表达式，赋值语句就是在赋值表达式的后面加上分号，是C中比较典型的一种语句，而且也是程序设计中使用频率最高、最基本的语句之一，其一般形式为：

变量 = 表达式；

功能：首先计算"="右边表达式的值，将值类型转换成"="左边变量的数据类型后，赋给该变量（即把表达式的值存入该变量存储单元）。

说明：赋值语句中，"="左边是以变量名标识的内存中的存储单元。在程序中定义变量，编译程序将为该变量分配存储单元，以变量名代表该存储单元。所以出现在"="左边的通常是变量。

例如：

```
int i; float a=3.5;
i=1;
i=i+a;
a+1=a+1;    /* 错误 */
```

分析：先把1赋给变量i，则i变量的值为1，接着计算i+a的值为4.5，把4.5转换成int类型，即4，再赋给i，则i的值变为4。原来的值1消失了，这是因为i代表的存储单元任何时刻只存放一个值，后存入的数据4把原先的1覆盖了。a+1=a+1;是错误的，因为"="左边的a+1不代表存储单元。

其他内容见第4章中关于赋值运算符和表达式的介绍，此处不再赘述。

8.2.2 表达式语句

由一个表达式加一个分号构成一个表达式语句，这是 C 语言中最简单的语句之一，其一般形式为：

表达式；

> **注意**
>
> 从语法上讲，任何表达式的后面加上分号都可以构成一条语句，例如：a*b; 也是一条语句，实现 a、b 相乘，但相乘的结果没有赋给任何变量，也没有影响 a、b 本身的值，所以，这条语句并没有实际意义。

8.2.3 基本输入 / 输出语句

在前面的程序中已经使用过 printf() 函数和 scanf() 函数，分别用来实现数据的输出和输入。这两个函数是 C 提供的格式化的输入 / 输出函数。在这两个函数后面加分号，就构成了函数调用语句，它也属于表达式语句的一种。这里对它们进行简单的介绍。详细内容请参阅第 6 章。

01 基本输出语句

printf() 本身是 C 的输出函数，功能是按指定的输出格式把相应的参数值在标准输出设备（通常是终端）上显示出来。其一般使用格式是：

printf(格式控制串，参数 1，参数 2，…);

例如：

printf("a,b 的值分别为：%d,%d",a,b);

其中，格式控制串是由双引号引起来的字符串，如 "a、b 的值分别为：%d,%d"。如上例的 "%d"，称为转换说明，是由 "%" 和类型描述字符构成的，它的作用就是将指定的数据按该格式输出。在格式控制串与参数之间用逗号作为分隔符。参数就是所要输出的数据。每一个转换说明就对应一个参数，如第 1 个 "%d" 对应参数 a，第 2 个 "%d" 对应参数 b。

那么 "%d" 后面为什么是 d 呢？下表列出了常用的转换说明及作用。

转换说明	输出形式	举 例	输 出
%d	十进制的 int 型	printf("count is %d",34);	count is 34
%f	十进制的 double 型	printf("the max is %f",max=3.123);	the max is 3.123
%c	单个字符	printf("**%c**",a='A');	**A**
%s	字符串	printf("%s", "hello world! ");	hello world!
%o	无符号八进制数	printf("Oce=%o",a=034);	Oce=34
%x	无符号十六进制数	printf("Hex=%x",a=0xFF4e);	Hex=FF4e
%%	% 本身	printf("a%%b==3");	a%b==3

> **范例 8-1** 分析下面程序的输出结果。
>
> (1) 在 Visual C++ 6.0 中，新建名称为 "analysis program.c" 的【Text File】文件。
> (2) 在代码编辑区域输入以下代码（代码 8-1.txt）。

```
01  #include<stdio.h>   /*stdio.h 是指标准库中输入输出的头文件 */
02  void main()
03  {
04      printf("%d,%c\n",65,65);
05      printf("%d,%c,%o\n",66,66+32,66+32);
06  }
```

【运行结果】

编译、连接、运行程序，即可在控制台输出结果。

【范例分析】

本范例中，使用了 3 种常用的输出格式，用来输出不同类型的数据。其中需要注意的是，十进制整型的输出格式设为 %d，则输出为该数据对应的 ASCII 码表示的字符。如第 1 条输出语句 "printf("%d,%c\n",65,65);" 中的第 2 个格式符是 "%c"，而对应的输出数据是十进制整型的 65，输出结果为字符 "A"，是因为 65 在 ASCII 编码集中对应的是字符大写 A，而输出格式是以字符格式输出，因此输出为字符 A。

反之，若字符 A 以 %d 格式输出，则会输出对应在 ASCII 编码集中对应的十进制数 65。

02 基本输入语句

基本输入语句的功能是接收用户从键盘上输入的数据，并按照格式控制符的要求进行类型转换，然后送到由对应参数所指定的变量单元中去。其一般格式为：

scanf(格式控制串，参数地址 1，参数地址 2，…);

例如：

scanf("%d%f", &a,&b);

与 printf() 类似，格式控制串是用双引号引起来的字符串，如 "%d" 和 "%f"，转换说明同上，其作用是将用户输入的数据转换成指定的输入格式。参数地址是指明输入数据所要放置的地址，因此参数地址部分必须为变量，且变量名之前要加上 & 运算符，表示取变量的地址，如 "&a,&b"。而且，一个转换说明对应一个参数，如 "%d" 对应参数 "&a"，"%f" 对应参数 "&b"。下表列出了常用的转换说明及作用。

转换说明	输出形式	举 例	输 入
%d	匹配带符号的十进制的 int 型	scanf("%d",&a);	输入 20，则 a 为 20
%f	匹配带符号的十进制的浮点数	scanf("%f",&a);	输入 2.0，则 a 为 2.000000
%c	匹配单个字符	scanf("%c",&a);	输入 a，则 a 为 'a'
%s	匹配非空白的字符序列	scanf("%s",&s);	输入 hello，则数组 s 中放置 hello，末尾自动加上空字符
%o	匹配带符号的八进制数	scanf("%o",&a);	输入 754，则 a 为八进制 754
%x	匹配带符号的十六进制数	scanf("%x",&a);	输入 123，则 a 为十六进制 123

📝 范例 8-2　计算圆的面积，其半径由用户指定。

(1) 在 Visual C++ 6.0 中，新建名称为 "Circle Area.c" 的【Text File】文件。
(2) 在代码编辑区域输入以下代码（代码 8-2.txt）。

```
01  #include <stdio.h>    /*stdio.h 是指标准库中输入输出流的头文件 /*
02  void  main( )
03  {
04    float radius,area ;
05    printf(" 请输入半径值：  ");
06    scanf("%f",&radius);        /* 输入半径 */
07    area=3.1416*radius*radius;
08    printf("area=%f\n",area);    /* 输出圆的面积 */
09  }
```

【运行结果】

编译、连接、运行程序，根据提示输入圆的半径值 4，按【Enter】键，即可计算并输出圆的面积。

【范例分析】

该程序首先定义两个 float 类型的变量 radius 和 area，在屏幕上输出"请输入半径值："的提示语句，之后从键盘获取数据传给变量 radius，然后为变量 area 赋值，最后将 area 的值输出。

8.2.4 控制语句

控制语句用于完成一定的控制功能，由特定的语句定义符组成。C 语言中有 9 种控制语句，分别是 if-else 语句、for 语句、while 语句、do-while 语句、break 语句、switch 语句、goto 语句、continue 语句和 return 语句。

8.2.5 空语句和复合语句

空语句只由一个分号构成。

即：

```
;
```

它表示什么都不做，有时用来作被转向点，或为循环体提供空体（循环什么也不做）。例如：

```
while(getchar()! = ' \ n');
```

或写为：

```
while(getchar()! = ' \ n' )
;
```

复合语句就是用"{}"把多个单一的语句括起来。

复合语句的一般形式：

```
{
  z=x+y;
  t=z/100;
  printf("%f",t);
}
```

> **注意**
>
> 复合语句中最后一条语句的分号不能忽略不写 (这是和 PASCAL 的不同之处)。而且复合语句的"︱︱"之后不能有"；"。"︱︱"必须成对使用。复合语句当中可以是表达式语句、复合语句、空语句等。

▶8.3 顺序结构与语句

顺序结构是程序设计中最常用、最简单的基本结构之一。在顺序结构中，程序是按照语句的书写顺序依次执行，语句在前的先执行，语句在后的后执行。顺序结构虽然只能满足设计简单程序的要求，但它是任何一个程序的主体结构，即从整体上看，都是从上向下依次执行的。但在顺序结构中又包含了选择结构或循环结构，而在选择和循环结构中往往也以顺序结构作为其子结构。

顺序结构的流程图如下。

其含义为：先执行语句 1，再执行语句 2。执行顺序与书写的顺序一致。

例如：

```
a=3;
b=4;
c=a+b;
```

其执行顺序是先执行 a=3，再执行 b=4，最后执行 c=a+b。

范例 8-3　　"鸡兔同笼问题"。鸡有2只脚，兔有4只脚，如果已经鸡和兔的总头数为h，总脚数为f。问笼中各有多少只鸡和兔。

第 **1** 步：问题分析。

设笼中的鸡有 *m* 只，兔有 *n* 只，可以列出方程组：

$$\begin{cases} m+n=h \\ 2m+4n=f \end{cases} \quad \text{解方程组得：} \quad \begin{cases} m=\dfrac{4h-f}{2} \\ n=\dfrac{f-2h}{2} \end{cases}$$

第 **2** 步：编程实现。

(1) 在 Visual C++ 6.0 中，新建名称为 "hens and rabbits.c" 的【Text File】文件。

(2) 在代码编辑区域输入以下代码（代码 **8-3**.txt）。

```
01  #include<stdio.h>
02  void main()
03  {
04      int h,f,m,n;
05      printf(" 请输入鸡和兔的总头数： ");
06      scanf("%d",&h);   /* 由用户输入总头数 */
07      printf(" 请输入鸡和兔的总脚数： ");
08      scanf("%d",&f);   /* 由用户输入总脚数 */
09      m=(4*h-f)/2;
10      n=(f-2*h)/2;      /* 根据方程求解 */
11      printf(" 笼中鸡有 %d 只，兔有 %d 只 !\n",m,n);       /* 输出结果 */
12  }
```

【运行结果】

编译、连接、运行程序，根据提示输入总头数 10 和总脚数 32，按【Enter】键，即可计算并输出笼中有多少只鸡，有多少只兔。

【范例分析】

该程序是一个顺序结构的程序，首先定义 4 个 int 类型的变量，在屏幕上输出"请输入鸡和兔的总头数："及"请输入鸡和兔的总脚数："的提示语句，之后从键盘获取数据复制给变量 h 和 f，然后列出由上面方程求解得到的公式，计算出鸡和兔各有多少只，最后输出结果。程序的执行过程是按照书写语句，一步一步地按顺序执行，直至程序结束。

在该程序中，运算的结果是由用户输入的总头数与总脚数决定的，也就是说，程序运行的结果可能每次都是不同的，是由用户决定的。

> **✒ 注意**
>
> 第 9、10 两行的语句是由方程求解得到的，在编写程序时，不能按数学公式输入。如：
>
> $$m = \frac{4h - f}{2}$$
>
> 这样的输入是错误的，必须把公式写在一行上，因此分子必须加上圆括号，保证分子部分是个整体。但是这样输入也是不对的，如 $m=(4h\text{-}f)/2$。C 程序中的相乘操作中间必须有乘号"*"，而不能写成数学上的 $4h$。

▶8.4 选择结构

选择结构通过对给定的条件进行判断，来确定执行哪些语句。

8.4.1 选择结构

C 语言中的选择结构也称为分支结构，选择结构可以用分支语句来实现。分支语句包括 if 语句和 switch 语句。if 语句提供一种二路选择，它根据表达式的值来决定执行给出的两个程序段之一；switch 是一种专门进行多路选择问题的语句。

8.4.2 单分支选择结构——if 语句

单分支结构是 if 语句的最简单形式之一，其一般语法为：

if(表达式)
　语句；

其执行过程为，先计算表达式的值，如果表达式为非 0（即为真），则执行语句；否则不执行任何语句，退出 if 语句，继续执行 if 语句之后的部分。该格式中的"语句"有可能不被执行（当表达式为假时）。

其中，表达式必须是关系表达式或逻辑表达式，语句可以为简单语句或复合语句，本书后面的内容凡提到"语句"的部分都是指简单语句或复合语句。用流程图表示如下。

例如：

```
if(x>y)
  printf("%d",x);
```

这个语句的含义为：如果 x 大于 y，输出 x 的值，否则什么也不做。

> **提示**
>
> 初学者容易在语句 (**if**) 后面误加分号，例如：
>
> **if(x>y)；x+=y；**
>
> 这样相当于满足条件执行空语句，下面的 **x+=y** 语句将被无条件执行。一般情况下，**if** 条件后面不需要加分号。

范例 8-4　输入3个不同的数，按从大到小的顺序输出。

第1步：问题分析。

假设 3 个数分别为 a、b、c。

① 先将 a 与 b 比较，把较大者放在 a 中，较小者放在 b 中。

② 再将 a 与 c 比较，把较大者放在 a 中，较小者放在 c 中，此时，a 为三者中的最大者。

③ 最后将 b 与 c 比较，把较大者放在 b 中，较小者放在 c 中，此时 a、b、c 已经按从大到小的顺序排列。

用流程图描述如下。

第 **2** 步：编程实现。

(1) 在 Visual C++ 6.0 中，新建名称为 "sort.c" 的【Text File】文件。

(2) 在代码编辑区域输入以下代码（代码 8-4.txt）。

```c
01  #include<stdio.h>
02  void main()
03  {
04      int a,b,c,t;         /*t 为临时变量 */
05      printf(" 请输入 a,b,c?:");
06      scanf("%d%d%d",&a,&b,&c);
07      if(a<b) /* 如果 a<b，交换 a,b 的值，通过下面 3 条语句实现，使 a 中始终存放较大者 */
08      {
09          t=a;
10          a=b;
11          b=t;
12      }
13      if(a<c) {t=a;a=c;c=t;}       /* 若 a<c，交换 a,c 的值，那么 a 是三者的最大值 */
14      if(b<c) {t=b;b=c;c=t;}       /* 再比较 b 与 c 的大小，使 b 为第二大者 */
15      printf(" 从大到小输出为：\n");
16      printf("%d\t %d \t%d\n",a,b,c);        /* 输出排序后的结果 */
17  }
```

【运行结果】

编译、连接、运行程序，根据提示分别输入 a、b、c 的值 20、-9、3 时，按【Enter】键，即可输出 a、b、c 3 个数从大到小排序的结果。

【范例分析】

实现两个变量的交换，通常都要引用第 3 个变量，进行 3 次赋值操作。假设 a 的值为 2，b 的值为 3，交换 a、b 两个变量，需要引用第 3 个变量 t，执行 t=a;a=b;b=t 才可以。其过程为将 a 的值 2 赋给 t，此时变量 a 与 t 的值都为 2；再将 b 的值赋给 a，a 中的值已经变成了 3；最后将 t 中的值赋给 b，t 中存放的是原来 a 的值即 2，赋给 b 后，b 的值就是 2。

但是如果写成 "a=b; b=a;" 就错了。因为 b 的值赋给 a 后，a 的值变成了 3，原来的 2 已经不存在了，再执行 b=a，结果两个变量是同值，都是 3。可见这两条语句并不能实现变量的交换。

> 📑 **提示**
>
> 在 **if** 语句中，可以包含多个操作语句（如【范例 5-4】），此时必须用 "{}" 将几条语句括起来作为一个复合语句。

8.4.3 双分支选择结构——if-else 语句

if 语句的标准形式为 if-else，当给定的条件满足时，执行一个语句；当条件不满足时，执行另一个语句。其一般语法格式为：

if(表达式)
  语句 1;
  else
  语句 2;

其执行过程为：先计算表达式的值，如果表达式的值为非 0（即为真），则执行语句 1，否则执行语句 2。总之，该格式中的"语句 1"和"语句 2"总会有一个得到执行。

下图展示了 if-else 语句的流程。

例如：

if(a>0)
    printf("a is positive.\n");
    else
    printf("a is not positive.\n");

其含义为，如果 a 大于 0，输出"a is positive."，否则输出"a is not positive."。

> **注意**
>
> else 部分不能独立存在，即 else 的前面一定有一个";"，它一定是 if 语句的一部分。

📝 范例 8-5   判断输入的整数是否是13的倍数。

(1) 在 Visual C++ 6.0 中，新建名称为"13 times.c"的【Text File】文件。
(2) 在代码编辑区域输入以下代码（代码 8-5.txt）。

```
01  #include<stdio.h>
02  void main()
03  {
04    int num;
05    printf(" 请输入一个整数: ");
06    scanf("%d",&num);          /* 由用户输入 */
07    if(num%13==0)   /* 如果输入的数是 13 的倍数，则执行下面的语句 */
08      printf("%d 是 13 的倍数 !\n",num);
09    else        /* 若输入的数不是 13 的倍数，则执行下面的语句 */
10      printf("%d 不是 13 的倍数 !\n",num);
11  }
```

【运行结果】

编译、连接、运行程序，根据提示输入任意一个整数，按【Enter】键，即返回该整数是否为 13 的倍数。

【范例分析】

本范例中判定一个整数是否为 13 的倍数的方法是该数被 13 除，如果能除尽（即余数为零），就是 13 的倍数，否则，就不是 13 的倍数。

if 后面 "()" 内的表达式应该为关系或逻辑表达式，该例中是一个逻辑表达式，判断两式是否相等。如果在条件括号内只是单一的一个量，则 C 语言规定：以数值 0 表示 "假"，以非 0 值表示 "真"。因为在 C 中，没有表示 "真" "假" 的逻辑量。

本范例是一个比较简单的例子，现实中的各种条件是很复杂的，在一定的条件下，又需要满足其他的条件才能确定相应的动作。为此，C 提供了 if 语句的嵌套功能，也即一个 if 语句能够出现在另一个 if 语句或 if-else 语句里，详见下一小节的内容。

8.4.4 多分支选择结构——if-else 的嵌套形式

前两种形式的 if 语句一般都用于两个分支的情况。在 if 语句中又可以包含一个或多个 if 语句，这种形式称作 if 语句的嵌套。if 语句嵌套的目的是解决多路选择问题。

嵌套有如下两种形式。

01 嵌套在 else 分支中，形成 if...else...if 语句

其形式表示为：

```
if ( 表达式 1)　语句 1;
else  if ( 表达式 2)　语句 2;
else  if ( 表达式 3)　语句 3;
 …
else　语句 n;
```

该结构的流程图如下。

范例 8-6　评价学生的成绩。按分数score输出等级：score≥90为优，80≤score<90为良，70≤score<80为中等，60≤score<70为及格，score<60为不及格。

(1) 在 Visual C++ 6.0 中，新建名称为"evaluate grade1.c"的【Text File】文件。
(2) 在代码编辑区域输入以下代码（代码 8-6.txt）。

```
01  #include<stdio.h>
02  void main()
03  {
04      int score;
05      printf(" 请输入成绩 :");
06      scanf("%d",&score);          /* 由用户输入成绩 */
07      if(score>=90)    /* 判断成绩是否大于等于 90*/
08          printf("\n 优 \n");
09      else if(score>=80)/* 判断成绩是否大于等于 80 小于 90*/
10          printf("\n 良 \n");
11      else if(score>=70)/* 判断成绩是否大于等于 70 小于 80*/
12          printf("\n 中 \n");
13      else if(score>=60)/* 判断成绩是否大于等于 60 小于 70*/
14          printf("\n 及格 \n");
15      else     /* 成绩小于 60*/
16          printf("\n 不及格 \n");
17  }
```

【运行结果】

编译、连接、运行程序，根据提示输入任意一个成绩，按【Enter】键，即返回该成绩对应的等级。

【范例分析】

本范例中，5 个输出语句只能有一个得到执行。在处理类似的多分支结构时，我们可以画一个数轴，将各个条件的分界点标在数轴上，并且要从数轴的其中一端开始判断。例如，本范例中共有 5 种情况，每种情况对应不同的结果，是从高向低判断的，90 分开始判断，先考虑大于 90 的情况，然后是小于 90 分的情况，再考虑大于等于 80 的情况等，一直将所有的情况分析完毕。如果我们从最低点 60 处开始判断，即先考虑小于 60 的情况，再考虑大于等于 60 的情况，程序分支部分可以改写为：

```
if(score<60)
        printf("\n 不及格 \n");
else if(score<70)
        printf("\n 及格 \n");
else if(score<80)
        printf("\n 中等 \n");
else if(score<90)
        printf("\n 良 \n");
else
        printf("\n 优 \n");
```

> **注意**
>
> 　　一般使用嵌套结构的if语句时，需注意合理地安排给定的条件，即符合给定问题在逻辑功能上的要求，又要增加可读性。

02 嵌套在 if 分支中

其形式为：

if(表达式 1)
　　　　if(表达式 2)
　　　　　　　语句 1；
　　　　else
　　　　　　　语句 2；
else 语句 3；

该结构的流程图如下。

> **范例 8-7**　　判断某学生的成绩score是否及格，如果及格是否达到优秀（score≥90）。

　　(1) 在 Visual C++ 6.0 中，新建名称为 "evaluate grade2.c" 的【Text File】文件。
　　(2) 在代码编辑区域输入以下代码（代码 8-7.txt）。

```
01  #include<stdio.h>
02  void main()
03  {
04      int score;
05      printf(" 请输入该学生成绩 :");
06      scanf("%d",&score);          /* 由用户输入成绩 */
07      if(score>=60)     /* 判断成绩是否大于等于 60*/
08       if(score>=90)    /* 若大于 60，是不是还大于等于 90*/
09          printf("\n 优秀 \n");
10      else     /* 大于 60，但小于 90*/
11          printf("\n 及格 \n");
12      else    /* 小于 60*/
13          printf("\n 不及格 \n");
14  }
```

【运行结果】

编译、连接、运行程序，根据提示输入任意一个成绩，按【Enter】键，即返回该成绩对应的等级。

【范例分析】

本范例中采用的是第 2 种嵌套形式，如果在 if 分支中嵌套的是 if 语句的单分支结构，就成了下面的情况。

```
if( 表达式 1)
    if( 表达式 2)
      语句 1；
else 语句 2；
```

改写【范例 5-7】，即把 "else printf("\n 及格 \n");" 去掉，整个程序就变成了：

```
if(score>60)
  if(score>=90)
      printf("\n 优秀 \n");
else
      printf("\n 不及格 \n");
```

此时，从书写形式上看， "else printf("\n 不及格 \n");" 似乎与 if(score>60) 是匹配的，它们上下是对齐的，但是 C 语言是一种无格式语言，可以不分行、不分结构，只要语法关系对，就能通过编译。所以说，C 不会按所写的格式来分析语法。

C 语言规定了 if 和 else 的 "就近配对" 原则，即 else 总是与前面最近的（未曾配对的）if 配对。那么上面的代码实际等价于：

```
if(score>60)
{   if(score>=90)
        printf("\n 优秀 \n");
else
        printf("\n 不及格 \n");
}
```

也就是 else 与第 2 个 if 构成了 if-else 语句，但从逻辑上来看，与题目是矛盾的。为了保证 else 与第 1 个 if 配对，必须用圆括号将第 2 个 if 语句括起来作为第 1 个 if 语句的分支。即：

```
if(score>60)
{   if(score>=90)
        printf("\n 优秀 \n");
}
else
      printf("\n 不及格 \n");
```

提示

    if 语句的嵌套结构可以是 **if...else** 形式和 **if** 形式的任意组合，被嵌套的 **if** 语句仍然可以是 **if** 语句的嵌套结构，但在实际使用中是根据实际问题来决定的，如果需要改变配对关系，可以加 "{}"。

为了便于书写和阅读，可采用左对齐形式，即相匹配的"if"和"else"左对齐，上下都在同一列上，这样显得层次清晰。

8.4.5 多分支选择结构——switch 语句

前面介绍了 if 语句的嵌套结构可以实现多分支，但实现起来，if 的嵌套层数过多，程序冗长且较难懂，还会使得程序的逻辑关系变得不清晰。如果采用 switch 语句实现分支结构则比较清晰，而且更容易阅读及编写。

switch 语句的一般语法格式为：

```
switch( 表达式 )
{
    case 常量表达式 1：语句 1；[break；]
    case 常量表达式 2：语句 2；[break；]
    …
    case 常量表达式 n：语句 n；[break；]
    [default：语句 n+1；]
}
```

其中，[ ] 括起来的部分是可选的。

执行过程：先计算表达式的值，并逐个与 case 后面的常量表达式的值相比较，当表达式的值与某个常量表达式 i 的值一致时，则从语句 i 开始执行，直到遇到 break 语句或 switch 语句的"}"；若表达式与任何常量表达式的值均不一致，则执行 default 后面的语句或执行后续语句。

例如：

```
switch(x)
{ case 1: printf( "statement 1.\n" ); break;
    case 2: printf( "statement 2.\n" ); break;
    default: printf( "default" );
}
```

以上代码在执行时，如果 x 的值为 1，则输出 statement 1.。

说明：x 的值与 1 一致就处理后面的输出语句，然后遇到 break 语句，退出 switch 结构。同样，如果 x 的值为 2，则输出"statement 2."；如果 x 的值是除了 1 和 2 的其他值，程序则输出"default"，遇到"}"退出 switch 结构。

switch 结构的说明如下。

(1) switch 后面的表达式类型一般为整型、字符型和枚举型，但不能为浮点型。

(2) 常量表达式 i 仅起语句标号作用，不作求值判断。

(3) 每个常量表达式的值必须各不相同，没有先后次序。

(4) 多个 case 语句可以共用一组执行语句，如：

```
switch(x)
{ case 1:
    case 2: printf( "statement 2.\n" );
    default: printf( "" );
}
```

表示 x 的值为 1 或 2 都执行"printf("statement 2.\n");"语句。

范例 8-8　根据一个代表星期几的0~6之间的整数，在屏幕上输出它代表的是星期几。

(1) 在 Visual C++ 6.0 中，新建名称为 "Numerical Week.c" 的【Text File】文件。
(2) 在代码编辑区域输入以下代码（代码 8-8.txt）。

```
01  # include  <stdio.h >
02  void  main( )
03  {
04    int  w ; /* 定义代表星期的整数变量 w*/
05    printf( " 请输入代表星期的整数 (0-6)：");
06    scanf("%d",&w);/* 从键盘获取数据赋值给变量 w*/
07    switch ( w ) {   /* 根据变量 w 的取值选择执行不同的语句 */
08    case 0 :        /* 当 w 的值为 0 时执行下面的语句 */
09      printf(" It's Sunday .\n");
10          break ;
11    case 1 :        /* 当 w 的值为 1 时执行下面的语句 */
12      printf(" It's Monday .\n");
13      break ;
14    case 2 :        /* 当 w 的值为 2 时执行下面的语句 */
15      printf(" It's Tuesday .\n");
16      break ;
17    case 3 :        /* 当 w 的值为 3 时执行下面的语句 */
18      printf(" It's Wednesday .\n");
19      break ;
20    case 4 :        */ 当 w 的值为 4 时执行下面的语句 */
21      printf(" It's Thuesday .\n");
22      break ;
23    case 5 :        /* 当 w 的值为 5 时执行下面的语句 */
24      printf(" It's Friday .\n");
25      break ;
26    case 6 :        /* 当 w 的值为 6 时执行下面的语句 */
27      printf(" It's Saturday .\n");
28      break ;
29    default : printf(" Invalid data!\n");   /* 当 w 取别的值时 */
30    }
31  }
```

【运行结果】

编译、连接、运行程序，根据提示输入 "6"（0~6 中的任意 1 个整数），按【Enter】键，即可在命令行中输出结果。

【范例分析】

本范例中，首先从键盘输入一个整数赋值给变量 w，根据 w 的取值分别执行不同的 case 语句。例如当从键盘为 w 赋值 6 时，执行 case 6 后面的语句。

```
printf(" It's Saturday .\n");
break ;
```

于是，在屏幕上输出"It's Saturday"。从本范例可以看到，switch 语句中的每一个 case 的结尾通常有一个 break 语句，它停止 switch 语句的继续执行，而转向该 switch 语句的下一个语句。但是，使用 switch 语句比用 if-else 语句简洁得多，可读性也好得多。因此遇到多分支选择的情形，则应当尽量选用 switch 语句，而避免采用嵌套较深的 if-else 语句。

> ⚙**技巧**
>
> 　　case 后面的常量表达式可以是一条语句，也可以是多条语句，甚至可以在 case 后面的语句中再嵌套一个 switch 语句。

▶ 8.5 综合应用——根据不同的利润计算奖金

📝 **范例 8-9**　　企业发放的奖金根据利润提成。从键盘输入当月利润，求应发放奖金总数。

$$奖金 = \begin{cases} 利润 \times 10\% & 利润 \leqslant 10\ 万 \\ 利润 \times 12\% & 10\ 万 < 利润 \leqslant 20\ 万 \\ 利润 \times 14\% & 20\ 万 < 利润 \leqslant 40\ 万 \\ 利润 \times 16\% & 40\ 万 < 利润 \leqslant 60\ 万 \\ 利润 \times 18\% & 60\ 万 < 利润 \leqslant 100\ 万 \\ 利润 \times 20\% & 利润 > 100\ 万 \end{cases}$$

(1) 在 Visual C++ 6.0 中，新建名为 "numSum.c" 的【Text File】源文件。
(2) 在编辑窗口中输入以下代码（代码 8-9.txt）。

```
01  #include "stdio.h"
02  void main()
03  {
04      float x,y;
05      int n;
06      scanf("%f",&x);
07      n=(int)x/10;
08      if((int)x/10==x/10) n--;
09      switch(n)
10      {
11      case 0:y=x*0.1;break;
12      case 1:y=x*0.12;break;
13      case 2:case 3:y=x*0.14;break;
14      case 4:case 5:y=x*0.16;break;
15      case 6:case 7:case 8:case 9:y=x*0.18;break;
16      default:y=x*0.2;
17      }
18      printf("y=%.2f\n",y);
19  }
```

【运行结果】

编译、连接、运行程序，根据提示从键盘上输入当月利润，按【Enter】键，即可输出应发放奖金数。

【范例分析】

程序中的变量 x 表示当月利润，为浮点型，scanf() 函数用于输入 x 的值，变量 y 表示应发奖金的总数，为程序输出值。本程序主要采用 switch 选择结构，而使用 switch 解题的关键，是通过分析找到表达式，将问题分成几种情况。

用这种方法转换后，n 出现了在不同区域有重复数字的情况。解决的方法有很多，其中一种是可以采用当 x 为 10 的整数倍时，将计算出的 n 值减 1。例如，当输入的 x 值为 9.700 时，(int)x/10=1，即 n=1。此时如果 n 不做减 1 处理时，那么所求发放奖金总额为 y=x*0.12，但按照题目要求，此时发放金额总数应为 y=x*0.1，将 n 减 1 后便可采用 switch 语句处理了。

▶8.6 高手点拨

学习了这一章，读者是否对选择结构有了新的认识呢？那么在使用 if 和 swith 这些选择语句，我们还要注意哪些问题呢？

在 if 的 3 种形式中，所有的语句应均为单个语句，当满足条件需要执行多个语句时，应用一对大括号"{}"将需要执行的多个语句括起，形成一个复合语句。例如：

```
if(a>b){a++; b--;}
else   {a=0;b=5; }/* 大括号后不加分号 */
```

同时，if 语句中表达式形式很灵活，可以是常量、变量、任何类型表达式、函数、指针等。只要表达式的值为非零值，条件就为真，反之条件为假。如下 if 语句也是可以的：

```
main()
```

```
    {
        int a=3,b=6;
        if(a=b) printf( "%d" ,a);
        if(3) printf( "OK" );
        if( 'a' ) printf( "%d" ,' a' );
    }
```

当 if 语句中出现多个 "if" 与 "else" 的时候，要特别注意它们之间的匹配关系，否则就可能导致程序逻辑错误。"else" 与 "if" 的匹配原则是 "就近一致原则"，即 "else" 总是与它前面最近的 "if" 相匹配。

另一种重要的选择语句是 switch 语句，根据表达式的不同值，可以选择不同的程序分支，又称开关语句。case 中常量表达式的值必须互不相同，否则执行时将出现矛盾，即同一个开关值，将对应多种执行方案。例如，下面是一种错误的表达方式。

```
switch （n）
{    case 1: n*n;
     case 3: n--;
     …
     case 1: n++; /* 错误语句，case 中常量表达式的值必须互不相同 */
     default : n+1;
}
```

在 switch 语句中，case 常量表达式只相当于一个语句标号，表达式的值和某标号相等则转向该标号执行，但不能在执行完该标号的语句后自动跳出整个 switch 语句，因此会继续执行所有后面语句的情况。因此 C 语言提供了一种 break 语句，其功能是可以跳出它所在的 switch 语句。

```
switch(grade)
{
    case 'A':
    default:printf("grade<60");
    case 'B':
    case 'C':printf("grade>=60\n");break;

}
```

各 case 和 default 子句的先后顺序可以变动，不会影响程序执行结果。并且，default 语句可以省略。在格式方面，case 和 default 与其后面的常量表达式间至少有一个空格。switch 语句可以嵌套，break 语句只跳出它所在的 switch 语句。

最后，在编写 switch 语句时，switch 中的表达式一般为数值型或字符型。

▶8.7　实战练习

1. **从键盘输入两个整数 a 和 b，如果 a 大于 b 则交换两数，最后输出两个数。**
2. **输入两个整数，输出其中较大的数。**
3. **计算分段函数。**

$$y = \begin{cases} x+5 & x \leqslant 1 \\ 2x & 1 < x < 10 \\ \dfrac{3}{x-10} & x > 10 \end{cases}$$

4. 假设用 0、1、2...6 分别表示星期日、星期一……星期六。现输入一个数字，输出对应的星期几的英文单词。如果输入 3，输出"Wednesday"。

5. 将任意 3 个整数按从大到小的顺序排列。

6. 给出一个不多于 4 位的正整数，求出它是几位数，逆序打印出各位数字。

7. 任意输入 3 个数，判断能否构成三角形？若能构成三角形，是等边三角形、等腰三角形还是其他三角形？

8. 从键盘输入一个年份，判断是否是闰年。

第 **9** 章

C 程序的流程
——循环结构与转向语句

本章重点介绍循环结构和转向语句。通过学习，希望读者能够了解 C 语言的结构化程序设计方法，掌握 C 的 3 种程序结构，即顺序结构、选择结构和循环结构，掌握 break、continue 和 goto 等转向语句的功能及使用。

本章要点（已掌握的在方框中打钩）

☐ 循环结构
☐ for 语句
☐ while 语句
☐ do-while 语句
☐ 循环的嵌套
☐ 转向语句

▶9.1 循环结构与语句

当我们遇到的问题需要做重复的、有规律的运算时，可以使用循环结构来实现。循环结构是程序中一种很重要的结构，其特点是，在给定条件成立时，反复执行某程序段，直到条件不成立为止。给定的条件称为循环条件，反复执行的程序段称为循环体。C语言提供以下3种循环语句，可以组成各种不同形式的循环结构。

(1) for 语句

(2) while 语句

(3) do-while 语句

9.1.1 循环结构

循环结构是指在满足循环条件时反复执行循环代码块，直到循环条件不能满足为止。C中有3种循环语句可用来实现循环结构，即 while 语句、do-while 语句和 for 语句。这些语句各有特点，而且常常可以互相替代。在编程时，应根据题意选择合适的循环语句。下面先来看一个具有循环结构程序的例子。

📝 **范例 9-1**　　**计算100之内的奇数之和。**

(1) 在 Visual C++ 6.0 中，新建名称为"Odd Sum.c"的【Text File】文件。

(2) 在代码编辑区域输入以下代码（代码 9-1.txt）。

```
01  # include <stdio.h>  /* 是指标准库中输入输出流的头文件 */
02  void main()
03  {
04      int n = 1 ;          /* 为奇数变量 n 赋初值为 1*/
05      int sum = 0 ;        /* 奇数的累加和 */
06      while ( n < 100 ) /* n 不能超过 100*/
07      {
08          sum += n ;       /* 累加 */
09          n += 2 ;         /* 修改为下一个奇数 */
10      }
11      printf("100 以内的奇数和是 : %d\n",sum);
12  }
```

【运行结果】

编译、连接、运行程序，即可计算出 100 之内的奇数之和，并在命令行中输出。

【范例分析】

该程序是一个循环结构的程序，在执行过程中会根据循环条件反复执行循环体里面的语句，直到条件不能满足为止。本范例中，从 n 为 1 开始，累计求 100 以内奇数的和，直到 n 为 101 时，不满足 n<100 这个循环条件则终止循环。

9.1.2 当型循环语句——for 语句

for 语句是 C 语言最为灵活的循环语句之一，不但可以用于循环次数确定的情况，也可以用于循环次数不确定（只给出循环结束条件）的情况。其一般语法格式为：

for(表达式 1; 表达式 2; 表达式 3)
　循环体语句；

它的执行过程如下。

① 计算表达式 1 的值。

② 判断表达式 2，如果其值为非 0（真），则执行循环体语句，然后执行第③步；如果其值为 0（假），则结束循环，执行第⑤步。

③ 计算表达式 3。

④ 返回，继续执行第②步。

⑤ 循环结束，执行 for 语句的后续语句。

该循环的流程图如下。

例如：

sum=0;
for(i=0;i<=100;i++)
　sum+=i;

其中，"i" 是循环变量，表达式 1（i=0）是给循环变量赋初值；表达式 2（i<=100）决定了循环能否执行的条件，称为循环条件；循环体部分（重复执行的语句）是 sum+=i；表达式 3（i++）是使循环变量每次增 1，又称为步长（在这里步长为 1）。

它的执行过程是，先给循环变量 i 赋初值为 0，再判断 i 是否小于等于 100，如果为真，执行语句（sum+=i），将 i 的值自增 1，再判断 i 是否小于等于 100，再执行循环体和 i 增 1……一直到 i<=100 不成立时，循环结束。因此上面代码的作用是计算 1+2+…+100 的和。

为了更容易理解，可以将 for 语句的形式改写为：

for(循环变量赋初值 ; 循环条件 ; 循环变量增值)
　循环体语句；

范例 9-2　经典问题：打印出所有的"水仙花数"，所谓"水仙花数"是指一个三位数，其各位数字的立方和等于该数本身。例如，153是一个"水仙花数"，因为153=1^3+5^3+3^3。

(1) 在 Visual C++ 6.0 中，新建名称为"Narcissistic Number.c"的【Text File】文件。

(2) 在代码编辑区域输入以下代码（代码 9-2.txt）。

```
01  #include <stdio.h>
02  void main()
03  {   int a,b,c;
04      int i;
05      for(i=100;i<1000;i++)          /* 从 100 循环到 1000，依次判断每个数是否是水仙花数 */
06      {
07          a=i%10;        /* 分解出个位 */
08          b=(i/10)%10;   /* 分解出十位 */
09          c=i/100;       /* 分解出百位 */
10          if(a*a*a+b*b*b+c*c*c==i)          /* 判断 3 个数的立方数和是否等于该数本身，若是打印出来 */
11              printf("%d\t",i);
12      }
13  }
```

【运行结果】

编译、连接、运行程序，即可输出所有的水仙花数。

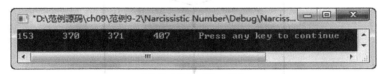

```
153      370      371      407      Press any key to continue
```

【代码详解】

第 3~4 行定义变量，用 a、b、c 分别存放每个三位数的个位、十位和百位；i 是循环控制变量，控制从 100~999 之间的数。

第 5~12 行是 for 循环，其中：

第 5 行，给循环控制变量赋初值为 1，循环条件是 i<1000，每次 i 的值自增 1；

第 7~9 行，分解当前 i 的个位、十位和百位；

第 10~11 行，判断该数是否满足条件，满足则输出。

【范例分析】

本范例中利用 for 循环控制 100~999 之间的数，每个数分解出个位、十位和百位，然后再判断立方和是否等于该数本身。

在编写 for 循环时，注意 3 个表达式所起的作用是不同的，而且 3 个表达式的运行时刻也不同，表达式 1 在循环开始之前只计算一次，而表达式 2 和 3 则要执行若干次。

如果循环体的语句多于一条，则需要用大括号括起来作为复合语句使用。

范例 9-3　计算n!，n!=1*2*...*n。

(1) 在 Visual C++ 6.0 中，新建名称为 "Cycle Index.c" 的【Text File】文件。
(2) 在代码编辑区域输入以下代码（代码 9-3.txt）。

```
01  #include <stdio.h>
02  void main()
03  {   int i,n;
04      long t=1;
05      printf(" 请输入一个整数: ");
06      scanf("%d",&n); /* 用户从键盘输入一个整数 */
07      for(i=1;i<=n;i++) /* 从 1 循环到 n*/
08          t=t*i;
09      printf("%d! 为 %ld\n",n,t);  /* 输出 n! */
10  }
```

【运行结果】

编译、连接、运行程序，由用户输入任意整数（如 5），即可在命令窗口输出 "5! 为 120"。

【范例分析】

本范例中利用循环变量 i 存放自然数 1、2、…、n；变量 t 存放阶乘，初值为 1，重复执行的是 t=t*i，即：

- 当 i=1 时，t=t*i=1　　　(1!)

- 当 i=2 时，t=t*i=1*2　　(2!)

- 当 i=3 时，t=t*i=1*2*3　(3!)

……

- 当 i=n 时，t=t*i=1*2*...*(n-1)*n　(n!)

累加与累乘是比较常见的算法，这类算法就是在原有的基础上不断地加上或乘以一个新的数。这类算法至少需要设置两个变量，一个变量作为循环变量控制自然数的变化，一个变量用来存放累加或累乘的结果，通过循环将变量变成下一个数的累加和或阶乘。所以一般求阶乘时存放阶乘的循环变量的初值应设置为 1，求累加初值应设置为 0。

01 for 循环扩展形式

(1) 表达式 1 和表达式 3 可以是一个简单的表达式，也可以是逗号表达式（即包含了一个以上的简单表达式），例如：

for(i=0,j=100;i<j;i++,j--)　k=i+j;

这里的循环控制变量可以不止一个。而且表达式 1 也可以是与循环变量无关的其他表达式。

(2) 循环条件可由一个较复杂表达式的值来确定，例如：

for(i = 0; s[i]! = c && s[i]! = '\0'; + + i);

(3) 表达式 2 一般是关系表达式或逻辑表达式，但也可以是数值表达式或字符表达式，只要其值不等于 0

就执行循环体。如:

```
for(k=1;k-4;k++)  s=s+k;
```

仅当 k 的值等于 4 时终止循环。k-4 是数值表达式。

02 for 循环省略形式

for 循环语句中的 3 个表达式都是可以省略的。

(1) 省略"表达式 1",此时应在 for 语句之前给循环变量赋初值。如:

```
i=1;
for(;i<=100;i++) sum+=i;
```

(2) 省略"表达式 2",表示不判断循环条件,循环无终止地进行下去,也可以认为表达式 2 始终为真。如:

```
for(i=1;;i++) sum+=i;
```

上面的代码将无休止地执行循环体,一直做累加和。为了终止循环,就要在循环体中加入 break 语句和 goto 语句等。

(3) 省略"表达式 3",此时应在循环体内部实现循环变量的增量,以保证循环能够正常结束。如:

```
for(i=1;i<=100;) {sum+=i;i++;}
```

相当于把表达式 3 写在了循环体内部,作为循环体的一部分。

(4) 省略"表达式 1"和"表达式 3",此时只给出了循环条件。如:

```
i=1;
for(;i<=100;)
{sum+=i;i++}
```

相当于把表达式 1 放在了循环的外面,表达式 3 作为循环体的一部分。这种情况与下面将要介绍的 while 语句完全相同。

(5) 3 个表达式都省略,既不设初值,也不判断条件,循环变量不增值,无终止地执行循环体。如:

```
for(; ;) 循环体语句
```

9.1.3 当型循环语句——while 语句

while 语句用来实现当型循环,即先判断循环条件,再执行循环体。其一般语法格式为:

```
while ( 表达式 )
    循环体语句;
```

它的执行过程是,当表达式为非 0 (真) 时,执行循环体语句,然后重复上述过程,一直到表达式为 0 (假) 时,while 语句结束。

例如:

```
i=0;
while(i<=100)
{
    sum+=i;
    i++;
}
```

说明:

(1) 循环体包含一条以上语句时,应用"{}"括起来,以复合语句的形式出现,否则它只认为 while 后面的第 1 条语句是循环体。

(2) 循环前，必须给循环控制变量赋初值，如上例中的（ i=0; ）。

(3) 循环体中，必须有改变循环控制变量值的语句（使循环趋向结束的语句），如上例中的 (i++;)，否则循环永远不结束。

范例 9-4   求数列1/2、2/3、3/4…前20项的和。

(1) 在 Visual C++ 6.0 中，新建名称为"Sequence Sum.c"的【Text File】文件。

(2) 在代码编辑区域输入如下代码（代码 9-4.txt）。

```
01  #include <stdio.h>
02  void main()
03  { int i;        /* 定义整型变量 i 用于存放整型数据 */
04    double sum=0;      /* 定义浮点型变量 sum 用于存放累加和 */
05    i=1;        /* 循环变量赋初值 */
06    while(i<=20)        /* 循环的终止条件是 i<=20*/
07    {
08      sum=sum+i/(i+1.0);        /* 每次把新值加到 sum 中 */
09      i++;  /* 循环变量增值，此句一定要有 */
10    }
11    printf(" 该数列前 20 项的和为：%f\n",sum);
12  }
```

【运行结果】

编译、连接、运行程序，即可计算 1/2、2/3、3/4…前 20 项的和，并在命令行中输出。

【范例分析】

本范例中的数列可以写成通项式：n/(n+1)，n=1，2，…，20，n 从 1 循环到 20，计算每次得到当前项的值，然后加到 sum 中即可求出。

与 for 不同的是，while 必须在循环之前设置循环变量的初值，在循环中有改变循环变量的语句存在；for 语句是在"表达式 1"处设置循环变量的初值，在"表达式 3"处进行循环变量的增值。

9.1.4 直到型循环语句——do-while 语句

do-while 语句实现的是直到型循环，即先执行语句，后判断表达式。其一般的语法格式为：

```
do{
    循环体语句 ;
}while ( 表达式 );
```

它的执行过程是，先执行一次循环体语句，然后判断表达式是否为非 0（真），如果为真，则再次执行循环体语句，如此反复，一直到表达式的值等于 0（假）时，循环结束。

下图展示了 do-while 语句的流程。

说明：

(1) do-while 语句是先执行循环体"语句"，后判别循环终止条件。与 while 语句不同，二者的区别在于，当 while 后面的表达式一开始的值为 0（假）时，while 语句的循环体一次也不执行，而 do-while 语句的循环体至少要执行一次。

(2) 在书写格式上，循环体部分要用花括号括起来，即使只有一条语句也如此；do-while 语句最后以分号结束。

(3) 通常情况下，do-while 语句是从后面控制表达式退出循环。但它也可以构成无限循环，此时要利用 break 语句或 return 语句直接从循环体内跳出循环。

范例 9-5   计算两个数的最大公约数。

(1) 在 Visual C++ 6.0 中，新建名称为"Greatest Common Divisor.c"的【Text File】文件。
(2) 在代码编辑区域输入以下代码（代码 9-5.txt）。

```
01   #include  <stdio.h>
02   void main( )
03   {
04      int m,n,r,t;
05      int m1,n1;
06      printf(" 请输入第 1 个数 :");
07      scanf("%d",&m); /* 由用户输入第 1 个数 */
08      printf("\n 请输入第 2 个数 :");
09      scanf("%d",&n); /* 由用户输入第 2 个数 */
10      m1=m; n1=n;     /* 保存原始数据供输出使用 */
11      if(m<n)
12      {t=m; m=n; n=t;} /*m,n 交换值，使 m 存放大值，n 存放小值 */
13      do      /* 使用辗转相除法求得最大公约数 */
14      {
15        r=m%n;
16        m=n;
17        n=r;
18      }while(r!=0);
19      printf("%d 和 %d 的最大公约数是 %d\n",m1,n1,m);
20   }
```

【运行结果】

编译、连接、运行程序，从键盘上输入任意两个数，按【Enter】键，即可计算它们的最大公约数。

【范例分析】

本范例中，求两个数的最大公约数采用"辗转相除法"，具体方法如下。

(1) 比较两数，并使 m 大于 n。

(2) 将 m 作被除数，n 作除数，相除后余数为 r。

(3) 将 m ← n，n ← r。

(4) 若 r=0，则 m 为最大公约数，结束循环。若 r ≠ 0，执行步骤(2)和(3)。

由于在求解过程中，m 和 n 已经发生了变化，所以要将它们保存在另外两个变量 m1 和 n1 中，以便输出时可以显示这两个原始数据。

如果要求两个数的最小公倍数，只需要将两个数相乘再除以最大公约数，即 m1*n1/m 即可。

9.1.5 ▶ 循环的嵌套

循环的嵌套是指一个循环结构的循环体内又包含另一个完整的循环结构。内嵌的循环中还可以嵌套循环，这样就构成了多重循环。

本节介绍的 3 种循环（for 语句、while 语句和 do-while 语句）之间可以互相嵌套。例如下面几种形式。

01 while 嵌套 while

```
while(  )
{
    …
    while(  )
    { … }
    …
}
```

02 do-while 嵌套 do-while

```
do
{
    …
    do
    { … }
    while(  );
    …
} while(  );
```

03 for 嵌套 for

```
for(  ;  ;  )
{
    …
    for(  ;  ;  )
    { … }
```

```
        …
    }
```

04 while 嵌套 do-while

```
while( )
{
    …
    do
    { … }
    while( );
    …
}
```

05 for 嵌套 while

```
for( ; ; )
{
    …
    while( )
      { … }
    …
}
```

📝 范例 9-6　　编写程序打印如图所示的金字塔图形。

```
            *
          * * *
        * * * * *
      * * * * * * *
    * * * * * * * * *
```

(1) 在 Visual C++ 6.0 中，新建名称为 "Pyramid.c" 的【Text File】文件。

(2) 在代码编辑区域输入以下代码（代码 9-6.txt）。

```
01  #include<stdio.h>
02  void main()
03  { int i,j,k;
04    for(i=1;i<=5;i++)  /* 控制行数 */
05    {
06      for(j=1;j<=5-i;j++)        /* 控制输出 5-i 个空格 */
07        printf(" ");
08      for(k=1;k<=2*i-1;k++)      /* 控制输出 2i-1 个星号 */
09        printf("*");
10      printf("\n");      /* 一行输出完最后输出换行 */
11    }
12  }
```

【运行结果】

编译、连接、运行程序，即可在控制台中输出金字塔图形。

【代码详解】

第 4~ 第 11 行，是一个双重循环结构，外层循环控制行数，其中：

第 6~ 第 7 行，是一个完整的 for 循环，用来控制输出空格，由于每行的空格数不同，但有规律，因此用循环变量 j 循环 5-i 次，每次输出一个空格即可；

第 8~ 第 9 行，也是一个完整的 for 循环，与上面的 for 是并列的关系，即上面的 for 执行完毕再执行这个循环；循环 2*i-1 次，每次输出一个星号，即可输出 2i-1 个星号；

第 10 行，上面的两个 for 循环控制输出了一行符号，需要换行继续下一行的输出，这样才能形成金字塔的形式。

【范例分析】

本范例利用双重 for 循环，外层循环控制行数 i，内层循环控制星号的个数。该图形有 5 行，用外层循环控制。

每行星号的起始位置不同，即前面的空格数 j 是递减的，与行的关系可以用公式 j=5-i 表示。

每行的星号数 k 不同，与行的关系可以用公式 k=2*i-1 表示。

内循环控制由两个并列的循环构成，控制输出空格数和星号数。

通过本范例，还可以改变输出的图形形状，如矩形、菱形等。

对于双重循环或多重循环的设计，内层循环必须被完全包含在外层循环当中，不得交叉。

内、外循环的循环控制变量尽量不要相同，否则会造成程序的混乱。

在嵌套循环中，外层循环执行一次，内层循环要执行若干次（即内层循环结束）后，才能进入到外层循环的下一次循环，因此，内循环变化快，外循环变化慢。

范例 9-7　在《算经》中张丘建曾提出过一个"百鸡问题"，就是1只公鸡值5块钱，1只母鸡值3块钱，3只小鸡值1块钱。用100元钱买100只鸡，问公鸡、母鸡、小鸡各买多少只？

(1) 在 Visual C++ 6.0 中，新建名称为 "Hundred Chickens.c" 的【Text File】文件。

(2) 在代码编辑区域输入以下代码（代码 9-7.txt）。

```
01  #include<stdio.h>
02  void main()
03  {
04      int x,y,z;
05      for(x=0;x<=20;x++)          /* 公鸡的循环次数 */
06        for(y=0;y<=33;y++)        /* 母鸡的循环次数 */
07        {
08            z=100-x-y;    /* 某次循环中公鸡、母鸡数确定后，计算出小鸡数 */
09            if(5*x+3*y+z/3.0==100)/* 是否满足百钱 */
10            printf(" 公鸡 %d 只，母鸡 %d 只，小鸡 %d 只 \n",x,y,z);
11        }
12  }
```

【运行结果】

编译、连接、运行程序，即可在控制台中输出公鸡、母鸡、小鸡各有多少只。

【代码详解】

第4~第10行，是一个双重循环结构，外层循环控制公鸡的只数，从0~20，找到满足条件的母鸡数和小鸡数。其中：

- 第6~第10行，内层循环，用来控制母鸡数从0~33变化，从而找到满足条件的小鸡数；
- 第7~第9行，找到满足条件的小鸡并输出。

【范例分析】

本范例中，"百钱买百鸡"问题是枚举法的典型应用。枚举法又称穷举法或试探法，是对所有可能出现的情况一一进行测试，从中找出符合条件的所有结果。该方法特别适合用计算机求解。如果人工求解，工作量就太大了。

对于本范例，设能买x只公鸡，y只母鸡，z只小鸡，由题意可列出方程组。

两个方程3个未知数，在数学上是无解的，可以采用枚举法把每一种可能的组合方案都测试一下，输出满足条件者。

由题意可知，公鸡x的取值范围是$0 \leq x \leq 20$，母鸡y的取值范围是$0 \leq y \leq 33$，小鸡z的值可由100-x-y得到（即已经满足了"百鸡"的条件）。当每一次x、y、z取一个值后，再验证是否符合条件。

$5x+3y+(100-x-y)/3=100$

用枚举法共列出了21×34=714种组合，计算机对这714种组合一一测试，最后求出符合条件的解输出。如果不考虑x、y的取值范围，写成：

```
for(x=0;x<=100;x++)
for(y=0;y<=100;y++)
{
    …
}
```

这种方法虽然也可以，但组合数更多，有101×101种，不能使程序得到优化，会降低程序的运行效率，因此建议采用前面的方法。

▶9.2 转向语句

在C中还有一类语句，即转向语句，它可以改变程序的流程，使程序从其所在的位置转向另一处执行。转向语句包括3种，即goto语句、break语句和continue语句。

其中，goto语句是无条件转移语句。break、continue语句经常用在while语句、do-while、for语句和switch语句中，二者使用时有区别。continue只结束本次循环，而不是中止整个循环；而break则是中止本循环，并从循环中跳出。

9.2.1 ▶ goto 语句

goto 语句是无条件转向语句，即转向到指定语句标号处，执行标号后面的程序。其一般语法格式为：

goto 语句标号；

例如：

goto end；

结构化程序设计不主张使用 goto 语句，因为 goto 语句会使程序的流程无规律、可读性差，但也不是绝对禁止使用的。goto 语句主要应用在以下两个方面。

（1）goto 语句与 if 语句一起构成循环结构。

（2）从循环体中跳转到循环体外，甚至一次性跳出多重循环，而 C 中的 break 语句和 continue 语句可以跳出本层循环和结束本次循环。

范例 9-8　用goto语句来显示1~100的数字。

（1）在 Visual C++ 6.0 中，新建名称为 "Mark Label.c" 的【Text File】文件。

（2）在代码编辑区域输入以下代码（代码 9-8.txt）。

```
01  #include <stdio.h>   /* 是指标准库中输入输出流的头文件 */
02  void main()
03  {
04      int count=1;
05      label:   /* 标记 label 标签 */
06      printf("%d ",count++);
07      if(count <= 100)
08      goto label;          /* 如果 count 的值不大于 100，则转到 label 标签处开始执行程序*/
09      printf("\n");
10  }
```

【运行结果】

编译、连接、运行程序，即可在命令行中输出 1~100 的数字。

【范例分析】

本范例使用 goto 语句对程序运行进行了转向。在代码中标记了一个位置（label），后面使用 "goto label;" 来跳转到这个位置。

所以程序在运行时，会先输出 count 的初值 1，然后跳转回 label 标记处，在值上加 1 后再输出，即 2，直到不再满足 "count <= 100" 的条件就会停止循环，然后运行 "printf（"\n"）;" 结束。

9.2.2 ▶ break 语句

前面已经介绍了 break 语句在 switch 语句中的作用是退出 switch 语句。break 语句在循环语句中使用时，可使程序跳出当前循环结构，执行循环后面的语句。根据程序的目的，有时需要程序在满足另一个特定的条件时立即终止循环，程序继续执行循环体后面的语句，使用 break 语句可以实现此功能。

其一般的语句格式为：

break;

break 语句用在循环语句的循环体内的作用是终止当前的循环语句。例如：

```
01    /* 无 break 语句 */
02    int sum = 0, number;
03    scanf("%d",&number);
04    while (number != 0) {
05        sum += number;
06        scanf("%d",&number);
07    }
08    /* 有 break 语句 */
09    int sum = 0, number;
10    while (1) {
11        scanf("%d",&number);
12        if (number == 0)
13            break;
14        sum += number;
15    }
```

这两段程序产生的效果是一样的。需要注意的是，break 语句只是跳出当前的循环语句，对于嵌套的循环语句，break 语句的功能是从内层循环跳到外层循环。例如：

```
01    int i = 0, j, sum = 0;
02    while (i < 5) {
03        for ( j = 0; j < 5; j++) {
04            sum + = i + j;
05            if ( j == i) break;
06        }
07        i++;
08    }
```

本例中的 break 语句执行后，程序立即终止 for 循环语句，并转向 for 循环语句的下一个语句，即 while 循环体中的 i++ 语句，继续执行 while 循环语句。

📝 范例 9-9　输入一个大于2的整数，判断该数是否为素数。若是素数，输出"是素数"，否则输出"不是素数"。

(1) 在 Visual C++ 6.0 中，新建名称为"Prime.c"的【Text File】文件。
(2) 在代码编辑区域输入以下代码（代码 9-9.txt）。

```
01    #include<stdio.h>
02    void main()
03    {
04        int m,i,flag;          /* 引入标志性变量 flag，用 0 和 1 分别表示 m 不是素数或是素数 */
05        flag=1;
06        printf(" 请输入一个大于 2 的整数：");
07        scanf("%d",&m);
08        for(i=2;i<m;i++)   /*i 从 2 变化到 m-1，并依次去除 m*/
```

```
09    {
10      if(m%i==0)        /* 如果能整除 m, 表示 m 不是素数, 可提前结束循环 */
11      {
12        flag=0;         /* 给 flag 赋值为 0*/
13        break;
14      }
15    }
16    if(flag)
17      printf("%d 是素数！\n",m);
18    else
19      printf("%d 不是素数！\n",m);
20  }
```

【运行结果】

编译、连接、运行程序，从键盘上输入任意一个整数，按【Enter】键，即可输出该数是否为素数。

【代码详解】

第 5 行，假设 m 是素数，先给 flag 赋初值为 1，如果不是素数再重新赋值，否则不用改变。

第 8~ 第 15 行，通过 for 循环依次用 2~(m-1) 去整除 m，如果能整除，说明 m 是素数，给 flag 变量赋值为 0，并用 break 语句退出循环（不用再继续循环到 i<m，此刻足以说明 m 不是素数）。

第 16~ 第 19 行，通过判断 flag 的值决定输出的内容。

【范例分析】

素数是除了 1 和本身不能被其他任何整数整除的整数。判断一个数 m 是否为素数，只要依次用 2、3、4…m-1 作除数去除 m，只要有一个能被整除，m 就不是素数；如果没有一个能被整除，m 就是素数。

在求解过程中，可以通过使用 break 语句使循环提前结束，不必等到循环条件起作用。而且 break 语句总是作 if 的内嵌语句，即总是与 if 语句一块使用，表示满足什么条件时才结束循环。

9.2.3 continue 语句

根据程序的目的，有时需要程序在满足另一个特定的条件时跳出本次循环，使用 continue 语句可实现该功能。continue 语句的功能与 break 语句不同，其功能是结束当前循环语句的当前循环，而执行下一次循环。在循环体中，continue 语句被执行之后，其后面的语句均不再执行。

下图是针对 for 循环的 continue 流程。

范例 9-10　输出100~200之间所有不能被3和7同时整除的整数。

(1) 在 Visual C++ 6.0 中，新建名称为"Continue.c"的【Text File】文件。
(2) 在代码编辑区域输入以下代码（代码 9-10.txt）。

```
01  #include<stdio.h>
02  void main()
03  { int i,n=0; /*n 计数 */
04    for(i=100;i<=200;i++)
05    {
06      if(i%3==0&&i%7==0)      /* 如果能同时整除 3 和 7，不打印 */
07      {
08        continue;        /* 结束本次循环未执行的语句，继续下次判断 */
09      }
10      printf("%d\t",i);
11      n++;
12      if(n%10==0)      /*10 个数输出一行 */
13        printf("\n");
14    }
15  }
```

【运行结果】

编译、连接、运行程序，即可在命令控制台中显示 100~200 之间不能同时被 3 和 7 整除的所有整数，每 10 个数输出一行。

【范例分析】

本范例中，只有当 i 的值能同时被 3 和 7 整除时，才执行 continue 语句，执行后越过后面的语句（printf 语句及后面的部分不执行），直接判断循环条件 i<=200，再进行下一次循环。只有当 i 的值不能同时被 3 和 7 整除时，才执行后面的 printf 语句。

一般来说，它的功能可以用单个的 if 语句代替，如本例可改为：

```
if(i%3==0&&i%7==0)  /* 如果能同时整除 3 和 7，不打印 */
{
    printf("%d\t",i);
}
```

这样编写比用 continue 语句更清晰，又不用增加嵌套深度，因此如果能用 if 语句，就尽量不要用 continue 语句。

▶9.3 综合应用——简单计算器

本节通过一个综合应用的例子，再熟悉一下前面学习的选择、循环和转向等语句。

范例 9-11　　编写一个程序，模拟具有加、减、乘、除4种功能的简单计算器。

(1) 在 Visual C++ 6.0 中，新建名称为"Simple Calculator.c"的【Text File】文件。

(2) 在代码编辑区域输入以下代码（代码 9-11.txt）。

```
01  #include <stdio.h>
02  void main()
03  {
04      char command_begin;        /* 开始字符 */
05      double first_number;        /* 第 1 个数 */
06      char character;        /* 运算符 (+、-、*、/)*/
07      double second_number;        /* 第 2 个数 */
08      double value;        /* 计算结果 */
09      printf(" 简单计算器程序 \n--------------\n");
10      printf(" 在 '>' 提示后输入一个命令字符 \n");        /* 输出提示信息 */
11      printf(" 是否开始？  (Y/N)>");        /* 输出提示信息 */
12      scanf("%c",&command_begin);        /* 输入 Y/N; */
13      while(command_begin=='Y'||command_begin=='y')
14      {  /* 当接收 Y/y 命令时执行计算器程序 */
15          printf(" 请输入一个简单的算式： ");        /* 输出提示信息 */
16          scanf("%lf%c%lf",&first_number,&character,&second_number);  /* 输入一个算式，如 3+5*/
17          switch(character)
18          {      /* 判断 switch 语句的处理命令 */
19          case '+':        /* 当输入运算符为 "+" 时，执行如下语句 */
20              value=first_number+second_number;        /* 进行加法运算 */
21              printf(" 等于 %lf\n",value);
22              break;        /* 转向 switch 语句的下一条语句 */
23          case '-':        /* 当输入运算符为 "-" 时，执行如下语句 */
24              value=first_number-second_number;        /* 进行减法运算 */
25              printf(" 等于 %lf\n",value);
26              break;        /* 转向 switch 语句的下一条语句 */
27          case '*':        /* 当输入运算符为 "*" 时，执行如下语句 */
28              value=first_number*second_number;        /* 进行乘法运算 */
29              printf(" 等于 %lf\n",value);
30              break;        /* 转向 switch 语句的下一条语句 */
31          case '/':        /* 当输入运算符为 "\" 时，执行如下语句 */
32              while(second_number==0)
33              {  /* 若除数为零，重新输入算式，直到除数不为零为止 */
34                  printf(" 除数为零，请输入一个算式： "); /* 输出提示信息 */
35                  scanf("%lf%c%lf",&first_number,&character,&second_number);        /* 输入一个算式，如
3+5*/
36              }
37              value=first_number/second_number;        /* 进行乘法运算 */
38              printf(" 等于 %lf\n",value);
39              break;        /* 转向 switch 语句的下一条语句 */
40          default:
41              printf(" 非法输入 !\n");/* 当输入命令为其他字符时，执行如下语句 */
42          }        /* 结束 switch 语句 */
43          printf(" 是否继续运算？  (Y/N)>"); /* 输出提示信息 */
44          fflush(stdin);  // 清空缓冲区
45          scanf("%c",&command_begin);        /* 输入命令类型如 y/Y*/
46      }        /* 结束 while 循环语句 */
47      printf(" 程序退出！ \n");    /* 退出循环时显示提示信息 */
48  }
```

【运行结果】

编译、连接、运行程序，根据提示输入 Y 或 y 时，开始计算，从键盘上输入一个简单的算式，如 5/3，按【Enter】键，即可计算出结果。按 Y 或 y，可继续使用计算器运算。

当进行除法运算时，若除数为零，程序则会提醒用户再一次输入算式，直到除数不为零为止。

当输入的运算符为其他字符时，程序就会提醒"非法输入"。是否进行运算，可根据提示按 Y 或 y 即可。若此时输入的符号为除了 Y 和 y 的其他符号，计算器结束运行。

【范例分析】

本范例用选择和循环语句实现了程序功能。该程序首先进行程序的初始化操作，然后进行循环设置，在循环体内完成处理命令、显示运算结果、提示用户输入命令字符以及读命令字符等工作。程序总的控制结构是一个 while 循环，而对于不同的命令处理，则用多分支的 switch 语句来完成，它嵌套在循环语句当中。

▶9.4 高手点拨

(1) 在循环体中使用 break 语句时应注意，只能在 do-while、for、while 循环语句或 switch 语句体内使用 break 语句，其作用是使程序提前终止它所在的语句结构，转去执行下一条语句；若程序中有上述 4 种结构语句的嵌套使用，则 break 语句只能终止它所在的最内层的语句结构。

(2) continue 语句只能在 do-while、for 和 while 循环语句中使用，其作用是提前结束多次循环中的某一次循环。

(3) break 语句和 continue 语句的区别在于，continue 语句只是结束本次循环，而不是终止整个循环的执行。而 break 语句则是结束整个循环过程，不再判断执行循环条件是否成立。

▶9.5 实战练习

1. 输入两个正整数 m 和 n，求其最大公约数和最小公倍数。

2. 输入一行字符，分别统计出其中英文字母、空格、数字和其他字符的个数。

3. 求 Sn=a+aa+aaa+⋯+aa⋯aaa（有 n 个 a）之值，其中 a 是一个数字。例如：2+22+222+2222+22222（n=5），n 由键盘输入。

4. 打印出所有"水仙花数"，所谓"水仙花数"是指一个三位数，其各位数字立方和等于该本身。例如，153 是一个水仙花数，因为 $153=1^3+5^3+3^3$。

5. 一个数如果恰好等于它的因子之和，这个数就称为"完数"。例如，6 的因子为 1、2、3，而 6=1+2+3，因此 6 是"完数"。编程序找出 1000 之内的所有完数，并按下面格式输出其因子：

6 its factors are 1、2、3

6. 有一分数序列：1/2，1/4，⋯，1/2n，n 为正整数。求出这个数列的前 20 项之和。

7. 一球从 100 米高度自由下落，每次落地后返回原高度的一半，再落下。求它在第 10 次落地时共经过多少米？第 10 次反弹多高？

8. 猴子吃桃问题。猴子第一天摘下若干个桃子，当即吃了一半，还不过瘾，又多吃了一个。第 2 天早上又将剩下的桃子吃掉一半，又多吃一个。以后每天早上都吃了前一天剩下的一半零一个。到第 10 天早上想再吃时，见只剩下一个桃子了。求第一天共摘多少桃子。

第 **10** 章

第 **10** 章

用户与计算机的交互
——输入和输出

输入 / 输出是计算机的基本行为，也是任何语言必需的功能，可起到用户和计算机之间的"桥梁"作用。那么，在 C 语言的世界里，输入和输出是怎样实现的？怎样才能高速、高效地输入和输出呢？

本章要点（已掌握的在方框中打钩）

☐ 标准输入 / 输出函数
☐ 格式化输入 / 输出函数
☐ 字符和字符串输入 / 输出函数
☐ printf（ ）函数
☐ scanf（ ）函数

▶10.1 标准输入 / 输出

程序如何知道用户想要的内容，用户又如何得知程序运算的结果呢？可以通过输入 / 输出来实现。我们先来看看下面程序运行的结果。

在命令行中，提示用户输入 1 个整数，当用户输入 100，并按【Enter】键后，程序显示"您输入的整数是: 100"，这就是个简单的输入 / 输出的过程——程序提示▶用户输入数据▶程序读取后输出，实现了用户与计算机的交互。

此程序的代码如下：

```
01  #include<stdio.h>
02  int main(void)
03  {
04      int i;
05      printf(" 请输入 1 个整数 :\n");        /* 提示用户输入 */
06      scanf("%d",&i);    /* 读取输入数据 */
07      printf(" 您输入的整数是 :%d\n",i);     /* 输出数据 */
08      return 0;
09  }
```

程序是通过 printf() 函数和 scanf() 函数来实现输入 / 输出的，这些函数都包含在 C 语言的库函数中。

C 语言本身并不提供输入 / 输出语句，而是用一组库函数来实现数据的输入和输出。由于不同的 C 系统提供不同的输入 / 输出函数，而一些常用的函数是各系统中共有的，故称之为标准输入 / 输出函数。

本章介绍这些标准的输入 / 输出函数，包括上面程序中提到的格式化输入（printf）输出（scanf）函数，以及字符输入（getchar）输出（putchar）函数和字符串输入（gets）输出（puts）函数等。

▶10.2 格式化输入 / 输出

格式化是指按照一定的格式，格式化输入 / 输出就是指按照一定的格式读取来自输入设备的数据和向输出设备输出数据。符合格式化输入 / 输出的代表函数是 **printf()** 函数和 **scanf()** 函数。这两个函数是程序中用得比较多的输入 / 输出函数，也是本章的重点。

10.2.1 格式化输出函数——printf()

在前面的章节中我们用得比较多的就是 print() 函数，但代码中包含的 %d、%f 和 %c 有什么含义和区别呢？本小节深入学习此函数的详细用法。

printf() 函数的作用是将计算机中的数据按照特定的格式输出到终端，使用户能从终端查看数据，它是输出数据的接口。其使用格式如下：

printf("< 格式化字符串 >",< 参数列表 >**);**

例如：

```
01   int i=10,j=20;
02   printf(" 欢迎来到 C 语言的世界！\n"); /* 输出引号内的内容并换行 */
03   printf("i=%d,j=%d\n",i,j);        /* 输出变量 i 和 j 的值并换行 */
```

注意

使用这两个函数时必须包含头文件 "stdio.h"，stdio.h 是 standard input & output 的缩写。

我们再来看看下面的代码：

```
01   printf("Hello \n")
02   printf("a,A \n");
03   printf(" 班级平均成绩为 :%f\n",avg);
04   printf("First output i=%d\n",i);
```

从这些语句中，可以很容易地看出第 1 行和第 2 行没有参数，原样输出，第 3 行和第 4 行都用到了参数。但根据上面的语句，我们还可以把该函数的使用格式细分一下。

(1) 没有参数时，调用格式如下：

printf(" 非格式字符串 ");

使用这种格式输出的是双引号内的原样内容，通常用于提示信息的输出。

(2) 有参数时，调用格式如下：

printf(" 格式字符串 ", 参数列表);

使用这种格式时，格式字符串内包含一个或多个格式控制字符。格式控制字符以 "%" 开头，紧跟其后的 d、s、f、c 等字符用以说明输出数据的类型。格式控制字符的个数与参数列表中参数的个数相等，并且一一对应，输出时，用参数来代替对应的格式控制字符。参数可以是变量，也可以是表达式等。

范例 10-1　　printf() 函数的使用。

(1) 在 Visual C++ 6.0 中，新建名为 "printfxl.c" 的【 Text File 】源文件。
(2) 在代码编辑窗口中输入以下代码（代码 10-1.txt）。

```
01   #include<stdio.h>
02   int main(void)
03   {
04     int num;
05     char r;
06     float f;
07     printf(" 请输入 1 个整数 ,1 个字符 ,1 个浮点型的数据 :\n");      /* 输出引号中的内容并换行 */
08     scanf("%d,%c,%f",&num,&r,&f);      /* 输入数据，给 num、r、f 分别赋值 */
09     printf(" 输入的数据是：num=%d,r=%c,f=%f",num,r,f);   /* 输出变量的值 */
10     printf("\n");      /* 换行 */
11     return 0;
12   }
```

【 运行结果 】

编译、连接、运行程序，根据命令行中的提示输入 1 个整数（如 58）、1 个字符（如 a）和 1 个浮点型数据（如 5.325），中间用 "," 隔开，输入完成按【 Enter 】键，即可输出结果。

【范例分析】

此段代码定义了 3 个变量，分别是 int、char 和 float 类型。第 7 行没有参数，原样输出引号中的内容后换行；第 8 行是输入数据，给 num、r 和 f 分别赋值；第 9 行是输出变量的值，用到了格式控制字符 %d、%c 和 %f，%d 代表的是 int 类型的格式，%c 代表的是 char 类型的格式，%f 代表的是 float 类型的格式，与后面的参数类型一一对应；第 10 行的调用格式与第 7 行的一样，但第 10 行双括号内的是转义字符，起到换行的作用。

其实，格式控制字符不止这些，还有很多，下面我们就来总结一下格式控制字符的种类和作用。

10.2.2 格式控制字符

在上面的程序中，所使用的 %d、%c 和 %f 就是格式控制字符。除了这些，格式控制字符还有很多，下表所示就是 C 语言程序中常用的格式控制字符。

格式控制字符	含义
d	以十进制形式输出整数值
o	以八进制形式输出整数值
x	以十六进制形式输出整数值
u	以无符号数形式输出整数值
c	输出字符值
s	输出字符串
f	输出十进制浮点数
e	以科学计数法输出浮点数
g	等价于 **%f** 或 **%e**，输出两者中占位较短的

下面详细介绍这些格式控制字符的使用方法。

01 d 格式控制字符

(1) %d：以十进制形式输出整数。

(2) %md：与 %d 相比，用 m 限制了数据的宽度，是指数据的位数。当数据的位数小于 m 时，以前面补空格的方式输出；反之，如果位数大于 m，则按原数输出。

(3) %ld：输出长整型的数据，其表示数据的位数比 %d 多。

范例 10-2　格式控制字符d的应用。

(1) 在 Visual C++ 6.0 中，新建名为"printf-d.c"的【Text File】文件。
(2) 在代码编辑窗口中输入以下代码（代码 10-2.txt）。

```
01  #include <stdio.h>
02  int main(void)
03  {
04    int i=123456;        /* 初始化变量 */
05    printf("%d\n",i);    /* 按 %d 格式输出数据 */
06    printf("%5d\n",i);   /* 按 %md 格式输出数据 */
07    printf("%7d\n",i);   /* 按 %md 格式输出数据 */
08    return 0;
09  }
```

【运行结果】

编译、连接、运行程序，即可在命令行中输出结果。

【范例分析】

本范例主要练习 d 格式符的使用，第 5 行中使用 %d 形式按原数据输出。

第 6、第 7 行中使用了 %md 形式，其中，第 6 行的 m=5，数据位数 6>m，输出原数据；第 7 行中的 m=7，数据位数 6<m，以前面补空格的方式输出，所以在输出结果中第 3 行的 123456 前面多了一个空格。

02 u 格式控制字符

(1) %u：以十进制形式输出无符号的整数。
(2) %mu：与 %md 类似，限制了数据的位数。
(3) %lu：与 %ld 类似，输出的数据是长整型，范围较大。

03 f 格式控制字符

%f：以小数形式输出实数，整数部分全部输出，小数部分为 6 位。

范例 10-3　格式控制字符f的应用。

(1) 在 Visual C++ 6.0 中，新建名为"printff.c"的【Text File】文件。
(2) 在代码编辑窗口中输入以下代码（代码 10-3.txt）。

```
01  #include<stdio.h>
02  int main(void)
03  {
04    float f1=11.110000811;      /* 定义一个 float 类型的变量 f1 并赋值 */
05    float f2=11.110000;         /* 定义一个 float 类型的变量 f2 并赋值 */
06    printf("%f\n",f1);  /* 按 %f 的格式输出 f1*/
07    printf("%f\n",f2);  /* 按 %f 的格式输出 f2*/
08    return 0;
09  }
```

【运行结果】

编译、连接、运行程序，即可在命令行中输出结果。

【范例分析】

(1) 本范例中定义的 f1 和 f2 的小数位数不同，但是输出后的位数都为 6 位，这是为什么？这是因为 %f 格式输出的数据小数部分必须是 6 位，如果原数据不符合，位数少的时候补零，位数多的时候小数部分取前 6 位，第 7 位四舍五入。

(2) %m.nf：以固定的格式输出小数，m 指的是包括小数点在内的数据的位数，n 是指小数的位数。当总的数据位数小于 m 时，数据左端补空格；如果大于 m，则原样输出。

(3) %-m.nf：除了 %m.nf 的功能以外，还要求输出的数据向左靠齐，右端补空格。

范例 10-4　格式控制字符 %m.nf 和 %-m.nf 练习。

(1) 在 Visual C++ 6.0 中，新建名为 "printfmnf.c" 的【Text File】文件。
(2) 在代码编辑窗口中输入以下代码（代码 10-4.txt）。

```
01  #include <stdio.h>
02  int main(void)
03  {
04      float f=123.456;      /* 初始化变量 */
05      printf("%f\n",f);      /* 按 %f 格式输出 */
06      printf("%10.1f\n",f);          /* 按 %m.nf 格式输出 */
07      printf("%5.1f\n",f);
08      printf("%10.3faaa\n",f);
09      printf("%-10.3faaa\n",f);      /* 按 %-m.nf 格式输出 */
10      return 0;
11  }
```

【运行结果】

编译、连接、运行程序，即可在命令行中输出结果。

【范例分析】

本范例是探讨数据因 m、n 的不同，输出内容有何不同。

第 5 行是按 %f 的格式输出的，但是，大家会发现为什么输出的会是 123.456001 呢？按正常的情况来说，应该输出 123.456000，这是由系统内实数的存储误差形成的。

第 6 行要求输出 10 位的数字并有一位小数，小数四舍五入是 5，加上小数点是 5 位，所以前面补了 5 个 0。

第 7 行要求是 5 位数字，1 位小数，所以不需补零，且小数点后面进行了四舍五入。

大家看一下第 8 行和第 9 行，会发现，用 %m.nf 格式输出的数字将空格补在了前面，而用 %-m.nf 的则补在后面，aaa 是用来对比空格的位置。

04 c 格式控制字符

c 格式控制字符作用是输出单个字符。

05 s 格式控制字符

s 格式控制字符作用是输出字符串。

%s、%ms 和 %-ms 与前面介绍的几种用法相同，故省略。在此介绍 %m.ns 和 %-m.ns 两种。

(1) %m.ns：输出 m 位的字符，从字符串的左端开始截取 n 位的字符，如果 n 位小于 m 位，则左端补空格。

(2) %-m.ns：与 %m.ns 相比是右端补空格。

📝 范例 10-5　m.ns和-m.ns格式符练习。

(1) 在 Visual C++ 6.0 中，新建名为 "mns.c" 的【Text File】文件。
(2) 在代码编辑窗口中输入以下代码（代码 10-5.txt）。

```
01   #include<stdio.h>
02   int main(void)
03   {
04     printf("%s\n","Hello");        /* 按 %s 格式输出 */
05     printf("%5.3s\n","Hello");     /* 按 %m.ns 格式输出 */
06     printf("%-5.3s\n","Hello");    /* 按 %-m.ns 格式输出 */
07     return 0;
08   }
```

【运行结果】

编译、连接、运行程序，即可在命令行中输出结果。

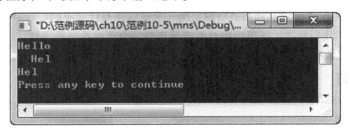

【范例分析】

本范例目的是练习 %m.ns 格式和 %-m.ns 输出，并比较二者输出的区别。第 4 行是原样输出，即 %s 格式。第 5 行是 %m.ns 格式输出，共 m 位，从 "Hello" 中截取前 3 位，并在前面补两个空格。第 6 行与第 5 行的不同之处是空格补在字符的后端。若 n>m，m 就等于 n，以保证字符显示 n 位。

06 o 格式控制字符

o 格式控制字符以八进制形式表示数据，即把内存中数据的二进制形式转换为八进制后输出。由于二进制中有符号位，因此把符号位也作为八进制的一部分输出。

07 x 格式控制字符

x 格式控制字符以十六进制形式表示数据，与 %o 一样，也把二进制中的符号位作为十六进制中的一部分输出。

📝 **范例 10-6   %o和%x格式符练习。**

(1) 在 Visual C++ 6.0 中，新建名为 "printfox.c" 的【Text File】源文件。
(2) 在代码编辑窗口中输入以下代码（代码 10-6.txt）。

```
01   #include<stdio.h>
02   int main(void)
03   {
04       int n1=0,n2=1,n3=-1;           /* 初始化 3 个变量 */
05       printf("%d,%o,%x\n",n1,n1,n1);      /* 分别按 %d、%o、%x 格式输出 n1*/
06       printf("%d,%o,%x\n",n2,n2,n2);      /* 分别按 %d、%o、%x 格式输出 n2*/
07       printf("%d,%o,%x\n",n3,n3,n3);      /* 分别按 %d、%o、%x 格式输出 n3*/
08       return 0;
09   }
```

【运行结果】

编译、连接、运行程序，即可在命令行中输出结果。

【范例分析】

本范例是比较 %d、%o、%x 这 3 种格式对输出同一个数结果有什么不同，特举了 1、0 和 -1 这 3 个具有代表性的数字进行试验。我们知道，既可以将 0 看成是正数，也可以看成是负数，与运行时的计算机系统有关，有的系统把它作为正数存储，本次运行的计算机就是这样，但也有的计算机把它作为负数存储。

08 e 格式控制字符

e 格式控制字符以指数形式输出数据。

09 g 格式控制字符

g 格式控制字符在 %e 和 %f 中自动选择宽度较小的一种格式输出。

10.2.3 格式化输入函数——scanf()

scanf() 函数：把从终端读取的符合特定格式的数据输入计算机程序中使用，是输入数据的接口。函数调用格式为：

```
scanf("<格式化字符串 >","<地址列表 >");
```

例如：

01　int i,j ;

02　scanf("%d" ,&i); /* 把输入的数据赋值给变量 i*/

03　scanf("%d,%d" ,&i,&j); 　/* 分别把输入的数据赋值给变量 i 和 j*/

此时，我们注意到符号 &，前面已经提到这是地址操作符。那么它有什么作用呢？

我们知道变量是存储在内存中的，变量名就是一个代号，内存为每个变量分配一块存储空间，当然，存储空间也有地址，也可以说成是变量的地址。但是，计算机怎样找到这个地址呢？这就要用到地址操作符 &，在 & 的后面加上地址就能获取计算机中变量的地址。其实，scanf() 函数的作用就是把输入的数据根据找到的地址存入内存中，也就是给变量赋值。

还有读者可能会问，变量 r 里面不是有内容了吗？把输入的字符再放进去不会出错吗？其实，计算机是这样的，当把一个数据放入一个内存空间里时，会自动覆盖里面的内容。所以，变量保存的是最后输进的值。

📝 范例 10-7　　scanf()函数的使用。

(1) 在 Visual C++ 6.0 中，新建名为 "scanflx.c" 的【Text File】源文件。

(2) 在代码编辑窗口中输入以下代码（代码 10-7.txt）。

```
01  #include<stdio.h>
02  int main(void)
03  {
04      int i=0;
05      printf(" 请输入一个整数： ");
06      scanf("%d",&i);    /* 输入数据，给变量 i 赋值 */
07      printf("i=%d\n",i); /* 输出 i 的值 */
08      printf("i 在内存中的地址为： %o\n",&i);      /* 以八进制形式输出变量 i 在内存中的地址 */
09      return 0;
10  }
```

【代码详解】

printf() 的作用是输出提示，第 6 行是 scanf() 的应用，给变量 i 赋值，根据地址操作符 & 找到 i 的空间地址，把从键盘输入的值存储在该空间内。第 7 行是输出 i 的值，第 8 行是按八进制形式输出变量 i 的内存地址。

【运行结果】

编译、连接、运行程序，输入一个整数并按【Enter】键，即可在命令行中输出结果。

【范例分析】

本范例是使用 scanf() 函数输入数据的例子，并在第 8 行输出了变量的内存地址。这个例子用于输出一个值的形式，按【Enter】键提交数据。

如果输入多个值呢？怎样区别数据？下面来看一个例子。

📝 **范例 10-8**　输入多个值。

(1) 在 Visual C++ 6.0 中，新建名为 "scanfmore.c" 的【Text File】文件。
(2) 在代码编辑窗口中输入以下代码（代码 10-8.txt）。

```
01  #include<stdio.h>
02  int main(void)
03  {
04    int i=0;
05    char a=0;
06    float f=0.0;
07    printf(" 请输入 1 个整型、1 个字符型和 1 个浮点型的值：\n");
08    scanf("%d,%c,%f", &i,&a,&f);        /* 输入 3 个数据，分别给变量赋值 */
09    printf("i=%d,a=%c,f=%f\n",i,a,f);       /* 输出 3 个变量的值 */
10    return 0;
11  }
```

【运行结果】

编译、连接、运行程序，根据提示输入 1 个整型、1 个字符型和 1 个浮点型（中间用逗号隔开），按【Enter】键，即可在命令行中输出结果。

【范例分析】

本范例输入 3 个不同类型的数据—数值型（int）、字符型（char）和浮点型（float）。可以看到，输入时每个变量之间是用逗号隔开的，那么，还有其他的格式可以输入吗？当然，下面来列举一些。

```
01  scanf("%d%c%f",&i,&a,&f);
02  scanf("a%da%ca%f", &i,&a,&f);
```

注意第 1 行的 %d、%c、%f 之间是没有符号的，输入时每个数据之间用一个空格或多个隔开，当然也可以使用回车键、Tab 键。第 2 行是用字符隔开的，不只可以使用 a，同样可以使用其他的字符，如 b、c、o 等。可以是单个的字符，也可以是字符串。读者可以自己试试看。

▶10.3 字符输入 / 输出

字符的输入 / 输出是程序经常进行的操作，频率比较高，所以 C 库函数中专门设置有 **putchar()** 函数和 **getchar()** 函数，用于对字符的输入 / 输出进行控制。

10.3.1 字符输出函数——putchar()

putchar() 函数：把单个字符输出到标准输出设备。调用格式为：

putchar(v);　　/*v 是一个变量 */

例如：

```
01  char v=0;
```

02	putchar('A');	/* 输出单个字符 A*/
03	putchar(v);	/* 输出变量 v 的值 */
04	putchar('\n');	/* 执行换行效果，屏幕不显示 */

📝 范例 10-9   putchar()函数的用法。

(1) 在 Visual C++ 6.0 中，新建名为 "putchar.c" 的【Text File】源程序。
(2) 在代码编辑窗口中输入以下代码（代码 10-9.txt）。

```
01  #include<stdio.h>
02  int main(void)
03  {
04    char r=0; /* 初始化变量 */
05    printf(" 请输入一个字符： ");        /* 输出提示 */
06    scanf("%c",&r);      /* 输入及给 r 赋值 */
07    putchar(r);          /* 输出 r 的值 */
08    putchar('\n');       /* 换行 */
09    putchar('a');        /* 输出字符常量 */
10    putchar('\n');       /* 换行 */
11    return 0;
12  }
```

【代码详解】

putchar() 函数是输出字符的函数，第 7 行输出的是字符变量 r 的值，第 9 行输出的是字符常量 a（注意 a 用的是单引号），第 8 行和第 10 行作用都是换行，单引号里面的是转义字符。

【运行结果】

编译、连接、运行程序，根据提示输入字符"a"，按【Enter】键，即可输出结果。

【范例分析】

从本范例可以看出，使用 putchar() 函数可以输出字符变量、字符常量，也可以使用转义字符，起到一些特殊的作用。在这里，putchar(r) 和 printf("%c",r) 的作用是一样的，都是输出字符变量 r 的值。而 printf("\n") 和 putchar('\n') 的作用是相同的，都是换行。不光是换行，只要是转义字符，这两种形式的作用就是相同的。

✒️注意

直接输出字符常量或转义字符时，**printf()** 函数里面的是双引号，而 **putchar()** 函数里面的是单引号。

10.3.2 字符输入函数——getchar()

getchar() 函数：从标准输入设备上读取单个字符，返回值为字符。调用格式为：

getchar();

例如：

char c;
c=getchar();　　/* 把输入的字符赋给变量 c*/

范例 10-10　getchar()函数的用法。

(1) 在 Visual C++ 6.0 中，新建名为 "getchar.c" 的【Text File】源程序。
(2) 在代码编辑窗口中输入以下代码（代码 10-10.txt）。

```
01  #include<stdio.h>
02  int main(void)
03  {
04    char r=0;/* 变量初始化 */
05    r=getchar();        /* 字符输入 */
06    putchar(r);         /* 输出变量 */
07    putchar('\n');      /* 换行 */
08    return 0;
09  }
```

【运行结果】

编译、连接、运行程序，输入字符 "a"，按【Enter】键，即可输出结果。

【范例分析】

第 5 行是输入字符的语句，和 scanf("%c",&r) 的作用一样；第 6 行是输出字符的语句，和 printf("%c",r) 的作用相同；第 7 行是换行。

提示

scanf() 和 printf() 也可以处理字符的输入和输出，此时，它们在函数调用的格式控制字符都是 c%。

10.4　字符串输入 / 输出

我们在编程的时候，经常要对字符进行操作，但是，和字符串的操作相比，字符的使用相对较少，就像我们用英语单词，语句比单独用 **26** 个字母的概率大很多。所以，对字符串作用的函数是我们必须掌握的。**puts()** 函数和 **gets()** 函数就是对字符串操作的输入 / 输出函数。

10.4.1 字符串输出函数——puts()

puts() 函数：向标准输出设备输出已经存在的字符串并换行。函数调用格式为：

```
puts(s);        /*s 为字符串变量 */
```

例如：

```
01  char str[]=" Hello ,C!" ;       /* 定义一个数组，储存了一串字符串 */
02  char *f;    /* 定义了一个指针 */
03  f="Hello ,C!";       /* 指针指向一个字符串 */
04  puts(str);  /* 输出字符串 */
05  puts(f);    /* 输出字符串 */
```

格式里的字符串变量 s 在这里是数组 str 和指针 f。puts() 函数的作用与 printf("%s\n", s) 相同——输出字符串并换行。

注意

数组是同一类型数据的集合，指针用来表示内存地址。后面会有独立的章节介绍，在这里只要知道数组变量和指针变量可以存储字符串即可。

提示

printf() 输出字符时，注意格式控制字符的重要性。
char a=65;
printf("%c",a) 得到的输出结果是 a。
printf("%d",a) 得到的输出结果是 65。

10.4.2 字符串输入函数——gets()

gets() 函数：读取标准输入设备输入的字符串，直到遇到回车键结束。函数调用格式为：

```
gets();
```

例如：

```
01  char s[20],*f;        /* 定义一个数组和一个指针 */
02  gets(s);    /* 获取输入的字符串 */
03  gets(f);    /* 获取输入的字符串 */
```

用 gets() 函数获取的字符串一般是放在字符变量里，也使用数组变量和指针变量。

范例 10-11　字符串的读写。

(1) 在 Visual C++ 6.0 中，新建名为 "putsgets.c" 的【Text File】源程序。
(2) 在代码编辑窗口中输入以下代码（代码 10-11.txt）。

```
01  #include<stdio.h>
02  int main(void)
03  {
04      char str[15];
05      printf(" 请输入字符串：");
06      gets(str); /* 输入字符至数组变量 str*/
07      printf(" 输入的字符串是：");
08      puts(str); /* 输出字符串 */
09      return 0;
10  }
```

【运行结果】

编译、连接、运行程序，根据提示输入字符串并按【Enter】键，即可输出结果。

【范例分析】

第 6 行是输出字符串，第 7 行是输出，大家可以看到程序中没有换行的语句，但是输出结果中却换行了，这是因为什么？这主要是 gets() 函数的功劳，gets() 函数除了有输入字符串的功能外，还有换行的作用。

▶ 10.5　高手点拨

学完这一章后，在程序中使用函数 **printf()** 时必须注意格式控制串必须在双引号内，并且格式控制字符串内的格式说明个数应与输出变量表里所列的变量个数吻合，类型一致。对输出变量表里所列诸变量（表达式），其计算顺序是自右向左。因此，要注意右边的参数值是否会影响左边的参数取值。看以下程序：

```
#include "stdio.h"
main()
{
    int x = 4;
    printf ("%d\t %d\t %d\n", ++x, ++x, --x);
}
```

(1) 要特别注意函数 printf() 对输出变量表里所列诸变量（表达式）的计算顺序是自右向左。

(2) 也要特别注意函数 printf() 中格式说明 %d 与输出变量的对应关系是从左往右一一对应。

(3) 因此，在 printf() 输出前，应该先计算 --x，再计算中间的 ++x，最后计算左边的 ++x。所以，该程序执行后的输出是 5　4　3，而不是 5　6　5。

想一想：

```
printf ("%d\t %d\t %d\n", x ++, x ++, x --);
```

▶ 10.6　实战练习

1. 给定程序中，函数 fun() 的功能是计算下式前 n 项的和并作为函数值返回。

$$s= \frac{1\times3}{2^2} + \frac{3\times5}{4^2} + \frac{5\times7}{6^2} +\cdots+ \frac{(2\times n-1)\times(2\times n+1)}{(2\times n)^2}$$

例如，当形参 n 的值为 10 时，函数返回 9.612558。请在程序的下划线处填入正确的内容，使程序得出正确的结果。

```
#include <stdio.h>
double fun(int n)
{ int i;   double s, t;
/**********found**********/
    s=__1__;
```

```
/**********found**********/
  for(i=1; i<=__2__; i++)
  { t=2.0*i;
/**********found**********/
    s=s+(2.0*i-1)*(2.0*i+1)/__3__;
  }
  return  s;
}
main()
{ int  n=-1;
  while(n<0)
  { printf("Please input(n>0): "); scanf("%d",&n);  }
  printf("\nThe result is: %f\n",fun(n));
}
```

2. 给定程序中，函数 fun() 的功能是根据形参 i 的值返回某个函数的值。当调用正确时，程序输出：
$x1$=5.000000，$x2$=3.000000，$x1*x1+x1*x2$=40.000000。

请在程序的下划线处填入正确的内容，使程序得出正确的结果。

```
#include <stdio.h>
double f1(double  x)
{ return x*x;  }
double f2(double  x, double  y)
{ return x*y;  }
/**********found**********/
__1__ fun(int i, double  x, double  y)
{ if (i==1)
/**********found**********/
    return __2__(x);
  else
/**********found**********/
    return __3__(x, y);
}
main()
{ double  x1=5, x2=3, r;
  r = fun(1, x1, x2);
  r += fun(2, x1, x2);
  printf("\nx1=%f, x2=%f, x1*x1+x1*x2=%f\n",x1, x2, r);
}
```

3. 给定程序中，函数 fun() 的功能是找出 100 ~ 999 之间（含 100 和 999）所有整数中各位上数字之和为 x（x 为一正整数）的整数，然后输出；符合条件的整数个数作为函数值返回。

例如，当 x 值为 5 时，100 ~ 999 之间各位上数字之和为 5 的整数有 104、113、122、131、140、203、212、221、230、302、311、320、401、410、500，共有 15 个。当 x 值为 27 时，各位数字之和为 27 的整数是 999，只有1 个。

请在程序的下划线处填入正确的内容，使程序得出正确的结果。

```
#include <stdio.h>
fun(int x)
    { int n, s1, s2, s3, t;
    n=0;
 t=100;
/*********found*********/
 while(t<=__1__){
/*********found*********/
  s1=t%10; s2=(__2__)%10; s3=t/100;
/*********found*********/
  if(s1+s2+s3==__3__)
  { printf("%d ",t);
    n++;
  }
  t++;
 }
 return n;
}
main()
{ int x=-1;
 while(x<0)
 { printf("Please input(x>0): "); scanf("%d",&x); }
 printf("\nThe result is: %d\n",fun(x));
}
```

4. 若 a=3，b=4，c=5，x=1.2，y=2.4，z=-3.6，u=51274，n=128765，c1='a'，c2='b'。想得到以下输出格式和结果，请写出程序（包括定义变量类型和设计输出）。

```
a=_3__b=_4__c=_5
x=1.200000,y=2.400000,z=-3.600000
x+y=_3.600__y+z=-1.20__z+x=-2.40
```

5. 用 scanf() 函数输入数据，使 a=3，b=7，x=8.5，y=71.82，c1='A'，c2='a'，问在键盘上如何输入？

```
main()
{
    int a，b；float x，y；char c1c2；
    scanf（"a=%d_b=%d"，&a，&b）；
    scanf（"_x=%f_y=%e",&x，&y）；
    scanf（"_c1=%c_c2=%c"，&c1，&c2）；
}
```

6. 用 getchar() 函数读入两个字符给 c1、c2，然后分别用函数 putchar() 和函数 printf() 输出这两个字符。并思考以下问题：① 变量 c1、c2 应定义为字符型还是整形？或者二者均可？② 整型变量与字符变量是否在任何情况下都可以互相代替？

第 **11** 章

数组

数组是用来存储和处理同一种数据类型数据的对象。使用数组可以为一组相同类型的变量起同一个名字，这样做可以在很大程度上减少代码的开发量，同时可为处理复杂问题提供解决的方法。

本章要点（已掌握的在方框中打钩）

□ 数组概述
□ 一维数组
□ 二维数组
□ 多维数组

▶ 11.1　数组概述

到目前为止，我们所使用的变量都有一个共同的特点，就是每个变量只能存储一个数值。比如定义 3 个变量 num、money 和 cname，代码如下：

```
int num;
doulbe money;
char cname;
```

这 3 个变量属于不同的数据类型，所以只能一次定义一个变量。如果这 3 个变量属于同一种数据类型，就可以使用数组一起定义多个变量。

数组表示的是一组数据类型相同的数，这组数当中的每一个元素都是一个独立的变量，数组就是用来存储和处理一组相同类型的数据的。

例如，下面的数据表描述了 3 种不同的数据，序号列是整数，成绩列是浮点数，代码列是字符类型。

序号	成绩	代码
5	60.5	e
3	70	b
1	80	c
4	90.5	d
2	100	a

鉴于表中的每一列都是同一种数据类型，因此，可以为每一列创建一个数组。例如，序号列可以用整型数组，成绩列可以用浮点型数组，代码列可以用字符型数组，这就是我们所说的数组。

▶ 11.2　一维数组

一维数组是使用同一个数组名存储一组数据类型相同的数据，用索引或者下标区别数组中的不同元素。正如上一节中建立的数据表，为每一列建立的数组称为一维数组，本节介绍一维数组的定义和使用的方法。

11.2.1　一维数组的定义

一维数组定义的一般形式为：

类型说明符 数组名 [常量表达式]；

例如：

```
int code[5];
```

或者：

```
#define NUM 5
int code[NUM];
```

上述两种形式都正确地定义了一个名称为 "code" 的整型数组，该数组含有 5 个整型变量，这 5 个整型变量的下标依次是 code[0]、code[1]、code[2]、code[3] 和 code[4]。

在 C 语言中，数组的下标总是从 0 开始标记的，而不是从 1 开始，这一点大家需要格外注意，特别是最初接触数组的时候。

这里使用 code 数组存储上一节中建立的数据表的序号列中的数据，如下表所示。

序号	数组
5	code[0]
3	code[1]
1	code[2]
4	code[3]
2	code[4]

表中数组 code 中的元素 code[0] 是一个整型变量，它存储的是数据 5，它在使用上与一般的变量没有区别，例如 int x=5，code[0] 与 x 不同之处在于 code[0] 采用了数组名和下标组合的形式。

例如下面的代码：

```
printf("code[0]=%d,code[4]=%d\n",code[0],code[4]);
```

输出结果：

```
code[0]=5,code[4]=2
```

又如下面的代码：

```
for(int i=0;i<5;i++)
printf("code[%d]=%d\n",code[i]);
```

输出结果：

```
code[0]=5
code[1]=3
code[2]=1
code[3]=4
code[4]=2
```

从这些例子可以看出使用数组的好处，一个很直观的好处就是很大程度上可以减少定义的变量数目。原来需要定义 5 个变量，使用数组后，我们仅使用 code 作为数组名，改变下标值，就可以表示这些变量了。使用数组还有一个好处就是访问数组中的变量非常方便，只需要变动下标就可以达到访问不同值的目的。当然还有其他一些好处，比如数据的查找、数据的移动等。

数组在内存中的存储形式如图所示。

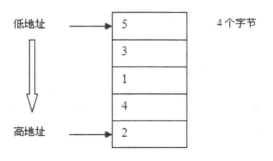

01 数组定义的说明

(1) 数组使用的是方括号 "[ ]"，不要误写成小括号 "( )"。

```
int name(10);          /* 是错误的形式 */
```

(2) 对数组命名必须按照命名规则进行。

(3) 数组下标总是从 0 开始的。以前面定义的 code 数组为例，数组元素下标的范围是 0~4，而不是 1~5，大于 4 的下标会产生数组溢出错误，下标更不能出现负数。

```
code[0]                /* 是存在的，可以正确访问 */
code[4]                /* 是存在的，可以正确访问 */
code[5]                /* 是不存在的，无效的访问 */
code[-1]               /* 是错误的形式 */
```

(4) 定义数组时，code[5] 括号中的数字 5 表示的是定义数组中元素的总数。使用数组时，code[2]=1 括号中的数值是下标，表示的是使用数组中的哪一个元素。

(5) 在定义数组元素数目时，如上例中的 5 或者 NUM，用在数组的定义时，此处要求括号当中一定要是常量，而不能是变量。但是数组定义后，使用该数组的元素时，下标可以是常量，也可以是变量，或者是表达式。如下面的代码就是错误的。

```
int number=5;
int code[number];      /* 在编译这样代码时，编译器会报错 */
```

假如 code 数组已经正确定义，下面的代码是正确的。

```
int n = 3;
code[n] = 100;         /* 等价于 code[3]=100; */
code[n+1]=80;          /* 等价于 code[4]=80; */
code[n/2]=65; /* 等价于 code[1]=65，这个是需要注意的，下标只能是整数，如果是浮点数，编译器会舍弃小数位取
整数部分 */
code[2]=code[1] + n;
code[0]=99.56/* 等价于 code[0]=99，因为 code[0] 本就是一个整型变量，赋值时数据类型转换，直接把浮点数舍弃小
数位后赋值给了 code[0]*/
```

02 其他类型数组的定义

(1) 整型数组的定义。

```
int array[10]; /* 包含 10 个整型元素的数组名为 array 的数组，下标范围从 0 到 9*/
```

(2) 浮点型数组的定义。

```
float score[3]; /* 包含 3 个 float 类型元素的数组名为 score 的数组，下标范围从 0 到 2*/
```

(3) 字符型数组的定义。

```
char name[5]; /* 包含 5 个 char 类型元素的数组名为 name 的数组，下标范围从 0 到 4*/
```

03 数组的地址

数组的一个很重要的特点是，它在内存中占据一块连续的存储区域。这个特点对于一维数组、二维数组、多维数组一样适用。前面例子中数组 code 的存储区域在某一个地址中存储了 code[0] 元素值 5，然后地址从低到高，每次增加 4 个字节（int 类型占用 4 个字节），顺序存储了其他数组元素的值。

假如我们现在已知 code[0] 在内存中的地址，那么 code[1] 的地址是多少呢？

code[1] 就是在 code[0] 的地址基础上加 4 个字节，同理，code[4] 的地址就是在 code[0] 地址的基础上加 4×4 个字节，共 16 个字节。所以对于数组，只要知道了数组的首地址，就可以根据偏移量计算出待求数组元素的地址。数组的首地址又怎样得到呢？其实 C 语言在定义数组时，就已经预先设置好了这个地址，这个

预设值就是数组名。比如要输出数组的首地址，就可以采用下面的方式。

```
printf("code 的首地址是 %d\n",code);
```

输出结果就是 code 数组的首地址值。关于地址的更多使用方法，可以参阅第 11 章中的相关内容。

11.2.2　一维数组的初始化

初始化数组的方法和初始化变量的方法一致，有以下两种形式。

01 先定义数组，再进行初始化

例如下面的代码：

```
int code[5];      /* 定义整型数组，数组有 5 个元素，下标从 0 到 4*/
code[0]=5;        /* 数组第 0 个元素赋值 */
code[1]=3;        /* 数组第 1 个元素赋值 */
code[2]=1;        /* 数组第 2 个元素赋值 */
code[3]=4;        /* 数组第 3 个元素赋值 */
code[4]=2;        /* 数组第 4 个元素赋值 */
```

02 在定义的同时对其初始化

```
int code[5]={5, 3, 1, 4, 2};      /* 定义整型数组，同时初始化数组的 5 个元素 */
```

在数学中使用 "{}" 表示的是集合的含义，这里也一样，这对括号就是圈定了这组数组的值，或者省略数组元素的个数。如下面的语句：

```
int code[ ]={5, 3, 1, 4, 2};
```

因为 "{}" 中是每个数组元素的初值，初始化也相当于告诉了我们数组中有多少个元素，所以可以省略 "[ ]" 中的 5。定义数组同时对其初始化，可以省略中括号中数组的个数。但是如果分开写就是错误的，如下面的代码。

```
int code[5];      /* 定义数组 */
code[5]={5, 3, 1, 4, 2}; /* 错误的赋值 */
```

或者：

```
code[]={5, 3, 1, 4, 2};   /* 错误的赋值 */
```

下面都是错误的形式。

```
int code[];       /* 错误的数组定义 */
code[0]=5;        /* 错误的赋值 */
code[1]=3;        /* 错误的赋值 */
```

定义数组时没有定义数组元素的个数，使用时就会发生异常，原因是内存中并没有为数组 code 开辟任何存储空间，数据自然无处存放。

数组初始化时常见的其他情况如下。

(1)定义数组时省略 [ ] 内元素总数。

```
int code[10]= {1,2,3,4,5};         /* 表示 code 数组共有 10 个元素，仅对前 5 个进行了初始化，后面 5 个元素编译器
自动初始化为 0*/
int code[]= {1,2,3,4,5};  /* 表示 code 数组共有 5 个元素，初始化 code[0]=1，code[1]=2，…，code[4]=5*/
```

(2)元素初始化为 0。

```
int code[5]= {0,0,0,0,0};
```

或者：

int code[5]={0}

二者的含义相同，都是将 5 个元素初始化为 0，显然第 2 种方式更为简洁。

11.2.3　一维数组元素的操作

数组的特点是使用同一个变量名，但是不同的下标。因此可以使用循环控制数组下标的值，进而访问不同的数组元素。例如：

```
int i;
int array[5]={1,2,3,4,5}; /* 定义数组，同时初始化 */
for(i=0;i<5;i++)          /* 循环访问数组元素 */
printf("%d",array[i]);
```

输出结果：

1,2,3,4,5

此代码中定义 array 为整型数组，包含 5 个整型元素，并同时赋初始元素值，分别是：

array[0]=1，array[1]=2，array[2]=3，array[3]=4，array[4]=5

for 语句中，循环变量 i 的初值是 0，终值是 4，步长是 1，调用 printf() 函数就可以访问数组 array 中的每一个元素。

📝 范例 11-1　一维数组的输入/输出。

(1) 在 Visual C++ 6.0 中，新建名为 "一维数组输入 / 输出 .c" 的【Text File】文件。
(2) 在代码编辑区域输入以下代码（代码 11-1.txt）。

```
01  #include <stdio.h>
02  #define MAXGRADES 5      /* 数组元素总数 */
03  int main(void)
04  {
05   int code[MAXGRADES];    /* 定义数组 */
06   int i;
07   /* 输入数据 */
08   for (i = 0; i < MAXGRADES; i++) ;    /* 循环遍历数组 */
09   {
10    printf(" 输入一个数据 : ");
11    scanf("%d", &code[i]); ;    /* 输入值到 code[i] 变量中 */
12   }
13   /* 输出数据 */
14   for (i = 0; i < MAXGRADES; i++)
15    printf("code[%d] = %d\n", i, code[i]); /* 输出 code[i] 值 */
16   return 0;
17  }
```

【运行结果】

编译、连接、运行程序，根据提示依次输入 5 个数，按【Enter】键，即可在命令行中输出结果。

【范例分析】

本范例首先定义符号常量 MAXGRADES，然后定义 int 类型数组 code，数组共有 MAXGRADES 个元素。使用 for 循环，通过循环遍历 i 的改变，改变数组 code 元素的下标值，从而输入输出数组的每一个元素。

范例 11-2　使用一维数组计算元素的和以及平均值。

(1) 在 Visual C++ 6.0 中，新建名为"一维数组求和求平均 .c"的【Text File】文件。
(2) 在代码编辑区域输入以下代码（代码 11-2.txt）。

```
01  #include <stdio.h>
02  #define MAX 5        /* 数组元素总数 */
03  int main()
04  {
05    int code[MAX];     /* 定义数组 */
06    int i, total = 0;
07    for (i = 0; i < MAX; i++)      /* 输入数组元素 */
08    {
09      printf(" 输入一个数据 : ");
10      scanf("%d", &code[i]);
11    }
12    for (i = 0; i < MAX; i++)
13    {
14      printf("%d ", code[i]);       /* 输出数组元素 */
15      total += code[i];   /* 累加数组元素 */
16    }
17    printf("\n 和是 %d\n 平均值是 %d\n", total,total/MAX);   /* 输出和和平均值 */
18    return 0;
19  }
```

【运行结果】

编译、连接、运行程序，根据提示依次输入 5 个数，按【Enter】键，即可在命令行中输出结果。

【范例分析】

本范例首先定义符号常量 MAX，然后定义 int 类型数组 code，数组共有 MAX 个元素。使用 for 循环，通过循环遍历 i 的改变，改变数组 code 元素的下标值，输入值到数组。再次使用循环，累加数组每一个元素，累加和存放在变量 total 中，最后调用 printf() 函数，输出数组元素和并求出平均值。

11.2.4 数组作为参数传递

如何把数组作为参数传递给函数？可以使用数组名作为参数进行传递。

例如，主函数中有整型数组定义：

```
int array[5];
```

调用函数的语句如下：

```
findMax(array);
```

在这里使用数组名作为参数传递给函数 findMax()，实参数据类型需要和形参数据类型一致，所以可以这样定义 findMax() 函数的参数。

```
void findMax(int a[5])
```

或者可以省去数组 5，写成下面的形式。

```
void findMax(int a[])
```

下面通过一个范例，具体说明如何将数组名作为参数使用。

📝 范例 11-3　求数组最大值。

(1) 在 Visual C++ 6.0 中，新建名为"最大值 .c"的【Text File】文件。
(2) 在代码编辑区域输入以下代码（代码 11-3.txt）。

```
01  #include <stdio.h>
02  #define MAXELS 5
03  void findMax(int [MAXELS]);          /* 定义函数 */
04  int main()
05  {
06    int nums[MAXELS] = {2, 18, 1, 27, 16};        /* 数组初始化 */
07    findMax(nums);
08    return 0;
09  }
10  void findMax(int vals[MAXELS])       /* 查找最大值函数 */
11  {
12    int i, max = vals[0];
13    for (i = 1; i < MAXELS; i++)
14      if (max < vals[i])
15        max = vals[i];
16    printf("The maximum value is %d\n", max);
17  }
```

【运行结果】

编译、连接、运行程序，即可在命令行中输出结果。

【范例分析】

形参数组 vals 会根据输入的数组元素的值，确定数组元素的个数。在主函数中定义了整型数组 nums，并对其初始化。把数组名 nums 作为参数传递给 findMax() 函数，就需要使用整型数组类型变量 vals 接收实参。

在 findMax() 中，查找到数组的最大值，并将其输出。

> **📖 提示**
>
> 调用函数时，变量是按照传值方式传递的，而数组则是按照传地址方式传递的，这就是说，对于变量，实参可以改变形参，形参的改变不会影响到实参，对于数组，实参可以改变形参，形参也会改变实参。

"提示" 中给出的知识点比较新颖，但是正确的吗？下面举例说明传递数组给函数传地址的特点。

📝 范例 11-4   传值和传地址。

(1) 在 Visual C++ 6.0 中，新建名为 "传值和传地址 .c" 的【Text File】文件。
(2) 在代码编辑区域输入以下代码（代码 11-4.txt）。

```c
01  #include <stdio.h>
02  #define MAXELS 5
03  void findMax(int [],int);        /* 声明函数 */
04  int main()
05  {
06    int nums[MAXELS] = {0};   /* 数组初始化 */
07    int i,value=0;
08    printf(" 调用函数前输出结果：\n");
09    for (i = 1; i < MAXELS; i++)
10      printf("nums[%d] = %d\n", i,nums[i]);
11    printf("value = %d\n", value);
12    findMax(nums,value);         /* 调用函数，传递数组参数 */
13    printf(" 调用函数后输出结果：\n");
14    for (i = 1; i < MAXELS; i++)/* 循序输出数组元素 *
15      printf("nums[%d] = %d\n", i,nums[i]);
16    printf("value = %d\n", value);
17    return 0;
18  }
19  void findMax(int vals[],int m) /* 查找最大值函数 */
20  {
21    int i;
22    m=1;
23    printf("findMax 输出结果：\n");
24    for (i = 1; i < MAXELS; i++)
25    {
26      vals[i] = 1;
27      printf("vals[%d] = %d\n", i,vals[i]);
28    }
29    printf("m = %d\n", m);
30  }
```

【运行结果】

编译、连接、运行程序，即可在命令行中输出结果。

【范例分析】

观察结果，可以看到结果果然就是我们预期的。

主函数在调用前，输出的数组元素值是 0，调用后输出的是 1。

主函数的变量 value 在调用前后没有改变，都是 0。

从结果分析，数组是用传地址方式进行的函数调用，形参和实参指向的是内存中的同一个存储区。

11.2.5　一维数组的应用举例

本小节将处理的问题是：数组元素间是如何交换的，存储特定的数值，如何作为函数的参数，使用数组作为函数参数与变量作为函数的参数有什么异同。

> 📝 **范例 11-5** 　将一个数组逆序输出。

数组原始值为 9 6 5 4 1，则逆序数组值为 1 4 5 6 9。

(1) 在 Visual C++ 6.0 中，新建名为 "数组逆序 .c" 的【Text File】文件。

(2) 在代码编辑区域输入以下代码（代码 11-5.txt）。

```
01  #include <stdio.h>
02  #define N 5
03  int main(void)
04  {
05      int a[N]={9,6,5,4,1},i,temp;   /* 定义数组 */
06      printf(" 原数组 :\n");
07      for(i=0;i<N;i++)    /* 输入元素 */
08        printf("%4d",a[i]);
09      for(i=0;i<N/2;i++)           /* 交换数组元素 */
10      {
11        temp=a[i];
12        a[i]=a[N-i-1];
13        a[N-i-1]=temp;
14      }
15      printf("\n 排序后数组 :\n");
16      for(i=0;i<N;i++)    /* 输出元素 */
17        printf("%4d",a[i]);            /* 输出格式元素占 4 列 */
18      printf("\n");
19      return 0;
20  }
```

【运行结果】

编译、连接、运行程序，即可在命令行中输出结果。

【范例分析】

本范例代码中的 a[i]=a[N-i-1]，实现了前后对应两个元素的交换。当 i 为 0 时，交换的是 a[0] 和 a[4]，即 9 和 1 交换；当 i 为 2 时，交换的是 a[1] 和 a[3]，即 6 和 4 交换。因为数组元素是奇数 5，因此下标为 2 的元素 5 不需要交换。

📝 范例 11-6   输出100以内的素数。

(1) 在 Visual C++ 6.0 中，新建名为 "素数 .c" 的【Text File】文件。
(2) 在代码编辑区域输入以下代码（代码 11-6.txt）。

```
01  #include <stdio.h>
02  #include "math.h"        /* 包含数学函数库 */
03  #define N 101            /* 数组元素总数 */
04  int main(void)
05  {
06    int i,j,line,a[N];      /* 定义数组 */
07    for(i=2;i<N;i++)        /* 数组元素赋值 */
08      a[i]=i;
09    for(i=2;i<sqrt(N);i++)          /* 求素数，i 的范围 2 到 10*/
10    {
11      for(j=i+1;j<N;j++)            /* 求素数，j 的范围 i+1 到 100*/
12      {
13        if(a[i]!=0 && a[j]!=0)
14          if(a[j]%a[i]==0)          /* 不能整除 */
15            a[j]=0;
16      }
17    }
18    for(i=2,line=0;i<N;i++)         /* 输出数组 */
19    {
20      if(a[i]!=0)          /* 数组赋值 */
21      {
22        printf("%5d",a[i]);
23        line++;
24      }
25      if(line==10)         /*10 个换行 */
26      {
27        printf("\n");
28        line=0;
29      }
30    }
31    printf("\n");
32    return 0;
33  }
```

【运行结果】

编译、连接、运行程序，即可在命令行中输出结果。

【范例分析】

如何求素数我们并不陌生，之前求解出这种特定的数据没有很好的方法存储，只能输入显示结果，现在就可以存储到数组中，以备后续程序使用这些特殊值。求解素数的过程是通过两个 for 循环的嵌套实现的，判定素数的标准依然是 2~sqrt(N) 范围内没有整数能够整除变量 j。为了输出判定方便，程序中保留了素数数组元素，而将非素数数组元素赋值为 0。

▶11.3　二维数组

如果我们现在要处理 **10** 个学生多门课程的成绩，该怎么办？当然可以使用多个一维数组解决，例如 **score1[10]**、**score2[2]**、**score3[3]**，有没有更好的方法呢？答案是肯定的，使用二维数组。

11.3.1　二维数组的定义

二维数组定义的一般形式为：

类型说明符 数组名 [常量表达式][常量表达式]；

例如：

int a[3][4];　　　/* 定义 a 为 3 行 4 列的数组 */
int b[5][10];　　 /*b 为 5×10(5 行 10 列) 的数组 */

不能写成下面的形式：

int a[3,4];　　　 /* 错误数组定义 */
int b[5,10];　　　/* 错误数组定义 */

我们之前提到过数组在内存中占用一块连续的存储区域，二维数组是什么样的情况？以 a[3][4] 为例，数组元素在内存中存储的形式如图所示。

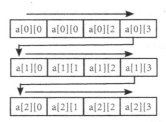

二维数据是按照 "Z" 形存储的，把它展开，等效于下图的线状形式，从左至右地址逐渐递增，每个单元格占 4 个字节（数组 a 是 int 类型）。

a[0][0]	a[0][1]	···	a[2][2]	a[2][3]

已知 a[0][0] 在内存中的地址，a[1][2] 的地址是多少呢？计算方法如下。

a[1][2] 的地址 = a[0][0] 地址 + 24 字节

24 字节 =（1 行 *4* 列 +2 列）*4 字节

还需要注意数组 a[3][4] 元素下标的变化范围，行号范围是 0~2，列号范围是 0~3。

11.3.2 二维数组的初始化

同一维数组一样，二维数组的初始化也可以有以下两种形式。

01 先定义再初始化

```
int a[3][4];
a[0][0]=1;
a[2][3] = 9;
```

02 定义的同时初始化

```
int a[3][4]= { {1,2,3,4},{5,6,7,8},{9,0,1,2}};
```

或者：

```
int a[3][4]= { 1,2,3,4,5,6,7,8,9,0,1,2};
```

前面已经讲过，二维数组在内存中是按照线性顺序存储的，所以内存括号可以省去，不会产生影响。

还可以这样：

```
int a[ ][4]= { {1,2,3,4},{5,6,7,8},{9,0,1,2}};
```

或者：

```
int a[][4]= { 1,2,3,4,5,6,7,8,9,0,1,2};
```

省去 3 也是可以的，但是 4 不能省去。编译器会根据所赋数值的个数及数组的列数，自动计算出数组的行数。

分析下面的二维数组初始化后的值。

```
int a [3] [4] ={{1}, {5}, {9}};
```

可以认为二维数组是由 3 个一维数组构成的，每个一维数组有 4 个元素，这就可以和一维数组初始化衔接上。经过上述初始化，数组 a 元素值的形式如下表所示。

a[0][0]=1	a[0][1]=0	a[0][2]=0	a[0][3]=0
a[1][0]=5	a[1][1]=0	a[1][2]=0	a[1][3]=0
a[2][0]=9	a[2][1]=0	a[2][2]=0	a[2][3]=0

11.3.3 二维数组元素的操作

二维数组元素的操作和一维数组元素的操作相似，一般使用双重循环遍历数组的元素，外层循环控制数组的行标，内层循环控制数组的列标，如下所示：

```
int i,j;
int array[3][4];
for(i=0;i<3;i++)
{
    for(j=0;j<4;j++)
    {
    array[i][j]=4*i+j;
    }
}
```

经过上面双循环的初始化操作，数组 array[3][4] 元素的值是 {0,1,2,3,4,5,6,7,8,9,10,11}。

原因是 4*i+j，i 表示行号，j 表示列号，首先赋值 i=0 的行的数组元素值 {0,1,2,3}，内层循环结束，接下来外层循环变量 i=1，继续对数组元素赋值 {4,5,6,7}，这样反复进行，就会得到元素的值。

11.3.4 二维数组的应用举例

本小节通过两个实际应用的例子，介绍二维数组的使用方法和技巧。

范例 11-7   求一个3*3矩阵对角线元素之和。

(1) 在 Visual C++ 6.0 中，新建名为"对角线求和 .c"的【Text File】文件。
(2) 在代码编辑区域输入以下代码（代码 **11-7.txt**）。

```
01  #include <stdio.h>
02  int main()
03  {
04    float a[3][3],sum=0;
05    int i,j;
06    printf(" 请输入 3*3 个元素 :\n");
07    for(i=0;i<3;i++) /* 循环输入 9 个元素 */
08    {
09      for(j=0;j<3;j++)
10        scanf("%f",&a[i][j]);
11    }
12    for(i=0;i<3;i++)     /* 计算对角元素和 */
13      sum=sum+a[i][i];
14    printf(" 对角线元素和为 %6.2f\n",sum);
15    return 0;
16  }
```

【运行结果】

编译、连接、运行程序，输入 3×3 个元素，即 3 行 3 列，按【Enter】键即可输出结果。

【范例分析】

本范例对 3 行 3 列的数组 a 进行双循环依次赋值。由于二维数组在内存中存储的形式是一行结束后再从下一行开头继续存储，呈"Z"字形，因此键入数据的顺序也按照这个方式。

要计算二维数组对角元素的和，对角线元素的特点是行号和列号相同，所以无需使用双重循环遍历数组，使用单循环就足够了，运算时取数组的行号和列号相等即可。

范例 10-8   将一个二维数组的行和列元素互换，存到另一个二维数组中。

(1) 在 Visual C++ 6.0 中，新建名为"行列互换 .c"的【Text File】文件。
(2) 在代码编辑区域输入以下代码（代码 **11-8.txt**）。

```
01  #include <stdio.h>
02  int main(void)
```

```
03  {
04    int a[2][3]={{1,2,3},{4,5,6}};          /* 数组 a*/
05    int b[3][2],i,j;
06    printf("array a:\n");
07    for (i=0;i<=1;i++)
08    {
09     for (j=0;j<=2;j++)
10     {
11      printf("%5d",a[i][j]);          /* 输出数组 a*/
12      b[j][i]=a[i][j];     /* 行列互换存储到数组 b*/
13     }
14     printf("\n");
15    }
16    printf("array b:\n");
17    for(i=0;i<=2;i++)   /* 输出数组 b*/
18    {
19     for(j=0;j<=1;j++)
20      printf("%5d",b[i][j]);
21     printf("\n");
22    }
23    return 0;
24  }
```

【运行结果】

编译、连接、运行程序，即可在命令行中输出结果。

【范例分析】

行列互换的关键是对下标的控制，如果没有找到正确的方法，那么数组将被弄得一团糟。首先，为了实现行列互换后数组元素能够装得下，装得恰好，定义数组 a 是 a[2][3]，是 2 行 3 列的，数组 b 是 b[3][2]，是 3 行 2 列的，这样行列互换刚好能装下。

实现行列互换的代码如下：

b[j][i]=a[i][j];

巧妙地使用行号和列号的转换就可以达到要求。

▶11.4 多维数组

　　C 语言中允许定义任意维数的数组，比较常见的多维数组是三维数组。可以形象地理解，三维数组中的每一个对象就是三维空间中的一个点，它的坐标分别由 x、y 和 z 等 3 个数据构成，其中，x、y、z 分别表示一个维度。

　　定义一个三维数组：

```
int point[2][3][4];
```

三维数组 point 由 2×3×4=24 个元素组成，其中多维数组靠左边维变化的速度最慢，靠右边维变化的速度最快，从左至右逐渐增加。point 数组在内存中仍然按照线性结构占据连续的存储单元，地址从低到高，如下所示。

point[0][0][0] → point[0][0][1] → point[0][0][2] → point[0][0][3] →
point[0][1][0] → point[0][1][1] → point[0][1][2] → point[0][1][3] →
point[0][2][0] → point[0][2][1] → point[0][2][2] → point[0][2][3] →
point[1][0][0] → point[1][0][1] → point[1][0][2] → point[1][0][3] →
point[1][1][0] → point[1][1][1] → point[1][1][2] → point[1][1][3] →
point[1][2][0] → point[1][2][1] → point[1][2][2] → point[1][2][3]

遍历三维数组，通常使用三重循环实现，这里就以 point[2][3][4] 数组为例说明。

```
int i,j,k;              /* 定义循环变量 */
int pointf[2][3][4];      /* 定义数组 */
  for (i=0;i<2;i++)      /* 循环遍历数组 */
    for(j=0;j<3;j++)
      for(k=0;k<4;k++)
        printf（"%d",point[i][j][k]);
```

还有更高维数组的，比如 4 维、5 维、6 维……这里不再赘述。

▶11.5 综合应用——杨辉三角

本节通过 1 个范例来学习数组的综合应用。

📝 **范例 10-9**　编写代码实现杨辉三角，存储到数组中，然后使用循环输出杨辉三角。

杨辉三角的特点：(1) 每行数字左右对称，由 1 开始逐渐变大，然后变小，回到 1；(2) 第 n 行的数字个数为 n 个；(3) 第 n 行数字和为 2^{n-1}；(4) 每个数字等于其上方和左上方数字之和，如下所示。

1
1 1
1 2 1
1 3 3 1
1 4 6 4 1
1 5 10 10 5 1

(1) 在 Visual C++ 6.0 中，新建名为"杨辉三角 .c"的【Text File】文件。
(2) 在代码编辑区域输入以下代码（代码 11-9.txt）。

```
01  #include <stdio.h>
02  int main()
03  {
04    int i,j;
05    int a[10][10];
06    for(i=0;i<10;i++)   /* 初始化第 0 行和对角线元素 */
07    {
08      a[i][0]=1;
09      a[i][i]=1;}
10    for(i=2;i<10;i++)   /* 公式计算元素值 */
11    {
12      for(j=1;j<i;j++)
```

```
13        a[i][j]=a[i-1][j-1]+a[i-1][j];
14     }
15    for(i=0;i<10;i++)   /* 输出数组 */
16    {
17      for(j=0;j<=i;j++)
18        printf("%5d",a[i][j]);
19      printf("\n");
20    }
21    return 0;
22  }
```

【运行结果】

编译、连接、运行程序，即可在命令行中输出结果。

【范例分析】

根据杨辉三角的特点分析，第 0 列和对角线元素的值都是 1，在此基础上计算其他元素，然后存储到数组中。数组是一个矩形，这里只利用了其中的部分元素。

▶ 11.6 高手点拨

(1)对于数组类型说明应注意以下几点。

① 数组的类型实际上是指数组元素的取值类型。对于同一个数组，其所有元素的数据类型都是相同的。

② 数组名的书写规则应符合标识符的书写规定。

③ 数组名不能与其他变量名相同，例如：

```
void main()
{
    int a;
    float a[10];
    …
}
```

是错误的。

④ 方括号中常量表达式表示数组元素的个数，如 a[5] 表示数组 a 有 5 个元素。但是其下标从 0 开始计算。因此 5 个元素分别为 a[0],a[1],a[2],a[3],a[4]。

⑤ 不能在方括号中用变量来表示元素的个数，但可以是符号常数或常量表达式。例如：

```
#define FD 5
void main()
{
    int a[3+2],b[7+FD];
```

```
    …
}
```

是合法的。但是下述说明方式是错误的。

```
void main()
{
    int n=5;
    int a[n];
    …
}
```

⑥ 允许在同一个类型说明中，说明多个数组和多个变量。

例如：　int a,b,c,d,k1[10],k2[20];。

(2) C语言对数组的初始赋值还有以下几点规定。

① 可以只给部分元素赋初值。当"{ }"中值的个数少于元素个数时，只给前面部分元素赋值。例如：static int a[10]={0,1,2,3,4}; 表示只给 a[0] ～ a[4]5 个元素赋值，而后 5 个元素自动赋 0 值。

② 只能给元素逐个赋值，不能给数组整体赋值。例如，给 10 个元素全部赋值 1，只能写为 static int a[10]={1,1,1,1,1,1,1,1,1,1}; 而不能写为 static int a[10]=1;。

③ 如不给可初始化的数组赋初值，则全部元素均为 0 值。

④ 如给全部元素赋值，则在数组说明中，可以不给出数组元素的个数。例如，"static int a[5]={1,2,3,4,5}"；可写为 "static int a[ ]={1,2,3,4,5}"；动态赋值可以在程序执行过程中，对数组作动态赋值。这时可用循环语句配合 scanf() 函数逐个对数组元素赋值。

(3) 对二维数组初始化赋值要注意以下两点。

① 可以只对部分元素赋初值，未赋初值的元素自动取 0 值。

例如，static int a[3][3]={{1},{2},{3}}; 是对每一行的第一列元素赋值，未赋值的元素取 0 值。赋值后各元素的值为 1 0 0 2 0 0 3 0 0。

static int a [3][3]={{0,1},{0,0,2},{3}}; 赋值后的元素值为 0 1 0 0 0 2 3 0 0。

② 如对全部元素赋初值，则第一维的长度可以不给出。

例如，static int a[3][3]={1,2,3,4,5,6,7,8,9}; 可以写为 static int a[][3]={1,2,3,4,5,6,7,8,9};。

▶11.7　实战练习

1. 用筛选法求 100 之内的素数。

2. 用选择法对 10 个整数从小到大排序。

3. 求一个 3×3 矩阵对角线元素之和。

4. 有一个已排好的数组，今输入一个数要求按原来排序的规律将它插入数组中。

5. 将一个数组的值按逆序重新存放，例如，原来顺序为 8、6、5、4、1，要求改为 1、4、5、6、8。

6. 打印"魔方阵"，所谓魔方阵是指这样的方阵，它的每一行、每一列和对角线之和均相等。例如，三阶魔方阵为

$$
\begin{array}{ccc}
8 & 1 & 6 \\
3 & 5 & 7 \\
4 & 9 & 2
\end{array}
$$

要求打印出由 1 ～ n^2 的自然数构成的魔方阵，其中 $1<n<15$。

7. 找出一个二维数组中的鞍点，即该位置上的元素在该行上最大，在该列上最小，也可能没有鞍点。

8. 有 15 个数，按由小到大的顺序存放在一个数组中，输入一个数，要求用折半查找法找出该数组中某个元素的值。如果该数不在数组中，则打印输出"无此数"。

第

12

章

字符数组

数组是用来存储和处理同一种类型数据的对象。在 C 语言中，字符串是由一维字符数组构成的，可以像处理数组元素一样处理字符元素。

本章要点（已掌握的在方框中打钩）

□ 字符数组概述
□ 字符数组
□ 字符串
□ 综合应用

▶12.1　字符数组概述

在 C 语言中，字符串是由一维字符数组构成的，我们可以像处理数组元素一样处理字符元素。但是，从另外一个角度分析，字符串和字符数组又是不同的，字符串是一个整体，不能再分割。

字符串是使用双引号包含的字符序列，也可以把字符串称为字符串常量。例如下面就是字符串。

"hello world"

"123abc，。？"

在 C 语言中，字符串存储成一个指定的以 \0' 作为结束标志的字符串。其中，\0' 是转义符。例如"hello world"字符串，它并不像我们看到的占用了 11 个存储字节，而是占用了内存中的 12 个字节。\0' 是编译器自动加上的，是字符串的一部分。

字符串"hello world"在内存中的存储形式如下图所示。

h	e	l	l	o		w	o	r	l	d	\0

> **提示**
>
> 字符串由有效字符和字符串结束符 '\0' 组成，对字符串操作时一般通过是否为 '\0' 来结束字符串。

▶12.2　字符数组

12.2.1　字符数组的初始化

字符数组的初始化通常是逐个字符赋给数组中各元素。例如：

```c
char str[10]={ 'W','E ','L','C',' O','M',' ','T','O',' ','C'};
```

即把 11 个字符分别赋给 str[0]~str[10] 这 11 个元素。其中，str[0]='W'，str[1]='E'，str[2]='L'，str[3]='C'，str[4]='O'，str[5]='M'，str[6]=' '，str[7]='T'，str[8]='O'，str[9]=' '，str[10]='C'。

如果花括号中提供的字符个数大于数组长度，则按语法错误处理；若小于数组长度，则只将这些字符赋给数组中前面那些元素，其余的元素自动定为空字符（即 '\0'）。

12.2.2　字符数组的引用

字符数组的引用通过字符数组的下标变量进行。字符数组的下标变量相当于字符类型的变量。

> **范例 12-1**　输入字符串"welcome to china"，并将内容颠倒过来，然后输出。

(1) 在 Visual C++ 6.0 中，新建名为"charApp.c"的【Text File】文件。
(2) 在代码编辑区域输入以下代码（代码 12-1.txt）。

```c
01  #include <stdio.h>
02  int main()
03  { int i;
04    char c[15]={'w','e','l','c','o','m','e','t','o',' ','c','h','i','n','a'};   /* 初始化字符串 */
05    for (i=0;i<15;i++)              /* 输出排序后的结果 */
06    {
07      printf("%c",c[i]);
08    }
09    printf("\n");
10  }
```

【运行结果】

编译、连接、运行程序，即可在命令行中输出结果。

【范例分析】

上述程序中采用初始化的方式将字符串 "welcome to china" 初始化到字符数组中，当然也可采用字符串的方式，这将在下一小节中介绍。

12.2.3 字符数组的输入与输出

由于字符串放在字符数组中，因此，对字符串的输出也是对字符数组的输出。例如：

```
char s[11];
for(i=0;i<11;i++)      /* 输入 */
{
    scanf("%c",s[i]);
}
        for(i=0;i<11;i++)       /* 输出 */
{
    printf("%c",s[i]);
}
```

上述例子适用于字符数组中存储的字符不是以 '\0' 结束时，用格式符 "%c" 将字符数组中的每个元素输出。当然，用字符数组处理字符串时，也可以与 "%s" 格式字符配合，完成字符串的输入 / 输出。例如：

```
char s[11];
scanf("%s",s); /* 输入 */
char s[]="Hello,china";
printf("%s",s); /* 输出 */
```

📝 范例 12-2   采用printf()函数和scanf()函数输入/输出一个字符数组。

(1) 在 Visual C++ 6.0 中，新建名为 "strApp.c" 的【Text File】文件。
(2) 在代码编辑区域输入以下代码（代码 12-2.txt）。

```
01 #include <stdio.h>
02 void main()
03 {
04     char st[15];
05     printf("input string:\n");
06     scanf("%s",st);
07     for(i=0;i<15;i++)
08     {
09         printf("%c ",st[i]);
10     }
11 }
```

【运行结果】

编译、连接、运行程序，即可在命令行中输出结果。

【范例分析】

本例中由于定义数组长度为 15，因此输入的字符串长度必须小于 15，以留出一个字节用于存放字符串结束标志 '\0'。应该说明的是，对一个字符数组，如果不作初始化赋值，则必须说明数组长度。还应该特别注意的是，当用 scanf() 函数输入字符串时，字符串中不能含有空格，否则将以空格作为串的结束符。

例如，当输入的字符串中含有空格时，运行情况为：

input string:

this is a book

输出为：

This

从输出结果可以看出空格以后的字符都未能输出。为了避免这种情况，可多设几个字符数组分段存放含空格的串。

▶12.3　字符串

在采用字符串方式后，字符数组的输入 / 输出将变得简单方便。除了上述用字符串赋初值的办法外，还可用 **printf() 函数和 scanf() 函数一次性输出 / 输入一个字符数组中的字符串，而不必使用循环语句逐个地输入 / 输出每个字符**。例如：

```
main()
{
    char c[]="BASIC";
    printf("%s\n",c);
}
```

注意，在本例的 printf() 函数中，使用的格式字符串为 "%s"，表示输出的是一个字符串。而在输出表列中给出数组名则可。不能写为 "printf("%s",c[])"。

12.3.1　字符串和字符数组

字符串和字符数组有什么相同和不同点呢？字符数组是由字符构成的数组，它和之前介绍的数组的使用方法一样。可以这样定义字符串：

char c[11]={'h','e','l','l','o',' ','w ','o','r',' l','d'};

或者：

char c[]={'h','e','l','l','o',' ','w ','o','r',' l','d'};

c[0]='h';

c[11]='d';

或者先定义数组，再进行初始化。下图是字符数组 c 在内存中的存储形式。

h	e	l	l	o		w	o	r	l	d

注意，上面的图和 12.1 节的图是不同的，字符所占的字节数是不同的。字符串的最后一位字符是由编译器自动地加上了 '\0'，而字符数组没有添加。字符串的长度是 12，而字符数组的长度是 11，当然也可以设置字符数组的长度是 12，如下所示。

char c[]={'h','e','l','l','o',' ','w ','o','r',' l','d','\o'};

正如上面提到的例子，字符串和字符数组在很多时候是可以混用的。

下面仍然是初始化字符串，换一种方式，不再按照数组赋值方法对数组元素一个个赋值，而是使用一次性初始化的方法。

char c[]={"hello world"};   /* 使用双引号 */

或者：

char c[]="hello world";   /* 等效方法，可以省去大括号 */

还可以按照字符数组的方式对字符串进行操作。

范例 12-3　　字符串和字符数组。

(1) 在 Visual C++ 6.0 中，新建名为 "字符串和字符数组 .c" 的【Text File】文件。
(2) 在代码编辑区域输入以下代码（代码 12-3.txt）。

```
01  #include <stdio.h>
02  int main()
03  {
04    char c[]="abc";      /* 初始化字符串 */
05    printf("%s\n",c);    /* 输出字符串 */
06    printf("%c\n",c[0]);         /* 输出 c[0] 字符 */
07    c[1]='w'; /* 修改 c[1] 字符为 w*/
08    printf("%s\n",c);
09    return 0;
10  }
```

【运行结果】

编译、连接、运行程序，即可在命令行中输出结果。

【范例分析】

字符数组和字符串在数组的范畴内输入 / 输出、修改等都是可行的，可以混合使用，但需注意两种形式的长度不同。

提示

字符串长度、有效长度与数组的联系。

字符串相当于一维数组末尾字符为 '/0'，其长度 = 有效字符数 +1。sizeof() 函数作用是计算数组的长度，strlen() 函数作用是求字符串有效长度。如 char arr[] = "hello"，sizeof(arr) 为 6，strlen(arr) 为 5。

12.3.2 字符串的输入 / 输出

在第 6 章中，我们已经学习了字符串输入输出函数——gets() 和 puts()，此处来比较一下它们与 scanf() 和 printf() 的异同。

标准输出函数 printf() 和 puts() 函数的功能基本上是一样的。例如：

```
char c[]="message";        /* 定义字符数组 */
printf("%s",c);/* 输出结果是 "message"，没有换行 */
puts(c);         /* 输出结果是 "message"，并换行 */
```

可以看到，puts() 函数在遇到 '\0' 时，就会被替换为 '\n'，实现换行。除此以外，二者没有什么区别。

标准输出函数 scanf() 和 gets() 函数有些不同，比如：

```
scanf("%s",c); /* 输入 "message" 按【Enter】键，C 中内容为 "message" */
scanf("%s",c); /* 输入 "hello world" 按【Enter】键，C 中内容为 "hello" */
gets(c);        /* 输入 "message" 按【Enter】键，C 中内容为 "message" */
gets(c);        /* 输入 "hello world" 按【Enter】键，C 中内容为 "hello world" */
```

输入 "message"，C 中接收的内容一致，而输入 "hello world"，接收的内容不同，原因是什么呢？scanf() 函数读取一组字符，直到遇到一个空格或者一个换行字符为止；而 gets() 函数只在一个换行符被检测到才停止接收字符。

另外需要注意，使用 scanf() 函数时，参数 c 前面没有写取地址运算符 & 符号。

📝 范例 12-4　字符串输入/输出函数。

(1) 在 Visual C++ 6.0 中，新建名为 "字符串输入输出 .c" 的【Text File】文件。
(2) 在代码编辑区域输入以下代码（代码 12-4.txt）。

```
01  #include <stdio.h>
02  #define MSIZE 81
03  int main()
04  {
05    char message[MSIZE];
06    printf(" 输入字符串 :\n");
07    gets(message);        /* 使用 gets 函数 */
08    printf(" 输出字符串 :\n");
09    puts(message);
10    printf(" 输入字符串 :\n");
11    scanf("%s",message);        /* 使用 scanf 函数 */
12    printf(" 输出字符串 :\n");
13    puts(message);
14    return 0;
15  }
```

【运行结果】

编译、连接、运行程序，根据提示输入字符，按【Enter】键，即可输出结果。

【范例分析】

printf() 函数和 puts() 函数基本上无区别，scanf() 函数和 gets() 函数则有明显区别，scanf() 函数在遇到空格、回车、空白符时结束输入，gets() 函数仅在遇到回车时结束输入。

12.3.3 字符串应用举例

本小节通过两个实际应用的例子，介绍字符串的使用方法和技巧。

范例 12-5　连接两个字符串。

(1) 在 Visual C++ 6.0 中，新建名为 "字符串连接 .c" 的【Text File】文件。
(2) 在代码编辑区域输入以下代码（代码 12-5.txt）。

```
01  #include <stdio.h>
02  int main()
03  {
04    char a[]="abcdefg";
05    char b[]="123456";
06    char c[80];
07    int i=0,j=0,k=0;
08    while(a[i]!='\0' || b[j]!='\0')    /*a 和 b 不同时到结束时 */
09    {
10      if (a[i] != '\0')      /*a 不到结束时 */
11      {
12        c[k]=a[i];
13        i++;
14      }
15      else      /*b 不到结束时 */
16        c[k]=b[j++];
17      k++;    /*c 数组元素下标 */
18    }
19    c[k]='\0';          /*c 数组最后一个元素，标志字符串结束 */
20    puts(c);
21    return 0;
22  }
```

【运行结果】

编译、连接、运行程序，即可在命令行中输出结果。

【范例分析】

字符串以 '\0' 结束，我们就是利用了这一特点，先将数组 a 的元素依次赋值到数组 c，a 和 c 的下标同时移动指向下一位；当数组 a 指向最后一位 '\0' 时，再把数组 b 的元素依次赋值给数组 c，最后在数组结尾补 '\0'，表示数组 c 结束。

📝 范例 12-6　两个字符串复制程序。

(1) 在 Visual C++ 6.0 中，新建名为 "字符串复制 .c" 的【Text File】文件。
(2) 在代码编辑区域输入以下代码（代码 12-6.txt）。

```
01  #include <stdio.h>
02  #define LSIZE 81
03  void strcopy(char [], char []);
04  int main()
05  {
06    char message[LSIZE];        /* 原数组 */
07    char newMessage[LSIZE];     /* 复制后的数组 */
08    printf(" 输入字符串 : ");
09    gets(message);
10    strcopy(newMessage, message);
11    puts(newMessage);
12    return 0;
13  }
14  /* 复制 string2 到 string 1 */
15  void strcopy (char string1[], char string2[])
16  {
17    int i = 0;                  /* i 是下标 */
18    while (string2[i] != '\0')  /* 是否结束 */
19    {
20      string1[i] = string2[i]; /* 复制 */
21      i++;
22    }
23    string1[i] = '\0';         /* 结束标志 */
24  }
```

【运行结果】

编译、连接、运行程序，输入字符串，按【Enter】键，即可输出结果。

【范例分析】

C 标准函数库提供了字符串复制函数。我们也可以根据字符串的特性，利用字符结束标志 '\0'，循环赋值字符实现字符串的复制，编写代码完成字符串连接功能。

▶ 12.4　综合应用——自动分类字符

本节通过 1 个范例来学习字符数组的综合应用。

范例 12-7　任意输入一段字符串（不超过40个字符），将输入的字符串进行分类。数字字符分为一类，字母字符分为一类，其他字符为另外一类。例如，输入1,输出的效果如下：

```
数字字符：123456789
字母字符：asdfQWETYU
其他字符：!@#$
```

(1) 在 Visual C++ 6.0 中，新建名为 "字符分类 .c" 的【Text File】文件。

(2) 在代码编辑区域输入以下代码（代码 12-7.txt）。

```
01  #include <stdio.h>
02  void main()
03  { int i,m,e,o;
04    char input[40];
05    char math[40],English[40],others[40];
06    m=e=o=0;
07    printf( "输入字符串 \n");
08    gets(input);          /* 输入字符 */
09    for(i=0;input[i];i++)
10    { if(input[i]>=' 0' &&input[i]<=' 9')
11        math[m++]=input[i];
12      else if((input[i]>=' a' &&input[i]<=' z')|| (input[i]>=' A' &&input[i]<=' Z'))
13        english[e++]=input[i];
14      else others[o++]=input[I];  }
15    printf( "整数数字符：" );        /* 输出整数字符 */
16    for(i=0;i<m;i++)
17      printf( "%c" ,math[i]);
18      printf("\n");
19      printf(" 字母字符：");   /* 输出字母字符 */
20    for(i=0;i<e;i++)
21      printf( "%c" ,english[i]);
22      printf("\n");
23      printf(" 其他字符");   /* 输出其他字符 */
24    for(i=0;i<m;i++)
25      printf( "%c" ,others[i]);
26      printf("\n");
27    }
```

【运行结果】

编译、连接、运行程序，即可在命令行中输出结果。

【范例分析】

根据判决条件对输入的字符串逐个判断，并且根据字符的属性放置到各自的数组中，最后分别输出整数、字母和其他字符。

▶12.5 高手点拨

在 C 语言中，将字符串作为字符数组来处理。在实际应用中人们关心的是有效字符串的长度而不是字符数组的长度，例如，定义一个字符数组长度为 **100**，而实际有效字符只有 **40** 个，为了测定字符串的实际长度，C 语言规定了一个"字符串结束标志"，以字符 **'\0'** 代表。如果有一个字符串，其中第 **10** 个字符为 **'\0'**，则此字符串的有效字符为 **9** 个。也就是说，在遇到第一个字符 **'\0'** 时，表示字符串结束，由它前面的字符组成字符串。系统对字符串常量也自动加一个 **'\0'** 作为结束符。例如 **"C Program"** 共有 **9** 个字符，但在内存中占 **10** 个字节，最后一个字节 **'\0'** 是系统自动加上的。通过 sizeof() 这个函数可验证。

当然，在定义字符数组时应估计实际字符串长度，保证数组长度始终大于字符串实际长度。（在实际字符串定义中，常常并不指定数组长度，如 char str[ ]）。C 语言处理字符串时，可以用字符串常量来初始化字符数组 char str[ ]={"I am happy"}; 可以省略花括号，如下所示 char str[ ]="I am happy";。注意，上述这种字符数组的整体赋值只能在字符数组初始化时使用，不能用于字符数组的赋值，字符数组的赋值只能对其元素一一赋值，下面的赋值方法是错误的。

```
char str[ ];
str="I am happy";
```

> **注意**
>
> 　数组 str 的长度不是 **10**，而是 **11**，这点请务必记住，因为字符串常量 **"I am happy"** 的最后由系统自动加上一个 **'\0'**，因此，上面的初始化与下面的初始化等价。

```
char str[ ]={'T',' ','a','m',' ','h','a','p','p','y','\0'};
```

它的长度是 11，字符数组并不要求它的最后一个字符为 '\0'，甚至可以不包含 '\0'，如下面这样写是完全合法的。

```
char str[5]={'C','h','i','n','a'};
```

可见，用两种不同方法初始化字符数组后得到的数组长度是不同的。例如：

```
01 #include <stdio.h>
02 void main(void)
03 {
04    char c1[]={'T',' ','a','m',' ','h','a','p','p','y'};
05    char c2[]="I am happy";
06    int i1=sizeof(c1);
07    int i2=sizeof(c2);
08    printf("%d\n",i1);
```

```
09   printf("%d\n",i2);
10 }
```

输出结果：10 11。

▶12.6 实战练习

1. 以下程序的输出结果是 _____。

```
main()
{
        char a[10]={'1','2','3',0,'5','6','7','8','9','\0'};
        printf("%s\n",a);
}
```

A. 123　B. 1230　C. 123056789　D. 1230567890

2. 编写一段代码，利用字符串的结束标志来输出。

3. 编一程序，将两个字符串连接起来。

4. 若运行以下程序时，从键盘输入 2473< 回车 >，则下面程序的运行结果是多少。

```
#include<stdio.h>
void main()
{
        int c;
        while((c=getchar())!='\n')
        switch(c-'2')
        {
          case 0:
          case 1: putchar(c+4);
          case 2: putchar(c+4);break;
          case 3: putchar(c+3);
          default: putchar(c+2);break;
}
        printf("\n");
}
```

5.以下程序输出的结果是 _____ 。

```
#include <stdio.h>
main( )
{ char str[ ]="1a2b3c"; int i;
  for(i=0;str[i]!='\0';i++)
  if(str[i]<'0' || str[i]>'9') printf("%c",str[i]);
  printf("\n"); }
```

A. 123456789　　　　B. 1a2b3c

C. abc　　　　　　　D. 123

6. 有如下程序：

```
main()
{ char ch[80]="123abcdEFG*&";
    int j;long s=0;
    for(j=0;ch[j]>'\0';j++) ;
    printf("%d\n",j);
}
```

该程序的功能是 _____。

A. 测字符数组 ch 的长度

B. 将数字字符串 ch 转换成十进制数

C. 将字符数组 ch 中的小写字母转换成大写

D. 将字符数组 ch 中的大写字母转换成小写

第 **13** 章

程序的灵魂

——算法与流程图

第 **II** 篇

算法应用

第 **13** 章

程序的灵魂
——算法与流程图

本章重点介绍算法的概念、流程图的绘制、流程图的基本元素和绘制的方法，以及用不同的形式如何表示算法，即用自然语言、流程图、N-S 图和伪代码如何表示。

本章要点（已掌握的在方框中打钩）

☐ 流程图绘制
☐ 用自然语言表示算法
☐ 用流程图表示算法
☐ 用 N-S 图表示算法
☐ 用伪代码表示算法

▶13.1 算法基础

著名的计算机科学家沃思 (Nikiklaus Wirth) 曾提出过一个公式：程序 = 数据结构 + 算法。**数据结构是对数据的描述，而算法则是对操作的描述。可见，程序设计离不开算法，算法是程序的灵魂。其实人们的生产活动和日常生活都离不开算法，都在自觉不自觉地使用算法。当利用计算机解决一个具体问题时，也要先确定算法。**

13.1.1 算法的概念

现实中解决问题时，一般都要制定一个针对具体问题的步骤和方法，以此为据去实现目标。将为了解决问题所制定的步骤、方法称为算法 (Algorithm)。

通常针对一个给定的可计算或可解的问题，不同的人可以编写出不同的程序来解决。

例如，计算 1+2+3+…+100，可以先计算 1+2，再 +3，+4，…，一直加到 100；也可以用第 2 种方法，(1+100)+(2+99)+…+(50+51)=101×50=5050；还可以采用另一种方法，用公式 n(n+1)/2=100×101/2=5050 得到，当然还有其他的方法。

那么哪一种方法比较好呢？衡量一个算法好坏的标准是：算法应当正确，易于阅读和理解，实现算法所占存储空间要少，运算时间要短，实现方法简单可行等。显而易见，后两种方法要比第 1 种方法简单。

利用计算机会涉及以下两类算法问题。

(1) 数值性计算问题。如解方程（或方程组），解不等式（或不等式组），套用公式判断性的问题，累加、累乘等一类问题的算法描述。可通过相应的数学模型，借助一般数学的计算方法，分解成清晰的步骤，使之条理化即可。

(2) 非数值性计算问题。如排序、查找、变量变换、文字处理等，需先建立过程模型，然后通过模型进行算法设计与描述。

利用计算机解决问题时，一般要经过设计、确认、分析、编码、测试、调试等阶段。对算法的学习包括以下 5 个方面的内容。

① 设计算法：算法设计工作是不可能完全自动化的，应学习了解已经被实践证明是有用的一些基本的算法设计方法，这些基本的算法设计方法不仅适用于计算机科学，而且适用于电气工程、运筹学等领域。

② 表示算法：描述算法的方法有多种形式，例如自然语言和算法语言，各自有适用的环境和特点。

③ 确认算法：算法确认的目的是使人们确信这一算法能够正确无误地工作，即该算法具有可计算性。正确的算法用计算机算法语言描述，构成计算机程序，计算机程序在计算机上运行，得到算法运算的结果。

④ 分析算法：算法分析是对一个算法需要多少计算时间和存储空间作定量的分析。分析算法可以预测这一算法适合在什么样的环境中有效地运行，对解决同一问题的不同算法的有效性做出比较。

⑤ 验证算法：用计算机语言描述的算法是否可计算、有效合理，需对程序进行测试，测试程序的工作由调试和工作时空分布图组成。

13.1.2 算法的特性

尽管算法因求解问题的不同而千变万化、简繁各异，但应该具有以下 5 个重要的特征。

01 有穷性

算法中所包含的步骤必须是有限的，不能无穷无止，应该在一个人所能接受的合理时间段内产生结果。如果让计算机执行一个历时 1000 年才结束的算法，虽然是有限的，但超过了合理的限度，人们也不把它视为有效算法。究竟什么算"合理时间"并无严格的标准，由人们的常识和需要而定。

02 确定性

算法中的每一步所要实现的目标必须是明确无误的，不能有二义性。例如，要把全班同学分成两队，"高个子的同学站出来"这个步骤就是不确定的、含糊的，哪些同学算高，哪些同学算矮？个子中等的同学就会不知所措。

03 有效性

算法中的每一步如果被执行了，就必须被有效地执行。例如，有一步是计算 X 除以 Y 的结果，如果 Y 为非 0 值，则这一步可以有效执行；但如果 Y 为 0 值，则这一步就无法得到有效的执行。

04 有零或多个输入

根据算法的不同，有的在实现过程中需要输入一些原始数据，而有些算法可能不需要输入原始数据，求 5！就不需要任何输入。所谓多个输入，就是需要输入多个数据。比如求两个整数 M 和 N 的最大公约数，就需要输入 M 和 N 的值。

05 有一个或多个输出

设计算法的最终目的是为了解决问题，因此，每个算法至少应有一个输出结果来反映问题的最终结果。没有输出的算法是没有意义的。

13.1.3 简单算法举例——解方程

本小节通过一个简单的算法范例来初步了解一下算法。

📝 范例 13-1　计算下面的分段函数。

第 1 步：算法描述。
(1) 输入 x 的值。
(2) 判断 x 是否大于 0，若大于 0，则 y 为 2x − 1，然后转步骤(5)，否则进行步骤(3)。
(3) 判断 x 是否等于 0，若等于 0，则 y 为 0，然后转步骤(5)，否则进行步骤(4)。
(4) y 为 3x+1(因为步骤(2)、步骤(3)条件不成立，则肯定步骤(4)条件成立)。
(5) 输出 y 的值后结束。
第 2 步：编程实现。
(1) 在 Visual C++ 6.0 中，新建名称为 "Segmented Function.c" 的【 Text File 】文件。
(2) 在代码编辑区域输入以下代码（代码 13-1.txt ）。

```
01  #include<stdio.h>
02  void main()
03  {
04    int x,y;
05    printf(" 请输入 x 的值： ");          /* 输入提示信息 */
06    scanf("%d",&x);                      /* 由键盘输入 X 的值 */
07    if(x>0)                              /* 若 x>0，执行下条语句 */
08      y=2*x-1;
09    else if(x==0)                        /* 若 x==0，执行下条语句 */
10      y=0;
11    else                                /* 若 x<0，执行下条语句 */
12      y=3*x+1;
13    printf("y=%d\n",y);                  /* 输出 y 的值 */
14  }
```

【 运行结果 】

编译、连接、运行程序，根据提示输入任意一个整数，按【 Enter 】键，即可将这个分段函数的值计算出来。

【范例分析】

本范例中按照算法分析的步骤，可编写出一个多分支结构的程序，在执行过程中会按照键盘输入的值来执行不同的程序段，从而计算出相应的函数值。

▶13.2 流程图的基础

算法必须用一些明晰的方法表示出来，这样才能让人理解，易于用计算机语言来体现。那么该如何描述算法呢？可以使用流程图。流程图也称框图，它是用一些几何框图、流向线和文字说明表示各种类型的操作。就像我们到达某个地方画出一个路线图一样，可画出先到什么地方，再到什么地方。

流程图有以下几个优点。

(1)采用简单规范的符号，画法简单。

(2)结构清晰，逻辑性强。

(3)便于描述，容易理解。

如下面的流程图。

不用多解释，大家就能明白这描述的是做米饭的步骤。舀米、淘米、米入锅、加水、点火依次进行，煮饭反复进行直到饭煮熟。

13.2.1 流程图中的元素及含义

描述算法的图形主要有两种——传统流程图和 N-S 流程图。

流程图是人们对解决问题的方法、思路或算法的一种描述。它利用图形化的符号框来代表各种不同性质的操作，并用流程线来连接这些操作。

美国国家标准化协会 ANSI(American National Standard Institute) 规定了一些常用的流程图符号，已为世界各国的计算机程序工作者普遍采用。

01 传统流程图

传统流程图由下列基本元素组成。

(1) 起止框：是个椭圆形符号，用来表示一个过程的开始或结束。"开始"或"结束"写在符号内。

(2) 输入／输出框：是个平行四边形符号。

(3) 处理框：是个矩形符号，用来表示过程中的一个单独的步骤。活动的简要说明写在矩形内。

(4) 判断框：是个菱形符号，用来表示过程中的一项判定或一个分岔点，判定或分岔的说明写在菱形内，常以问题的形式出现。对该问题的回答决定了判定符号之外引出的路线，每条路线标上相应的回答。

(5) 流程线：用来表示步骤在顺序中的进展。流程线的箭头表示一个过程的流程方向。

(6) 连接符：是个圆圈符号，用来表示流程图的待续。圈内有一个字母或数字。在相互联系的流程图内，连接符号使用同样的字母或数字，以表示各个过程是如何连接的。

02 N-S 流程图

N-S 流程图也称为盒子图，是将所有的处理步骤都写在一个大矩形框内，表示起来更简单，完全去掉了带箭头的流程线。通过下列 3 种基本的元素框可以按需要进行任意逻辑的组合，从而表达一个完整的处理问题的算法。

N-S 流程图的基本元素如下。

其中，A、B 是基本处理或处理的集合，P 是条件。具体说明如下。

(1) 处理框：是个矩形符号，用来表示过程中的一个单独的步骤。

(2) 顺序结构元素：先执行 A 处理，再执行 B 处理，按上下的先后顺序执行。

(3) 选择结构：当 P 条件成立时，执行 A 处理，否则执行 B 处理。

(4) 当型循环结构：当 P 条件成立时，反复执行 A 处理，它是"先判断，后执行"。

(5) 直到型循环结构：反复执行 A，直到 P 条件满足为止，它是"先执行，后判断"。

13.2.2 流程图的绘制

流程图的绘制方法很多，可以使用比较经典的流程图绘制工具，比如 Visio。由于使用 Visio 不容易与 Word 文档一起排版，因此也可以采用 Word 自带的流程图绘图工具来绘制流程图。

01 使用 Word 自带的流程图绘图工具

下面以计算两个数之和为例，讲述如何在 Word 中绘制流程图。

(1) 选择【自选图形】中【流程图】里的【终止】按钮，单击鼠标变为【+】字形，在文档的任意位置按下鼠标左键，拖动到合适大小，然后松开左键，一个框图对象出现了，可以任意改变它的位置、大小直到合适为止。

(2) 用鼠标右键单击该对象，在弹出的快捷菜单中，选择"添加文字"，键入"开始"二字，用鼠标随便点击对象以外的空白区域，键入结束，"开始"框图绘制成功。

开始

(3) 依照上述步骤分别绘制出所需的其他不同类型的框图，并按照程序流程依次排列。

(4) 找到绘制箭头需要用到的【绘图】工具栏中的【直线】、【箭头】按钮，然后单击【箭头】按钮，用鼠标点击所绘箭头在文档中的起点，按住左键，拖动到终点位置即可，绘制出来的箭头指向鼠标拖动的终点位置。

(5) 按照上述方法绘制出所有的流程箭头。

(6) 单击【绘图】工具栏中的一个图像是白色的鼠标指针的按钮，选中所有的对象，然后单击右键，选择快捷菜单中的"组合"，将所有的对象组成一个对象组成。

02 使用 Visio 绘制工具

仍然以计算两个数的和为例，介绍如何使用 Visio 绘制流程图。

(1) 启动 Visio 软件。单击左侧类别中的【流程图】，并选择右侧的基本流程图模板，这样我们就可以使用标准的流程图形状进行绘制。

(2) 在【基本流程图】形状列表中，将【终节符】形状拖到右边的绘图页中，并双击添加文字"开始"，然后适当地修改字体大小及形状大小。

(3)依照上述步骤，分别绘制出所需的其他不同类型的框图，并按照程序流程依次排列。

(4)单击工具栏中的【连接线工具】按钮，将鼠标指标移到【开始】形状的中心角点处，显示红色方块，按住鼠标向下拖动至下一个形状的中心角点处，同样也会显示红色的方块，这种红色的方块代表着两个形状间的动态连接，此时松开鼠标就可完成形状间的连线。用同样的方法，对将其他的形状进行连接。

(5)单击工具栏中的【保存】按钮，对流程图进行保存即可。

> **提示**
>
> 　　对初学者来说，画流程图是十分必要的。画流程图可以帮助我们理清程序思路，避免出现不必要的逻辑错误。在程序的调试、除错、升级、维护过程中，作为程序的辅助说明文档，流程图也是很高效便捷的。另外，在团队的合作中，流程图还是程序员们相互交流的重要手段。阅读一份简明扼要的流程图，比阅读一段繁杂的代码更易于理解。

▶13.3 如何表示一个算法

表示算法的方法很多，如自然语言、流程图、N-S流程图、伪代码、计算机语言等。

13.3.1 用自然语言表示算法

　　自然语言就是我们平时交流使用的语言，如汉语、英语等，是最简单的描述算法的工具之一，其优点是通俗易懂，易于掌握，一般人都会用。但也存在以下一些缺点。

(1) 容易产生二义性。例如中文"走火"既可以表示子弹从枪膛射出，又可以表示电线漏电，还可以表示说话漏嘴。

(2) 比较冗长。

(3) 在算法中如果有分支，用文字表示就显得不够直观。

(4) 目前计算机不便于处理自然语言。所以在计算机中常用流程图、N-S 图、伪代码等描述方法来表示算法。

📝 范例 13-2　用自然语言描述s=1+2+...+100的算法。

第 1 步：算法分析。

原始的数学方法如下。

(1) 先求 1+2，得到结果 3。

(2) 将步骤(1)得到的乘积 3 加上 3，得到结果 6。

(3) 重复上述过程，直到加到 100，得到 5050。

这样的算法太繁琐，用计算机不容易实现，要经过一定的改进才能让计算机轻而易举地实现。

其实这个过程是一个重复的加操作过程，每次都加一个自然数，且这个自然数是递增的。可以考虑先设计一个变量 s 作为累加器，初值设置为 0（开始累加器中没有任何值），依次往累加器中加 1，加 2……加到 100。其中，1~100 之间的自然数用变量 i 表示，累加操作就是 s+i 的值赋给 s，其中，i 的值是不断变化的，从 1 变化到 100，i 的值将自己加 1 的结果仍然保存在变量 i 中，即执行 i+1 赋给 i 的操作。所以用自然语言描述求累加和的计算机算法就是重复执行 s+i 赋给 s，i+1 赋给 i 操作。

第 2 步：算法描述。

(1) 把 0 放入 s 单元。

(2) 把 1 放入 i 单元。

(3) 将 s+i 赋给 s。

(4) i 值加 1。

(5) 判断 i 是否小于等于 100，是，转 S3，否则转 S6。

(6) 输出 s 的值，结束。

第 3 步：编程实现。

(1) 在 Visual C++ 6.0 中，新建名称为 "Accumulation1.c" 的【Text File】文件。

(2) 在代码编辑区域输入以下代码（代码 13-2.txt）。

```
01  #include<stdio.h>
02  void main()
03  {
04      int sum,i;
05      sum=0;    /*sum 初始设为 0*/
06      for(i=1;i<=100;i++)
07          sum+=i;
08      printf("1+2+...+100=%d\n",sum);
09  }
```

【运行结果】

编译、连接、运行程序，即可在命令行中输出 1~100 的和。

【范例分析】

本范例使用循环语句，重复执行算法描述中的 S3、S4、S5 等 3 个步骤。

范例 13-3 判定2010～2050年中的哪一年是闰年，将结果输出（闰年的条件是：能被4整除，但不能被100整除；或者能被400整除的年份）。

第 1 步：算法描述。
设 y 为被检测的年份，用自然语言描述如下。
S1：将 2010 放入 y 单元。
S2：若 y 不能被 4 整除，则转到 S5。
S3：若 y 能被 4 整除，不能被 100 整除，则输出 y，然后转到 S5。
S4：若 y 能被 400 整除，则输出 y，然后转到 S5。
S5：将 y +1 赋给 y。
S6：当 y<=2050 时，转 S2 继续执行，如果 y>2050，结束。
第 2 步：编程实现。
(1) 在 Visual C++ 6.0 中，新建名称为 "Leap Year.c" 的【Text File】文件。
(2) 在代码编辑区域输入以下代码（代码 13-3.txt）。

```c
01  #include<stdio.h>
02  void main()
03  {
04    int y; /* 被检测的年份 */
05    for(y=2000;y<=2050;y++)    /*y 从 2000 循环到 2050，执行以下语句 */
06    {
07      if(y%4==0 && y%100!=0 || y%400==0)      /* 若 y 为闰年，则输出 y 的值 */
08        printf("%d  ",y);
09    }
10    printf("\n");
11  }
```

【运行结果】

编译、连接、运行程序，即可在命令行中输出 2000~2050 年内所有的闰年。

【范例分析】

在考虑算法时，应仔细判断所需条件，逐步缩小被判断的范围。

判断条件的先后次序在有的算法里是没有关系的，但有的也是不能任意颠倒的，要由具体问题决定。

13.3.2 用流程图表示算法

流程图是一种传统的算法表示法，它利用几何图形的框来表示各种不同性质的操作，用流程线来指示算法的执行方向。相对于自然语言来说，流程图更直观形象，易于理解，简洁直观，所以应用广泛。流程图成了程序员们交流的重要手段，直到结构化的程序设计语言出现，对流程图的依赖才有所降低。

一个流程图包括以下几部分。

① 表示相应操作的框。

② 带箭头的流程线。

③ 框内外必要的文字说明。

📝 范例 13-4　求区间[100, 200]内10个随机整数中的最大数、最小数。

第 1 步：算法分析。

求数据中的最大数和最小数主要采用"打擂"算法。以求最大数为例，可先用第 1 个数作为最大数，再用其与其他的数逐个比较，并用找到的较大数替换为最大数。求最小数的方法与此类似。

第 2 步：流程图描述。

第 3 步：编程实现。

(1) 在 Visual C++ 6.0 中，新建名称为 "Max and Min.c" 的【Text File】文件。

(2) 在代码编辑区域输入以下代码（代码 13-4.txt）。

```
01  #include<stdio.h>
02  #include<stdlib.h>   /* 调用产生随机数 rand() 函数，要包含头文件 stdlib.h*/
03  void main()
04  {
05      int a1,ai,i;
06      int max,min;
07      a1=rand()%101+100;         /* 产生一个 [100，200] 之间的随机整数 a1*/
08      printf("%d ",a1); /* 输出这个随机数 */
09      max=min=a1;        /* 将产生的第 1 个随机数设为最大值和最小值 */
10      for(i=1;i<10;i++)  /* 再产生其余 9 个随机数，并计算出最大值和最小值 */
11      {
12          ai=rand()%101+100;        /* 产生一个 [100，200] 之间的随机整数 ai*/
13          printf("%d ",ai);/* 输出这个随机数 */
14          if(ai>max)     /* 若产生的随机整数比之前的最大值还大，则将该值作为最大值 */
15              max=ai;
16          if(ai<min)     /* 若产生的随机整数比之前的最小值还小，则将该值作为最小值 */
17              min=ai;
18      }
19      printf("\n 最大值为 :%d, 最小值为 :%d\n",max,min);      /* 输出这 10 个数的最大值和最小值 */
20  }
```

【运行结果】

编译、连接、运行程序，即可随机产生 10 个随机数，并计算出这 10 个数中的最大值和最小值。

【范例分析】

本范例使用了随机函数 rand() 返回一个 0~32767 之间的随机整数，为了生成区间 [m,n] 之间的随机整数，可使用公式 rand()%(n-m+1)+m。所以产生区间 [100,200] 之间的随机整数的计算方法为 rand()%101+100。

该程序的运行结果每次都是一样的，因为 rand() 函数是以种子 (seed) 为基准，以某个递推公式推算出来的一系列数（随机序列），但不是真正的随机数。当计算机正常开机后，这个种子的值就是确定的。要改变种子的值，可以使用 C 提供的 srand() 函数，它的原型是 void srand(int a)，功能是初始化随机产生器，即将 rand() 函数的种子的值改为 a。若需要不同的随机序列，可以使用 srand(time(0))，其中，time 函数是包含在头文件 time.h 中的，其功能是返回一个从 1970/01/01 00:00:00 到现在的秒数，因为每次运行的时间不同，可以使用它作为 rand() 的种子值，从而产生不同的随机序列。

因此，上例可以在 rand() 函数使用之前加上如下语句：

srand(time(0));　/* 以当前时间产生一个随机种子，之前应包含头文件 **time.h***/

由于每次运行的时间不同，因此产生的随机种子也不同，这样就可以保证每次运行时可以得到不同的随机序列。

13.3.3 用传统流程图表示 3 种基本结构

针对传统流程图中对流程线的使用无限制可能导致流程图毫无规律的问题，1966 年，Bohra 和 Jacopini 提出了 3 种基本结构——顺序结构、选择结构、循环结构。用这 3 种基本结构作为表示一个良好算法的基本单元，可以改进传统流程图，使传统流程图结构化，从而大大提高流程图的规律性，也便于人们阅读和维护。

01 顺序结构

顺序结构是最简单的基本结构之一，计算机在执行顺序结构的程序时，按语句出现的先后次序依次执行。如图所示，计算机先进行 A 操作，再进行 B 操作。

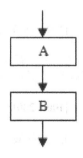

02 选择结构

当程序在执行过程中需要根据某种条件的成立与否有选择地进行一些操作时，就需要使用选择结构。下图表示了选择结构的流程图。这种结构包含一个判断框，根据给定的条件是否满足，从两个分支路径中选择执行其中的一个。从图中可以看出，在这种结构中必须要执行其中的一个分支。

03 循环结构

循环结构用于规定重复进行一些相同或相似的操作。要使计算机能够正确地完成循环操作，就必须使循环在执行有限次数后退出，因此，循环的执行要在一定的条件下进行。根据对条件的判断位置不同，有两类循环结构——当型循环和直到型循环。

当型循环结构。首先判断条件是否成立，如果条件成立，则进行 A 操作；进行完 A 操作，再判断条件是否成立，若仍然成立，再进行 A 操作。如此反复进行，直到某次条件不成立时为止，这时不再进行 A 操作，从而退出循环。显然，在进入当型循环时，如果一开始条件就不成立，则 A 操作一次都不进行。

直到型循环结构。首先进行 A 操作，然后判断条件是否成立，如果条件成立，则继续进行 A 操作；再判断条件是否成立，若仍然成立，再进行 A 操作。如此反复执行，直到某次条件不成立时为止，这时不再进行 A 操作，从而退出循环。显然，在进入直到型循环时，A 操作至少进行一次。

13.3.4 用 N-S 图表示算法

1973 年，美国学者 I.Nassi 和 B.Shneiderman 提出了另一种流程图形式，在这种流程图中完全去掉了复杂的流程线，通过一个矩形框表达一个对数据的基本处理，在框内还可以包含其他的框。这种流程图称为 N-S 流程图。N-S 流程图是一种结构化的流程图，通过 3 种基本的元素框可以按需要进行任意的逻辑组合，实现处理逻辑的控制策略，从而表达一个完整的处理问题的算法。

用 N-S 流程图表示程序设计中的 3 种基本结构如下。

(1) 顺序结构：A 和 B 两个框组成一个顺序结构。A 框或 B 框可以是一个简单的操作（如读入数据或输出等），也可以是 3 种基本结构之一。

（2）选择结构：当条件 P 成立时进行 A 框操作，P 不成立时则进行 B 框操作。在这里不可能对 A 和 B 同时操作。这是两个分支的选择结构。

（3）循环结构：对于当型循环，当条件 P 成立时，反复进行 A 框中的操作，直到 P 条件不成立为止。对于直到型循环，反复进行 A 框中的操作，直到 P 条件不成立。当型循环与直到型循环的区别是：当型循环先判断条件是否成立，再执行循环中的 A 框；而直到型循环先执行一次 A 框，再判断条件是否成立；直到型循环最少会执行一次 A 框，而当型循环中如果第 1 次判断时条件就不成立，则 A 框一次都不执行。

📝 范例 13-5   求两个数的最大公约数。

第 1 步：算法分析。

求最大公约数通常使用"辗转相除法"。

S1 比较两数，并使 m 大于 n。

S2 将 m 作被除数，n 作除数，相除后余数为 r。

S3 将 m ← n，n ← r。

S4 若 r=0，则 m 为最大公约数，结束循环。若 r≠0，执行步骤 2 和 3。

第 2 步：算法描述。

（1）在 Visual C++ 6.0 中，新建名称为"Greatest Common Divisor.c"的【Text File】文件。

（2）在代码编辑区域输入以下代码（代码 13-5.txt）。

```
01  #include<stdio.h>
02  void main( )
03  {
04    int m,n,r,t;
05    int m1,n1;
06    printf(" 请输入第 1 个数 :");
07    scanf("%d",&m);  /* 由用户输入第 1 个数 */
08    printf("\n 请输入第 2 个数 :");
09    scanf("%d",&n);  /* 由用户输入第 2 个数 */
10    m1=m; n1=n;    /* 保存原始数据供输出使用 */
11    if(m<n)
12    {t=m; m=n; n=t;} /*m,n 交换值，使 m 存放大值，n 存放小值 */
13    do       /* 使用辗转相除法求得最大公约数 */
14    {
15      r=m%n;
16      m=n;
17      n=r;
18    }while(r!=0);
19    printf("%d 和 %d 的最大公约数是 %d\n",m1,n1,m);
20  }
```

【运行结果】

编译、连接、运行程序，从键盘上输入任意两个整数，按【Enter】键，即可计算出它们的最大公约数。

【范例分析】

N-S 流程图比文字描述直观、形象、易于理解，比传统流程图省掉了流程图中的流程线，紧凑易画。尤其是它废除了流程线，整个算法结构是由各个基本结构按顺序组成的。它具有以下几个明显的优点。

(1)功能明确。即图中的每个矩形框所代表的特定作用域可以明确地分辨出来。

(2)能够保证程序整体是结构化的。因为它不可能出现流程无规律的跳转，而只能自上而下地顺序执行，因此可以保证单入口、单出口的程序结构。

(3)很容易实现和表示嵌套结构，这为较复杂的程序设计提供了方便的途径。

缺点：由于 N-S 图仅使用 3 种基础结构形成流程，因此在进行某些程序设计时可能会比较繁琐，有一定的困难，且修改也不方便。

13.3.5 用伪代码表示算法

流程图、N-S 流程图均是描述算法的图形工具，使用这些图形工具详细描述出的算法直观，逻辑关系清楚，但画起来比较费事，修改起来困难；同时，流程图、N－S 图、自然语言等与程序相比差异较大，不利于转换成程序。另外，如果直接用计算机语言去编程序，需要掌握相应计算机语言的语法规则，比较繁琐。为此，在描述算法时还经常用到一种工具，即伪代码。

伪代码是介于自然语言与计算机语言之间的一种文字和符号相结合的算法描述工具，形式上和计算机语言比较接近，但没有严格的语法规则限制，通常是借助某种高级语言的控制结构，中间的操作可以用自然语言，也可以用程序设计语言描述，这样，既可以避免严格的语法规则，又比较容易最终转换成程序。

📝 **范例 13-6**　　**用伪代码描述s=1+2+...+100的算法。**

描述如下（代码 **13-6.txt**）。

```
01  s 置初值为 0;
02  i 置初值为 0;
03  while(i ≤ 100)
04  {
05  s=s+i
06  i=i+1
07  }
08  输出 s 的值;
```

程序代码与【范例 13-2】相同。

伪代码如同一篇文章一样，自上而下地写下来。每一行（或几行）表示一个基本操作。因此，它的优点是不用图形符号，因此书写方便、格式紧凑，比较好懂，也便于向计算机语言算法（即程序）过渡。

13.3.6 用计算机语言表示算法

人与人之间交流要用语言，人与计算机交流也要用专门的、能被计算机直接或间接识别的语言，即计算机语言。

计算机语言通常是一个能完整、准确和规则地表达人们的意图，并用以指挥或控制计算机工作的"符号系统"。

按其发展过程，计算机语言通常分为 3 类，即机器语言、汇编语言和高级语言。此处以高级语言中的 C 语言为例，来说明如何使用计算机语言表示算法。

例如，用计算机语言描述 s=1+2+...+100 的算法，就是【范例 13-2】中第 3 步中(2)的代码。

用计算机语言去描述算法的好处是可以在计算机上运行（算法最终要变成程序，以便能在机器上实现），但不管是何种语言，一般都有严格的、不同的格式要求和语法限制等，这给用户带来了一定的不便。

▶13.4 结构化程序设计方法

程序设计的基本要求是用算法对问题的原始数据进行处理，从而获得所期望的效果。但如何能够提高程序的质量，提高编程效率，使程序具有良好的可读性、可靠性、可维护性以及良好的结构，是每位程序设计工作者追求的目标。而要做到这一点，就必须掌握正确的程序设计方法和技术——结构化程序设计方法。

结构化程序设计是 E.W.Dijikstra 在 1965 年提出的，他的主要观点是"采用自顶向下、逐步求精"的程序设计方法。使用 3 种基本控制结构构造程序，任何程序都可由顺序、选择、重复等 3 种基本控制结构构造，这种程序便于编写，便于阅读，便于修改和维护。

结构化程序设计强调程序设计的风格和程序结构的规范化，提倡清晰的结构。结构化程序设计的特征主要有以下几点。

(1) 以 3 种基本结构的组合来描述程序。

(2) 程序设计自顶向下，整个程序采用模块化结构。

(3) 有限制地使用转移语句，在非用不可的情况下，也要十分谨慎，并且只限于在一个结构内部跳转，不允许从一个结构跳到另一个结构，这样可缩小程序的静态结构与动态执行过程之间的差异，使人们能正确地理解程序的功能。

(4) 以控制结构为单位，每个结构只有一个入口、一个出口，各单位之间接口简单，逻辑清晰。

(5) 采用结构化程序设计语言书写程序，并采用一定的书写格式使程序结构清晰，易于阅读。

(6) 注意程序设计风格。

结构化程序设计的总体思想是采用模块化结构，自上而下，逐步求精，即首先把一个复杂的大问题分解为若干个相对独立的小问题。如果小问题仍较复杂，则可把这些小问题又继续分解成若干个子问题。这样不断地分解，使得小问题或子问题简单到能够直接用程序的 3 种基本结构表达为止。然后，对应每一个小问题或子问题编写出一个功能上相对独立的程序块，这种像积木一样的程序块被称为模块。每个模块各个击破，最后再统一组装。这样，对一个复杂问题的求解就变成了对若干个简单问题的求解，这就是自上而下、逐步求精的程序设计方法。确切地说，模块是程序对象的集合，模块化就是把程序划分成若干个模块，每个模块完成一个确定的子功能，把这些模块集中起来组成一个整体，就可以完成对问题的求解。这种用模块组装起来的程序被称为模块化结构程序。在模块化结构程序设计中，采用自上而下、逐步求精的设计方法，便于对问题的分解和模块的划分，所以，它是结构化程序设计的基本原则。

结构化程序设计方法作为面向过程程序设计的主流，被人们广泛地接受和应用，其主要原因在于结构化程序设计能提高程序的可读性和可靠性，便于程序的测试和维护，能有效地保证程序的质量。读者对此方法的理解和应用要在初步掌握 C 语言之后，主要是在今后大量的编程实践中去不断地体会和提高。

▶13.5 综合应用——求解一元二次方程

范例 13-7　　求一元二次方程：ax2+bx+c=0的根。

第 1 步：结构化分析。

先从最上层考虑，求解问题的算法可以分成 3 个小问题，即输入问题、求解问题和输出问题。这 3 个小问题就是求一元二次方程根的 3 个功能模块——输入模块 M1、计算处理模块 M2 和输出模块 M3。其中，M1 模块完成输入必要的原始数据，M2 模块根据求根算法求解，M3 模块完成所得结果的显示或打印。这样的划分，可使求一元二次方程根的问题变成 3 个相对独立的子问题。其模块结构如图所示。

分解出来的 3 个模块从总体上是顺序结构。其中，M1 和 M3 模块完成简单的输入和输出，可以直接设计出程序流程，不需要再分解。而 M2 模块完成求根计算，求根则需要首先判断二次项系数 a 是否为 0。当 a=0 时，方程蜕化成一次方程，求根方法就不同于二次方程。如果 a ≠ 0，则要根据 b2-4ac 的情况求二次方程的根。可见 M2 模块比较复杂，可以将其再细化成 M21 和 M22 两个子模块，分别对应一次方程和二次方程的求根。其模块结构如下图所示。

此次分解后，M21 子模块的功能是求一次方程的根，其算法简单，可以直接表示。M22 求二次方程的根，用流程图表示算法如下图所示，它由简单的顺序结构和一个选择结构组成，这就是 M22 模块的流程。

然后，按照细化 M22 模块的方法，分别对 M1、M21 和 M3 的算法进行结构组装，最终得到细化后完整的流程图。

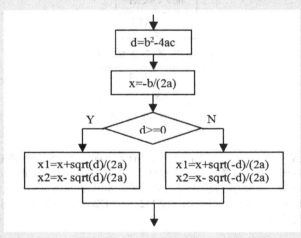

第 2 步：编程实现。
(1) 在 Visual C++ 6.0 中，新建名称为"Root.c"的【Text File】文件。
(2) 在代码编辑区域输入以下代码（代码 13-7.txt）。

```
01  #include<stdio.h>
02  #include<math.h>    /* 调用 sqrt() 函数，必须包含头文件 math.h*/
03  void main()
04  {
05    float a,b,c,d;
06    float x1,x2,x;
07    printf(" 请输入 a,b,c 值： ");/* 提示用户输入 */
08    scanf("%f%f%f",&a,&b,&c);         /* 用户由键盘输入 a,b,c 的值 */
09    if(a==0.0)        /* 如果 a 为零，方程的两个根均为 -c/b*/
10    {
11      x1=x2=-c/b;
12    }
13    else      /* 如果 a 不为零，执行以下代码 */
14    {
15      d=b*b-4*a*c;
16      x=-b/(2*a);
```

```
17    if(d>=0)           /* 如果 b*b-4*a*c>=0，计算出如下平方根 */
18    {
19        x1=x+sqrt(d)/(2*a);
20        x2=x-sqrt(d)/(2*a);
21    }
22    else    /* 如果 b*b-4*a*c<0，计算出如下平方根 */
23    {
24        x1=x+sqrt(-d)/(2*a);
25        x2=x-sqrt(-d)/(2*a);
26    }55
27    }
28    printf("\n 该方程式的两个根分别为：%f,%f\n",x1,x2);   /* 输出结果 */
29 }
```

【运行结果】

编译、连接、运行程序，从键盘上输入 a、b、c 等 3 个数的值，按【Enter】键，即可计算出方程的两个根。

▶13.6 高手点拨

(1) 对于循环结构，要注意以下几点。

① 循环结构要在某个条件下终止循环，这就需要根据条件结构来判断。因此，循环结构中一定包含条件结构，但不允许"死循环"。

② 在循环结构中都有一个计数变量和累加变量。计数变量用于记录循环次数，累加变量用于输出结果。计数变量和累加变量一般是同步执行的，累加一次，计数一次。

③在代数中形如 a=10 这类等式没有意义，但是在算法中，这些不再称为等式，而称为赋值语句，它们具有明显的意义——计算等号右边的式子值，并仍用原符号表示。

(2) 程序框图的记忆要诀如下。

① 起始框有一条流出线，终止框有一条流入线。

② 输入、输出和处理框有一条流入线和一条流程线。

③ 判断框有一条流入线和两条流出线。

④ 循环结构实质上是判断和处理的结合，可先判断再处理，也可先处理再判断。

▶13.7 实战练习

1. 输入两个整数，输出其中的大数，并且画出程序框图。

2. 用梯形法求数值积分，并且画出程序框图。

3. 假如我国现有 13 亿人，按年 0.2% 的增长速度，10 年后将有多少人？设计程序并且画出程序框图。

第 **14** 章

基础算法

算法：计算机解题的基本思想方法和步骤，是对要解决一个问题或要完成一项任务所采取的方法和步骤的描述，包括需要什么数据、采用什么结构、使用什么语句以及如何安排这些语句等。通常使用自然语言、结构化流程图、伪代码等来描述算法。常见的简单算法包括计数、求和、求阶乘等，这些简单的算法可以使用循环来实现。本章节主要讲述比较经典的几类算法。

本章要点（已掌握的在方框中打钩）

☐ 排序算法
☐ 栈、队列、链表算法
☐ 枚举算法
☐ 搜索算法
☐ 图的遍历算法

▶14.1 排序算法

所谓排序，就是使一串数据，按照规定的排列方式，以递增、递减等顺序连接起来。排序算法，就是如何使得数据按照要求排列的方法。很多领域都使用了排序算法，尤其是在大量数据中。好的排序算法可以节省大量的内存资源，使数据的处理速度得到显著的提高。

14.1.1 桶排序法

桶排序法的基本思想：是将数据阵列分到有限数量的桶子里。每个桶子再进行排序。简单来说，就是把数据分组，放在一个个的桶中，然后对每个桶里面的再进行排序。

例如，对 [1..100] 范围内的 n 个整数 A[1..n] 进行排序，步骤如下。

将这类排序分为三个桶：第一个桶（数组 a）的整数范围为 [1..10]、第二个桶（数组 b）的整数范围为 [11..50]、第三个桶（数组 c）的整数范围为 [51..100]。

对这 n 个数进行从头到尾的扫描，将 1 到 10 之间的数放在数组 a 中，将 11 到 50 之间的数放在数组 b 中，将 51 到 100 之间的数放在数组 c 中。

分别对数组 a、b、c 中的数进行数字排序；排序方法可以继续采用桶排序，也可以采用冒泡排序法或者快速排序法，在下面的章节会介绍这两种排序方法。

📝 **范例 14-1**　　使用桶排序法对数列[5 2 30 98 20 1 45 80]从小到大排序。

(1) 在 Visual C++ 6.0 中，新建名称为"Bucket_Sort.c"的【Text File】文件。
(2) 在代码编辑区域输入以下代码（代码 14-1.txt）。

```
01  #include<stdio.h>
02  void main()
03  {
04      int M[8]={5,2,30,98,20,1,45,80};
05      int a[10]={0};                    /* 数组 a 存放 [1,10] 的数 , 将数组 a 赋值为零 */
06      int b[40]={0};                    /* 数组 b 存放 [11,50] 的数 , 将数组 a 赋值为零 */
07      int c[50]={0};                    /* 数组 c 存放 [51,100] 的数 , 将数组 a 赋值为零 */
08      int i;
09      for(i=0;i<8;i++)
10      {
11      if((M[i]>0)&&( M[i]<11))
12          a[M[i]-1]=1;    /* 假如 i=0,那么 M[i]=5; 将 5 放在数组 a 的第五个 a[4] 中 , 所以是 a[M[i]-1] */
13      if((M[i]>10)&&( M[i]<51))
14          b[M[i]-10-1]=1;
15      if((M[i]>51)&&( M[i]<101))
16          c[M[i]-50-1]=1;
17      }
18      for(i=0;i<10;i++)                 /* 输出数组 a 的结果 */
19      {
20      if(a[i]==1) printf( " %d ",i+1);
21      }
22      for(i=0;i<40;i++)                 /* 输出数组 b 的结果 */
23      {
24      if(b[i]==1) printf( " %d ",i+11);
25      }
26      for(i=0;i<50;i++)                 /* 输出数组 c 的结果 */
27      {
```

```
28    if(c[i]==1) printf(" %d ",i+51);
29    }
30    printf(" \n" );
31  }
```

【运行结果】

编译、连接、运行程序，即可在命令行中输出结果。

【范例分析】

本范例定义 3 个数组，分别存放 [1..10]、[11..50]、[51..100] 的数。将序列 M 中对应的数放在对应的数组中，并标记为 1；例如：45 属于 [11..50] 之间的数，所以放在数组 b 中，数组 b 总共有 40 个元素，11 放在 b[0]、12 放在 b[1]…；所以 45 应该放在 b[45-11]=b[34] 中；将 M 中的数存放在对应的数组元素的过程，已经完成了从小到大的排序；在输出结果的时候，只要数组 a、b、c 中的元素为 1，表示这个元素的位置就代表序列 M 中的数，所以只需要输出数组元素为 1 的位置。

14.1.2　冒泡排序法

冒泡排序法的基本思想：在要排序的一组数中，对当前还未排好序的数，对自上而下对相邻的两个数依次进行比较和调整，让较大的数往下移，较小的往上冒。即对相邻的两个数进行比较，将数字大的数放在下面。简单地说：首先通过相邻两个数的比较，找到 n 个数中最大的数；然后将最大的数排除，在剩余的 n-1 数中再通过相邻两个数的比较得到最大的数，以此类推，直到剩余最后两个数为止。例如：

对 5 个数 [10，2，3，21，5] 进行从小到大的排序。

- 第一次排序后：2，3，10，5，21
- 第二次排序后：2，3，5，10
- 第三次排序后：2，3，5
- 第四次排序后：2，3

对于 n 个数进行冒泡排序，需要进行 n-1 次排序。

📝 范例 14-2　对5个数[10，2，3，21，5]进行从大到小的排序

(1) 在 Visual C++ 6.0 中，新建名称为 "Bubble_Sort.c" 的【Text File】文件。
(2) 在代码编辑区域输入以下代码（代码 14-2.txt）。

```
01  #include<stdio.h>
02  void main()
03  {
04      int M[5]={ 10, 2, 3, 21, 5};
05      int max=0;
```

```
06      int i,j;
07      for(j=5;j>1;j--)
08      for(i=0;i<j;i++)
09      {
10      if(M[i]> M[i-1])                    /* 如何前面的数比后门的数大，则交换位置 */
11      {
12          max= M[i];
13          M[i]= M[i-1];
14          M[i-1]=max;
15      }
16      }
17      for(i=0;i<5;i++)                    /* 输出结果 */
18      {
19          printf( " %d  ",M[i]);
20      }
21      printf( " \n" );;
22      }
```

【运行结果】

编译、连接、运行程序，即可在命令行中输出结果。

【范例分析】

本范例使用冒泡法实现排序过程，先通过相邻两个数的比较，找到 5 个数中最小的数；然后将最小的数交换到数组中最后的位置 M[4]，在剩余的 4 数中再通过相邻两个数的比较得到最小的数，放在 M[3] 中，以此类推，最终得到排序结果。

14.1.3 快速排序法

快速排序是对冒泡排序的一种改进，它的基本思想是：首先选择排序数组中的一个数（通常为数组中的第一个数）作为基准元素，然后通过一次排序将要排序的数据分割成独立的两部分，其中一部分的所有数据都比基准元素小，另外一部分的所有数据都要比基准元素大，然后再按此方法对这两部分数据分别进行快速排序，整个排序过程可以递归进行，以此达到整个数据变成有序序列。

假设要排序的数组是 A[0]……A[N-1]，首先 A[0] 作为基准元素，然后将所有比它小的数都放到它前面，所有比它大的数都放到它后面，这个过程称为一次快速排序。

一次快速排序的算法的步骤如下：

- 设置两个变量 i、j，排序开始的时候：i=0，j=N-1；
- 以第一个数组元素 A[0]（即 A[i]）作为基准元素；
- 从 j 开始从后往前搜索 (j--)，找到第一个小于 A[i] 的数 A[j]，将 A[j] 和 A[i] 互换位置，此时基准元素的位置在数组的第 j 个位置；
- 从 i 开始从前向后搜索 (i++)，找到第一个大于 A[j] 的 A[i]，将 A[i] 和 A[j] 互换位置，此时基准元素的位置在数组的第 i 个位置；

- 重复第 3、4 步，直到 i=j，此时令循环结束。

范例 14-3　对5个数[10，2，3，21，5]进行从小到大的排序

(1) 在 Visual C++ 6.0 中，新建名称为 "Quick_sort.c" 的【Text File】文件。

(2) 在代码编辑区域输入以下代码（代码 14-3.txt）。

```
01  #include<stdio.h>
02  void sort(int a[],int left ,int right)
03  {
04    int i,j,temp;
05    i=left;
06    j=right;
07    temp=a[left];
08    if(left>right) return;
09    while(i!=j)                  /*i 不等于 j 时，循环进行 */
10    {
11      while(a[j]>=temp&&j>i)
12        j--;
13      if(j>i)
14      a[i++]=a[j];
15    while(a[i]<=temp&&j>i)
16        i++;
17      if(j>i)
18      a[j--]=a[i];
19    }
20    a[i]=temp;
21  sort(a,left,i-1);            /* 对小于基准元素的部分进行快速排序 */
22  sort(a,i+1,right);           /* 对大于基准元素的部分进行快速排序 */
23  }
24  void main()
25  {
26    int M[5]={ 10, 2, 3, 21, 5};
27    int i=0;
28    sort(M,0,4);
29    printf(" 从小到大排序后：\n");
30    for(i=0;i<5;i++)
31    {
32    printf( "%d ",M[i]);          /* 输出排序结果 */
33    }
34    printf( "\n" );;
35  }
```

【运行结果】

编译、连接、运行程序，即可在命令行中输出结果。

【范例分析】

本范例使用快速排序法实现排序过程，需要注意：

(1) 当 i=j 时，循环停止，并不代表排序结束，只是代表一次快速排列完成，若想实现最终的排列顺序，可能要经过几次快速排列才能完成；

(2) 在一次快速排列过程中，基准元素是不变的；

(3) 完成整个过程的快速排列，采用了递归算法。

▶14.2 栈、队列、链表算法

本节主要介绍 3 种基本的数据结构算法：栈、队列和链表。每个程序中至少使用一种这样的数据结构。

14.2.1 队列

队列是一种特殊的线性表，它只允许在表的前端（front）进行删除操作，而在表的后端（rear）进行插入操作，和栈一样，都是一种受限制的线性表。但和栈不同的是，队列是先进先出的操作方式，而栈是先进后出的方式。队列进行插入操作的端称为队尾，进行删除操作的端称为队头。

队列的数据元素又称为队列元素。在队列中插入一个队列元素称为入队，从队列中删除一个队列元素成为出队。因为队列只允许在一段插入，在另一端删除，所以只有最早进入队列的元素才能最先从队列中删除，故队列又称为先进先出（FIFO——first in first out）线性表。

在使用队列进行操作时，主要使用初始化、进队列、出队列、判断队列满、判断队列空。下面结合代码介绍这五种操作。

① 初始化

```
01   struct queue                    /* 定义结构体 */
02   {
03      int size;   //数组的大小
04      int head, tail; //队列的头和尾下标
05      int *q;        //数组头指针
06   }Queue
07   void Init (Queue *Q)
08   {
09      Q->size = 6;
10      Q->q = (int *)malloc(Q->size* sizeof(int) ); // 分配内存
11      Q->tail = 0;
12      Q->head = 0;
13   }
```

② 进队列、判断队列满

```
01   void InQueue(Queue *Q, int key)
02   {
03      int tail = (Q->tail+1) % Q->size;      //取余保证，当 quil=size-1 时，再转回 0
04      if (tail == Q->head)            //此时队列没有空间
05      {
06         printf("the queue isfull!");
07      }
08      else
09      {
```

```
10      Q->q[Q->tail] = key;
11      Q->tail = tail;
12    }
13  }
```

③ 出队列、判断队列空

```
01  int OutQueue(Queue *Q)
02  {
03    int tmp;
04    if(Q->tail == Q->head)    // 判断队列不为空
05    {
06      printf("the queue is NULL\n");
07    }
08    else
09    {
10      tmp = Q->q[q->head];
11      Q->head = (Q->head+1) % Q->queuesize;
12    }
13    return tmp;
14  }
```

📝 **范例 14-4**　　开辟大小为6的队列，将整数1、2、3进入队列，然后出队列

(1) 在 Visual C++ 6.0 中，新建名称为 "Queue.c" 的【Text File】文件。

(2) 在代码编辑区域输入以下代码（代码 14-4.txt）。

```
01  #include <stdio.h>
02  #include <malloc.h>
02  struct queue               /* 定义结构体 */
03  {  int size;               /* 数组的大小 */
05     int head, tail;         /* 队列的头和尾下标 */
06     int *q;                 /* 数组头指针 */
07  }
08  void Init (struct queue *Q)
09  {
10     Q->size = 6;
11     Q->q = (int *)malloc(Q->size* sizeof(int) ); // 分配内存
12     Q->tail = 0;
13     Q->head = 0;
14  }
15  void InQueue(struct queue *Q, int key)
16  {
17     int tail = (Q->tail+1) % Q->size;    // 取余保证，当 quil=size-1 时，再转回 0
18     if (tail == Q->head)                 // 此时队列没有空间
19     {
20       printf("the queue isfull!");
21     }
22     else
23     {
```

```
24        Q->q[Q->tail] = key;
25        Q->tail = tail;
26    }
27 }
28 int OutQueue(struct queue *Q)
29 {
30    int tmp;
31    if(Q->tail == Q->head)     // 判断队列不为空
32    {
33        printf("the queue is NULL\n");
34    }
35    else
36    {
37        tmp = Q->q[q->head];
38        Q->head = (Q->head+1) % Q->queuesize;
39    }
40    return tmp;
41 }
42 int main()
43 {
44    struct queue  Q;                    /* 队列用结构体指针来存储 */
45    Init (&Q);                          /* 初始化，为队列分配内存 */
46    int i;
47    for (i=0;i<3;i++)
48    {
49      InQueue(&Q, i);                   /* 进队列 */
50    }
51    for (i=0;i<3;i++)
52    {
53      printf("%d,out :%d\n",i+1, OutQueue(&Q));        /* 出队列 */
54    }
55 }
```

【运行结果】

编译、连接、运行程序，即可在命令行中输出结果。

【范例分析】

本范例重点掌握队列的初始化、进队列、出队列、判断队列满、判断队列空这些操作；利用结构体存储队列元素，初始化队列时，既可以开辟内存来定义队列的大小，又可以通过数组，该范例通过内存定义队列的大小；通过上图输出的结果可以看出队列中的数据按照先进先出的规则输出。

14.2.2 栈

栈是一种重要的线性结构，它是一种先进后出的数据结构，应用非常广泛。所谓栈就是一个特殊的线性表，它只能在线性表的表尾进行删除和插入操作。

对于栈来说，表尾称为栈的栈顶（top）；表头称为栈底（bottom）；栈的插入操作（Push）称为进栈或者压栈；栈的删除操作（Pop）称为出栈。

在使用栈进行操作时，主要使用初始化、进栈、出栈、判断栈满、判断栈空。下面结合代码介绍这五种操作；在这里栈使用数组来存储，不同于队列使用结构体来存储，其目的是让读者掌握不同的实现方式；当然，栈也可以使用结构体存储。

① 初始化

```
01  #define stacksize 100
02  static int s[stacksize];          /* 栈用数组 s 来存储 */
```

② 进栈、判断栈满

```
01  int push(int s[],int a,int *ptop)       /* 栈使用数组 s 存储 */
02  {
03      int top;
04      top=*ptop;                /*ptop 是指针变量；*ptop 获得实际栈顶指针 */
05      if ( top==stacksize )      /* 如果栈满 */
06      {        /* 将 b==c 的结果赋值变量 a*/
07      printf( "overflow\n ");     /* 分别输出 a,b,c 的值 */
08      return 0;
09      }      /* 分别输出 a,b,c 的值 */
10      else
11      {
12      s[top]=a;
13      top++;                 /* 栈顶指针加 1 */
14      *ptop=top;
15      return 1;
16      }
17  }
```

③ 出栈、判断栈空

```
01  int pop(int s[],int *num,int *ptop)
02  {
03      int top;
04      top=*ptop;                        /*ptop 是指针变量；*ptop 获得实际栈顶指针 */
05      if ( top==0 )        /* 如果栈空 */
06      {
07      printf( "stack empty!\n ");
08      return 0;            /* 返回 */
09      }
10      else                        /* 若栈不为空 */
11      {
12        --top;                     /* 栈顶指针减 1*/
13      *num=s[top];
14      *ptop=top;
15      return 1;
16      }
17  }
```

📝 **范例 14-5**　**开辟大小为50的栈，将11、22、33压入栈中，并出栈。**

(1) 在 Visual C++ 6.0 中，新建名称为 "Stack.c" 的【Text File】文件。
(2) 在代码编辑区域输入以下代码（代码 14-5.txt）。

```
01  #include <stdio.h>
02  #define stacksize 100
03  int push(int s[],int a,int *ptop)
04  {
05      int top;
06      top=*ptop;                    /*ptop 是指针变量；*ptop 获得实际栈顶指针 */
07      if ( top==stacksize )        /* 如果栈满 */
08      {        /* 将 b==c 的结果赋值变量 a*/
09      printf( "overflow\n ");        /* 分别输出 a,b,c 的值 */
10      return 0;
11      }        /* 分别输出 a,b,c 的值 */
12      else
13      {
14       s[top]=a;
15      top++;                /* 栈顶指针加 1 */
16      *ptop=top;
17      return 1;
18      }
19  }
20  int pop(int s[],int *num,int *ptop)
21  {
22      int top;
23      top=*ptop;                    /*ptop 是指针变量；*ptop 获得实际栈顶指针 */
24      if ( top==0 )     /* 如果栈空 */
25      {
```

```
26      printf( "stack empty!\n ");
27      return 0;              /* 返回 */
28   }
29   else                      /* 若栈不为空 */
30   {
31      --top;                 /* 栈顶指针减 1*/
32      *num=s[top];
33      *ptop=top;
34      return 1;
35   }
36 }
37 int main()
38 {
39      static int s[stacksize];          /* 栈用数组来存储 */
40      int top=0,result,y;               /*ptop 是指针变量; *ptop 获得实际栈顶指针 */
41      int i;   /* 如果栈空 */
42      result=push(s,11,&top);           /* 将 11 压进栈中 */
43      result=push(s,22,&top);           /* 将 22 压进栈中 */
44      result=push(s,33,&top);    /* 将 33 压进栈中 */
45      for (i=0;i<3;i++)
46      {
47       result=pop(s,&y,&top);           /* 从栈中弹出 */
48       printf( "top=%d,y=%d\n" ,top,y);
49      }
50 }
```

【运行结果】

编译、连接、运行程序，即可在命令行中输出结果。

【范例分析】

该范例重点讲述了栈的初始化、进栈、出栈、判断栈满、判断栈空的操作，利用数组存储栈元素，初始化栈时，既可以开辟内存来定义栈的大小，也可以通过数组，该范例不同于【范例 14-4】，【范例 14-4】通过内存定义队列的大小，该范例用过数组来定义栈的大小，其目的就是希望能够掌握多种方法；通过上图输出的结果可以看出栈中的数据按照先进后出的规则输出。

14.2.3 链表

链表是一种重要的数据结构，它能够动态地分配内存，它可以根据需要分配所需要的内存单元，因此，链表结构可以充分利用计算机内存空间，实现灵活的内存动态管理。链表有很多种不同的类型：单向链表，双向链表以及循环链表。链表中有个"头指针"变量，以 head 表示，它存放一个地址，该地址指向链表中的一个"节点"。每个节点包含两个部分：一部分是用户需要用的实际数据，另外一部分指向下一个节点的地址。

本节主要讲述单向链表，对于单向链表，head 指向第一个节点：第一个节点又指向第二个节点；……，直到最后一个节点，该节点不再指向其他节点，它称为"表尾"，它的地址部分放一个"NULL"（表示"空地址"），链表到此结束。

链表的各类操作包括链表的创建、插入、删除、输出等。下面通过录入学生成绩的例子来介绍单向链表的具体操作。

① 创建

```
01  typedef struct grade
02  {
03    int score;
04    struct grade *next;
05  } NODE;
06  struct grade *create()                /* 创建链表 */
07  {
08    NODE *head,*tail,*pnew;
09    int score;
10    head=(NODE *)malloc(sizeof(NODE));   /* 创建头节点 */
11    if (head==NULL)
12    {
13    printf(" 创建失败！ ");
14    return NULL;                /* 创建失败返回 */
15    }
16    head->next=NULL;            /* 头节点指针域置 NULL*/
17    tail=head;                  /* 开始时尾指针指向头节点 */
18    printf(" 输入学生成绩： ");
19    while (1)
20    {
21    scanf("%d",&score);         // 创建链表
22    if (score<0)  break;// 成绩为负是退出循环
23    pnew=(NODE *)malloc(sizeof(NODE));   // 创建新节点
24    if (pnew==NULL)
25    {
26     printf(" 创建失败！ ");
27     return NULL;
28    }
29    pnew->score=score; // 新节点数据域存放输入的成绩
30    pnew->next=NULL; // 新节点指针域置 NULL
31    tail->next=pnew; // 新节点插入到表尾
32    tail=pnew; // 为指针指向当前的尾节点
33    }
34    return head; // 返回创建链表的头指针
35  }
```

② 插入

```
01  void insert(NODE *head,NODE *pnew,int i)
```

```
02  {
03      NODE *p; // 当前指针
04      int j;
05      p=head;              /* 如果栈满 */
06      for (j=0; j<i&&p!=NULL; j++)        /*p 指向要插入的第 i 个节点 */
07       p=p->next;
08      if (p==NULL)
09      {
10       printf("插入的节点不存在！");
11      }
12      pnew->next=p->next;              /* 插入节点的指针域指向第 i 个节点的后继节点 */
13      p=head;
14      for (j=0; j<i&&p!=NULL; j++)        /*p 指向要插入的第 i-1 个节点 */
15       p=p->next;
16      p->next=pnew;              /* 第 i-1 个节点指向新节点 */
17  }
```

③ 删除

```
01  void pdelete(NODE *head,int i)
02  {
03      NODE *p,*q;
04      int j;                /*ptop 是指针变量；*ptop 获得实际栈顶指针 */
05      if (i==0) printf("头指针！");;        // 删除的是头指针
06      p=head ;
07      for (j=1; j<i&&p->next!=NULL; j++)
08       p=p->next;              /* 将 p 指向要删除的第 i 个节点的前驱节点 */
09      if (p->next==NULL)
10      {                  /* 若栈不为空 */
11       printf("不存在！");
12      }                  /* 栈顶指针减 1*/
13      q=p->next; //q 指向待删除的节点
14      p->next=q->next; // 删除节点 i，也可写成 p->next=p->next->next
15      free(q); // 释放节点 i 的内存单元
16  }
```

④ 输出

```
01  void display(NODE *head)
02  {
03      NODE *p; // 当前指针
04      for (p=head->next; p!=NULL; p=p->next)
05      printf("%d\n ",p->score);
06  }
```

范例 14-6 创建学生成绩链表，在链表节点3的后面插入新节点，然后再删除该节点。

(1) 在 Visual C++ 6.0 中，新建名称为"Linked_List.c"的【Text File】文件。
(2) 在代码编辑区域输入以下代码（代码 14-6.txt）。

```
01  #include <stdio.h>
02  #include <stdlib.h>
03  typedef struct grade
04  {
05     int score;
06     struct grade *next;
07  } NODE;
08  struct grade *create()              /* 创建链表 */
09  {
10     NODE *head,*tail,*pnew;
11     int score;
12     head=(NODE *)malloc(sizeof(NODE));    /* 创建头节点 */
13     if (head==NULL)
14     {
15     printf(" 创建失败！ ");
16     return NULL;                  /* 创建失败返回 */
17     }
18     head->next=NULL;                /* 头节点指针域置 NULL*/
19     tail=head;                 /* 开始时尾指针指向头节点 */
20     printf(" 输入学生成绩： ");
21     while (1)
22     {
23     scanf("%d",&score);            // 创建链表
24     if (score<0)   break;// 成绩为负是退出循环
25     pnew=(NODE *)malloc(sizeof(NODE));    // 创建新节点
26     if (pnew==NULL)
27     {
28      printf(" 创建失败！ ");
29      return NULL;
30     }
31     pnew->score=score; // 新节点数据域存放输入的成绩
32     pnew->next=NULL; // 新节点指针域置 NULL
33     tail->next=pnew; // 新节点插入到表尾
34     tail=pnew; // 为指针指向当前的尾节点
35     }
36   return head; // 返回创建链表的头指针
37  }
38  void insert(NODE *head,NODE *pnew,int i)
39  {
40     NODE *p; // 当前指针
41     int j;
42     p=head;/* 如果栈满 */
43     for (j=0; j<i&&p!=NULL; j++)        /*p 指向要插入的第 i 个节点 */
44      p=p->next;
45     if (p==NULL)
46     {       /* 分别输出 a,b,c 的值 */
47     printf(" 与插入的节点不存在！ ");
48     }
```

```c
49        pnew->next=p->next;              /* 插入节点的指针域指向第 i 个节点的后继节点 */
50        p=head;
51        for (j=0; j<i&&p!=NULL; j++)        /*p 指向要插入的第 i-1 个节点 */
52         p=p->next;
53        p->next=pnew;                     /* 第 i-1 个节点指向新节点 */
54    }
55    void pdelete(NODE *head,int i)
56    {
57        NODE *p,*q;
58        int j;                    /*ptop 是指针变量；*ptop 获得实际栈顶指针 */
59        if (i==0) printf("头指针！ ");;         // 删除的是头指针
60        p=head ;
61        for (j=1; j<i&&p->next!=NULL; j++)
62         p=p->next;                /* 将 p 指向要删除的第 i 个节点的前驱节点 */
63        if (p->next==NULL)
64        {                         /* 若栈不为空 */
65        printf("不存在！ ");
66        }                       /* 栈顶指针减 1*/
67        q=p->next; //q 指向待删除的节点
68        p->next=q->next; // 删除节点 i，也可写成 p->next=p->next->next
69        free(q); // 释放节点 i 的内存单元
70    }
71    void display(NODE *head)
72    {
73        NODE *p; // 当前指针
74        for (p=head->next; p!=NULL; p=p->next)
75        printf("%d\n ",p->score);
76    }
77    void pfree(NODE *head)
78    {
79        NODE *p,*q;
80        p=head;
81        while (p->next!=NULL)
82        { // 每次删除头节点的后继节点
83        q=p->next;
84        p->next=q->next;
85        free(q);
86        }
87        free(head); // 最后删除头节点
88    }
89    int main(int argc, char *argv[])
90    {
91        struct grade *head,*pnew;
92        head=create();
93        if (head==NULL)
94        return 0;
95        printf(" 输出创建的链表：");
96        display(head);
97        printf("\n");
98        pnew=(NODE *)malloc(sizeof(NODE));
```

```
99    if (pnew==NULL)
100   {
101     printf(" 创建失败！ ");
102     return 0;
103   }
104   pnew->score=88;
105   insert(head,pnew, 3); // 将新节点插入节点 3 的后面
106   printf(" 插入后的链表：");
107   display(head);
108   printf("\n");
109   pdelete(head,3); // 删除节点 3
110   printf(" 删除后的链表：");
111   display(head);
112   printf("\n");
113   pfree(head);
114   return 0;
115 }
```

【运行结果】

编译、连接、运行程序，即可在命令行中输出结果。

【范例分析】

此范例通过结构体来储存链表节点，每个节点包括两个参数：该节点的数据和下一节点的指针；开辟内存创建学生成绩链表，在创建的链表的基础上进行新节点的插入操作，在插入操作中，只需要改变插入点的下一节点的指针就可以了，对该插入点的数据直接赋值便可，下一节点的指针决定了该节点在链表中的位置。

14.2.4 模拟链表

传统链表的物理结构是由指针把一个一个的节点相互连接而成，除了这种方式外，还可以用数组模拟链表，这里所有的节点都在预先分配好的数组中，使用数组下标来指向下一个节点；

传统链表的结构

```
01  typedef struct grade
02  {
03      int score;
04      struct grade *next;
05  } NODE;
```

数组模拟链表的结构

```
01  struct
```

```
02  {
03      int score;
04      int next;
05  } arr[28];
```

> **范例 14-7**　有20个人组成一个链表，为这20个人赋值，并且在第8个人和第9个人之间插入一个新人；让这21个人1,2,3循环报数，数到3的出列。

(1) 在 Visual C++ 6.0 中，新建名称为 "Analog_linked_list.c" 的【Text File】文件。

(2) 在代码编辑区域输入以下代码（代码 14-7.txt）。

```
01  #include<stdio.h>
02  #define STEP 3
03  #define K  7
04  struct
05  {
06  int data;
07  int num;
08  }arr[22];
09  void main()
10  {
11  int i;
12  int pos;
13  int count;
14  for(i=0;i<20;i++)                    /* 对 20 个人赋值 */
15  {
16  arr[i].data=97+i;
17  arr[i].num=i+1;
18  }
19  arr[21].data=0;                      /* 第 22 个节点的数据赋值为 0，代表最后一个节点 */
20  arr[K].num=20;                       /* 第 8 个节点的下一节点位置为新节点的位置，在 21 节点处 */
21  arr[20].data='A';                    /* 对新节点赋值 */
22  arr[20].num=(K+1);                   /* 新节点的下一节点位置为第 9 个节点 */
23  pos=0;
24  printf(" 输出每个人的值：\n");
25  while(arr[pos].data!=0)  /* 输出每个人 */
26  {
27  printf("%c,",arr[pos].data);
28  pos=arr[pos].num;
29  }
30  printf("\n");
31  pos=0;  /* 输出报到 STEP 的人 */
32  count=0;
33  printf(" 数到 3 的出列：\n");
34  while(arr[pos].data!=0)
35  {
36  count++;
37  if(count==STEP)
38  {
39  printf("%c,",arr[pos].data);
40  count=0;
41  }
```

```
42    pos=arr[pos].num;
43    }
44    printf("\n");
45    }
```

【运行结果】

编译、连接、运行程序，即可在命令行中输出结果。

【范例分析】

此范例通过结构体数组模拟链表，每个结构体代表链表中的一个节点，结构体中的 data 为该节点的值，num 为下一节点的位置。在第 8 和第 9 个节点插入新节点时，只需要节点的 num 变量改变即可，让第 8 个节点的下一节点位置指向新的节点，再让新的节点的下一节点位置指向第 9 个节点。这样就完成了新节点在数据链表中的插入操作。

▶14.3 枚举算法

枚举法的基本思想是根据提出的问题枚举所有可能状态，例如，一个星期内只有七天，一年只有十二个月等等；C 语音提供"枚举"类型，在"枚举"类型中定义了所有可能的取值，该"枚举"类型的变量取值不能超过定义的范围。

枚举类型的定义形式如下：

enum 枚举名
{ 枚举值表 };

在枚举值表中应罗列出所有可用值。这些值也称为枚举元素。

例如：

```
01    enum weekday
02    { sun,mou,tue,wed,thu,fri,sat };
```

该枚举名为 weekday，枚举值共有 7 个，即一周中的七天。 凡被说明为 weekday 类型变量的取值只能是七天中的某一天。

枚举类型在使用中需要注意：枚举值是常量，不是变量。不能在程序中用赋值语句再对它赋值。例如对枚举 weekday 的元素再作以下赋值： sun=5;mon=2;sun=mon; 都是错误的。枚举元素本身由系统定义了一个表示序号的数值，从 0 开始顺序定义为 0，1，2…。如在 weekday 中，sun 值为 0，mon 值为 1，…,sat 值为 6。

枚举类型的赋值需要注意：只能把枚举值赋予枚举变量，不能把元素的数值直接赋予枚举变量。例如：

```
01    enum weekday
02    { sun,mou,tue,wed,thu,fri,sat };
03    enum  weekday a,b,c;
```

```
04  a=sun;
05  b=1;
06  c=(enum weekday)1;
```

a=sun; 是正确的，而 b=2; 是错误的。如一定要把数值赋予枚举变量，则必须用强制类型转换，如
c=(enum weekday)2; 其意义是将顺序号为 2 的枚举元素赋予枚举变量 a，相当于 c=mou。

📝 范例 14-8　枚举类型的赋值与打印。

(1) 在 Visual C++ 6.0 中，新建名称为 "Enumerative_Algorithm.c" 的【Text File】文件。
(2) 在代码编辑区域输入以下代码（代码 14-8.txt）。

```
01  #include<stdio.h>
02  enum weekday
03  { sun,mou,tue,wed,thu,fri,sat };
04  void main()
05  {
06    enum  weekday day[10];
07    enum  weekday j=sun;
08    int i;    /*a,b,c 均赋值为 10*/
09    for(i=0;i<10;i++)
10    {
11    day[i]=j;
12    j++;
13    if(j>sat) j=(enum weekday)0
14    }
15    for(i=0;i<10;i++)
16    {
17    switch(day[i])
18    {
19    case sun:printf( "%d %s " ,i," sun" );break;
20    case mou:printf( "%d %s " ,i," mou" );break;
21    case tue:printf( "%d %s " ,i," tue" );break;
22    case wed:printf( "%d %s " ,i," wed" );break;
23    case thu:printf( "%d %s " ,i," thu" );break;
24    case fri:printf( "%d %s " ,i," fri" );break;
25    case sat:printf( "%d %s " ,i," sat" );break;
26    default:break;
27    }
28    }
29    printf( "\n" );
30  }
```

【运行结果】

编译、连接、运行程序，即可在命令行中输出结果。

```
"D:\范例源码\CH14\范例14-8\Enumerative_Algorithm\Debug\Enumerative_Algor...
0 sun  1 mou  2 tue  3 wed  4 thu  5 fri  6 sat  7 sun  8 mou  9 tue
Press any key to continue
```

【范例分析】

本范例重点考察了枚举类型的定义、赋值。枚举类型其实是将所有的取值都放在一起。对枚举类型的赋值也只能是枚举类型定义中的数值。需要注意：枚举元素本身由系统定义了一个表示序号的数值，从 0 开始顺序定义为 0，1，2…。如在 weekday 中，sun 值为 0，mon 值为 1……sat 值为 6。

▶14.4 搜索算法

搜索算法是在一个问题的部分或全部解空间中，找出该问题的解。搜索算法一般有枚举算法、深度优先搜索、广度优先搜索、A* 算法、回溯算法、蒙特卡洛树搜索、散列函数等算法。搜索算法实际上是根据初始条件和扩展规则寻找符合目标状态的节点的过程。从算法的最终实现方式上，搜索算法都可以划分成两个部分：控制结构（扩展节点的方式）和产生系统（扩展节点），而所有的算法优化和改进主要都是通过修改其控制结构来完成的。搜索算法首先要做就是依据初始条件和扩展规则构建搜索树，然后通过相应的搜索算法对搜索树进行遍历，找到最终解。本节主要介绍深度优先搜索和广度优先搜索。

14.4.1 深度优先搜索

深度优先搜索所遵循的搜索策略是尽可能"深"地搜索树，简称 DFS。深度优先搜索的基本思想：为了求得问题的解，先选择某一种可能情况向前（子节点）探索，在探索过程中，一旦发现原来的选择不符合要求，就回溯至父亲节点重新选择另一节点，继续向前探索，如此反复进行，直至求得最优解。下面通过一幅树形图来说明深度搜索的过程：

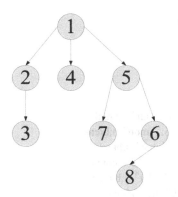

如果利用深度优先搜索节点，搜索顺序为：首先搜索节点 1 的相邻节点 2，然后搜索节点 2 的相邻节点 3，若节点 3 没有相邻节点，然后返回节点 2，节点 2 也没有其他的相邻节点，然后返回节点 1；然后再搜索节点 1 的相邻节点 4，节点 4 也没有相邻节点，然后返回 1，再搜索节点 1 的相邻节点 5……以此类推，可以找到搜索的顺序：1→2→3→4→5→7→6→8，当然，搜索顺序并不统一，也有可能是 1→2→3→4→5→6→8→7。

深度优先搜索是通过栈来实现，实现步骤如下：

选择起始顶点压入栈中；

若该顶点存在相邻节点，将该节点压入栈中，并标记；

若该顶点不存在相邻节点，并且栈不为空，就从栈中弹出一个顶点；

循环步骤②、步骤③；直到栈为空，整个搜索过程结束。

14.4.2 广度优化搜索

广度优先搜索所遵循的搜索策略是尽可能"宽"地搜索树，简称 BFS，是一种图形搜索算法。简单地说，

BFS 是从根节点开始，沿着树的宽度遍历树的节点。如果所有节点均被访问，则算法中止。在深度优先搜索中，算法表现得好像要尽快地远离起始点似的。相反，在广度优先搜索中，算法好像要尽可能地靠近起始点。它首先访问起始顶点的所有邻接点，然后再访问较远的区域。它是用队列来实现的。

下面通过 14.4.1 的树形图来说明广度搜索的过程，搜索顺序为：首先搜索节点 1 的相邻节点 2，然后再搜索 1 的相邻节点 4，然后再搜索的相邻节点 5，然后再搜索 2 的相邻节点 3，由于节点 4 没有相邻节点，然后搜索节点 5 的相邻节点 7……以此类推，可以找到搜索的顺序：$1 \rightarrow 2 \rightarrow 4 \rightarrow 5 \rightarrow 3 \rightarrow 7 \rightarrow 6 \rightarrow 8$。

广度优先搜索通过队列来实现，实现步骤如下。

(1) 选择起始顶点，从队列的尾部插入。

(2) 从队列的头部取出一个元素，查看该元素的所有相邻节点，并且在队列的尾部依次插入。

(3) 循环步骤②，直到队列为空，整个搜索过程结束。

▶ 14.5 图的遍历算法

和树的遍历相似，若从图中某顶点出发访遍图中每个顶点，且每个顶点仅访问一次，此过程称为图的遍历。图的遍历算法是求解图的连通性问题、拓扑排序和关键路径等算法的基础。图的遍历顺序有两种：深度优先搜索（DFS）和广度优先搜索（BFS）。对每种搜索顺序，访问各顶点的顺序也不是唯一的。

14.5.1 深度和广度的区别

深度优先搜索的特点如下。

(1) 深度优先搜索法可以采用两种设计方法，即递归和非递归。一般的，当搜索深度较小、问题递归方式比较明显时，用递归方法设计好，它可以使得程序结构更简捷易懂。当数据量较大、系统栈容量有限，采用非递归方法设计比较好。

(2) 深度优先搜索方法是对最新产生的节点（即深度最大的节点）先进行扩展的方法，把扩展的节点从数据库中弹出删除。这样，一般在数据库中存储的节点数就是深度值，因此它占用的空间较少。所以，如果搜索树的节点较多，为避免溢出，深度优先搜索是一种有效的算法。

(3) 从输出结果可看出，深度优先搜索找到的第一个解并不一定是最优解。

广度优先搜索法的特点是：

(1) 广度优先搜索算法存放节点的数据库一般用队列的结构，而深度优先搜索一般采用栈。

(2) 广度优先搜索算法，一般需要存储产生的所有节点，占的存储空间要比深度优先大得多，因此程序设计中，必须考虑溢出和节省内存空间的问题。

(3) 比较深度优先和广度优先两种搜索法，广度优先搜索法一般无回溯操作，在运行速度上要比深度优先搜索算法快。

深度优先搜索与广度优先搜索的区别主要在扩展节点的选取上。这两种算法每次都扩展一个节点的所有子节点，而不同的是，深度搜索下一次扩展的是本次扩展出来的子节点中的一个，而广度搜索扩展的则是本次扩展的节点的兄弟节点。在具体实现上为了提高效率，所以采用了不同的数据结构，深度搜索采用栈，而广度搜索采用队列。在运行效率方面，深度优先搜索算法法占内存少但速度较慢，广度优先搜索算法占内存多但速度较快。

14.5.2 图的深度优化遍历

下面通过一幅路径图来说明图的深度优先遍历。

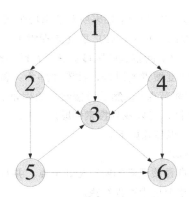

如果利用深度优先搜索，那么搜索顺序：首先搜索顶点 1，然后搜索 1 的相邻节点 2，然后搜索 2 的相邻节点 3，然后再搜索 3 的相邻节点 6，由于 6 没有相邻节点，返回 3，3 也没有其他的相邻节点，返回 2，然后再搜索 2 的第二个相邻节点 5，因为节点 6 在此前已经访问过了，因此返回 2，2 没有其他相邻节点，然后返回 1，再搜索 1 的第二个相邻节点，由于 3 已经被访问过，所以再搜索 1 的第三个相邻节点 4；因此，上图的遍历顺序为 1 → 2 → 3 → 6 → 5 → 4。

如何通过程序来实现图的遍历，首先要将图中地点之间的到达关系表示出来，表示的方法有很多，例如结构体、链表、数组等；本节利用二维数组来表示，图中有 6 个地点，那么可以用 6×6 的二维矩阵表示，表示方式如下：

	1	2	3	4	5	6
1	0	1	1	1	0	0
2	0	0	1	0	1	0
3	0	0	0	0	0	1
4	0	0	1	0	0	1
5	0	0	1	0	0	1
6	0	0	0	0	0	0

每行代表地点 1~6，每列代表可到达的地点，0 代表不能到达的地点，1 表示可以到达的地点，例如地点 1 可以到达 2、3、4，那么第一行的第 2、3、4 列为 1。

范例 14-9　利用深度优先搜索算法得到上图的遍历顺序。

（1）在 Visual C++ 6.0 中，新建名称为 "DFS.c" 的【Text File】文件。
（2）在代码编辑区域输入以下代码（代码 14-9.txt）。

```
01  #include<stdio.h>
02  #define N 6
03  int a[N][N]={{0,1,1,1,0,0}              /* a[i][j]=1 表示 (i+1) 能到达 (j+1)*/
04      ,{0,0,1,0,1,0}
05      ,{0,0,0,0,0,1}
06      ,{0,0,1,0,0,1}
07      ,{0,0,1,0,0,1}
08      ,{0,0,0,0,0,0}};
09  int visited[N]={0,0,0,0,0,0,0,0,0,0};        /*visited[i]=1 表示 (i+1) 点已访问 */
10  int Q[N];
11  static int last=-1;
12  void DFS(int G[][N], int s)
13  {
14      int i;
```

```
15    visited[s] = 1;
16    Q[++last]=s;
17    for (i=0;i<N;i++)
18    {
19      if (G[s][i]==1)
20      {
21        if(visited[i] == 0)  DFS(G,i);     /* 没有被访问过的节点，才深度搜索 */
22      }
23    }
24  }
25  int main()
26  {
27    int i;
28    DFS(a,0);
29    for (int i=0;i<N;i++)
30      printf("%d ",Q[i]);
31    printf("\n");
32    return 0;
33  }
```

【运行结果】

编译、连接、运行程序，即可在命令行中输出结果。

【范例分析】

在范例中，用二维数组表示各个点的路径，将 1~6 编号为 0~5(便于直接用数组 a[6][6] 表示)，a[i][j]=1 表示 (i+1) 能到达 (j+1)，a[i][j]=0 表示 (i+1) 不能到达 (j+1)，数值 vistied[6] 表示某点是否被访问，如 visited[3]=0, 表示 4 点未被访问，visited[4]=1 表示 5 点已访问。从输出结果可以看到，图的遍历顺序为 1 → 2 → 3 → 6 → 5 → 4。

14.5.3 图的广度优化遍历

如果用广度优先算法对 14.5.2 的图进行遍历搜索，搜索顺序为：首先搜索顶点 1，然后搜索顶点 1 的搜索节点，2、3、4；然后搜索 2 的相邻节点 5，由于 3 没有相邻节点，然后搜索 4 的相邻节点 6；以此搜索顺序为：1 → 2 → 3 → 4 → 5 → 6。

范例 14-10　**利用广度优先搜索算法得到14.5.2图的遍历顺序。**

(1) 在 Visual C++ 6.0 中，新建名称为 "BFS.c" 的【Text File】文件。
(2) 在代码编辑区域输入以下代码（代码 14-10.txt）。

```
01  #include<stdio.h>
02  #define N 6
03  int a[N][N]={{0,1,1,1,0,0}               /* a[i][j]=1 表示 (i+1) 能到达 (j+1)*/
04           ,{0,0,1,0,1,0}
```

```
05        ,{0,0,0,0,0,1}
06        ,{0,0,1,0,0,1}
07        ,{0,0,1,0,0,1}
08        ,{0,0,0,0,0,0}};
09   int visited[N]={0,0,0,0,0,0,0,0,0,0};        /*visited[i]=1 表示 (i+1) 点已访问 */
10   int Q[N];
11   void BFS(int G[][N], int s) //G[i][j]=1 表示 i 可以到达 j，s 表示搜索的起始点
12   {
13     int first=-1;
14     int last=0;
15     int v,i;
16      visited[s] = 1;
17      Q[0]=s;
18      while(first!=last)
19      {
20       v=Q[++first];
21       for ( i=0;i<N;i++)
22       {
23       if (G[v][i]==1)
24       {
25        if(visited[i] == 0)
26        {
27        Q[++last]=i;
28        visited[i] = 1;
29     }}} }
30      }
31   }
32   int main()
33   {
34    int i;
35    BFS(a,0);
36    for (int i=0;i<N;i++)
37     printf("%d ",Q[i]);
38     printf("\n");
39     return 0;
40   }
```

【运行结果】

编译、连接、运行程序，即可在命令行中输出结果。

【范例分析】

在范例中，从输出的结果可以看出，广度优先遍历的顺序和深度优先遍历的顺序不同，广度优先遍历是尽可能地靠近起始顶点，而深度优先遍历是尽可能远离顶点。

▶14.6 综合应用——宝岛探险

下图为 9×9 的宝岛地图，图中，0 表示海洋，1~9 表示陆地，飞机会降落在 (5,6)，计算飞机降落岛屿的位置其中 a、b 的值分别为 1、5，x 的值由用户指定。

1	3	5	0	0	0	0	1	2
4	1	0	1	2	5	0	1	1
3	0	0	1	5	6	2	0	1
3	7	7	0	1	1	2	0	0
0	0	1	2	1	7	2	0	0
0	1	0	0	2	5	0	0	0
5	0	3	5	7	2	1	0	0
0	1	1	0	0	0	0	2	0
0	0	0	0	0	0	0	0	1

📝 范例 14-11　计算飞机降落所在岛屿的面积。

（1）在 Visual C++ 6.0 中，新建名称为 "Adventure_Island.c" 的【Text File】文件。
（2）在代码编辑区域输入以下代码（代码 14-11.txt）。

```
01  #include<stdio.h>
02  struct note
03  {
04    int x;              /* 横坐标 */
05    int y;              /* 纵坐标 */
06  };
07  struct note que[2051];
08  int i,j,k,n,m,startx,starty,ty,tx,count=0;
09  int a[9][9],book[51][51];
10  int next[4][2]={{0,1},              /* 向右走 */
11          {1,0},              /* 向下走 */
12          {0,-1},             /* 向左走 */
13          {-1,0}};            /* 向上走 */
```

```
14   int s=0;
15   void bfs()
16   {
17     int head=1;  //队列初始化
18     int tail=1;
19     que[tail].x=startx;  //往队列插入迷宫的入口坐标
20     que[tail].y=starty;
21     tail++;
22     book[startx][starty]=1;
23     count++;
24     while(head<tail)//  当队列不为空时候
25     {
26     /* 枚举四个方向 ( 注意方向数组的设置和 for 循环的遍历，通用模板 )*/
27       for(k=0;k<=3;k++)
28       {
29        tx=que[head].x+next[k][0];
30        ty=que[head].y+next[k][1];
31        if(tx<1||tx>n||ty<1||ty>m)        /* 判断是否越界 */
32          continue;
33        if(a[tx][ty]>0&&book[tx][ty]==0)     /* 判断是否是障碍物或者已经在路径中 */
34        {
35         s=s+ a[tx][ty];
36         count++;
37     /* 把这个点标记为已经走过 , 注意广度搜索每个点只能入队列一次 , 所以 book 的值不需要恢复为 0*/
38         book[tx][ty]=1;
39         que[tail].x =tx;        /* 插入新的点到队列中 */
40         que[tail].y=ty;
41         tail++;
42        }
43       }
44      head++;
45     }
46   }
47   int main()
48   {
49      /* 读入 n(9) 行 m(9) 列以及降落位置 (5,6)*/
50     printf( "请输入行、列、降落位置 \n" );
51     scanf( "%d %d %d %d", &n,&m,&startx,&starty);
52      /* 读入地图，将每行每列的数值输入 */
53     for(i=1;i<=n;i++)
54     {
55      printf( "输入第 %d 行数据 \n",i);
56       for(j=1;j<=m;j++)
57        scanf( "%d",&a[i][j]);
58     }
59      bfs();
60     printf(" 降落岛屿的区域个数：%d\n",count);        /* 输出岛屿区域大小 */
61     printf(" 降落岛屿的面积：%d\n",s+a[startx][starty]);        /* 输出岛屿大小 */
62     return 0;
63   }
```

【运行结果】

编译、连接、运行程序，即可在命令行中输出结果。

【范例分析】

范例采用的是广度优先搜索算法 BFS，每次从其实点（5,6）的上下左右四个方向扩展，当扩展的点大于 0 的时候就加入队列，直到队列扩展完毕。所有被加入到队列的点的总数就是小岛的面积。

1	3	5	0	0	0	0	1	2
4	1	0	1	2	5	0	1	1
3	0	0	1	5	6	2	0	1
3	7	7	0	1	1	2	0	0
0	0	1	2	1	7	2	0	0
0	1	0	0	2	5	0	0	0
5	0	3	5	7	2	1	0	0
0	1	1	0	0	0	0	2	0
0	0	0	0	0	0	0	0	1

上图第 5 行第 6 列是降落的位置，灰颜色是所降岛屿的区域，共 33 块，总面积 100。

▶14.7 高手点拨

在基础算法的学习中，注意以下几点。

（1）排序算法在编程中非常重要，所以必须要掌握。排序算法在很多领域使用，尤其是在大量数据中。好的排序算法可以节省大量的内存资源，使数据的处理速度得到显著的提高。比较常用的排序算法：冒泡排序和快速排序；这两个排序算法重点掌握。

（2）栈、队列和链表是编制中常用的存储形式，重点掌握这三种的创建、插入、删除、输出操作，掌握栈和队列的各自特点：栈——先进后出；队列——先进先出。链表是一种重要的数据结构，它能够动态地分配内存，它可以根据需要分配所需要的内存单元，使用链表结构可以克服数组链表需要预先知道数据大小的缺点，链表结构可以充分利用计算机内存空间，实现灵活的内存动态管理。所以对链表的使用也要熟练掌握。

(3) 枚举算法相对简单，掌握如何定义和赋值。

(4) 本章的重中之重在深度优先搜索和广度优先搜索算法，这两种搜索算法在路径问题的处理上非常实用，例如求最短路径、多路径搜索等。掌握两者的区别：选取扩展节点的方式不同，深度搜索下一次扩展的是本次扩展出来的子节点中的一个，而广度搜索扩展的则是本次扩展的节点的兄弟节点；深度搜索采用栈，而广度搜索采用队列。一般情况下，深度优先搜索法占内存少但速度较慢，广度优先搜索算法占内存多但速度较快，在距离和深度成正比的情况下能较快地求出最优解。因此在选择用哪种算法时，要综合考虑，决定取舍。

14.8 实战练习

1. 利用冒泡排序法对序列 [51，10，2，3，21，5] 进行从小到大的排序。

2. 利用快速排序法，对序列 [3，8，1，50，20，32，100] 进行从大到小的排序。

3. 将 1、2、3、5、6 压入栈中，并出栈。

4. 分别用深度优先搜索和广度优先搜索算法搜索下图经过节点 1 的所有路径。

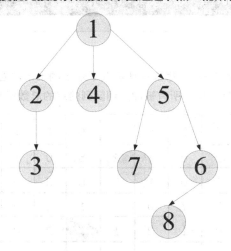

第 **15** 章

C 世界中的高级算法

  C 语言中的算法是极其多样化的。对于不同的问题，可以采用不同的算法进行处理。算法可以理解为解题步骤，因为它具有基本的运算功能及运算顺序。或者看成按照要求设计好的有限的、确切的计算序列，并按照这样的步骤和序列可以解决一些问题。

本章要点（已掌握的在方框中打钩）

☐ 模拟算法

☐ 简单动态规划

☐ 用递归实现回溯算法

☐ 最短路径算法

☐ 树算法

☐ 综合应用——镖局运镖

▶ 15.1 模拟算法

模拟算法的定义，就是模拟整个算法过程，通过改变数学模型中的各种参数，观察进而变更这些参数所引起过程状态的变化。通俗地说就是让程序完整的按题目所叙述的方式运行，最终得出答案。

模拟算法依照题目怎么叙述，程序怎么运行的方式将整个过程完整的跑一遍。所以模拟算法设计的要求不高，但是需要我们选择合适的数据结构来进行模拟。

本小节通过一个范例来学习模拟算法的使用。

📝 **范例 15-1**　　**模拟掷骰子游戏。**

问题分析：由用户输入骰子数量和参赛人数，然后由计算机随机生成每一粒骰子的点数，再累加起来就得到每一个选手的总点数。

(1) 在 Visual C++ 6.0 中，新建名称为 "Simulation Algorithm.c" 的【Text File】文件。

(2) 在代码编辑区域输入以下代码（代码 15-1.txt）。

```
01  #include <stdio.h>
02  #include <time.h>
03  void play(int n)                    /* 定义 play 函数 */
04  {
05      int a,y=0,t=0;
06      for(a=0;a<x;a++)
07      {
08          t=rand()%6+1;
09          m+=t;
10          printf("\t 第 %d 位：%d;\n",a+1,t);
11      }
12  printf("\t 总点数为：%d\n",m);
13  }
14  int main(void)                      /* 主函数 */
15  {
16      int q;
17      int p;
18      int i,m;
19      do
20      {
21          srand(time(NULL));
22          printf(" 设置骰子的数量（输入 0 退出）： ");  /* 输入数据数 */
23          scanf("%d",&p);
24          if(p==0) break;
25          printf("\n 输入本轮参赛人数（输入 0 退出）： ");
26          scanf("%d",&q);                  /* 输入参加人数 */
27          if(q==0) break;
28          for(i=0;i<q;i++)
29          {
30              printf("\n 第 %d 位选手掷出的骰子为：\n",i);
31              play(p);                     /* 调用定义的 play 函数 */
32          }
33          printf("\n");
34      }
35  while(1);
36  return 0;
37  }
```

【运行结果】

编译、连接、运行程序，即可在命令行中输出结果。

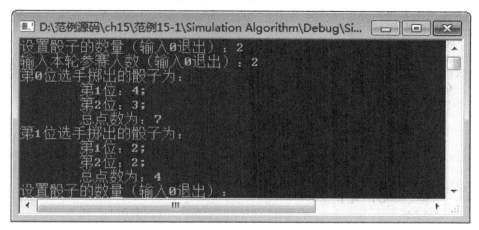

【范例分析】

此范例中使用了本节介绍的模拟算法，设置输入骰子的数量为 "2"，输入本轮参赛人数为 "2"。分别输出两位选手投掷骰子第一位的点数、第二位的点数和总点数。其中输入 "0" 则为退出系统。

▶ 15.2 简单动态规划

动态规划的本质是一种思想方法，是用于解决多阶段决策最优化的问题。这里的 "动态"，指的是在解决多阶段决策的问题时，按照某一顺序，根据每一步在所选决策过程中所引起的状态转移，最终在这种变化的状态中产生一个决策序列。动态规划的目的就是为了在符合某种条件下时，使得产生的决策序列达到最优。运用动态规划需要符合两个条件，即最优化原理和无后效性。

第一个是最优化原理，就是说一个问题的最优解总是来自于与这个问题相同结构的子问题的最优解。那么先求解子问题，就能求解原问题。也就是说求解一个问题的最优解是取决于求解其子问题的最优解。一个问题非最优解对它问题的求解没有影响。简而言之，一个最优化策略的子策略总是最优的。最优化原理是动态规划的基础，任何问题，如果失去了最优化原理的支持，就不可能用动态规划方法计算。

第二个是无后效性，就是所谓的无后效性原则，指的是这样一种性质：一旦确定某一阶段的状态值，则不再受此后阶段的状态值及决策的影响。

本小节通过一个范例来学习简单动态规划的使用。

范例 15-2   给定n个整数组成的一个序列a1,a2,…,an，求该序列的子段和的最大值。

说明：当所有整数均为负数时，定义其最大子段和为 0。

(1) 在 Visual C++ 6.0 中，新建名称为 "Dynamic programming.c" 的【Text File】文件。

(2) 在代码编辑区域输入以下代码（代码 15-2.txt）。

```
01  #include <stdio.h>
02  #include <stdlib.h>
03  int max_sum(int a[],int n,int *best_x,int *best_y)    /* *best_x 表示最大子段和起点下标 */
04  {                              /* *best_y 表示最大子段和终点下标 */
05      int x;
06      int y;
07      int this_sum[100];
08      int sum[100];
```

```
09      int max = 0;
10      this_sum[0] = 0;
11      sum[0] = 0;
12      *best_x = 0;
13      *best_y = 0;
14      x = 1;
15        for(y=1;y<=n;y++)
16        {
17          if(this_sum[y-1]>=0) {          /* 判断是否为负数 */
18          this_sum[y] = this_sum[j-1]+a[y]
19          }
20          else                   /* 如果是负数，子段重新开始 */
21          {
22            this_sum[y] = a[y];
23            x = y;
24          }
25          if(this_sum[y]<=sum[y-1])          /* 如果子段和数组前一个大于下一个元素 */
26          sum[y] = sum[y-1];
27        else
28          {
29            sum[j]=this_sum[j];
30            *best_x = x;
31            *best_y = y;
32            max = sum[y];
33          }
34    return max;
35  }
36  int main()
37  {
38    int i,j,n,a[100],t;
39    printf( "请输入数列个数（<100）:\n");
40    scanf("%d",&n);
41    printf(" 请输入数列元素 :\n");
42    for(i=1;i<=n;i++)
43      scanf("%d",&a[i]);
44    i=j=1;
45    t=max_sum(a,n,&i,&j);
46      printf(" 最大子段和是: %d\n",t);
47      printf(" 子段起点是：%d\n",i);
48      printf(" 子段终点是：%d\n",j);
49    system("PAUSE");
50    return 0;
51  }
```

【运行结果】

编译、连接、运行程序，即可在命令行中输出结果。

【范例分析】

此范例中使用了本节介绍的动态规划算法，该算法在最大子段和的子段序列中不应该包含负数。这里使用动态规划算法可以将序列的各个子段的和记录到一个子段和的数中，然后比较子段和数组中的元素从而得到最大子段和。

▶15.3 用递归实现回溯算法

回溯法的定义，回溯法具有"通用的解题方法"之称，它可以系统地搜索一个问题的所有解或者任意解。回溯法是一个既带有系统性又带有跳跃性的搜索算法。它在包含问题的所有解的解空间树中，是按照深度优先的策略，从根节点出发搜索解空间树。算法搜索至解空间树的任一节点时，首先判断该节点是否包含问题的解。如果确定不包含问题的解，则跳过对以该节点为根的子树的系统搜索，逐层向其祖先节点回溯。否则，进入该子树，继续按深度优先的策略进行搜索。在回溯法被用于求问题的所有解时，要回溯到根，而且根节点的所有子树都已被搜索一遍才结束。而在回溯法被用于求问题的任一解时，只要搜索到问题的一个解就可以结束。这种以深度优先的方式系统地搜索问题的解的算法称为回溯法。

回溯法的基本思想，首先要将问题进行适当的转化，得出状态空间树。因为空间树的每条完整路径都代表了一种解的可能。然后通过深度优先搜索这棵树，枚举出每种可能解出现的情况，从而得出结果。但是，在回溯法中通过构造约束函数，可以大大提升程序效率，因为在深度优先搜索的过程中，不断地将每个解与约束函数进行对照从而删除一些不可能的解，这样就没必要继续把解的剩余部分列出，从而节省部分时间。

回溯法解题的具体步骤如下。

首先，要通过阅读题目完成下面三个步骤。

(1) 定义一个解空间并描述解的形式，主要明确问题的解空间树。

(2) 构造状态空间树。

(3) 构造约束函数。

然后，通过深度优先搜索算法（该搜索算法是一种在开发爬虫早期使用较多的方法，它的目的是要达到被搜索结构的叶节点）思想完成回溯，具体流程如下。

(1) 给变量赋初值，读入已知数据等。

(2) 变换方式去试探，若全部试完则转 (7)。

(3) 通过约束函数来判断此法是否成功，不成功则转 (2)。

(4) 试探成功则前进一步再试探。

(5) 正确方案还未找到则转 (2)。

(6) 已找到一种方案则记录并打印。

(7) 退回一步回溯，若未退到头则转 (2)。

(8) 已退到头则结束或打印无解。

本小节通过一个范例学习递归实现回溯算法的使用。

范例 15-3　假设某个国家发行了n种不同面值的邮票，并且规定了每个信封上只需贴m张邮票。那么连续邮票就是要求对于给定的n和m值，给出邮票面值的最佳设计，在一个信封上贴出邮票从1开始，增量为1的最大连续邮票区间。

(1) 在 Visual C++ 6.0 中，新建名称为"Backtracking.c"的【Text File】文件。

(2) 在代码编辑区域输入以下代码（代码 15-3.txt）。

```
01  #include<stdio.h>
02  #include<stdlib.h>
03  #include<limits.h>
04  #define MAXINT INT_MAX-1              /* 定义宏 */
05  #define VALUE_LIMIT 1000             /* 定义宏 */
06    int n,m;                    /* n 为邮票的种数，m 为邮票的最大数量 */
07    int maxv;                   /* 当前最优值 */
08    int *x;                     /* 当前解组 */
09    int y[VALUE_LIMIT+1];              /* 贴出各种邮资所需要的最少邮票数 */
10    int *bestx;                 /* 当前最优解 */
11  void backtrack(int ia,int r);        /* 定义函数 */
12  int max_stamp()
13  {
14      int a;
15      x = (int*)malloc(sizeof(int)*(n+1));       /* 给解数组分配具体空间 */
16      bestx = (int*)malloc(sizeof(int)*(n+1));     /* 给最优解数组分配具体空间 */
17      maxv = 0;
18      for(a=0;a<=n;a++)
19        x[a] = bestx[a] = 0;
20      for(a=1;a<=VALUE_LIMIT;a++)       /* 初始化贴邮资需要邮票数为无穷大 */
21        y[a] = MAXINT;
22      x[1] = 1;               /* 只有一种面值时，邮资只能为 1*/
23      y[0] = 0;               /* 邮资不存在时，则邮票也不能存在 */
24      backtrack(2,1);
25      return maxv;
26  }
27  void backtrack(int a,int r)
28  {
29    int b,k;                    /*b 表示邮资区间的暂时上限 */
30    int t[VALUE_LIMIT+1];
31    for(b=0;b<=x[a-2]*(m-1);b++)
32    {
33      if(y[b]<m)
34      {
35        for(k=1;k<=m-y[b];k++)
36        {
37          if(y[b]+k<y[b+x[a-1]*k])
38          y[b+x[a-1]*k] = y[b]+k;
39        }
40      }
41    }
42    while(y[r]<MAXINT)              /*r 为邮资的上界 */
43    r++;
44    if(a>n)              /* 如果搜索到叶子节点，更新相应的邮资最优值，即为 r-1*/
45    {
```

```
46      if(r-1>maxv)
47      {
48          maxv = r-1;
49          for(b=1;b<=n;b++)
50              bestx[b] = x[b];              /* 更新 x[a] 为最优解 */
51      }
52      return;
53      }
54      for(k=1;k<=VALUE_LIMIT;k++)
55          t[k] = y[k];
56      for(b=x[a-1]+1;b<=r;b++)
57      {
58          if(y[r-b]<m)
59          {
60              x[a] = b;                      /* 更新元素计算 x[a] 的值 */
61              backtrack(a+1,r+1);            /* 递归回溯，求出前 a 种邮票所能达到的最大连续区间 [1~r-1]*/
62              for(k=1;k<=VALUE_LIMIT;k++)
63                  y[k] = t[k];
64          }
65      }
66  }
67  int main(void)
68  {
69      int i;
70      printf("/*******************************************************\n");
71      printf("/********************** 连续邮资问题 *******************\n");
72      printf("/*******************************************************\n");
73      printf(" 请输入邮票的种数和每个信封最多允许贴的邮票数：");
74      while(scanf("%d%d",&n,&m)!= EOF)
75      {
76          if(n<=0&&m<=0)break;
77              printf(" 最大邮资上界是：%d",max_stamp());
78              printf("\n");
79              printf(" 各邮票面值分别是：");
80              for(i=1;i<=n;i++)
81              {
82                  printf("%d",bestx[i]);
83              }
84              printf("\n");
85              printf("\n");
86              printf(" 请再次输入邮票的种数和邮票的最大面值：");
87      }
88  return 0;
89  }
```

【运行结果】

编译、连接、运行程序，即可在命令行中输出结果。

【范例分析】

本范例重点考察了回溯算法的使用。在 max_stamp 方法中记录解空间中的节点信息，用 maxv 记录最大的连续邮资区间和用 bestx 来记录当前的最优解，用 y 数组记录当前在选定的邮票面值中贴出各种邮资的最少票数。然后使用回溯法：当 i>n，算法搜索到叶子节点，得到新的面值设计方案，如果该方案可以贴出更大范围的连续邮资区间，那么就更新 maxv 和 bestx 的数值；当 i<= 时，就是对当前节点的内部子数进行以深度优先方式的递归搜索。

▶15.4 最短路径算法

用于解决最短路径问题的算法被称作"最短路径算法"，有时被简称作"路径算法"。常用的路径算法有 Floyd-Warshall 算法、Dijkstra 算法、Bellman-Ford 算法、Bellman-Ford 的队列优化算法和 SPFA 算法。

最短路径问题是图论研究中的一个经典算法问题，目的是在寻找图中两节点之间的最短路径。

算法具体的形式包括：

(1) 确定起点的最短路径问题。即已知起始节点，求最短路径的问题。

(2) 确定终点的最短路径问题。与确定起点的问题相反，该问题是已知终结节点，求最短路径的问题。在无向图中该问题与确定起点的问题完全等同，在有向图中该问题等同于把所有路径方向反转来确定起点的问题。

(3) 确定起点终点的最短路径问题。即已知起点和终点，求两节点之间的最短路径。

(4) 全局最短路径问题。求图中所有的最短路径。

15.4.1 只有五行的算法——Floyd-Warshall

Floyd-Warshall 算法（Floyd-Warshall algorithm）是解决任意两点间的最短路径的一种算法，可以正确处理有向图的最短路径问题。

Floyd-Warshall 的原理是动态规划：

假设 $D_{i,j,k}$ 为从 i 到 j 的只以 (1..k) 集合中的节点为中间节点的最短路径的长度。若最短路径经过点 k，则 $D_{i,j,k} = D_{i,k,k-1} + D_{k,j,k-1}$；若最短路径不经过点 k，则 $D_{i,j,k} = D_{i,j,k-1}$。

因此，$D_{i,j,k} = \min(D_{i,k,k-1} + D_{k,j,k-1}, D_{i,j,k-1})$。

在实际计算过程中，为了节约空间，可以直接在原来空间上进行迭代计算，这样空间可降至二维。Floyd-Warshall 算法的描述如下：

```
for k ← 1 to n do
for i ← 1 to n do
for j ← 1 to n do
if (Di,k + Dk,j < Di,j) then
Di,j ← Di,k + Dk,j;
```

其中 Di,j 表示由点 i 到点 j 的代价，当 Di,j 为 ∞ 表示两点之间没有任何连接。

15.4.2 Dijkstra 算法——单源最短边

Dijkstra 算法思想：假设 G=(V,E) 是一个带权的有向图，首先把图中顶点的集合 V 分成两组，第一组为已求出最短路径的顶点集合 S，第二组为其余未确定最短路径的顶点集合 U，按最短路径长度的递增次序依次把第二组的顶点加入 S 中。然后在加入的过程中，总保持从源点 v 到 S 各顶点的最短路径长度不大于从源点 v 到 U 中任何顶点的最短路径的长度。最后每个顶点对应一个距离，S 中顶点的距离就是从源点 v 到此顶点的最短路径长度，U 中的顶点的距离，就是从源点 v 到此顶点的当前最短路径长度。

Dijkstra 算法具体步骤如下。

(1) 初始时，S 只包含源点，即 S = {v}，v 的距离 dist[v] 为 0。U 包含除 v 外的其他顶点，U 中顶点 u 距离 dis[u] 为边上的权值（若 v 与 u 有边）或 ∞（若 u 不是 v 的出边邻接点即没有边 <v,u>）。

(2) 从 U 中选取一个距离 v(dist[k]) 最小的顶点 k，把 k 加入 S 中（该选定的距离就是 v 到 k 的最短路径长度）。

(3) 以 k 为新选择的中间点，修改 U 中各顶点的距离；若从源点 v 到顶点 u（u ∈ U）的距离（经过顶点 k）比原来距离（不经过顶点 k）短，则修改顶点 u 的距离值，修改后的距离值的顶点 k 的距离加上边上的权值（即如果 dist[k]+w[k,u]<dist[u]，那么把 dist[u] 更新成更短的距离 dist[k]+w[k,u]）。

(4) 重复步骤(2) 和(3) 直到所有顶点都包含在 S 中（要循环 n-1 次）。

15.4.3 Bellman-Ford——解决负权边

Bellman-Ford 算法思想：可以在普遍的情况下（存在负权边）解决一些单源点最短路径问题。首先对于给定的带权图 G=（V,E），其源点为 s，加权函数 w 是边集 E 的映射。对图 G 运行 Bellman-Ford 算法的结果是一个布尔值，表明图中是否存在着一个从源点 s 可达的负权回路。若不存在这样的回路，算法将给出从源点 s 到图 G 的任意顶点 v 的最短路径 d[v]。

Bellman-Ford 算法具体步骤如下。

(1) 初始化：除去源点以外，将所有顶点的最短距离估计值 d[v] ← + ∞ , d[s] ← 0;

(2) 迭代求解：反复对边集 E 中的每条边进行松弛操作，使得顶点集合 V 中的每个顶点 v 的最短距离估计值逐步逼近它的最短距离；

(3) 检验负权回路：在判断边集 E 中的每一条边的两个端点是否收敛时。如果存在未收敛的顶点，则算法返回 false，表示问题无解；否则，算法返回 true，并且从源点可达的顶点 v 的最短距离保存在 d[v] 中。

对于图的任意一条最短路径既不能包含负权回路，也不会包含正权回路，因此它最多包含 |v|-1 条边。那么，从源点 s 可达的所有顶点如果存在最短路径，则这些最短路径构成一个以 s 为根的最短路径树。Bellman-Ford 算法的迭代松弛操作，实际上就是按顶点距离 s 的层次，逐层生成这棵最短路径树的过程。在对每条边进行 1 遍松弛的时候，生成了从 s 出发，层次至多为 1 的那些树枝。也就是说，找到了与 s 至多有 1 条边相联的那些顶点的最短路径；对每条边进行第 2 遍松弛的时候，生成了第 2 层次的树枝，就是说找到了经过 2 条边相连的那些顶点的最短路径。因为最短路径最多只包含 |v|-1 条边，所以，只需要循环 |v|-1 次。每实施一次松弛操作，最短路径树上就会有一层顶点达到其最短距离，此后这层顶点的最短距离值就会一直保持不变，不再受后续松弛操作的影响。

如果没有负权回路，那么最短路径树的高度最多只能是 |v|-1，所以最多经过 |v|-1 遍松弛操作后，所有从 s 可达的顶点必将求出最短距离。如果 d[v] 仍保持 + ∞，则表明从 s 到 v 不可达。如果有负权回路，那么第 |v|-1 遍松弛操作仍然会成功，这时，负权回路上的顶点不会收敛。

15.4.4 Bellman-Ford 的队列优化

由于 Bellman-Ford 算法经常会在未达到 V-1 次前就出解，V-1 其实是最大值。于是可以在循环中设置判定，在某次循环不再进行松弛时，直接退出循环，进行负权环判定。

具体做法是用一个队列保存待松弛的点，然后对于每个出队的点依次遍历每个与他有边相邻的点，如果该点可以松弛并且队列中没有该点则将它加入队列中，如此迭代直到队列为空。

与 Bellman-ford 算法类似，Bell man-Ford 的队列优化（SPFA 算法）采用一系列的松弛操作以得到从某一个节点出发到达图中其他所有节点的最短路径。所不同的是，SPFA 算法是通过维护一个队列，使得某一个节点的当前最短路径被更新之后没有必要立刻去更新其他的节点，从而大大减少了重复的操作次数。

SPFA 算法可以存在负数边权的图中，这是不同于 dijkstra 算法的。也不同于 Dijkstra 算法和 Bellman-ford 算法，SPFA 的算法时间效率是不稳定的，即它对于不同的图所需要的时间有很大的差别。在最好情况下，每一个节点都只入队一次，则算法实际上变为广度优先遍历，其时间复杂度仅为 O(E)。另外，也存在一些例子，比如要想使得每一个节点都被入队 (V-1) 次，那么此时算法就退化为 Bellman-ford 算法，相应地时间复杂度也降为 O(VE)。

15.4.5 最短路径算法对比分析

SPFA 算法在负边权图上可以完全取代 Bellman-ford 算法，另外在稀疏图中也表现良好。但是在非负边权图中，为了避免最坏情况的出现，通常使用效率更加稳定的 Dijkstra 算法，以及它的堆优化的版本。

Floyd 算法虽然总体上时间复杂度较高，但是可以解决负权边问题，并且在均摊到每一点对上，在所有的算法中还是属于较好的。另外，Floyd 算法的编码复杂度较小，这是它一大优势。所以如果要求的是所有点对间的最短路径较小，或者要求数据范围较小，则 Floyd 算法比较合适。Dijkstra 算法最大的局限性就是它无法适应有负边权的图。但是它具有良好的可扩展性，扩展后可以适应很多问题。另外用堆优化的 Dijkstra 算法的时间复杂度可以达到 O（MlogN）。当所有的边中存在负权边时，需要 Bellman-Ford 算法。因此，我们选择最短路径算法时，要根据实际需求和每一种算法的特性，选择合适的算法。

最短路径算法比较	Floyd	Dijkstra	Bellman-Ford	队列优化的 Bellman-Ford
负权边适用对象	可以解决稠密图（与顶点关系密切）	不能解决稠密图（与顶点关系密切）	可以解决稀疏图（与边关系密切）	可以解决稀疏图（与边关系密切）
空间复杂度	O（N2）	O（M）	O（M）	O（M）
时间复杂度	O（N3）	O（（M+N）logN）	O(NM)	最坏也是 O(NM)

本小节通过经典迪杰斯特拉算法来学习最短路径的使用。

📝 范例 15-4　使用迪杰斯特拉算法求解下图中1到各顶点的最短路径。

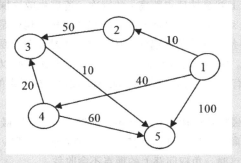

(1) 在 **Visual C++ 6.0** 中，新建名称为 "Minimal Path.c" 的【Text File】文件。

(2) 在代码编辑区域输入以下代码（代码 **15-4.txt**）。

```
01  #include<stdio.h>
```

```
02   #include<stdlib.h>
03   #define MAXNODE 30              /* 定义宏 */
04   #define MAXCOST 1000            /* 定义宏 */
05   int dist[MAXNODE],cost[MAXNODE][MAXNODE],n=5;
06   void dijkstra(int v0)                  /* 自定义 dijkstra() 函数，用来求最小生成树 */
07   {
08     int s[MAXNODE];
09     int mindis,dis,x,y,u;
10     for(x=1;x<=n;x++)
11     {
12       dist[x]=cost[v0][x];
13       s[x]=0;
14     }
15     s[v0]=1;
16     for(x=1;x<=n;x++)
17     {
18       mindis = MAXCOST;
19       for(y=1;y<=n;y++)
20         if(s[y]==0&&dist[y]<mindis)
21         {
22           u=y;
23           mindis = dist[y];
24         }
25         s[u]=1;
26         for(y=1;y<=n;y++)
27           if(s[y]==0)
28           {
29             dis = dist[u]+cost[u][y];
30             dist[y] = (dist[y]<dis)?dist[y]:dis;
31           }
32   }
33   void display_path(int v0)               /* 自定义 display_path() 函数，用来输出到各顶点的最短路径 */
34   {
35     int x;
36     printf("\n 顶点 %d 到个顶点的最短路径长度如下：\n",v0);
37     for(x=1;x<=n;x++)
38     {
39       printf("  (v%d->v%d):",v0,x);
40       if(dist[x]==MAXCOST)
41         printf(" 无路径 \n");
42       else
43         printf("%d\n",dist[x]);
44     }
45   }
46   int main()
47   {
48     int i,j,v0=1;
49     for(i=1;i<=n;i++)
50       for(j=1;j<=n;j++)
51         cost[i][j]=MAXCOST;
52       for(i=1;i<=n;i++)
```

```
53          cost[i][j]=0;
54          cost[1][2]=10;
55          cost[1][5]=100;
56          cost[1][4]=40;
57          cost[2][3]=50;
58          cost[4][3]=20;
59          cost[3][5]=10;
60          cost[4][5]=60;
61      dijkstra(v0);                    /* 调用 dijkstra() 函数 */
62      display_path(v0);                /* 调用 display_path() 函数 */
63      return 0;
64  }
```

【运行结果】

编译、连接、运行程序，即可在命令行中输出结果。

```
D:\范例源码\ch15\范例15-4\Minimal Path\Debug\Minimal Path.exe

顶点1到个顶点的最短路径长度如下：
    <v1-->v1>:无路径
    <v1-->v2>:10
    <v1-->v3>:60
    <v1-->v4>:40
```

【范例分析】

本范例中使用了迪杰斯特拉算法的思想，设置并逐步扩充一个集合 S，存放已求出的最短路径的顶点，则尚未确定最短路径的顶点集合是 V-S，其中 V 为网中所有顶点集合。按照最短路径长度递增的顺序逐个将 V-S 中的顶点加到 S 中，直到 S 中包含全部顶点，而 V-S 为空。

15.5　树算法

树算法的定义，是 n（n≥0）个节点的有限集。在任意一棵非空树中：① 有且仅有一个特定的被称为根的节点；② 当 n>1 时，其余节点可分为 m（m>0）个互不相交的有限集 A1，A2，…，Am，其中每一个集合本身又是一棵树，并且称为根的子树。

节点拥有的子树数称为节点的度。度为 0 的节点称为叶子或终端节点。度不为 0 的节点称为非终端节点或分支节点。

树的度是树内各节点的度的最大值。

节点的子树的根称为该节点的孩子，相应地，该节点称为孩子的双亲。

节点的层次是从根节点开始计算起，根为第一层，根的孩子为第二层，依次类推。树中节点的最大层次称为树的深度或高度。

如果将树中节点的各子树看成从左至右是有次序的，则称该树为有序树，否则称为无序树。

15.5.1　二叉树算法

二叉树的定义，由一个根节点及两棵互不相交的、分别称作这个根的左子树和右子树的二叉树组成。二叉树的特点是每个节点至多具有两棵子树，并且子树之间有左右之分。

满二叉树就是一棵深度为 k 且有 2^k-1 个节点的二叉树。可以对满二叉树的节点进行连续编号，约定编号从根节点起，自上而下，自左至右，则由此可引出完全二叉树的定义。深度为 k 且有 n 个节点的二叉树，当且仅当其每一个节点都与深度为 k 的满二叉树中编号从 1 到 n 的节点一一对应时，称之为完全二叉树。

二叉树的性质如下。

(1) 在二叉树的第 i 层上至多有 2^i-1 个节点（i≥1）。

(2) 深度为 k 的二叉树至多有 2^k-1 个节点（k≥1）。

(3) 对任何一棵二叉树，如果其终端节点数为 n_0，度为 2 的节点数为 n_2，则 $n_0=n_2+1$。

(4) 具有 n 个节点的完全二叉树的深度为不大于 $\log_2 n$ 的最大整数加 1。

(5) 如果对一棵有 n 个节点的完全二叉树的节点按层序编号（从第 1 层到最后一层，每层从左到右），则对任一节点 i（1≤i≤n），满足：

a. 如果 i=1，则节点 i 是二叉树的根，无双亲；如果 i>1，则其双亲是节点 x（其中 x 是不大于 i/2 的最大整数）。

b. 如果 $2^i>n$，则节点 i 无左孩子（节点 i 为叶子节点）；否则其左孩子是节点 2^i。

c. 如果 $2^i+1>n$，则节点 i 无右孩子；否则其右孩子是节点 2^i+1。

15.5.2 堆算法

堆算法实际上是一棵完全二叉树，其任何一非叶节点满足性质：

Key[i]<=key[2i+1]&&Key[i]<=key[2i+2] 或者 Key[i]>=Key[2i+1]&&key>=key[2i+2] 即任何一非叶节点的关键字不大于或者不小于其左右孩子节点的关键字。

其中，堆又分为大顶堆和小顶堆，如果满足 Key[i]>=Key[2i+1]&&key>=key[2i+2] 称为大顶堆，如果满足 Key[i]<=key[2i+1]&&Key

[i]<=key[2i+2] 称为小顶堆。

由上述性质可知，大顶堆的堆顶关键字一定是所有关键字中最大的，而小顶堆的堆顶关键字一定是所有关键字中最小的。

堆排序的思想是利用大顶堆（小顶堆）堆顶记录的，最大关键字（最小关键字）这一特性，使得每次从无序中选择最大记录（最小记录）变得简单。

它的基本思想如下。

(1) 将初始待排序的关键字序列 $(Q_1, Q_2, \cdots, Q_n)$ 构建成大顶堆，此堆为初始的无序区。

(2) 将堆顶元素 Q[1] 与最后一个元素 Q[n] 交换，此时得到新的无序区 $(Q_1, Q_2, \cdots, Q_{n-1})$ 和新的有序区 (Q_n), 且满足 Q[1,2,…,n-1]<= Q[n]；。

(3) 由于交换后新的堆顶 Q[1] 可能违反堆的性质，因此需要对当前无序区 $(Q_1, Q_2, \cdots, Q_n)$ 调整为新堆，然后再次将 Q[1] 与无序区最后一个元素交换，得到新的无序区 $(Q_1, Q_2, \cdots, Q_{n-2})$ 和新的有序区 (Q_{n-1}, Q_n)。不断重复此过程直到有序区的元素个数为 n-1，则整个排序过程完成。

操作过程如下。

(1) 初始化堆：将 Q[1,…,n] 构造为堆。

(2) 将当前无序区的堆顶元素 Q[1] 同该区间的最后一个记录值交换，然后将新的无序区调整为新的堆。

因此对于堆排序，构造初始堆和调整堆是非常重要的，其实构造初始堆事实上也就是调整堆的过程，只不过构造初始堆是对所有的非叶节点整体进行调整。

15.5.3 并查集

并查集定义，是一种树型的数据结构。常用于处理一些不相交集合的合并及查询问题。

并查集是一种非常简单的数据结构，它主要涉及两个基本操作，分别为：

a. 合并两个不相交集合

b. 判断两个元素是否属于同一个集合

(1) 合并两个不相交集合，其操作很简单：先设置一个数组 Father[x]，表示 x 的"父亲"的编号。那么，合并两个不相交集合的方法就是，找到其中一个集合最父亲的父亲，将另外一个集合的最久远的祖先的父亲指向它。

(2) 判断两个元素是否属于同一集合，本操作可转换为寻找两个元素的最久远祖先是否相同。可以采用递归实现。

本小节通过一个范例来学习树算法的使用。

📝 范例 15-5　解密犯罪团伙的问题，临近过年了，小偷越来越多，小明的家乡发生了许多丢东西事件，并且作案频繁，警察叔叔想查清这帮团伙非常困难，不过还是搜集到了一些线索。现在有10个小偷，据了解1号小偷和2号小偷是同伙，3号小偷和4号小偷是同伙，5号小偷和2号小偷是同伙，4号小偷和6号小偷是同伙，2号小偷和6号小偷是同伙，8号小偷和7号小偷是同伙，9号小偷和7号小偷是同伙，1号小偷和6号小偷是同伙，2号小偷和4号小偷是同伙。

说明：小偷同伙的同伙也是同伙，请问你能帮助警察查出有多少个独立的犯罪团伙吗？

(1) 在 Visual C++ 6.0 中，新建名称为"Tree Algorithm.c"的【Text File】文件。

(2) 在代码编辑区域输入以下代码（代码 15-5.txt）。

```
01  #include <stdio.h>
02  #include <stdlib.h>
03  int f[1000]={0},n,m,k,sum=0;
04  void init()                        /* 数组存的是数组下标的编号 */
05  {
06    int x;
07    for(x=1;x<=n;x++)
08      f[x]=x;
09    return;
10  }
11  int getf(int v)                    /* 擒贼先擒王 */
12  {
13    if(f[v]==v)
14      return v;
15    else
16    {
17      f[v]=getf(f[v]);
18      return f[v];
19    }
20  }
21  void merge(int v,int u)            /* 合并两个子集和函数 */
22  {
23    int t1,t2;
24    t1=getf(v);
25    t2=getf(u);
26    if(t1!=t2)                       /* 判断两个节点是否在同一个集合中 */
27    {
28      f[t2]=t1;                      /* "靠左"原则，即把右边的集合作为左边集合的子集合起来 */
29    }
30  return;
```

```
31    }
32    int main()                        /* 主程序 */
33    {
34        int i,p,q;
35        printf(" 请输入搜集到的小偷的个数和任意两个小偷存在关系的种数 : \n");
36        scanf("%d %d",&n,&m);
37        init();
38        printf(" 请输入存在关联的两个小偷之间情况 : \n");
39
      for(i=1;i<=m;i++)
40        {
41            scanf("%d %d",&p,&q);              /* 开始合并犯罪团伙 */
42            merge(p,q);
43        }
44        for(i=1;i<=n;i++)                    /* 最后扫描有多少个独立的犯罪团伙 */
45        {
46            if(f[i]==i)
47            sum++;
48        }
49        printf(" 经过分析警察叔叔已查处总共有 %d 个独立犯罪团伙。\n",sum);
50        getchar();
51        getchar();
52    return 0;
53    }
```

【运行结果】

编译、连接、运行程序，即可在命令行中输出程序运行结果。

【范例分析】

本范例中通过假设 10 个小偷互相不认识，他们各自为主，每个人都是首领，他们只听自己的。随后我们通过警方提供的线索，一步一步地来合并同伙，最终找到他们中间那几个是同伙。分析上面程序的运行结果。第一行的 n m，分别表示小偷的人数和警方提供的线索，接着 m 行，每行有两个数 a 和 b，表示小偷 a 和小偷 b 是同伙。

▶15.6 综合应用——镖局运镖

古时候，有个非常有名的镖局，龙门镖局。从恰克图到武夷山，从张家口到老河口，从迪化到佛山，从蒙自到奉天，在这数千里的商道上，用马车、舟楫、骆驼，或肩挑等，进行着货物往来，钱财递送，都离不开镖局的押送。商号开在哪里，镖局就设在哪里。古代镖局运镖，就是运货，镖局每到一个新的地方开展业务，都需要对押镖的伙计进行打点一下。能力强的打点费就高一点，能力弱的打点费就低一点。

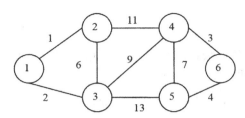

所谓生成树就是如果连通图的一个子图是一棵包含的所有顶点的树，则该子图称为 G 的生成树。生成树是连通图的包含图中的所有顶点的极小连通子图。图的生成树不唯一。从不同的顶点出发进行遍历，可以得到不同的生成树。而权值最小的树就是最小生成树。

范例 15-6　假设镖局现在押送一趟镖，需要选择一些道路进行疏通，以便镖局可以到达任意一个商号，要求花费的银子越少越好，请给出最优的选择。

　　问题分析：镖局为了使花费的银子最少，言下之意就是让边的总长度之和最短。那么，首先我们可以选择最短边，然后选择次短边，第三短边……直到选择了 n−1 短边为止。这就需要先对所有的边按照权值进行从小到大排序，然后从小的开始选择，依次选择每一条边，直至选择了 n−1 条边让整个图连通为止。

　　(1) 在 Visual C++ 6.0 中，新建名称为 "Minimum Spanning Tree.c" 的【Text File】文件。

　　(2) 在代码编辑区域输入以下代码（代码 15-6.txt）。

```
01  #include<stdio.h>
02  int main()
03  {
04    int n,m,x,y,k,min;
05    int t1,t2,t3;
06    int e[7][7],dis[7],book[7]={0};
07    int inf=99999999;
08    int count=0,sum=0;
09    printf(" 请输入顶点的个数和边的条数: \n");
10    scanf("%d %d",&n,&m);              /*m，n 分别表示顶点个数和边的条数 */
11      for(x=1;x<=n;x++)
12        for(y=1;y<=n;y++)
13          if(x==y)
14            e[x][y]=0;
15          else
16            e[x][y]=inf;
17            printf(" 下面开始读入边数: \n");
18      for(x=1;x<=m;x++)               /* 开始读入边数 */
19      {
20        scanf("%d %d %d",&t1,&t2,&t3);
21        e[t1][t2]=t3;
22        e[t2][t1]=t3;
23      }
24      for(x=1;x<=n;x++)
25        dis[x]=e[1][x];
26        book[1]=1;
27        count++;
28        while(count<n)
```

```
29          {
30              min = inf;
31              for(x=1;x<=n;x++)
32              {
33                  if(book[x]==0 && dis[x]<min)
34                  {
35                      min=dis[x];
36                      y=x;
37                  }
38              }
39              book[y]=1;
40              count++;
41              sum=sum+dis[y];
42              for(k=1;k<=n;k++)
43              {
44                  if(book[k]==0 && dis[k]>e[y][k])
45                  dis[k]=e[y][k];
46              }
47          }
48      printf(" 当路径的总长度之和最短为 %d，镖局花费的银子最少。\n",sum);  /* 输出结果 */
49      getchar();
50      return 0;
51  }
```

【运行结果】

编译、连接、运行程序，即可在命令行中输出程序的运行结果。

【范例分析】

本范例中，从任意一个顶点开始构造生成树，假设从 1 号位置开始吧，首先把 1 号位置加入生成树中，用一个一维数组 book 来标记哪些位置已经加入了生成树。然后，用 dis 数组来记录生成树到各个位置的距离，最初生成树只有一个 1 号位置，有直连边时，数组 dis 中存储的就是 1 号位置到该位置的边的权值，没有直连边的时候就是无穷大，即初始化 dis 数组。接着，从数组 dis 中选出离生成树最近的位置加入生成树中。再以 j 为中间位置，更新生成树到每一个非树位置的距离。最后，重复上一步操作，直到生成树中有 n 个位置为止。

▶15.7 高手点拨

在高级算法的学习中，注意以下几点：

(1) 模拟算法的特点就是不需要大家去想怎样解决问题，而是按照题目描述的方式运行，最终给出解决方案，并按照解决方案逐步去实现。

(2) 解决动态规划问题，在每次决策时主要依赖它的当前状态，并引起状态转移。一个决策序列就是在变化的状态中产生出来的，把这种多阶段最优化决策解决问题的过程就叫作动态规划。但是它有两个必要的使用前提，最优化原理就是在解决原问题时，做出一个决策，得到余下问题和原问题性质相同的子问题。同时规模和参数发生变化，要使的原问题最优，子问题必须最优；无后效性就是利用最优化原理把原问题的求解转变为和原问题性质相同的子问题的求解，这里我们只关心子问题的最优值，而并不关心子问题求解时的决策序列。

(3) 采用递归实现回溯算法是所有搜索算法中比较经典的一种方法，回溯算法在本质上是控制决策的一种搜索算法。采用试探的方法，即试探不通过就掉头的思想。也就是说在某一步试探不合要求，就停止从该分支往下试探，反而立即返回到上一步去试探其他分支，直到找到问题的解。如果说已经返回到初始状态了，但还要返回，则表示该问题无解。回溯法主要应用在待求解的步骤分成不太多的问题上，即每个步骤只有不太多的选择，则可以考虑应用回溯法。

(4) 最短路径算法主要包括 Dijkstra(迪杰斯特拉) 算法和 Floyd-Warshall 算法。其中 Dijkstra 算法是典型的单源最短路径算法，只要用来计算一个节点到其他所有节点的最短路径。主要特点是以起始点为中心向外层层扩展，直到扩展到终点为止。但该算法要求图中不存在负权边。Floyd-Warshall 算法是解决任意两点间的最短路径的一种算法，可以正确处理有向图或负权的最短路径问题。

(5) 树算法是一种典型的分类方法，同时也是一种逼近离散函数值的方法。首先主要对该处理的数据进行分析，利用归纳算法生成可读的规则和决策树，然后使用决策对新数据进行分析。本质上决策树是通过一系列规则对数据进行分类的过程。

(6) 镖局运镖（图的最小生成树算法）是一个有 n 个节点的连通图的生成树，也是原图的极小连通子图，且包含原图中的所有 n 个节点，并且有保持图连通的最少的边。它主要是将含有 n 个顶点的连通网中选择 n-1 条边，构成一棵极小连通子图，并使该连通子图中 n-1 条边上权值之和达到最小。

▶15.8 实战练习

1. 对于一个长度为 n 的序列 {an}，定义众数为出现次数最多的数。现在给定一个长度为 n 的序列，求它的众数 m 是多少？

2. 求最长不下降子序列，假设给定一个序列 A，包含 n 个数，试求不下降子序列长度为多少？

说明：对于序列 p1<p2<…<pk, 其中不下降子序列满足：A[p1]<=A[p2]<=…<=A[pk]。

3. 8 皇后问题，假设 8×8 的棋盘上 8 个皇后，要让她们不能相互攻击。两个皇后能相互攻击当且仅当她们在同一行，或者同一列，或者同一条对角线上。请找出总共有多少种放置方法。

4. 小明放假了，想去一些大城市旅游，想节省经费以及方便旅行。但是不知道该如何选择路线，如下图，圆圈代表他要去的城市，箭头代表他要去路线，上面的数字代表路费，请你帮助小明选择一条合适的路线吧。

说明：这些公路都是单向的。

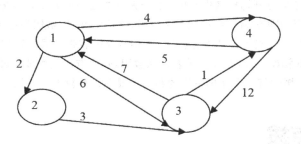

第 16 章

数学在程序设计中的应用

　　数学是基础学科中的基础，信息学竞赛的本质是利用计算机解决从实际问题中抽象出来的数学问题。解答信息学竞赛题所需要用到的基础知识如数论、数理逻辑、集合论、组合数学、图论、几何学等无不来自于数学，而程序设计时所需要做出的时空复杂度的计算、算法的优劣判断等也都依赖于数学思维。数学思维是对数学对象（空间形式、数量关系、结构关系等）的本质属性和内部规律的间接反映，并按照一般思维规律认识数学内容的理性活动。

本章要点（已掌握的在方框中打钩）

☐ 常用数学函数

☐ 质因数的分解

☐ 最大公约数的欧几里得算法

☐ 加法原理与乘法原理

☐ 排列与组合

☐ 综合应用——圆排列、可重集排列

▶ 16.1 常用数学函数

　　C 语言系统提供了 400 多个标准函数（称为库函数），设计程序时可以直接使用它们。库函数主要包括数学函数、字符处理函数、类型转换函数、文件管理函数及内存管理函数等几类。下面介绍常用的数学函数。

函数名	应用格式	功能
算 abs	用 int abs(int i)	求整数的绝对值。例如，设 x=abs(5)，y=abs(−5)，z=abs(0)，则 x=5，y=5，z=0
关 labs	用 long labs(long n)	求长整型数的绝对值。例如，设 x=labs(40000L)，y=labs(−5)，z=labs(0)，则 x=40000，y=5，z=0
逻 fabs	用 double fabs(double x)	求实数的绝对值。例如，设 x=fabs(5.3)，y=fabs(−5.3)，z=fabs(0)，则 x=5.3，y=5.3，z=0
floor	double floor(double x)	求不大于 x 的最大整数，它相当于数学函数 [x]。例如，设 x=floor(−5.1)，y=floor(5.9)，z=floor(5)，则 x=−6，y=5，z=5
ceil	double ceil(double x)	求不小于 x 的最小整数。例如，设 x=ceil(−5.9)，y=ceil(5.1)，z=ceil(5)，则 x=−5，y=6，z=5
sqrt	double sqrt(double x)	求 x 的平方根。例如，设 x=sqrt(4)，y=sqrt(16)，则 x=1.414214，y=4.0
log10	double log10(double x)	求 x 的常用对数
log	double log(double x)	求 x 的自然对数
exp	double exp(double x)	求欧拉常数 e 的 x 次方
pow10	double pow10(int p)	求 10 的 p 次方。例如，设 x=pow10(3)，y=pow10(0)，则 x=1000，y=1
pow	double pow(double x, double y)	求 x 的 y 次方例如，设 x=pow(3,2)，y=pow(−3,2)，则 x=9，y=9
sin	double sin(double x)	正弦函数
cos	double cos(double x)	余弦函数
tan	double tan(double x)	正切函数

　　本小节通过一个范例来学习常用数学函数的使用。

📝 **范例 16-1**　**编写一个模拟计算器，实现求平方根、三角函数和反三角函数的操作。**

　　问题分析：首先输入 n，表示总共有多少种数学函数，然后输入 x，k，其中 k 表示第几种操作函数，x 表示测试的数据。

　　(1) 在 Visual C++ 6.0 中，新建名称为 "Mathematical Function.c" 的【Text File】文件。

　　(2) 在代码编辑区域输入以下代码（代码 16-1.txt）。

```
01  #include<stdio.h>
02  #include<math.h>
03  #define pi acos(-1);              /* 调用 −1 的反余弦函数的值 */
04  int main()
05  {
06      int i=1,p,q;
07      double a,b,c,x;
08      printf(" 请输入测试数据的种数 :\n");
09      scanf("%d",&p);
10      printf(" 测试结果如下 :\n");
11      for(i=1;i<=p;i++)
12      {
13          scanf("%d%lf",&q,&x);
14          if(q==1)
```

```
15      {
16          a=sqrt(x);
17          printf(" 求得输入数据的均方根为 :%.3f\n",a);      /* 输出均方根值 */
18      }
19      if(q==2)
20      {
21          x=x/180*pi;
22          a=sin(x);
23          b=cos(x);
24          c=tan(x);
25          printf(" 求得输入数据的正弦、余弦、正切分别为 :%.3f %.3f %.3f\n",a,b,c); /* 分别输出正弦、
余弦、正切值 */
26      }
27      if(k==3)
28      {
29          a=asin(x);
30          b=acos(x);
31          printf(" 求得输入数据的反正弦、反余弦分别为 :%.3f %.3f\n",a,b);   /* 输出反正弦、反余弦值 */
32      }
33      if(k==4)
34      {
35          a=atan(x);
36          printf(" 求得输入数据的正切分别为 :%.3f\n",a);            /* 输出反正切值 */
37      }
38      }
39      return 0;
40  }
```

【运行结果】

编译、连接、运行程序，分别输入 4 种测试数据，按【Enter】键即可输出结果。

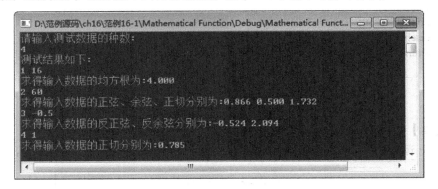

【范例分析】

此范例中使用了 3 种数学函数对算法进行测试，分别输出不同数学函数的值。其中，k=1，表示对 16 求平方根；k=2，表示对 60 求正弦函数值、余弦函数值以及正切函数值；k=3，表示对 -0.5 求反正弦函数值和反余弦函数值；k=4，表示对 1 求反正切函数值。

▶16.2 质因数分解

质因数分解的定义，就是把一个合数分解成若干个质因数的乘积的形式，即求质因数的过程叫作分解质因数。分解质因数针对的是合数。（分解质因数也称分解素因数）求一个数分解

质因数，首先要从最小的质数除起，一直除到结果为质数为止。分解质因数的算式叫短除法，可以用来求多个个数的公因式，和除法的性质类似。

本小节通过一个范例来学习质因数分解的使用。

范例 16-2   将一个正整数分解质因数。例如，输入90,打印出90=2*3*3*5。

问题分析：首先，对 N 进行分解质因数，应先找到一个最小的质数 K，然后按下述步骤完成。

(1) 如果这个质数恰等于 N，则说明分解质因数的过程已经结束，打印即可。

(2) 如果 N>K，但 N 能被 K 整除，则应打印出 K 的值，并用 N 除以 K 的商，作为新的正整数 N，重复执行第一步。

(3) 如果 N 不能被 K 整除，则用 K+1 作为 K 的值，重复执行第一步。

(4) 在 Visual C++ 6.0 中，新建名称为 "Prime Factorization.c" 的【Text File】文件。

(5) 在代码编辑区域输入以下代码（代码 16-2.txt）。

```
01  #include <stdio.h>
02  #include <conio.h>
03  int main()
04  {
05    int n,a;
06    printf("\n 请输入任意一个数 :\n");
07    scanf("%d",&n);              /* 输入一个整数 */
08    printf("%d=",n);
09    for(a=2;a<=n;a++)
10      while(n!=a)
11      {
12        if(n%a==0)
13        {
14          printf("%d*",a);
15          n=n/a;
16        }
17        else
18          break;
19      }
20    printf("%d",n);             /* 输出结果 */
21    getch();
22    return 0;
23  }
```

【运行结果】

编译、连接、运行程序，输入任意数值，按【Enter】键即可输出它的质因数分解结果。

【范例分析】

此范例中根据质因数分解的规则，很明显每个正整数的质因数分解形式是唯一确定的。所以，就可以用输入的 90 去除以质数，从小到大去除，首先除以 2，得到 45，在除以 3，得到 15，然后再除以 3 得到 5,5 也是质数，所以最终输出 90 质因数分解结果为 90=2*3*3*5。

▶16.3 最大公约数的欧几里得算法

欧几里得算法的思想基于辗转相除法的原理，其原理为：假设两数为 a、b(b<a)，用 gcd(a,b) 表示 a，b 的最大公约数，r=a mod b 为 a 除以 b 以后的余数，k 为 a 除以 b 的商，即 a÷b=k.......r。辗转相除法是欧几里得算法的核心思想。

欧几里得算法的操作步骤如下。

- 第一步：令 c 为 a 和 b 的最大公约数，数学符号表示为 c=gcd(a,b)。因为任何两个实数的最大公约数 c 一定是存在的，也就是说必然存在两个数 k1，k2 使得 a=k1*c，b=k2*c。
- 第二步：a mod (b) 等价于存在整数 r，k3 使得余数 r=a – k3*b。即

r = a – k3*b = k1.c – k3*k2*c = (k1 – k3*k2)*c

显然，a 和 b 的余数 r 是最大公因数 c 的倍数。

通过模运算的余数是最大公约数之间存在的整数倍的关系，来给比较大的数字进行降维，便于手动计算；同时，也避免了在可行区间内进行全局的最大公约数的判断测试，只需要选取其余数进行相应的计算就可以直接得到最大公约数，大大提高了运算效率。

本小节通过一个范例来学习最大公约数的欧几里得算法的使用。

📝 范例 16-3　利用欧几里得算法，求任意两个正整数的最大公约数。

(1) 在 Visual C++ 6.0 中，新建名称为 "Euclidean Algorithm.c" 的【Text File】文件。
(2) 在代码编辑区域输入以下代码（代码 16-3.txt）。

```
01  #include<stdio.h>
02  unsigned int Gcd(unsigned int M,unsigned int N)
03  {
04      unsigned int Rem; /* 定义一个无符号整形变量 */
05      while(N > 0)            /* 辗转相除法 */
06      {
07          Rem = M % N;          /* 取余操作 */
08          M = N;
09          N = Rem;
10      }
11      return M;
12  }
13  int main(void)
14  {
15      int a,b;
16      printf(" 请输入任意两正整数: \n");
17      scanf("%d %d",&a,&b);
18      printf("%d 和 %d 的最大公约数是: ",a,b);
19      printf("%d\n",Gcd(a,b));      /* 输出结果值 */
20      return 0;
21  }
```

【运行结果】

编译、连接、运行程序，输入任意两个数，按【Enter】键即可输出这两个数的最大公约数。

【范例分析】

本范例着重介绍了欧几里得算法求最大公约数。当 a>b 时，有两种情况，b<=a/2,gcd(a,b) 变为 gcd（b，a%b）；b>a/2, 则 a%b。经过迭代，gca（a，b）的数据量减小了一半。

▶16.4 加法原理与乘法原理

加法原理的定义：如果完成一件任务有 **N** 类方法，在第一类方法中有 **M1** 种不同方法，在第二类方法中有 **M2** 种不同方法……在第 **N** 类方法中有 **MN** 种不同方法，那么完成这件任务共有 **M1+ M2... +MN** 种不同的方法。

关键问题：如何确定工作的分类方法。

基本特征：对于每一种方法都可完成任务。

乘法原理的定义：如果完成一件任务需要分成 N 个步骤进行，做第 1 步有 M1 种方法，不管第 1 步用哪一种方法，第 2 步总有 M2 种方法……不管前面 N-1 步用哪种方法，第 N 步总有 MN 种方法，那么完成这件任务共有 M1 × M2 × … × MN 种不同的方法。

关键问题：如何确定工作的完成步骤。

基本特征：对于每一步只能完成任务的一部分。

本小节通过一个范例来学习加法原理和乘法原理的使用。

范例 16-4　从键盘上输入2个整数，计算它们的和，并输出计算结果。

(1)在 Visual C++ 6.0 中，新建名称为 "Addition Principle.c" 的【Text File】文件。
(2)在代码编辑区域输入以下代码（代码16-4.txt）。

```
01  #include <stdio.h>
02  int main()
03  {
04    float a,b,s;              /* 定义三个浮点型变量 */
05    printf(" 请输入两个整数 a 和 b: \n");
06    scanf("%f %f",&a,&b);     /* 输入两个数值 */
07    s=a+b;
08    printf("s=%f\n",s);       /* 输出结果值 */
09    system("pause");
10    return 0;
11  }
```

【运行结果】

编译、连接、运行程序，输入任意两个数，按【Enter】键即可输出结果。

【范例分析】

在本例中，使用了简单的加法操作原理，对于输入的 12 与 12 进行相加运算，输出相加结果。

▶16.5 排列与组合

所谓排列，就是从给定个数的元素中取出指定个数的元素进行排序。所谓组合，则是指从给定个数的元素中仅仅取出指定个数的元素，不考虑排序。排列组合的中心问题是研究给定要求的排列和组合可能出现情况的总数。

排列的定义：从 N 个不同元素中，任取 M(M ≤ N) 个元素按照一定的顺序排成一列，叫作从 N 个不同元素中取出 M 个元素的一个排列；从 N 个不同元素中取出 M(M ≤ N) 个元素的所有排列的个数，叫作从 N 个不同元素中取出 M 个元素的排列数，用符号 P(N,M) 表示。

A(N,M)=N(N-1)(N-2)······(N-M+1)= N!/(N-M)!(规定 0!=1)

组合的定义：从 N 个不同元素中，任取 M(M ≤ N) 个元素并成一组，叫作从 N 个不同元素中取出 M 个元素的一个组合；从 N 个不同元素中取出 M(M ≤ N) 个元素的所有组合的个数，叫作从 N 个不同元素中取出 M 个元素的组合数，用符号 C(N,M) 表示。

C(N,M)=P(N,M)/M!=N!/((N-M)!*M!)；C(N,M)=C(N,N-M)

本小节通过一个范例来学习排列和组合的使用。

范例 16-5 编个程序，求出从N个元素中取出M个元素的所有组合，例如从3个元素中取出2个元素的所有组合。

(1) 在 Visual C++ 6.0 中，新建名称为 "Permutation and Combination.c" 的【Text File】文件。
(2) 在代码编辑区域输入以下代码（代码 16-5.txt）。

```
01  #include<stdio.h>
02  #define MAX 20              /* 定义宏 */
03  int c[MAX] = {0};
04  int M, N;
05  void print() {
06    int a;
07    for(a= 0; a < M; a++)
08      printf("%d", c[a + 1]);
09      printf("\n");
10  }
11  void Comp(int m) {          /* 定义组合函数 */
12    if (m == M + 1)
13      print();
14    else
15      for(c[m] = c[m - 1] + 1;
16        c[m] <= N - M + m; c[m]++)
```

```
17        Comp(m + 1);
18    }
19    int main() {
20    printf(" 请分别输入元素 N 和 M： \n");
21    scanf("%d %d", &N, &M);        /* 输入两个数 */
22    printf("%d 个元素中取出 %d 个元素的所有组合如下： \n",N,M);
23    Comp(1);
24    return 0;
25    }
```

【运行结果】

编译、连接、运行程序，即可计算并输出结果。

```
D:\范例源码\ch16\范例16-5\Permutation and Combination\Debu...
请分别输入元素N和M：
3 2
3 个元素中取出2个元素的所有排列如下：
1 2
1 3
2 1
2 3
3 1
3 2
```

【范例分析】

本范例中实际上是通过公式 C(N,M)=A(N,M)/M!=N!/((N-M)!*M!)； C(N,M)=C(N,N-M) 计算结果的，即 C(3,2) = A(3,2)/2!=3!/((3-2)!*2!)=3 或者 C(3,2)=C(3,3-2)=3，最终输出结果，得到 3 组排列数。

▶16.6 综合应用——圆排列、可重集排列

圆排列定义：从 N 个不同元素中不重复地取出 M（1 ≤ M ≤ N）个元素在一个圆周上，叫作这 N 个不同元素的圆排列。如果一个 M- 圆排列旋转可以得到另一个 M- 圆排列，则认为这两个圆排列相同。

可重排列一类组合数从非空集合 X={1,2,...,N} 中，每次取出 R 个元素，元素允许重复且按一定顺序排成一列，这种排列称为集合 X 的一个可重排列。集合 X 的可重排列的总数为 N'。

本小节通过一个范例来学习圆排列和可重集排列的使用。

📝 **范例 16-6**　某车站有N个入口，假设入口每次只能进入一个人，求M个人进站的方案有多少种？这里假如入口之间是独立的，并不考虑不同入口之间的顺序。

(1) 在 Visual C++ 6.0 中，新建名称为 "Permutation and Combination.c" 的【 Text File 】文件。
(2) 在代码编辑区域输入以下代码（代码 16-5.txt）。

```
01    #include<stdio.h>
02    int n,m,ans,ai;
03    int main()
04    {
05        printf( "请输入进站的 N 个入口和 M 个人： \n");
```

```
06    scanf("%d %d",&n,&m);           /* 输入两个数值 */
07    printf(" 车站有 %d 个入口，且每次只能进一个人，假设 %d 个人进站 \n",n,m);
08    ans=1;
09    for(a=n;a<=m+n-1;a++)
10      ans=ans*a;
11      printf("%d\n",ans);           /* 输出结果值 */
12    return 0;
13 }
```

【运行结果】

编译、连接、运行程序，即可计算并输出结果。

【范例分析】

本范例中通过简单的乘客进站的问题来学习可重集排列的使用，假设车站有 N 个入口，输入 N=2；M=5，即 5 个人进站，计算总共的进站方案。那么进站方案可以表示为：第一种入口方案 + 第二种入口方案。假设 5 个人用 {a,b,c,d,e}，那么，总共进站方案 ={a,b}+{c,d,e}，从这个等式可以看出，式子右边的字母加"+"总共有 6 个元素，则计算总共进站方案为 6！=720。

▶16.7 高手点拨

学习数学在程序中的应用，注意以下几点。

(1) 常用的数学函数非常多，数学与程序设计又是密不可分的。因此，除了本小节所列举的一些数学函数以外，还有许多，同学们用到时可以查阅 Visual C++ 6.0 中的 math 库函数。

(2) 质因数分解在数学领域是非常重要的，尤其是被广泛应用于代数学、密码学、量子计算机等领域。那么同学们需要了解并掌握一些简单的质因数分解方法，对将来的学习与探究是非常关键的。

(3) 最大公约数欧几里得算法在计算两个数的最大公约数时，无论是从算法理论上还是从算法效率上都是很具优势的。但是它有一个非常严重的缺陷，就是对只有在大素数时才会显现出来。

(4) 加法原理和乘法原理在我们生活中经常会用到，例如我们计算一些时间方案数的问题。它的特点是算法效率比较高，算法逻辑比较清晰，非常容易理解。因此，许多其他的复杂算法，有时候都需要转换成乘法或者加法进行计算处理。

(5) 排列组合问题是我们经常遇到的，例如计算一些物品在特定条件下分组的方法数目，以及地图着色、船夫过河问题、邮差问题、任务分配问题等。它的特点是限制条件有时比较隐晦，需要对问题中的关键性词准确理解。计算手段简单，但需要选择正确且合理的计算方案，计算方案的正确与否，往往不可用直观方法来检验，要求我们认真搞清楚概念及原理，并仔细分析。

(6) 圆排列和可重集排列在日常生活中的应用相对较少，主要应用于学术科研领域较多。例如字典序算法、递增进位制算法、递减进位制算法、邻位对换法等。

(7) 数学在程序中的应用非常重要。因为算法离不开数学，把数学抽象出来就是一种思想，在生活中经常会用到，即使在逛街，逛商场买东西都离不开数学。那么，同样在算法中也离不开数学知识。

▶16.8 实战练习

1. 计算 200 的平方根值。

2. 编一个简单的质因数分解程序，求 60 的分解形式。

3. 利用辗转相除法计算输入的两个正整数 M 和 N 的最大公约数和最小公倍数。

说明：辗转相除法原理：两个整数的最大公约数等于其中较小的数和两数的相除余数的最大公约数。

4. 从键盘上输入 2 个整数，计算它们的乘积，并输出结果。

5. 编个程序，求出从 N 个元素中取出 M 个元素的所有排列，例如从 3 个元素中取出 2 个元素的所有排列。

6. 找最大团问题。一个图的团，就是包括了图的所有点的子图，并且是连通的。也就是说，一个子图包含了 N 个顶点和 N*(N-1)/2 条边，找最大团问题是一个 NP 问题。

7. 求一个给定区间 [M,N] 的正整数分解质因数，例如 [20170101,20170105] 的质因数分解结果。

第 **17** 章

算法设计的常用思路

要使计算机能完成人们预定的工作，首先必须为如何完成预定的工作设计一个算法，然后再根据算法编写程序。算法是问题求解过程的精确描述，一个算法由有限条可完全机械地执行的、有确定结果的指令组成。指令正确地描述了要完成的任务和它们被执行的顺序。计算机按算法指令所描述的顺序执行算法的指令，并能在有限的步骤内终止，或终止于给出问题的解，或终止于指出问题对此输入数据无解。

算法设计是一件非常困难的工作，经常采用的算法设计思路主要有分治法动态规划法、贪心法、回溯法、分支界限法等。本章简单介绍四种常用的算法，对于算法的学习仅仅起到抛砖引玉的作用，读者应在本章具体算法应用的实例代码基础上，遇到问题要常思考，学会用已有的思想和基础知识来解决实际问题。

本章要点（已掌握的在方框中打钩）

☐ 分治算法
☐ 动态规划算法
☐ 贪心算法
☐ 回溯算法

▶17.1 分治算法

在计算机科学中，分治法是一种很重要的算法。字面上的解释是"分而治之"，就是把一个复杂的问题分成两个或更多的相同或相似的子问题，再把子问题分成更小的子问题……直到最后可以直接求解子问题，原问题的解即子问题的解的合并。

对于一个规模为 n 的问题，若该问题可以容易地解决（比如说规模 n 较小）则直接解决，否则将其分解为 k 个规模较小的子问题，这些子问题互相独立且与原问题形式相同，递归地解这些子问题，然后将各子问题的解合并得到原问题的解。这种算法设计策略叫作分治算法。

分治算法所能解决的问题一般具有以下几个特征。

(1) 该问题的规模缩小到一定的程度就可以容易地解决。

(2) 该问题可以分解为若干个规模较小的相同问题，即该问题具有最优子结构性质。（前提）

(3) 利用该问题分解出的子问题的解可以合并为该问题的解。

(4) 该问题所分解出的各个子问题是相互独立的，即子问题之间不包含公共的子问题。

分治算法的三个步骤如下。

①分解：将原问题分解为若干个规模较小，相互独立，与原问题形式相同的子问题；

②解决：若子问题规模较小而容易被解决则直接解，否则递归地解各个子问题；

③合并：将各个子问题的解合并为原问题的解。

📝 范例 17-1　快速交换排序。

(1) 在 Visual C++ 6.0 中，新建名称为 "Quicksort.c" 的【Text File】文件。
(2) 在代码编辑区域输入以下代码（代码 17-1.txt）。

```
01  #include <stdio.h>
02  #include <stdlib.h>
03  int partion(int R[], int low, int high){          /* 对记录 R[low。。high] 进行一趟快速排序 */
04    int a = R[low];                /* 将枢轴记录移至数组的闲置分量 */
05    while (low < high) {                /* 从表的两端交替地向中间扫描 */
06        while (low<high&& R[high]>a)
07          high--;
08        if (low < high) {              /* 将比枢轴记录小的记录移至低端 */
09          R[low] = R[high];
10          low++;
11        }
12      while (low < high&& R[low] < a)
13          low++;
14      if (low < high) {              /* 将比枢轴记录大的记录移至高端 */
15          R[high] = R[low];
16          high--;
17        }
18    }
19    R[low] = a;              /* 枢轴记录移至正确位置 */
20    return low;              /* 返回枢轴位置 */
21  }
22  void SwapSortB(int R[], int b, int c){      /* 对数组 R 中的记录 R[b..c] 按照递增顺序进行快速排序 */
23    int i;
24    if (b < c){
25    i = partion(R, b, c);
26    SwapSortB(R, b, i - 1);
```

```
27      SwapSortB(R, i + 1, c);
28    }
29  }
30  void main()
31  {
32    int r[11] = { 34546,110, 2, 3, 54, 5, 6, 17, 8, 9, 10 };
33    int b = 0;
34    int c = 10;
35    int i;
36    SwapSortB(r, b, c);
37    for (i = 0; i < 11; i++)
38    {
39        printf("%d,", r[i]);
40    }
41    printf("\n");
42  }
```

【运行结果】

编译、连接、运行程序，即可在命令行中输出结果。

【范例分析】

此范例中，函数 partion() 的功能是区间 [low..high] 进行一次快速排序的划分，第二行代码利用 a 的空间保存枢轴元素的值。第 5~18 行代码利用循环实现一次快速排序的划分，第 6 行循环语句的功能是从后往前寻找第一个小于枢轴元素的记录，接着是把找到的元素插入到枢轴位置，第 13 行是从前向后寻找第一个大于枢轴元素的位置，14~16 行代码是为把找到的元素插入到枢轴位置。第 19 行代码则把枢轴元素插入到合适的位置。

快速排序的算法是一个递归函数实例引入一对参数 b 和 c 作为待排序区域的上下界。在执行过程中，这两个参数随着区域的划分而不断变化。

▶**17.2 动态规划算法**

动态规划算法通常用于求解具有某种最优性质的问题。在这类问题中，可能会有许多可行解。每一个可行解都对应于一个值，我们希望找到具有最优值的解。动态规划算法与分治法类似，其基本思想也是将待求解问题分解成若干个子问题，先求解子问题，然后将这些子问题的解合并得到原问题的解。与分治法不同的是，适合于用动态规划求解的问题，经分解得到的子问题往往不是相互独立的。若用分治法来解这类问题，则分解得到的子问题数目太多，有些子问题被重复计算了很多次。如果我们能够保存已解决的子问题的答案，而在需要时再找出已求得的答案，这样就能够避免大量的重复计算，进而节省大量时间。我们可以用一个表来记录所有已解的子问题的解。不管该子问题以后是否被用到，只要它被计算过，就将其结果填入表中。这就是动态规划法的基本思路。

采用动态规划求解的问题一般要具有 3 个性质。

(1) 最优化原理。如果某个问题的最优解所包含的子问题的解也是最优的，那么就称该问题具有最优子结构，即满足最优化原理。

(2) 无后效性。即某阶段状态的一旦确定，就不受这个状态以后决策的影响。也就是说，该状态以后的过程不会影响以前的状态，只与当前状态有关。

(3) 有重叠子问题。即子问题之间是不独立的，一个子问题在下一阶段决策中可能会被多次使用到。（该性质不是动态规划适用的必要条件，但是如果没有这条性质，动态规划算法同其他算法相比就不具备优势。）

动态规划算法的基本步骤如下。

①分析最优解的性质，并刻画其结构特征。

②递归的定义最优解。

③以自底向上或自顶向下的记忆化方式（备忘录法）计算出最优值。

④根据计算最优值时得到的信息，构造问题的最优解。

范例 17-2　数字三角形。

问题描述：上图给出了一个数字三角形。从三角形的顶部到底部有很多条不同的路径。对于每条路径，把路径上面的数加起来可以得到一个和，和最大的路径称为最佳路径。求出最佳路径上的数字之和。

注意：路径上的每一步只能从一个数走到下一层和它最近的左边的数或右边的数。

(1) 在 Visual C++ 6.0 中，新建名称为 "Dynamic_programming.c" 的【Text File】文件。

(2) 在代码编辑区域输入以下代码（代码 17-2.txt）。

```
01  #include <stdio.h>
02  #include <memory.h>
03  #define MAX_NUM 100
04  int D[MAX_NUM + 10][MAX_NUM + 10];
05  int N;
06  int aMaxSum[MAX_NUM + 10][MAX_NUM + 10];
07  int MaxSum( int x, int y)
08  {
09    if( x == N)   return D[x][y];
10    if( aMaxSum[r+1][y] == -1 ) /    /如果 MaxSum(x+1, y) 没有计算过
11      aMaxSum[x+1][y] = MaxSum(x+1, y);
12    if( aMaxSum[x+1][y+1] == -1)
13      aMaxSum[x+1][y+1] = MaxSum(x+1, y+1);
14    if( aMaxSum[x+1][y] > aMaxSum[x+1][y+1] )
15      return aMaxSum[r+1][j] +D[r][j];
16    return aMaxSum[x+1][y+1] + D[x][y];
17  }
18  int main(void)
19  {
20    int i;
21    int j;
```

```
22   scanf("%d", & N);        // 将 aMaxSum 全部置成 -1, 开始时所有的 MaxSum(x, y) 都没有算过
23   memset(aMaxSum, -1, sizeof(aMaxSum));
24   for( i = 1; i <= N; i ++ )
25     for( j = 1; j <= i; j ++ )
26       scanf("%d", & D[i][j]);
27   printf("%d\n", MaxSum(1, 1));
28   return 0;
29   }
```

【运行结果】

编译、连接、运行程序，输入上述数字三角形，即可在命令行中输出结果。

【范例分析】

此范例中使用了动态规划的思路，最佳路径上的每个数字到底部的那一段路径，都是从该数字出发到达到底部的最佳路径。输入的第一行是一个整数 5（N：1<N<=100），给出三角形的行数。下面的 5 行给出数字三角形，数字三角形上的数的范围都在 0 和 100 之间。本题的基本思路是：以 D(x, y) 表示第 x 行第 y 个数字 (x，y 都从 1 开始算)，以 MaxSum(x, y) 代表从第 x 行的第 y 个数字到底边的最佳路径的数字之和，则本题是要求 MaxSum(1, 1)。从某个 D(x, y) 出发，显然下一步只能走 D(x+1, y) 或者 D(x+1, y+1)。如果走 D(x+1, y)，那么得到的 MaxSum(x, y) 就是 MaxSum(x+1, y) + D(x, y)；如果走 D(x+1, y+1)，那么得到的 MaxSum(x, y) 就是 MaxSum(x+1, y+1) + D(x, y)。所以，选择往哪里走，就看 MaxSum(x+1, y) 和 MaxSum(x+1, y+1) 哪个更大了。

上述输出结果图所示，当输入三角形行数和三角形数据时，可得出最佳路径和为 30。

说明：动态规划通常用来求最优解，能用动态规划解决的求最优解问题，必须满足最优解的每个局部解也都是最优的。以本题为例，最佳路径上面的每个数字到底部的那一段路径，都是从该数字出发到达到底部的最佳路径。

▶**17.3 贪心算法**

贪心算法特是求最优解的一种常用方法，指所求问题的整体最优解可以通过一系列局部最优的选择即贪心选择来完成。也就是说，不从整体最优上加以考虑，只做出在某种意义上的局部最优解。贪心算法并不是对所有问题都能得到整体最优解，其关键是贪心策略的选择，选择的贪心策略必须具备无后效性，即某个状态以前的过程不会影响以后的状态，只与当前状态有关。

贪心算法适用的问题：贪心策略适用的前提是局部最优策略能导致产生全局最优解。但是实际上，贪心算法适用的情况很少。一般来说，对一个问题分析是否适用于贪心算法，可以先选择该问题下的几个实际实例进行分析，就可做出判断。

贪心算法的一般步骤如下。

①建立数学模型来描述问题。

②把求解的问题分成若干个子问题。

③对每一子问题求解，得到子问题的局部最优解。

④把子问题的局部最优解合成原问题的一个解。

范例 17-3　活动安排问题。

问题描述：有 n 个活动都要求使用同一资源（如教室），资源在任何时刻只允许有一个活动使用。每个活动 i 都有要求使用该资源的起始时间 si 与终止时间 fi，并且 si<fi。也就是说，如果选择了活动 i，那么它在半开区间 [si,fi) 内占用资源。如何安排活动使尽可能多的活动能够充分地使用公共资源？若区间 [si,fi) 与区间 [si,fi) 不重叠，则称活动 i 与活动 j 相容，也就是说，当 si ≥ fi 时，活动 i 与活动 j 相容。如此一来，活动安排问题就成为所给定活动集合中，选出最大的相容活动子集。

(1) 在 Visual C++ 6.0 中，新建名称为 "Greedy.c" 的【Text File】文件。

(2) 在代码编辑区域输入以下代码（代码 17-3.txt）。

```c
01 #include <stdio.h>
02 void main()
03 {
04     int act[11] [3]={{1,1,4},{2,3,5},{3,0,6},{4,5,7},{6,5,9},
05             {7,6,10},{8,8,11},{9,8,12},{10,2,13},{11,12,14}};
06     greedy(act,11);
07     getch();
08 }
09 int greedy(int *act,int n)
10 {
11     int i,j,no;
12     j=0;
13     printf(" 活动安排: \n");
14     no=0;
15     printf(" 活动 %2d: 开始时间 %3d, 结束时间 %3d\n",act[no],act[no+1],act[no+2]);
16     for(i=1;i<n;i++)
17     {
18         no=i*3;
19         if(act[no+1]>=act[j*3+2])
20         {
21             j=1;
22             printf(" 活动 %2d: 开始时间 %3d,, 结束时间 %3d\n",act[no],act[no+1],act[no+2]);
23         }
24     }
25 }
```

【运行结果】

编译、连接、运行程序，即可在命令行中输出结果。

【范例分析】

i	1	2	3	4	5	6	7	8	9	10	11
s_i	1	3	0	5	3	5	6	8	8	2	12
f_i	4	5	6	7	8	9	10	11	12	13	14

本范例利用贪心算法解决了活动安排的问题。如上表所示，将活动按结束时间的升序进行排列，并重新进行编号，然后进行如下的贪心选择过程：首先选取活动1，然后依次检查活动i是否与当前已经选中的所有活动相容；如果相容，就加入到已经选择的活动集合中；否则，继续检查下一个活动的相容性。

由于活动是按完成时间的升序进行排列的，所以上述活动的过程总是选择具有最早完成时间的相容活动。它在直观上为未安排的活动留下了尽可能多的时间，也就是说，使剩余的可安排时间极大化，以便接待尽可能多的相容活动。实验证明，上述活动安排的贪心选择过程得到的是一个最优解。

▶17.4 回溯算法

回溯算法是一种选优搜索法，按选优条件向前搜索，以达到目标。但当探索到某一步时，发现原先选择并不优或达不到目标，就退回一步重新选择，这种走不通就退回再走的技术为回溯法，而满足回溯条件的某个状态的点称为"回溯点"。

回溯算法的基本思想：在包含问题的所有解的解空间树中，按照深度优先搜索的策略，从根节点出发深度探索解空间树。当探索到某一节点时，要先判断该节点是否包含问题的解，如果包含，就从该节点出发继续探索下去，如果该节点不包含问题的解，则逐层向其根节点回溯。（其实回溯法就是对隐式图的深度优先搜索算法。）

若用回溯法求问题的所有解时，要回溯到根，且根节点的所有可行的子树都要被搜索一遍才结束。而若使用回溯法求任一个解时，只要搜索到问题的一个解就可以结束。

回溯算法的一般步骤如下。

①针对所给问题，确定问题的解空间：首先应明确定义问题的解空间，问题的解空间应至少包含问题的一个（最优）解。

②确定节点的扩展搜索规则。

③以深度优先方式搜索解空间，并在搜索过程中用剪枝函数避免无效搜索。

范例 17-4　院系内有a、b、c、d、e、f、g共七位老师，在一星期（周一至周日）每人轮流值班一天。现在已知：

　　　　　　1.a比c晚一天值班；
　　　　　　2.d比e晚2天值班；
　　　　　　3.b比g早3天值班；
　　　　　　4.f的值班日在b和c的中间，且是星期四。

请确定每天究竟是哪位老师在值班。

(1) 在 Visual C++ 6.0 中，新建名称为 "Duty.c" 的【Text File】文件。

(2) 在代码编辑区域输入以下代码（代码17-4.txt）。

```
01 #include <stdio.h>
02 int a[8];
03 Char *day[]={"","MONDAY","TUESDAY","WEDNESDAY","THURSDAY","FRIDAY",
04     "SATURDAY","SUNDAY"}; /* 建立星期表 */
05 main(){
06     int i,t,j;
```

```
07  a[4]=6;              /* 星期四是 f 值班 */
08  for(i=1;i<=3;i++){
09    a[i]=2;            /* 假设 b 值班的日期 */
10    if(!a[i+3])
11      a[i+3]=7;        /* 若 3 天后无人值班则安排 g 值班 */
12    else{
13      a[i]=0;
14      continue;
15    }                  /* 否则 b 值班的日期不对 */
16    for(t=1;t<=3;t++){  /* 假设 e 值班的时间 */
17      if(!a[t])
18        a[t]=5;        /* 若当天无人值班则安排 e 值班 */
19      else continue;
20      if(!a[t+2])      /* 若 e 值班 2 天后无人值班则应为 d*/
21        a[t+2]=4;
22      else{
23        a[t]=0;
24        continue;
25      }                /* 否则 e 值班的日期不对 */
26      for(j=5;j<7;j++){
27        if(!a[j])
28          a[j]=3;      /* 若当天无人值班则安排 c 值班 */
29        else
30        continue;
31        if(!a[j+1])
32          a[j+1]=1;    /*c 之后 1 天无人值班则应当是 a 值班 */
33        else {
34          a[j]=0;
35          continue;
36        }              /* 否则 a 安排值班日期不对 */
37        for(i=1;i<=7;i++)
38        printf(" 老师 %c 在 %s 值班。\n",'a'+a[i]-1,day[i]);
39      }
40    }
41  }
42 }
```

【运行结果】

编译、连接、运行程序，即可在命令行中输出结果。

【范例分析】

在本例中，由于整型量比较容易操作，解决问题的时候用数组元素的下标 1~7 表示周一至周日，用数组元素的值 1~7 表示 a~f 位老师。程序第三行首先定义一个指针数组 day，并对其初始化。第七行代码表示星期四是 f 值班，程序中用四层 for 循环来控制值班情况，最后得出值班安排。通过本利可以看出，利用回溯算法解决问题就是对问题进行不断的尝试，然后给出相应的解决方法。在实际问题的处理过程中，各种解决问题的算法都不是单独存在的。

▶ 17.5 高手点拨

在算法设计的常用思路的学习中，注意以下几点。

(1) 利用分治算法设计程序时的思维过程实际上就是类似于数学归纳法，首先一定要找到最小问题规模时的求解方法；然后考虑随着问题规模增大时的求解方法；找到求解的递归函数式（各种规模或因子），设计递归程序。

(2) 使用分治法求解的一些经典问题有二分搜索、大整数乘法、Strassen 矩阵乘法、棋盘覆盖、合并排序、快速排序、线性时间选择、最接近点对问题、循环赛日程表、汉诺塔。

(3) 用动态规划解题时，将和子问题相关的各个变量的一组取值，称之为一个"状态"。一个"状态"对应于一个或多个子问题，所谓某个"状态"下的"值"，就是这个"状态"所对应的子问题的解。比如上述范例中的数字三角形，子问题就是"从位于 (r, j) 数字开始，到底边路径的最大和"。这个子问题和两个变量 r 和 j 相关，那么一个"状态"，就是 r, j 的一组取值，即每个数字的位置就是一个"状态"。该"状态"所对应的"值"，就是从该位置的数字开始，到底边的最佳路径上的数字之和。定义出什么是"状态"，以及在该"状态"下的"值"后，就要找出不同的状态之间如何迁移，即如何从一个或多个"值"已知的"状态"，求出另一个"状态"的"值"。状态的迁移可以用递推公式表示，此递推公式也可被称作"状态转移方程"。对于同一个问题，分解成子问题的办法可能不止一种，因而"状态"也可以有不同的定义方法。不同的"状态"定义方法可能会导致时间、空间效率上的区别。

(4) 贪心算法只能通过解局部最优解的方法来达到全局最优解，因此，在解决问题时一定要注意判断问题是否适合采用贪心算法，找到的解是否一定是问题的最优解。

(5) 用贪心算法求解问题应该考虑如下几个方面。①候选集合 C：为了构造问题的解决方案，有一个候选集合 C 作为问题的可能解，即问题的最终解均取自于候选集合 C。②解集合 S：随着贪心选择的进行，解集合 S 不断扩展，直到构成一个满足问题的完整解。③解决函数 solution：检查解集合 S 是否构成问题的完整解。④选择函数 select：即贪心策略，这是贪心算法的关键，它指出哪个候选对象有希望构成问题的解，选择函数通常和目标函数有关。⑤可行函数 feasible：检查解集合中加入一个候选对象是否可行，即解集合扩展后是否满足约束条件。

(6) 回溯算法通常用递归方法来实现，在反复重复上述的步骤后可能出现两种情况。①找到一个可能存在的正确的答案。②在尝试了所有可能的分步方法后宣告该问题没有答案。在较坏的情况下，回溯法会导致一次复杂度为指数时间的计算。

适用范围：在包含问题的所有解的解空间树中，按照深度优先搜索的策略，从根节点出发深度探索解空间树。

(7) 使用回溯算法求解的一些经典问题：N 皇后问题、稳定婚姻问题、点着色问题、子集和数问题、跳马问题、最长路径问题和强连通分支问题等。

▶ 17.6 实战练习

1. 用分治算法实现求数组 {4,1,9,8,5,6,7,3,10,2} 的逆序对数。

2. 动态规划求最长公共子序列。

输出要求：对每组输入数据，输出一行，给出两个序列的最长公共子序列的长度。

输入样例 abcfbc   abfcab

　　　　　　programming contest

　　　　　　abcd   mnp

输出样例：4 2 0

3.有一个背包，背包容量是 M=150。有 7 个物品，物品可以分割成任意大小。

要求尽可能让装入背包中的物品总价值最大，但不能超过总容量。

物品	A	B	C	D	E	F	G
重量	35	30	60	50	40	10	25
价值	10	40	30	50	35	40	30

分析：

目标函数：$\sum p_i$ 最大。

约束条件是装入的物品总重量不超过背包容量：$\sum w_i <= M(M=150)$。

(1)根据贪心的策略，每次挑选价值最大的物品装入背包，得到的结果是否最优？

(2)每次挑选所占空间最小的物品装入是否能得到最优解？

(3)每次选取单位容量价值最大的物品，成为解本题的策略。

4.输入 m 和 n（20 ≥ m ≥ n ≥ 0）求出满足一下方程式的正整数数列 i_1，i_2，i_3…，i_n，使得 $i_1+i_2+i_3+\cdots+i_n=m$，且 $i_1 \geq i_2 \geq \cdots \geq i_n$。例如当 n=4，m=8 时，将得到如下 5 个数列：

　　　　　　5111 4211 3311 3221 2222

第 **18** 章

算法竞赛实例

算法在很多不同的场景下能够得到重用。好的算法就如同好的工具一样，以合理的方法来完成相应的工作。在解决问题时，算法能够提供一定程度的抽象性，很多看似复杂的问题都可以用已存在的算法来简化。当我们能够用简化的眼光去看待复杂的问题时，复杂的问题就可以看作一个简单问题的抽象。而很多著名的算法解决的问题都是由复杂的问题抽象而来的，这就使得很多复杂的算法问题能够迎刃而解。

本章要点（已掌握的在方框中打钩）

- □ 衡量程序质量的标准
- □ Hilber 曲线
- □ 验证四色定理
- □ n 女王问题
- □ 跳马问题
- □ 生成全部排列及其应用
- □ 贪吃蛇游戏
- □ 快速排序
- □ 幻方
- □ 高精度计算

▶ 18.1 衡量程序质量的标准

一个好的程序编写规范是高质量程序的保证。"清晰"与"高效"是衡量程序质量的主要标准。清晰、规范的源程序不仅仅是方便阅读，更重要的是能够便于检查程序中的错误，提高调试效率，从而保证软件的质量和可靠性。

01 代码书写规范

对函数进行定义时，每个函数的定义和说明都应该从第 1 列开始书写。函数名（包括参数表）和函数体的花括号（"{"和"}"）应该各占一行。在函数体结尾的括号（"}"）后面应该加上注释，注释中应包括函数名，这样比较方便进行括号配对检查，也可以清晰地看出来函数是否结束。

① 函数的声明

```
01   void sort(int n)
02   {
03   ……
04   } /* sort*/
```

对于嵌套式的语句，即语句块（如 if、while、switch 等）应该包括在花括号中。花括号的左括号应该单独占一行，并与关键字对齐。对比较长的语句块，建议在末尾的花括号后加上注释来表明该语句块结束。

② 嵌套语句格式

```
01   if (a < max)
02   {
03     if (a != 0)
04     {
05       func(a);
06     }
07   }
08   else
09   {
10     error( "a is too big." );
11   } /* if (a < max) */
```

02 注释书写规范

注释是源代码程序中非常重要的一部分。注释的原则是有助于对程序的阅读理解，注释必须准确、简洁、易懂。注释不宜太多也不宜太少，注释的内容要清楚、明了，含义准确，防止注释二义性，该加的地方一定要加，但不必要的地方一定不要加。

以下为几种注释样式。

```
/*
 ********************************************
 * 强调注释
 ********************************************
 */
```

```
/*
 * 块注释
 */
```

```
/* 单行注释 */
```

```
int i; /* 行末注释 */
```

03 命名规范

变量命名的基本原则：

可以选择有意义的英文（小写字母）组成变量名，使读者看到该变量就能大致清楚其含义。

- 不要使用人名、地名和汉语拼音。
- 如果使用缩写，应该使用那些约定俗成的，而不是自己编造的。
- 多个单词组成的变量名，除第一个单词外的其他单词首字母应该大写。如 dwUserInputValue。

函数的命名原则与变量命名原则基本相同。

符号常量的命名要用大写字母表示。如 #define INTEGER 10。

▶18.2　Hilbert 曲线

📝 范例 18-1　Hilbert曲线

【范例描述】

　　Hilber 曲线是一种奇妙的曲线，只要恰当地选择函数，就能画出一条连续的参数曲线，当参数 t 在 [0,1] 取值时，曲线将遍历单位正方形中所有的点，得到一条充满空间的曲线。 Hilbert 曲线是一条连续而又不可导的曲线。其构造方法如图：取一个正方形并且把它分出 9 个相等的小正方形，然后从左下角的正方形开始至右上角的正方形结束，依次把小正方形的中心用线段连接起来；下一步把每个小正方形分成 9 个相等的正方形，然后上述方式把其中中心连接起来……将这种操作手续无限进行下去，最终得到的极限情况的曲线就被称作 Hilbert 曲线。

　　说明：因需要 graphics.h 头文件，因此在运行该程序之前，首先安装 EasyX 插件。

【实现过程】

(1) 在 Visual C++ 6.0 中，新建名称为 "Hilber.cpp" 的【Text File】文件。

(2) 引用头文件，进行数据类型的指定并声明程序中自定义的函数。代码如下：

```
01  #include<stdio.h>
02  #include <graphics.h>
03  int n,x,y,j;
04  int driver=DETECT,mode;
05  void a(int i);
06  void b(int i);
07  void c(int i);
08  void d(int i)
```

(3) 自定义函数 a()，b()，c()，d() 进行划线。代码如下：

```
09  void a(int i)
10  {
11     if (i==0) return;  /* 递归结束的条件，H0 已退化为一个点 */
12     d(i-1); line(x,y,x-j,y); x-=j;  /* 调用划线函数 */
13     a(i-1); line(x,y,x,y+j); y+=j;
14     a(i-1); line(x,y,x+j,y); x+=j;
15     b(i-1);
16  }
17  void b(int i)
18  {
19     if (i==0) return;
20     c(i-1); line(x,y,x,y-j); y-=j;
21     b(i-1); line(x,y,x+j,y); x+=j;
22     b(i-1); line(x,y,x,y+j); y+=j;
```

```
23        a(i-1);
24    }
25    void c(int i)
26    {
27      if (i==0) return;
28      b(i-1); line(x,y,x+j,y); x+=j;
29      c(i-1); line(x,y,x,y-j); y-=j;
30      c(i-1); line(x,y,x-j,y); x-=j;
31      d(i-1);
32    }
33    void d(int i)
34    {
35      if (i==0)  return;
36      a(i-1); line(x,y,x,y+j); y+=j;
37      d(i-1); line(x,y,x-j,y); x-=j;
38      d(i-1); line(x,y,x,y-j); y-=j;
39      c(i-1);
40    }
```

(4) 程序主要代码如下：

```
41    main()
42    {
43      int i;
44      printf( "input n(2--7):\n"   "Sequentially Press ' ' and 'enter', for end.\n" );
45      /* 显示图形后，依次按空格键或回车键可结束程序的运行 */
46        scanf("%d",&n);
47      initgraph(&driver,&mode,"");  /* 初始化图形系统函数 */
48      j=400;
49      for (i=1;i<=n;i++)
50        j/=2;    /*j 为图形中最短的线段长度 */
51      x=400-(j/2);y=80+(j/2);   /*x.y 为图形的起点坐标 */
52      i=n;
53      a(i);
54      while((getchar())!=' ');
55        closegraph();
56    }
```

【技术要点】

graphics.h 是 TC 里面的图形库，如果要用的话应该用 TC 来编译，VC++ 有它自己的另外图形库。分为像素函数、直线和线型函数、多边形函数、填充函数等。在 VC++ 环境中使用 graphics.h 需安装插件标准 EasyX。Hilber 曲线有两个特点。①都可以一笔画出。②曲线 Hi+1 是由四个适当方向的 H 曲线，用 3 条线段连接而成的。本范例利用递归法实现了 Hilber 曲线的生成。

【运行结果】

编译、连接、运行程序，即可在命令行中输出程序运行结果。

▶ 18.3 验证四色问题

📑 范例 18-2　　四色问题

【范例描述】

四色问题又称四色猜想、四色定理，是世界近代三大数学难题之一。四色问题的内容是"任何一张地图只用四种颜色就能使具有共同边界的国家着上不同的颜色。"也就是说在不引起混淆的情况下一张地图只需四种颜色来标记就行。用数学语言描述即"将平面任意地细分为不相重叠的区域，每一个区域总可以用1、2、3、4 这四个数字之一来标记而不会使相邻的两个区域得到相同的数字。"

【实现过程】

(1) 在 Visual C++ 6.0 中，新建名称为 "four_colour_theorem.c" 的【Text File】文件。

(2) 引用头文件，定义常量 N。代码如下：

```
01  #include<stdio.h>
02  #define N 21
```

(3) 按照编号从小到大的顺序检查每个城市，对每个城市从1到4使用4种颜色着色，若当前颜色可用（即与相邻城市颜色不相同）则着色；否则尝试下一种颜色。

```
03  void color(int metro[N][N],int r_color[N],int sum){
04    int i,j,k;
05    for(i=1;i<=sum;i++)/* 检查所有城市 */
06      for(j=1;j<=4;j++)/* 对每个城市尝试 4 种颜色的着色方案 */
07      {
08      r_color[i]=j;/* 尝试着色 */
09      for(k=1;k<i;k++)/* 检查是否与相邻城市颜色相同 */
10        if(metro[i][k]==1&&r_color[k]==r_color[i])
11          break;/* 相同则跳出，此时有 k<i，则下面条件不成立，继续尝试下一种颜色 */
12        if(k>=i)/* 若不相同，则使用当前颜色，并检查下一个城市 */
13          break;
14      }
15  }
```

(4) 把地图上的每个城市抽象为一个点，并给每个城市编号，相邻的城市之间用直线连接矩阵，若第 i 个城市与第 j 个城市相邻，则 metro[i][j]=1，否则 metro[i][j]=0。程序主要代码如下：

```
16  void main()
```

```
17  {
18      int r_color[N]={0};
19      int i;
20      /* 定义地图 */
21      int metro[N][N]={{0},/* 邻接矩阵 */
22              {0,1,1,1,1,1,1,1},
23              {0,1,1,1,1},
24              {0,1,1,1,0,0,1},
25              {0,1,1,0,1,1},
26              {0,1,0,0,1,1,1,0,0,1,0,0,0,0,0,1},
27              {0,1,0,1,0,1,1,1,1,1},
28              {0,0,0,0,0,0,1,1,1},
29              {0,0,0,0,0,1,1,1,1,0,0,1},
30              {0,0,0,0,0,1,1,0,1,1,0,0,1,1,1,0,1},
31              {0,0,0,0,0,0,0,0,0,0,1,1,0,1,0,1,0,0,0,1},
32              {0,0,0,0,0,0,0,0,0,0,1,1,1,1,0,0,0,0,0,1},
33              {0,0,0,0,0,0,0,0,1,1,0,1,1,1,0,0,0,0,1,1},
34              {0,0,0,0,0,0,0,0,0,1,1,1,1,1,1,1,1},
35              {0,0,0,0,0,0,0,0,0,1,0,0,1,1,1,1},
36              {0,0,0,0,0,0,0,0,0,1,0,0,1,1,1,1,1,1,0,1},
37              {0,0,0,1,0,0,0,1,0,0,0,1,1,1,1},
38              {0,0,0,0,0,0,0,0,0,0,0,1,1,1,1,1},
39              {0,0,0,0,0,0,0,0,0,0,0,0,0,1,1,1},
40              {0,0,0,0,0,0,0,0,0,1,1,1,0,0,1,0,0,1,1,1},
41              {0,0,0,0,0,0,0,0,0,0,1,0,0,0,0,0,0,1,1}};
42      color(metro,r_color,20);
43          printf("n");
44          for(i=1;i<=20;i++)/* 输出着色方案 */
45              printf("%3d",r_color[i]);
46      printf("\n");
47  }
```

【技术要点】

在验证之前，首先要定义城市地图，并将它们编号，以便于后续的排序。定义地图之后，每个区块只包含一个编号数据（这个编号可以是地名或者数字），用来区分该区块和其他区块的不同。另外要着色，还要考虑该区块和其他区块连接的情况，然后就是区块本身的颜色。最后遍历校验模块按照顺序检查所有的城市和其相邻的城市是否存在同色的情况并输出着色方案。

【运行结果】

编译、连接、运行程序，即可在命令行中输出程序运行结果。

▶18.4 n 女王问题

范例 18-3　n女王问题

【范例描述】

要在一个 N×N 的国际象棋棋盘中，怎样放置 N 个女王才能使 N 个女王之间不会互相有威胁且共同存在于棋局中，即在 N×N 个格子的棋盘中没有任何两个女王是在同一行、同一列、同一斜线上。

【实现过程】

(1) 在 Visual C++ 6.0 中，新建名称为 "Queen.c" 的【Text File】文件。

(2) 引用头文件，进行宏定义及数据类型的指定。代码如下：

```
01  #include<stdio.h>
02  #include<stdio.h>
03  #define N 1000      /* 定义常量 N*/
04  int n;             /* 定义整形变量以及整形数组 */
05  int x[N];
06  int sum;
```

(3) 自定义函数 abs()，判断 m 值的正负。代码如下：

```
07  int abs(int a)/* 返回整型数据的绝对值 */
08  {
09  return a>0?a:-a;/* 判断 a 的值，如果大于 0，则返回 a，如果小于 0，则返回 -a*/
10  }
```

(4) 自定义 Place() 函数，用来判断棋盘中满足要求的位置。代码如下：

```
11  int Place(int k)
12  {    /* 判断第 k 行的每一列是否有元素满足要求 */
13    int j,a=0;
14    for(j=1;j<k;j++){
15      if((abs(k-j)==abs(x[k]-x[j]))||(x[j]==x[k]))
16      /* 如果 k-j 的绝对值 =（x 数组中第 j 项 - 第 k 项）的绝对值或 x 数组中第 j 项 - 第 k 项，返回 0*/
17        return 0;
18    }
19    return 1;
20  }
```

(5) 自定义 backtrack() 函数，记录满足位置的组合数。代码如下：

```
21  backtrack()
22  {    /* 设计方法实现满足女王位置摆放的所有组合数，通过循环方法实现 */
23    int k=1;
24    x[1]=0;
25    while(k>0){
26      x[k]+=1;
27      while((x[k]<=n)&&!(Place(k)))/* 寻找能够放置女王的位置 */
28        x[k]+=1;
29      if(x[k]<=n)        /* 找到位置 */
30        if(k==n) sum++;   /* 当 K 达到所输入的女王数，说明摆放成功，总数组数加 1*/
31        else{
32          k++;          /* 否则摆放的棋子数加 1*/
33          x[k]=0;
34        }
35      else k--;        /* 否则摆放的位置不对，需要回退回去 */
36    }
37  }
```

(6) 自定义 nQueen() 函数，记录排列方法数量之和并返回 sum。代码如下：

```
38   int nQueen()
39   {       /* 调用 backtrack() 求得 N 女王的总共排列方法数量之和 */
40       int i;
41       sum=0;
42       for(i=0;i<=n;i++)
43           x[i]=0;
44           backtrack();
45           return sum;
46   }
```

(7) 程序主要代码如下：

```
47   int main()
48   {/* 在主函数中实现算法，输出总共找到多少组解 */
49       int a;
50       printf(" 请输入女王的数量 n: ");
51       scanf("%d",&n);
52       a=nQueen();
53       printf("\n 共找到 %d 组解！ \n",a);
54   }
```

【技术要点】

把棋盘存储为一个 N 维数组 a[N]，数组中第 i 个元素的值代表第 i 行的女王位置，这样便可以把问题的空间规模压缩为一维 O(N)，在判断是否冲突时也很简单，首先每行只有一个女王，且在数组中只占据一个元素的位置，行冲突就不存在了，其次是列冲突，判断一下是否有 a[i] 与当前要放置女王的列 j 相等即可。至于斜线冲突，通过观察可以发现所有在斜线上冲突的女王的位置都有规律即它们所在的行列互减的绝对值相等。这样某个位置是否可以放置女王的问题就解决了。

【运行结果】

编译、连接、运行程序，即可在命令行中输出程序的运行结果。

▶18.5 跳马问题

📝 范例 18-4   跳马问题

【范例描述】

有一只中国象棋中的 " 马 "，在半张棋盘的左上角出发，向右下角跳去。规定只许向右跳（可上，可下，但不允许向左跳）。请编程求从起点 A(1,1) 到终点 B(m,n) 共有多少种不同跳法。为了便于理解，本范例描述了从起点（1，1）到终点（10，10）之间不同的跳法。

【实现过程】

(1) 在 Visual C++ 6.0 中，新建名称为 "Vaulting_horse.c" 的【Text File】文件。

(2) 引用头文件、数据类型的指定并声明程序中自定义的函数。代码如下：

```
01   #include<stdio.h>
02   #include <stdlib.h>
03   typedef struct node{          // 定义结构体变量
04   int x, y;
05   struct node *nextStem;
06   }
07   stepNode;
08   stepNode *n;
09   stepNode* arrProcess[100];
10   int count = 0;
11   int func(int, int, stepNode*);    // 统计所有的跳法
```

(3) 程序主要代码如下：

```
12   int main(){
13   int destX, destY;                    // 定义坐标 X，Y 的数据类型
14   int i, flag;
15   stepNode *m;
16   printf(" 请输入想要到达的点的坐标 (0<x<10, 0<y<10)：\n");// 打印输入需要到达的目标位置
17     scanf("%d%d", &destX, &destY);
18     flag = func(destX, destY, NULL);
19     if(flag == 0){        // 如果输入的坐标超过打印出来的坐标，会有如下提示
20      printf(" 跳不到点 (%d,%d)!\n", destX, destY);
21     }else{                  // 如果输入的坐标在范围之内，将判断跳法的种数
22      printf(" 共有 %d 种跳法 \n", count);  // 输出跳法种数
23      for(i=0; i<count; i++){          // 遍历每一种跳法
24        printf(" 第 %d 种方法：\n", i+1);
25        for(m=arrProcess[i]; m!=NULL; m=m->nextStep)
26          printf("(%d,%d)\t", m->x, m->y);
27        printf("\n");
28      }
29    }
30   }
```

(4) 最后是自定义的函数 func()，该函数统计出从起点到输入的终点的所有走法。代码如下：

```
31   int func(int x, int y, stepNode *m){
32   int flag1, flag2, flag3, flag4;
33   if(x<0 || x>9|| y<0 || y>9) return 0;  // 定义 9×9 格棋子，当输入的数字超出该棋子时，返回 0。
34     n = (stepNode*)malloc(sizeof(stepNode)); // 申请一个 stepNode 结构大小的内存空间
35     n->x = x;
36     n->y = y;
37     n->nextStep = m;
38     m = n;
39     if(x==0 && y==0){            // 如果输入的 X，Y 都为 0，则返回 1
40       arrProcess[count++] = n;
41       return 1;
42     }
43     flag1 = func(x-1, y-2, m);
44     flag2 = func(x-2, y-1, m);
45     flag3 = func(x-2, y+1, m);
46     flag4 = func(x-1, y+2, m);
47     if(flag1+flag2+flag3+flag4 == 0){
48       free(m);
```

```
49    return 0;
50   }else{
51    return 1;
52   }
53   return 0;
54  }
```

【技术要点】

用回溯法解决跳马问题的基本思想是：首先从起点开始，跨第一步时先做出选择，再判断，再跨出下一步，重复上述过程，每一步的跨出都会离目的地越来越近。但当到不了目的地时，如果可以做出新的选择，则重新跨出，否则再退，以此类推。上述过程可以借助于图形来模拟，首先要清楚整个过程，接下来便是每一步的语言描述及记录，否则回退时不便于做出新的选择。

【运行结果】

编译、连接、运行程序，输入想要到达点的坐标，即可在命令行中输出程序运行结果。

18.6 生成全部排列及其应用

范例 18-5   全排列

【范例描述】

输入一个字符串，打印出该字符串中字符的所有排列。如输入 abc，输出 abc、acb、bac、bca、cba、cab。

【实现过程】

(1) 在 Visual C++ 6.0 中，新建名称为 "Permutations.c" 的【Text File】文件。

(2) 引用头文件，声明程序中自定义的函数。代码如下：

```
01  #include<stdio.h>
02  void perm (char * list , int i, int n );
03  void swap(char *,char * , char temp);
```

(3) 首先定义函数 shift()，将字符串左移一位，首位存到末尾。代码如下：

```
04  void perm(char * list,int i , int n )     /* 三层循环实现全排列 */
05  {
06      int j,temp=0;                      /* 定义整形变量 */
07      if(i==n)
08      {
09        for(j=0;j<=n;j++)
10          printf("%c",list[j]);
11        printf("\n");
12      }
```

```
13    else{
14      for(j=i;j<=n;j++)
15      {
16        swap(&list[i],&list[j],temp);       /* 调用函数组成新排列 */
17        perm(list,i+1,n);                   /* 递归调用 */
18        swap(&list[i],&list[j],temp);
19      }
20    }
21  }
```

(4) 然后定义函数 swap()，将已排好的数据进行全排列。代码如下：

```
22  void swap(char * a,char * b ,char temp)        /*swap 函数实现交换两个数 */
23  {
24    if(a==b)                        /*a==b 时不需要交换 */
25      return;
26    temp=*a;
27    *a=*b;
28    *b=temp;
29  }
```

(5) 程序主要代码如下：

```
30  int main()                     /* 主函数调用 perm 函数实现最终全排列 */
31  {
32    char shit[4]="abc";
33    perm(shit, 0, 2);
34    return 0;
35  }
```

【技术要点】

本实例使用递归调用实现了字符串的全部排列。首先 perm 函数接受参数 i=0，n=2，然后直接跳转到 else 语句中的 for 循环，接着 swap 函数直接 return；然后进入第一层递归，第一层递归的参数 i=1，n=2，又是 else 语句中的 for 循环，j=1，i=1，swap 又是直接 return；然后进入第二层递归，参数 i=2，进入 if 语句，输出 "abc"；然后退出第二层递归，返回第一层递归，依此类推。

【运行结果】

编译、连接、运行程序，即可在命令行中输出程序运行结果。

▶18.7 贪吃蛇游戏

📝 范例 18-6   贪吃蛇游戏

【范例说明】

贪吃蛇游戏的基本规则是，通过按键盘上的 W、S、A、D 键来控制蛇运行的方向，当蛇将食物吃了之后自己的身体长度会自动增长，当蛇撞到自己的身体之后则蛇会死，此时游戏结束。本范例为了增加游戏乐趣，当蛇撞墙之后，蛇不会死，而是接着从墙的另一侧出来。当蛇向右运行时，按向左键将不改变蛇的运行方向，蛇继续向右运行；同理当蛇向左运行时，按向右键也不改变蛇的运行方向，蛇继续向左运行；当蛇向上运行或向下运行时，原理同向左向右运行。

【实现过程】

(1) 在 Visual C++ 6.0 中，新建名称为 "Gluttonous_snake.c" 的【Text File】文件。

(2) 引用头文件，代码如下：

```
01  #include<stdio.h>
02  #include <stdlib.h>
03  #include <time.h>
04  #include <conio.h>
```

(3) 定义结构体，Node 是定义贪吃蛇基本信息的结构体，Food 是表示食物基本信息的结构体。代码如下：

```
05  struct Node
06  {
07    int x;
08    int y;                /* 蛇身节点位置的数据类型 */
09    struct Node *pre;
10    struct Node *next;     /* 双向链表，控制蛇身运动的一致性 */
11  };
12  struct Food
13  {
14    int x;
15    int y;
16    char c;
17  };
```

(4) main 函数作为程序的入口函数，代码如下：

```
18  void main()
19  {
20    int a[15][15]={0};            /* 定义布局范围大小 */
21    int m,n,t,flag=0;
22    char c='d',c1='d';           /* 设置蛇的初始方向 */
23    struct Food food={5,8,'A'};   /* 设置食物的初始位置 */
24    int gameover=0;              /*key data*/
25    struct Node *head,*p,*rear,*pt;
26    head=(struct Node *)malloc(sizeof(struct Node));
27    head->x=5;            /* 设置蛇头初始 x 坐标 */
28    head->y=8;            /* 设置蛇头初始 y 坐标 */
29    head->pre=NULL;
30    head->next=NULL;
31    rear=head;
32    srand((unsigned)time(NULL));   /* 时间函数，初始化随机种子 */
33    while(1)
34    {
35      if(food.x==head->x && food.y==head->y)
36      {
```

```
37      p=(struct Node *)malloc(sizeof(struct Node)); /* 产生增长段 */
38      pt=head;
39      while(pt->next!=NULL)
40        pt=pt->next ;    /* 找出蛇体增长位置 t 为尾指针 */
41        p->pre= pt;
42        pt->next = p;
43        p->next=NULL;
44        rear=p;        /* 尾指针 */
45      food.x=rand()%15;   /* 下一次的食物在 15 的范围内随机分配 */
46      food.y=rand()%15;
47      food.c=65+rand()%26;
48      flag=1;
49      t=0;
50    while(flag==1)          /* 随机产生食物 */
51    {
52      if(t>5)
53        break;
54        flag=0;
55        pt=head;
56      while(pt!=NULL)
57        {
58          if(food.x==pt->x && food.y==pt->y)
59          {
60            flag=1;
61            food.x=rand()%15;
62            food.y=rand()%15;
63            break;
64          }
65          pt=pt->next;
66        }
67      t++;
68    }
69    if(t>5)               /* 控制蛇的移动 */
70    {
71      if(c=='d')
72      {
73        food.x=head->x+1;
74        food.y=head->y;
75        if(food.x>=15)
76          food.x-=15;
77      }
78      else if(c=='a')
79      {
80        food.x=head->x-1;
81        food.y=head->y;
82        if(food.x<0)
83          food.x+=15;
84      }
85      else if(c=='w')
86      {
87        food.x=head->x;
```

```
88        food.y=head->y+1;
89        if(food.y>=15)
90          food.y-=15;
91      }
92    else if(c=='s')
93      {
94      food.x=head->x;
95      food.y=head->y-1;
96      if(food.y<0)
97          food.y+=15;
98      }
99    }
100  }
101  if(kbhit())        /* 检查键盘有无按下 */
102  {            /*kbhit() 可以保证循环时可以连续地以非阻塞方式从缓冲区读入字符 */
103    c1=getch();    /* 清除缓存，从缓冲区读入一个字符 */
104    if(c1==27)        /* 按【Esc】键退出 */
105      break;
106    if(c1!='d' && c1=='a')      /* 判断方向按键 */
107      c=c1;
108    else if(c1!='a' && c1=='d')
109      c=c1;
110    else if(c1!=' w '  && c1==' s ')
111      c=c1;
112    else if(c1!=' s '  && c1==' w ')
113      c=c1;
114  }
115  pt=rear;
116  while(pt!=head )        /* 蛇身跟随蛇头移动 */
117  {
118    pt->x=pt->pre->x;
119    pt->y=pt->pre->y;
120    pt=pt->pre;
121  }
122  if(c=='d')          /* 通过按键蛇头移动，并且可以穿屏 */
123  {
124    head->y+=1;
125    if(head->y>=15)
126      head->y-=15;
127  }
128  else if(c=='a')
129  {
130    head->y-=1;
131    if(head->y<0)
132      head->y+=15;
133  }
134  else if(c=='w')
135  {
```

```
136    head->x-=1;
137    if(head->x<0)
138       head->x+=15;
139  }
140  else if(c=='s')
141  {
142    head->x+=1;
143    if(head->x>=15)
144       head->x-=15;
145  }
146  pt=head->next;
147  while(pt!=NULL)          /* 判断蛇头是否撞到蛇身 */
148  {
149    if(head->x==pt->x && head->y==pt->y)
150    {
151       gameover=1;        /* 当蛇头与蛇身相遇时游戏结束 */
152       break;
153    }
154    pt=pt->next ;
155  }
156  if(gameover==1)
157    break;
158  system("cls");           /* 清屏 */
159  printf(" ——————————————————————— \n");/* 显示游戏界面 */
160  for(m=0;m<15;m++)
161  {
162    printf(" | ");
163    for(n=0;n<15;n++)       /* 打印循环开始, 也是游戏的可视化布局 */
164    {
165      flag=0;
166      pt=head;
167      while(pt!=NULL)       /* 输出当前的蛇身体 */
168      {
169        if(m==pt->x && n==pt->y)
170        {
171          if(pt==head)
172            printf(" ■ ");  /* 当 pt=head 时, 在那个位置打出头标 */
173          else
174            printf(" □ ");  /* 或者打出身标 */
175          flag=1;
176          break;
177        }
178        pt=pt->next;        /* 一直找, 知道蛇尾结束打印 */
179      }
180      if(flag==0)           /* 输出食物 */
181      {
182        if(m==food.x && n==food.y)
183        {
```

```
184      putchar(food.c);     /* 如果此位置是 food 的位置，则打印出 food 的字符 */
185       putchar(food.c);
186        continue;
187       }
188      printf(" ");          /* 否则打印空格 */
189     }
190    }
191   printf(" │ ");
192   putchar('\n');
193   }
194   printf(" ─────────────── \n");
195   _sleep(200);              /* 控制闪屏频率 */
196  }
197  if(gameover==1)
198    puts("game over!\n");    /* 当 gameover==1 时，游戏结束 */
199    getch();
200 }
```

【技术要点】

在编贪吃蛇游戏时要注意以下几点。

(1) 如何实现蛇在吃到食物后食物消失。这里用到的方法是采用背景颜色在出现食物的地方重画食物，这样食物就不见了。

(2) 如何实现蛇的移动且在移动过程中不留下痕迹。实现蛇的移动也是贪吃蛇游戏的核心技术，主要方法是将蛇头后面的每一节逐次移到前一节的位置，然后按蛇的运行方向不同对蛇头的位置做出相应调整。这里以向右为例，当蛇向右运行时蛇头的横坐标加 10 纵坐标不变，蛇每向前运行一步，相应地将其尾部用背景色重画，即去掉其尾部。

(3) 当蛇向上运行时，从键盘输入向下键，此时蛇的运行方向不变，其他几个方向依次类推。

(4) 食物出现的位置本实例采用了随机产生，但是这种随机产生也有一定的条件，即食物出现的位置得在 15 内随机分配，只有这样才能保证蛇能够吃到食物。

【运行结果】

编译、连接、运行程序，即可在命令行中输出程序的运行结果。

贪吃蛇游戏界面

游戏结束界面

▶18.8 快速排序

范例 18-7　**快速排序**

【范例描述】

输入一组数据，用快速排序法对这组数据由大到小进行排序，如输入 90，43，12，20，69，22，62，567，4，606，输出结果为 4，12，20，22，43，62，69，90，567，606。

【实现过程】

(1) 在 Visual C++ 6.0 中，新建名称为 "Qusort.c" 的【Text File】文件。

(2) 引用头文件，代码如下：

```
01  #include<stdio.h>
```

(3) 自定义函数 qusort()，实现快速排序。代码如下：

```
02  void qusort(int s[],int start,int end)     /* 自定义函数 qusort()*/
03  {
04      int i,j;                    /* 定义变量为基本整形 */
05      i=start;                    /* 将每组首个元素赋给 i*/
06      j=end;                      /* 将每组末尾元素赋给 j*/
07      s[0]=s[start];              /* 设置基准值 */
08      while(i<j)
09      {
10          while(i<j&&s[0]<s[j])
11              j--;                    /* 位置左移 */
12          if(i<j)
13          {
14              s[i]=s[j];              /* 将 s[j] 放到 s[i] 的位置 */
15              i++;                    /* 位置右移 */
16          }
17          while(i<j&&s[i]<=s[0])
18              i++;
19          if(i<j)
20          {
21              s[j]=s[i];          /* 将大于基准值的 s[j] 放到 s[i] 位置 */
22              j--;                    /* 位置左移 */
23          }
24      }
25      s[i]=s[0];                  /* 将基准值放到指定位置 */
26      if(start<i)
27          qusort(s,start,j-1);        /* 对分割出的部分递归调用 qusort() 函数 */
28      if(i<end)
29          qusort(s,j+1,end);
30  }
```

(4) main 函数作为程序的入口函数，代码如下：

```
31  void main()
32  {
33      int a[11],i;                /* 定义数组以及变量为基本整形 */
34      printf(" 请输入 10 个数 :\n");
35      for(i=1;i<=10;i++)
36          scanf("%d",&a[i]);          /* 从键盘中输入 10 个要进行排序的数 */
37      qusort(a,1,10);                 /* 调用 qusort() 函数进行排序 */
38      printf(" 排序后的顺序是 :\n");
39      for(i=1;i<=10;i++)
40          printf("%5d",a[i]);         /* 输出排好序的数值 */
41      printf("\n");
42  }
```

【技术要点】

快速排序是对冒泡排序的一种改进。它的基本思想是，通过一次排序将需要排序的数据分割成独立的两部分，其中一部分的所有数据都比另外一部分的所有数据都要小，然后再按该方法对这两部分数据分别进行快速排序，整个排序过程可以递归进行，以此达到整个数据变成有序序列。

【运行结果】

编译、连接、运行程序，即可在命令行中输出程序的运行结果。

▶18.9 幻方

📝 范例 18-8　　幻方

【范例描述】

所谓幻方，指的是 1~n2 共 n2 个自然数，排列成 n×n 的方阵，使得该方阵的每行、每列、对角线元素之和相等，并为一个只与 n 有关的常数，该常数为 $\frac{1}{2}$ n×(n2+1)。

如当输入阶数为 3 时，输出结果为 8 1 6
　　　　　　　　　　　　3 5 7
　　　　　　　　　　　　4 9 2

【实现过程】

(1) 在 Visual C++ 6.0 中，新建名称为 "Magic_square.c" 的【Text File】文件。
(2) 引用头文件，进行数据类型的指定并声明程序中自定义的函数。代码如下：

```
01  #include<stdio.h>
02  #include <stdlib.h>
03  #include <windows.h>
04  #define EVEN_DOUBLE_4 4        /* 双偶的最基本类型，4阶双偶 */
05  #define SCREEN_SIZE 19/* 屏幕显示不变形的最大尺寸（主要是因为窗口大小限制）*/
06  #define MIN_SIZE 2       /* 最小阶数为3*/
07  #define MAX_SIZE 50
08  #define PRINT printf(" 按【Esc】退出，按【Enter】继续 "); /* 打印的宏 */
09  #define CLEAR row = 0; column = 0; /* 清零 */
10  int Magic[MAX_SIZE][MAX_SIZE]={0};       /* 全局，幻方数组 */
11  int row = 0; column = 0;   /* 全局，幻方的行列数 */
```

(3) 自定义函数 read(),用来读入数据。代码如下：

```
12  int read()
13  {
14    int min_size = MIN_SIZE;
15    int max_size = MAX_SIZE;
16    int size;
17    do{
18      printf( "请输入幻方阶数 n，n ∈ [%d,%d]\n", min_size, max_size);
19        scanf("%d", &size);
20        getchar();
```

```
21      if(size<2 || size > 50) printf(" 非法输入，请重新输入 [%d,%d] 的正整数 \n",
22        min_size, max_size);
23        else if(size > SCREEN_SIZE){
24        printf(" 大于屏显最大阶数，输出将变形 \n");
25        Sleep(2000);
26        }
27      }while(size < MIN_SIZE || size > MAX_SIZE);
28      return size;
29    }
```

(4) 奇数阶幻方，自定义函数 odd()，采用 house 法。代码如下：

```
30   void odd(int size, int ini_value)
31   {
32      int num; // 填充数字
33      int min_num = 1+ini_value;
34      int max_num = 1+size*size+ini_value;        /* 填充范围 */
35      int x = size/2;
36      int y = 0;          // 初始填充坐标
37      for(num = min_num; num < max_num; num++){
38        Magic[y+row][x+column] = num;
39        if(num % size == 0) y++; /* 跳步 */
40          else x++, y += 2;        /* 马步 */
41          x = x % size ;
42                    y = y % size ;
43      }      /* 越界反弹，即触碰到边界，从另一边返回 */
44   }
```

(5) N 为双偶数阶幻方，定义 mean_double_4() 函数，采用对调法。代码如下：

```
45   void mean_double_4(int size)
46   {
47      int i;
48      int total = size * size +1 ;
49      for(i = 0; i < EVEN_DOUBLE_4; i++){
50        Magic[row+i][column+i]        = total - Magic[row+i][column+i];
51        Magic[row+i][ EVEN_DOUBLE_4+column-i-1] =
52        total - Magic[row+i][ EVEN_DOUBLE_4+column-i-1];
53      }
54   }
```

(6) 任意阶双偶。代码如下：

```
55   void mean_double(int size)
56   {
57      int num; /* 填充数字 */
58      int min_num = 1;
59      int max_num = 1+size*size;        /* 填充范围 */
60      int i = 0;        /* 循环变量 */
61      int temp;
61      for(num = min_num; num < max_num; num++){    /* 双偶，初始化 */
62        Magic[row][column] = num;
63        if((num ) % (size ) == 0){
64          column = 0, row++;
65        }
66        else column++;
67      }
68      row = 0; column = 0;    /* 分割为 4 × 4 的小矩阵 */
69      temp = size / EVEN_DOUBLE_4;
```

```
70    for(i = 1; i <=temp *temp; i++){
71      mean_double_4(size);
72      if(i % temp == 0) column = 0, row += 4 ;
73        else column = (i % temp) * EVEN_DOUBLE_4;
74    }
75  }
76  void mean_single(int size)/* 单偶，用楼梯法 */
77  {
78    int i,j,k,m;
79    int temp;
80    row = 0, column = 0;     /* 第一象限 */
81    odd(size/2, 0);
82    row = size/2, column = size/2;     /* 第二象限 */
83    odd(size/2, (size*size)/4*1);
84    row = 0, column = size/2;     /* 第三象限 */
85    odd(size/2, (size*size)/4*2);
86    row = size/2, column = 0;     /* 第四象限 */
87    odd(size/2, (size*size)/4*3);
88    m = size / 4;
89  for(i = 0; i< size/2; i++){     /* 对换 */
90    for(j = 0; j<m; j++ ){     /*1、3 象限对换 */
91      if(i == m) k = j + m;
92      else k = j;
93    temp = Magic[i][k];
94    Magic[i][k] = Magic[i + 2*size/4 ][k];
95    Magic[i + 2*size/4 ][k] = temp;
96    }
97    for(j = 0; j<m-1; j++){     /*2、4 对换 */
98      k = 3*size/4 +j;
99      temp = Magic[i][k];
100     Magic[i][k] = Magic[i + 2*size/4][k];
101     Magic[i + 2*size/4][k] = temp;
102   }
103  }
104 }
```

(7)打印幻方。代码如下：

```
105 void print_magic(int size)
106 {
107   int i,j;
108   for(i = 0; i < size; i++)
109     for(j = 0; j < size; j++){
110       printf( "%4d", Magic[i][j]);
111       if(j == size -1) putchar( '\n' );
112     }
113   putchar( '\n' );
114 }
115 void sum_print(int data[], int size) /* 打印各行、各列、各对角线数据之和 */
116 {
117   int i,j;
118   printf(" 行之和："); /* 打印每行数据之和 */
119   for(i = 0; i < size; i++)
120     for(j = 0; j < size; j++){
121       data[i] += Magic[i][j];          /* 行之和 */
122       if (j == size -1) printf("%6d", data[i]);
123     }
```

```
124        putchar('\n');
125      printf(" 列之和： ");      /* 打印每列数据之和 */
126      for(i = 0; i < size; i++)
127        for(j = 0; j < size; j++){
128          data[size+i] += Magic[j][i];      /* 列之和 */
129          if (j == size -1) printf("%6d", data[size+i]);
130        }
131      putchar('\n');          /* 打印主对角线之和 */
132      for(i=0; i<size; i++)
133        data[2*size] += Magic[i][i];
134        printf(" 主对角线之和： %6d", data[2*size]);
135      putchar('\n');
136      for(i=0; i<size; i++)      /* 打印副对角线之和 */
137        data[2*size+1] += Magic[i][size-i-1];
138      printf(" 主对角线之和： %6d", data[2*size]);
139      putchar('\n');
140    }
```

(8) 检查程序是否运转正常，所得结果是否是幻方。代码如下：

```
141 void clear_sum(int data[])  /* 行列对和数组清零 */
142 {
143    int i;
144    for(i = 0; i < 2 * MAX_SIZE; i++)
145      data[i] = 0;
146  }
147 void check_magic(int data[], int size )  /* 检查程序是否运转正常，所得结果是否是幻方 */
148 {
149    int i;
150    int flag = 0;
151    if(data[0]-data[i]) flag = 1;
152      if(flag) printf(" 程序出错，按【Esc】退出，按【Enter】继续 \n");
153        else printf("\n 获得一个新的 %d 阶幻方 !\n", size);
154    putchar('\n');
155  }
```

(9) 程序主要代码如下：

```
156 int main(void)
157 {
158    int read();          /* 读取函数 */
159    void odd(int size, int ini_value );  /* 奇数阶幻方生成 */
160    void mean_double_4(int size);      /*4 阶双偶生成 */
161    void mean_double(int size);      /* 双偶生成 */
162    void mean_single(int size);        /* 单偶生成 */
163    void print_magic(int size);        /* 打印幻方 */
164    void sum_print(int data[], int size);      /* 行、列、对之和打印 */
165    void clear_sum(int data[]);
166    void check_magic(int data[], int size );      /* 检查所得矩阵是否为幻方阵 */
167    int size;        /* 幻方阶数 */
168    int sum[2*MAX_SIZE+2] = {0}      ;/* 行、列、对之和 */
169    do{
170    CLEAR
171    clear_sum(sum);
172    size=read();
173    system("cls");
174    if(size%2 != 0 ) odd(size, 0);
175      else if(size %4 == 0) mean_double(size);
```

```
176          else mean_single(size);
177            print_magic(size);
178          sum_print(sum, size);
179        check_magic(sum,size);
180        PRINT
181      }while (getch() != 27);
182     return 0;
183   }
```

【技术要点】

对平面幻方的构造，可分为三种情况：任意奇数阶幻方，双偶阶幻方，单偶阶幻方的实现。在编写程序时，我们要思路清晰，上述实现过程将该实例分为这三种情况分别来设计思路、算法来实现。基本算法思想如下。

(1) 任意奇数阶幻方的实现。①从 1 开始，将 1 放在第一行正中。②接着向右动一格，填入数字，若超出右边界限（上边）时，接至最左边（下边），即行为 0（列为 n+1）时，将行改为 n（列改为 1）。③若右上方已有数字，则向下方一格填数。④重复②③直至填完 n×n 的方阵。

(2) 双偶阶幻方的实现。①每 4 行 4 列中对角线上的位置，作上 * 标记。②从方阵左上角起，自左而右自上而下（逐行）排数。排数规则：已填入 *，则不写入数；未填入 *，则填入数。左上角起数为 *，每移动一格，不论是否填写数均加 1。③从方阵右下角起，自右而左，自下而上（逐行）排数。排数规则：已填入数，则不写入数；未填入数，则填入数。右下角起数为 *，每移动一格，不论是否填写数均加 1。

(3) 单偶阶幻方的实现。①将 m=n/2，则可以分成四个数据段：[1,m²]，[m²+1,2m²]，[2m²+1,3m²]，[3m²+1,4m²]。②采用德拉鲁布算法，分别排出 m×m 阶方阵 A、B、C、D。③将 A、D 方阵中前 (m+1)/(2-1) 列元素除第 1 列中第 (m+1)/2 行不变外，其余分别对应元素交换。④将 A、D 方阵中心元素交换，即第 (m+1)/2 行第 (m+1)/2 列。⑤将 B、C 方阵中后 (m+1)/2-1 列元素对应交换。

【运行结果】

编译、连接、运行程序，即可在命令行中输出程序的运行结果。

▶18.10 高精度计算

📝 范例 18-9　高精度计算

【范例描述】

有计算机内部直接用 **int** 或 **double** 等数据类型储存数字是有范围限制的，即当数据运算大小过大后，计算机将会出现溢出情况，使得计算结果不够精确。为了能够使计算机精确地计算高位的数字，我们需要学会使用高精度算法。高精度算法有加法、减法、乘法、除法、阶层等。本范例就高精度算法的阶层展开讨论。

【实现过程】

(1) 在 **Visual C++ 6.0** 中，新建名称为 "Vaulting_horse.c" 的【Text File】文件。

(2) 引用头文件，定义数组的最大长度。代码如下：

```
01  #include<stdio.h>
02  #define MAX 1000
```

(3) 程序主要代码如下：

```
03  main()
04  {
05      int a[MAX],i,n,j,flag=1;        /* 定义整形变量 i,n,j,flag, 以及整形数组 a 长度为小于 1000*/
06      printf(" 请输入阶数 n: ");
07        scanf("%d",&n);
08      printf("%d!=",n);              /* 输入一个数，计算它的阶乘 */
09      a[0]=1;                        /* 用数组 a 保存结果，开始时设置为 1*/
10      for(i=1;i<MAX;i++)a[i]=0;      /* 把 i 大于 1 的时候的 a[1] 设置为 0*/
11      for(j=2;j<=n;j++)              /* 用循环语句 for 实现 n*(n-1)*(n-2)*1*/
12      {
13        for(i=0;i<flag;i++)a[i]*=j;
14        for(i=0;i<flag;i++)
15          if(a[i]>=10)              /* 实现进位功能 */
16          {
17            a[i+1]+=a[i]/10;
18            a[i]=a[i]%10;
19            if(i==flag-1)
20              flag++;
21          }
22      }
23      for(j=flag-1;j>=0;j--)  /* 输出结果 */
24        printf("%d",a[j]);
25  }
```

【技术要点】

当输入一个很大的整数的时候，我们便不能够再用简单的数据类型直接储存这些整数。此时，我们可以想到要通过数组或字符串来储存数字。字符串的特点方便我们对于高位整数的输入，而整形数组的简便性更有利于每个位数的计算，因而我们结合两者的优点，得出高精度阶乘的大致流程如下。

①通过字符串输入需要计算阶乘的整数。

②引入数组，将整数通过一定的运算，分别将每一位的数字储存进数组中。

③进行每一位的运算。

④处理进位。

⑤输出结果。

【运行结果】

编译、连接、运行程序，即可在命令行中输出程序运行结果。

```
"D:\范例源码\ch18\范例18-9\hi_ precision _computation\Debug\hi_ precision _computation....
请输入阶数n: 68
68!=24800355424368305996009904185691715810473992013553676723717107380182214457128
183296000000000000000000Press any key to continue
```

▶18.11 高手点拨

在 C 语言的学习和算法的设计中，注意以下几点。

C 语言的特点是功能强、使用方便灵活。但对初学 C 语言的人来说，经常会出一些错误。如：①书写标识符时，忽略了大小写字母的区别。②忽略了变量的类型，进行了不合法的运算。③将字符常量与字符串常量混淆。④忽略了 "=" 与 "==" 的区别。⑤忘记或多加分号。⑥输入变量时忘记加地址运算符 "&"。

编写高效简洁的 C 语言代码，是许多软件开发者追求的目标。计算机程序中比较大的一个矛盾是空间和时间的矛盾，那么，从这个角度出发通过逆向思维来考虑程序的效率问题，因此我们要学会：①空间换时间方法；②数学方法解决问题；③使用位操作；④汇编嵌入。

Hilbert 曲线是一种填充曲线，类似的填充曲线还包括 Z 曲线、格雷码等。Hilbert 曲线依据自身空间填充曲线的特性，可以线性地贯穿二维或者更高维度每个离散单元，并且仅仅穿过一次，并对每个离散单元进行线性排序和编码，该编码作为该单元的唯一标识。空间填充曲线可以将高维空间中没有良好顺序的数据映射到一维空间，经过这种编码方式，空间上相邻的对象会邻近存储在一块，可以减少 IO 的时间，提高内存中数据处理效率。

递推法是利用问题本身所具有的一种递推关系求问题解的一种方法。假设要求问题规模为 N 的解，当 N=1 时，解或为已知，或能非常方便地得到解。当较大时，能采用递推法构造算法的问题有重要的递推性质，即当得到问题规模为 i-1 的解后，由问题的递推性质，能从已求得的规模为 1，2，…，i-1 的一系列解，构造出问题规模为 i 的解。这样，程序可从 i=0 或 i=1 出发，重复地，由已知至 i-1 规模的解，通过递推，获得规模为 i 的解，直至得到规模为 N 的解。

递归是设计和描述算法的一种有力的工具，它在复杂算法的描述中被经常采用。能够采用递归描述的算法的特征：为求解规模为 N 的问题，设法将它分解成规模较小的问题，然后通过这些小问题的解构造出大问题的解，并且这些规模较小的问题也能采用同样的分解和综合方法，分解成规模更小的问题，并通过这些更小问题的解构造出规模较大问题的解。特别地，当规模 N=1 时，能直接得解。

图是一种很灵活的数据结构，它用于描述对象之间的关系和连接的模型。很多图算法都以广度优先和深度优先搜索算法为基础，因为它们提供了一套系统地访问图数据结构的方法。

树可以看作许多相关联问题的抽象模型。最小生成树能用最小的代价将一个无方向的带权图的所有顶点连接起来。

▶18.12　实战练习

1. 八枚银币。

说明：现有八枚银币 a b c d e f g h，已知其中一枚是假币，其重量不同于真币，但不知是较轻或较重，如何使用天平以最少的比较次数，决定出哪枚是假币，并得知假币比真币较轻或较重。

2. 筛选 1000 以内的质数。

说明：除了自身之外，无法被其他整数整除的数称之为质数。

3. 打印蛇形矩阵。蛇形矩阵是由 1 开始的自然数依次排列成的一个矩阵上三角形。

说明：本题有多组数据，每组数据由一个正整数 N 组成。（N 不大于 100。）

对于每一组数据，输出一个 N 行的蛇形矩阵。要求两组输出之间不要有额外的空，矩阵三角中同一行的数字用一个空格分开，行尾不要多余的空格。

如：输入 5 输出 1 3 6 10 15

　　　　　　　2 5 9 14

　　　　　　　4 8 13

　　　　　　　7 12

　　　　　　　11

4. 猜拳游戏。

说明：这是一个简单的猜拳游戏（剪刀石头布），让你与电脑对决。你出的拳头由你自己决定，电脑则随机出拳，最后判断胜负。

第 **III** 篇

核心技术

第

19

章

函数

本章重点介绍函数的定义、函数的调用、参数传递及 main() 函数。通过学习，希望读者能够了解 C 语言函数使用的意义和方法，熟悉内部函数及外部函数，掌握 C 语言函数的定义、参数的传递、函数调用的功能和使用。

本章要点（已掌握的在方框中打钩）

☐ 函数的定义
☐ 函数的参数及传递方式
☐ 函数的调用
☐ 内部函数和外部函数
☐ main() 函数

▶ 19.1 函数概述

　　如果我们编写的程序越来越长，有上百行语句，若只用一个函数 main() 来实现，那么 main() 的代码就会冗长、数据量大，会造成编写、阅读的困难，又对调试和维护带来了诸多不便。那么怎样调试才能比较方便、简洁、有效呢？要解决这些问题，就要使用本章要介绍的函数。

　　结构化程序设计的思想是把一个大问题分解成若干个小问题，每一个小问题就是一个独立的子模块，以实现特定的功能。在 C 程序中，子模块的作用就是由函数完成的。

19.1.1 什么是函数

　　一个 C 源程序可以由一个或多个文件构成 (C 文件后缀是 "c")，一个源程序文件是一个编译单位。一个源文件可以由若干个函数构成，也就是说，函数是 C 程序基本的组成单位。每个程序有且只能有一个主函数 (main)，其他的函数都是子函数。主函数可以调用其他的子函数，子函数之间可以相互调用任意多次。下图是一个函数调用的示意图。

　　其中，A.c 和 B.c 是 C 程序的源文件，a~g 代表各个子函数。

📝 范例 19-1　　函数调用的简单实例。

　　(1) 在 Visual C++ 6.0 中，新建名称为 "function call.c" 的【Text File】文件。
　　(2) 在代码编辑区域输入以下代码（代码 19-1.txt）。

```
01  #include<stdio.h>
02  void printstar()        /* 定义函数 printstar()*/
03  {
04      printf("***************");
05  }
06  int sum(int a,int b)     /* 定义函数 sum()*/
07  {
08      return a+b;          /* 通过 return 返回所求结果 */
09  }
10  void main()
11  {
12      int x=2,y=3,z;
13      printstar();         /* 调用函数 printstar()*/
14      z=sum(x,y);          /* 调用函数 sum()*/
15      printf("\n%d+%d=%d\n",x,y,z);
16      printstar();         /* 调用函数 printstar()*/
17  }
```

【运行结果】

编译、连接、运行程序，即可在命令行中输出的结果。

【范例分析】

本范例中 C 的源程序由 3 个函数构成，分别是 main()、printstar() 和 sum()。其中，main() 函数是程序的入口函数，是每个 C 语言必须有的函数；printstar() 函数是自己定义的函数，作用是输出一行星号；而 sum() 函数的作用则是计算两个数的和，并返回所求结果。在 main() 函数中，调用了两次 printstar() 函数，调用了一次 sum() 函数。

19.1.2 **函数的分类**

在 C 语言中，可以从不同的角度对函数进行分类。

(1) 从函数定义的角度，可以将函数分为标准函数和用户自定义函数。

① 标准函数。标准函数也称库函数，是由 C 系统提供的，用户无需定义，可以直接使用，只需要在程序前包含函数的原形声明的头文件便可。像前面各章范例中所用到的 printf()、scanf() 等都属于库函数。应该说明，每个系统提供的库函数的数量和功能不同，当然一些基本的函数是共同的。

② 用户自定义函数。用户自定义函数是由用户根据自己的需要编写的函数，如【范例 9-1】中的 sum() 和 printstar() 函数。对于用户自定义函数，不仅要在程序中定义函数本身，而且在主调函数中还必须对该被调函数进行类型说明，然后才能使用。

(2) 从有无返回值的角度，可以将函数分为有返回值函数和无返回值函数。

① 有返回值函数。该类函数被调用执行完毕，将向调用者返回一个执行结果，称为函数的返回值，如【范例 9-1】中的 sum() 函数。由用户定义的这种有返回值的函数，必须在函数定义和函数声明中明确返回值的类型。

② 无返回值函数。无返回值函数不需要向主调函数提供返回值，如【范例 9-1】中的 printstar() 函数。通常用户定义此类函数时需要指定它的返回值类型为"空"（即 void 类型）。该类函数主要用于完成某种特定的处理任务，如输入、输出、排序等。

(3) 从函数的形式看，可以分为有参函数和无参函数。

① 无参函数。无参函数即在函数定义、声明和调用中均不带参数，如【范例 9-1】中的 printstar() 函数。在调用无参函数时，主调函数并不将数据传递给被调函数。此类函数通常用来完成指定的功能，可以返回或不返回函数值。

② 有参函数。有参函数，就是在函数定义和声明时都有参数，如【范例 9-1】中的 sum() 函数。在函数调用时也必须给出参数。即当主调函数调用被调用函数时，主调函数必须把值传递给形参，以供被调函数使用。

> **注意**
>
> 程序不仅可以调用系统提供的标准库函数，而且还可以自定义函数。在程序设计语言中引入函数的目的，是使程序更便于维护，逻辑上更加清晰，减少重复编写代码的工作量，提高程序开发的效率。

▶19.2 函数的定义

作为 C 程序的基本组成部分来说，函数是具有相对独立性的程序模块，能够供其他程序调用，并在执行完自己的功能后，返回调用它的程序中。函数的定义实际上就是描述一个函数

所完成功能的具体过程。

　　函数定义的一般形式是：

函数类型 函数名（类型说明 变量名，类型说明 变量名，…）
{
　　函数体
}

范例 19-2　**定义求最大值的函数。**

　　(1) 在 Visual C++ 6.0 中，新建名称为"Max Number.c"的【 Text File 】文件。
　　(2) 在代码编辑区域输入以下代码（代码 **19-2.txt**）。

```
01  #include<stdio.h>
02  int max(int a,int b)  /* 定义函数 max()*/
03  {
04    int c;
05    c=a>b?a:b;        /* 求 a,b 两个数的最大值，赋给 c*/
06    return c; /* 将最大值返回 */
07  }
08  void main()
09  {
10    int x,y;
11    printf(" 请输入两个整数：");
12    scanf("%d%d",&x,&y);
13    printf("%d 和 %d 的最大值为：%d\n",x,y,max(x,y));
14  }
```

【运行结果】

编译、连接、运行程序，命令行中会出现提示信息，然后输入两个整数，即可输出这两个数的最大值。

【范例分析】

　　本范例中的 max() 函数是一个求 a、b 两者中的最大值函数。a、b 是形式参数，当主调函数 main() 调用 max() 函数时，把实际参数传递给被调用函数中的形参 a 和 b。max 后面括号中的"int a,int b"对形式参数作类型说明，定义 a 和 b 为整型。花括号括起来的部分是函数体，作用是计算出 a、b 的最大值，并通过 return 语句将 c 的值带回到主调函数中。

范例 19-3　**中 max() 函数的说明如下。**

　　(1) 函数名必须符合标识符的命名规则（即只能由字母、数字和下划线组成，开头只能为字母或下划线），且同一个程序中函数不能重名，函数名用来唯一标识一个函数。函数名建议能够见名知意，一见其名字就能了解其基本功能。如函数名为 max，一看就知道是求解最大值的。

　　(2) 函数类型规定了函数返回值的类型。如函数 max 是 int 型的，函数的返回值也是 int 型的，函数的返回值就是 return 语句后面所带的 c 值，变量 c 的类型是 int 型。也就是说函数值的类型和函数的类型应该是一致的，它可以是 C 语言中任何一种合法的类型。

　　技巧：如果函数不需要返回值（即无返回值函数），则必须用关键字 **void** 加以说明。默认的返回值类型是 int 型。例如：

```
double max(int a,int b)    /* 函数返回值类型为 double 型 */
void max(int a,int b)      /* 函数无返回值 */
max(int a,int b)           /* 函数返回值类型不写，表示默认为 int 型 */
```

（3）函数名后面圆括号括起来的部分称为形式参数列表（即形参列表），方括号括起来的部分是可选的。如果有多个形式参数，应该分别给出各形式参数的类型，并用逗号隔开，该类函数称为有参数函数。例如：

```
int max(int a,int b,float c)   /* 有参函数，有 3 个形参，中间用逗号隔开，每个参数分别说明类型 */
```

如果形参列表为空，则称为无参函数。无参函数的定义形式为：

```
类型说明 函数名 ()
{
  函数体
}
```

如：

```
int max( )    /* 无参函数 */
```

注意：函数名后面括号的形参列表可以为空（即可以没有参数），但圆括号一定要有。有参函数与无参函数的唯一区别就是括号里面有没有形参，其他都是一样的。

（4）函数体是由一对花括号"{}"括起来的语句序列，用于描述函数所要进行的操作。函数体包含了说明部分和执行部分。其中，说明部分对函数体内部所用到的各种变量类型进行定义和声明，对被调用的函数进行声明；执行部分是实现函数功能的语句序列。如【范例 9-2】中 "int c;" 是函数体的说明部分，执行部分很简单，只有后两句。

注意：函数体一定要用大括号括起来，例如主函数的函数体也是用大括号括起来的。

（5）还有一类比较特殊的函数是空函数，即函数体内没有语句。调用空函数时，空函数表示什么都不做。如：

```
void empty()
{
}
```

使用空函数的目的仅仅是为了"占位置"。因为在程序设计中，往往会根据需要确定若干个模块，分别由一个函数来实现，而在设计阶段，只设计基本的模块，其他一些功能要在以后需要时再补上。那么在编写程序的开始阶段，就可以在将来准备扩充功能的地方写上一个空函数，占一个位置，以后用一个编好的函数代替它。利用空函数占位，对于较大程序的编写、调试及功能扩充非常有用。

（6）C 程序中所有的子函数都是平行的，不属于任何其他函数，它们之间可以相互调用。但是函数的定义不能包含在另一个函数的定义内，即函数不能嵌套定义。下面这种函数定义的形式是不正确的。

```
int func_fst(int a,int b)  /* 第 1 个函数的定义 */
{
  ...
  int func_snd(int c,int d)  /* 第 2 个函数的定义 */
  {
    ...
  }
  ...
}
```

如果中间 func_snd 的功能相对独立，就把它放在函数 func_fst 的外面进行定义，而在 func_fst 中可以对它进行调用，如：

```
int func_fst(int a,int b)   /* 第 1 个函数的定义 */
{
  ...
  func_snd(m,n);   /* 对第 2 个函数的调用 */
  ...
```

```
    }
    int func_snd(int c,int d)   /* 第 2 个函数的定义 */
    {
        ...
    }
```

如果 func_snd 不具备独立性，与上下文联系密切，就不需要再设置一个函数，而直接将代码嵌入到第 1 个函数的定义中，作为其中的一部分即可。

(7) 在函数定义中，可以包含对其他函数的调用，后者又可以调用另外的函数，甚至自己调用自己，即递归调用。

注意：C 程序的函数一类是标准函数（库函数），一类是用户自定义的函数，一般来讲用户定义的函数多，标准函数再多也就几十个，而用户则可根据需要定义很多函数。

▶ 19.3 函数的返回值及类型

通常希望通过函数调用，不仅完成一定的操作，还要返回一个确定的值，这个值就是函数的返回值。前面已提到过，函数有两种，一种是带返回值的，一种是不带返回值的。那么函数的返回值是如何得到的，又有什么要求？本节将为读者揭晓。

19.3.1 函数的返回值

函数的返回值是通过函数中的 return 语句实现的。return 语句将被调用函数中的一个确定值带回主调函数中去，如下面的范例。

范例 19-4　编写cube()函数用于计算x3。

(1) 在 Visual C++ 6.0 中，新建名称为 "Cube.c" 的【Text File】文件。
(2) 在代码编辑区域输入以下代码（代码 19-3.txt）。

```
01  #include<stdio.h>
02  long cube(long x)     /* 定义函数 cube()，返回类型为 long*/
03  {
04      long z;
05      z=x*x*x;
06      return z; /* 通过 return 返回所求结果，结果也应为 long*/
07  }
08  void main()
09  {
10      long a,b;
11      printf(" 请输入一个整数 :");
12      scanf("%ld",&a);
13      b=cube(a);
14      printf("%ld 的立方为：%ld",a,b);
15  }
```

【运行结果】
编译、连接、运行程序，命令行中会出现提示信息，然后输入任意一个整数，即可输出这个数的立方值。

【范例分析】

本范例首先执行主函数 main()，当主函数执行到 c=cube(a); 时调用 cube 子函数，把实际参数的值传递给被调用函数中的形参 x。在 cube 函数的函数体中，定义变量 z 得到 x 的立方值，然后通过 return 将 z 的值（z 即函数的返回值）返回，返回到调用它的主调函数中，继续执行主函数，将子函数返回的结果赋给 b，最后输出。

return 语句后面的值也可以是表达式，如范例中的 cube 函数可以改写为：

```
long cube(long x)
{
    return x*x*x;
}
```

该范例中只有一条 return 语句，后面的表达式已经实现了求 x^3 的功能，先求解后面表达式（x*x*x）的值，然后返回。

return 语句有两种格式：

return expression; 或 return (expression);

也就是说，return 后面的表达式可以加括号，也可以不加括号。return 语句的执行过程是首先计算表达式的值，然后将计算结果返回给主调函数。范例中的 return 语句还可以写成：

```
return (z);
```

19.3.2 函数的类型

在定义函数时，必须指明函数的返回值类型，而且 return 语句中表达式的类型应该与函数定义时首部的函数类型是一致的，如果二者不一致，则以函数定义时函数首部的函数类型为准。

📝 范例 19-5　改写【范例19-3】。

(1) 在 Visual C++ 6.0 中，新建名称为 "Cube 1.c" 的【Text File】文件。
(2) 在代码编辑区域输入以下代码（代码 19-4.txt）。

```
01  #include<stdio.h>
02  int cube(float x)      /* 定义函数 cube()，返回类型为 int*/
03  {
04      float z;  /* 定义返回值为 z，类型为 float*/
05      z=x*x*x;
06      return z; /* 通过 return 返回所求结果 */
07  }
08  void main()
09  {
10      float a;
11      int b;
12      printf(" 请输入一个数 :");
13      scanf("%f",&a);
14      b=cube(a);
15      printf("%f 的立方为：%d\n",a,b);
16  }
```

【运行结果】

编译、连接、运行程序，根据提示输入一个浮点数，按【Enter】键，即可计算出该数的立方值，结果将省略小数部分。

【范例分析】

函数 cube 定义为整型，而 return 语句中的 z 为实型，二者不一致。按上述规定，若用户输入的数为 4.5，则先将 z 的值转换为整型 91（即去掉小数部分），然后 cube(x) 带回一个整型值 91 回到主调函数 main()。如果将 main() 函数中的 b 定义成实型，用 %f 格式符输出，也是输出 91.0000000。

> **提示**
>
> 初学者应该做到函数类型与 **return** 语句返回值的类型一致。

如果一个函数不需要返回值，则将该函数指定为 void 类型，此时函数体内不必使用 return 语句。在调用该函数时，执行到函数末尾就会自动返回主调函数。

范例 19-6　　编写printdiamond()函数，用于输出如下图形。

```
**********
 **********
  **********
```

(1) 在 Visual C++ 6.0 中，新建名称为 "Diamond.c" 的【Text File】文件。
(2) 在代码编辑区域输入以下代码（代码 **19-5.txt**）。

```
01  #include<stdio.h>
02  void  printdiamond ()            /* 定义一个无返回值的函数，返回类型应为 void*/
03  {
04    printf("**********\n");
05    printf(" **********\n");
06    printf("  **********\n");
07  }
08  void main()
09  {
10    printdiamond();    /* 调用 printdiamond 函数 */
11  }
```

【运行结果】

编译、连接、运行程序，在命令行中即可出现图形。

【范例分析】

本范例中 printdiamond() 函数完成的只是输出一个图形，因此不需要返回任何的结果，所以不需要写 return 语句。此时函数的类型使用关键字 void，如果省略不写，系统将认为返回值类型是 int 型。

> **⚙ 技巧**
>
> 无返回值的函数通常用于完成某项特定的处理任务，如【范例 9-5】中的打印图形，或输入输出、排序等。

一个函数中可以有一个以上的 return 语句，但不论执行到哪个 return，都将结束函数的调用返回主调函数，即带返回值的函数只能返回一个值。

> **📝 范例 19-7**　　改写【范例 19-2】。

(1) 在 Visual C++ 6.0 中，新建名称为 "Max Number 2.c" 的【Text File】文件。
(2) 在代码编辑区域输入以下代码（代码 19-6.txt）。

```
01  #include<stdio.h>
02  int max(int a,int b)    /*定义函数 max()*/
03  {
04    if(a>b)       /* 如果 a>b，返回 a*/
05      return a;
06    return b;         /* 否则返回 b*/
07  }
08  void main()
09  {
10    int x,y;
11    printf(" 请输入两个整数： ");
12    scanf("%d%d",&x,&y);
13    printf("%d 和 %d 的最大值为： %d\n",x,y,max(x,y));
14  }
```

【运行结果】

编译、连接、运行程序，当出现提示信息时输入两个整数，即可在命令行中计算出两个数的最大值。

【范例分析】

本范例使用了两个 return 语句，同样可以求出最大值。在调用 max() 函数时，把主调函数中的实参分别传递给形参 x 和 y 后，就执行这个子函数。在子函数中，定义了一个局部变量 z，然后执行 "if（x>y）return x; return y;"，当条件满足时则返回 x 的值，条件不满足就执行下面的语句，就是返回 y。这里尽管有两个 return，但不管执行到哪个 return，都将返回，因此它只会返回一个值。

> **✎ 注意**
>
> 如果要将多个值返回主调函数中，使用 **return** 语句是无法实现的。

▶19.4 函数的参数及传递方式

当主调函数调用被调函数时，它们之间究竟是如何进行交流的呢？答案是通过函数的参数。可见，参数在函数中扮演着非常重要的角色。

19.4.1　函数的参数

函数的参数有两类——形式参数（简称形参）和实际参数（简称实参）。函数定义时的参数称为形参，形参在函数未被调用时是没有确定值的，只是形式上的参数。函数调用时使用的参数称为实参。

范例 19-8　将两个数由小到大排序输出。

(1) 在 Visual C++ 6.0 中，新建名称为 "Value Order.c" 的【Text File】文件。
(2) 在代码编辑区域输入以下代码（代码 **19-7.txt**）。

```
01  #include<stdio.h>
02  void order(int a,int b)          /*a,b 形式参数 */
03  {
04    int t;
05    if(a>b)  /* 如果 a>b，就执行以下 3 条语句，交换 a,b 的值 */
06    {
07      t=a;
08      a=b;
09      b=t;
10    }
11    printf(" 从小到大的顺序为 :%d %d\n",a,b);   /* 输出交换后的 a,b 的值 */
12  }
13  void main()
14  {
15    int x,y;
16    printf(" 请输入两个整数：");            /* 从键盘输入两个整数 */
17    scanf("%d%d",&x,&y);
18    order(x,y);          /*x,y 是实际参数 */
19  }
```

【运行结果】

编译、连接、运行程序，根据提示依次输入任意两个数，按【Enter】键，即可将这两个数按照从小到大的顺序输出。

【范例分析】

该程序由两个函数 main() 和 order() 组成，函数 order() 定义中的 a 和 b 是形参，在 main() 函数中，"order(x,y);" 调用子函数，其中的 x,y 是实参。

① 定义函数时，必须说明形参的类型，如本范例中，形参 x 和 y 的类型都是整型。

▶注意

形参只能是简单变量或数组，不能是常量或表达式。

② 函数被调用前，形参不占用内存的存储单元。调用以后，形参才被分配内存单元。函数调用结束后，形参所占用的内存也将被回收，被释放。

③ 实参可以是常量、变量、其他构造数据类型或表达式。如在调用时可写成：

order(2,3);　　　　　　　/* 实参是常量 */
order(x+y,x-y);　　　　　/* 实参是表达式 */

如果实参是表达式，先计算表达式的值，再将实参的值传递给形参。但要求它有确切的值，因为在调用时要将实参的值传递给形参。

④ 实参的个数、出现的顺序和实参的类型应该与函数定义中形参表的设计一一对应。如范例中的 order() 函数，定义时有两个整型的形参，调用时，实参也要与它对应，两个整型的，而且多个实参之间要用逗号隔开。如果不一致，则会发生"类型不匹配"的错误。

📋 提示

对于特殊的字符型和整型可以通过的，是可以互相匹配的，必要的时候还需要进行类型的转换。

19.4.2 函数参数的传递方式

📋 提示

前面已经讲过，形参只是一个形式，在调用之前并不分配内存。函数调用时，系统为形参分配内存单元，然后将主调函数中的实参传递给被调函数的形参。被调函数执行完毕，通过 **return** 语句返回结果，系统将形参的内存单元释放。

由此可见，实参和形参的功能主要是数据传递。下面就来了解一下实参与形参是如何传递数据的。

C 语言规定，实参对形参的数据传递是"值传递"，即单向传递，只能把实参的值传递给形参，而不能把形参的值再传回给实参。在内存当中，实参与形参是不同的单元，不管名字是否相同，因此函数中对形参值的任何改变都不会影响实参的值。

📝 **范例 19-9**　使用函数交换两个变量的值。

(1) 在 Visual C++ 6.0 中，新建名称为"Exchange Value.c"的【Text File】文件。
(2) 在代码编辑区域输入以下代码（代码 **19-8.txt**）。

```
01  #include<stdio.h>
02  void swap(int a,int b)          /* 定义 swap 函数 */
03  {
04    int temp;
05    temp=a;a=b;b=temp;          /* 交换 a,b 值的 3 条语句 */
06    printf("a=%d,b=%d\n",a,b);  /* 输出交换后的结果 */
07  }
08  void main()
09  {
10    int x,y;
11    printf(" 请输入两个整数: \n");
12    scanf("%d%d",&x,&y);        /* 输入两个整数 */
13    printf(" 调用函数之前: \n");
14    printf("x=%d,y=%d\n",x,y); /* 输出调用 swap 函数之前 x,y 的值 */
15    printf(" 调用函数中 :\n");
16    swap(x,y);                  /* 调用函数 swap()*/
17    printf(" 调用函数之后 :\n");
18    printf("x=%d,y=%d\n",x,y); /* 输出调用 swap 函数之后 x,y 的值 */
19  }
```

【运行结果】

编译、连接、运行程序，根据提示依次输入任意两个数，按【Enter】键，即可观察这两个数在调用之前、之中、之后的值是否发生变化。

【范例分析】

为什么在 swap() 内变量 a 和 b 的值互换了，而主调函数 main() 中实参 x 和 y 却没有交换呢？这是参数按值传递的缘故。main() 中定义的变量 x 和 y 在内存中各自占用了存储单元，在调用 swap() 时，为形参 a 和 b 另外分配了内存单元，后者与前者的存储单元是不同的。在调用函数时，将 x 的值传给 a，y 的值传给 b，如下图左图所示。

被调函数的形参是局部变量，只在被调函数内部起作用，且形参的值不能反过来传给主调函数。因此在 swap() 函数执行过程中，尽管把 a 和 b 的值交换了，但不能影响 main() 中的实参 x 和 y 的值，如下图右图所示。函数调用完成，形参的内在单元将被释放。

因此，在函数调用过程中，形参只是对实参的一个复制，形参的值发生改变，并不会影响实参的变化。

> 📄 **提示**
>
> 在值传递的过程中，实参传递给形参是由位置确定的，即第 1 个实参传给第 1 个形参，第 2 个实参传给第 2 个形参……它与名字无关，如范例中的两个形参写成 a 和 b 也仍然是不同的变量，各是各的存储单元。形参 a 和 b 交换，并不会影响实参 x 和 y 的值。

传值调用不仅包括上面所讲的传递具体的数值，也包括把变量的地址复制给形参，被调函数使用这个地址来存取实际的数值，这就是传递指针方式，这种方式一般称为引用调用。

> ⚙ **技巧**
>
> 变量对函数的影响。
> C 语言变量可分为局部变量和全局变量两种。局部变量一般定义在函数和复合语句的开始处，使用它可以避免各个函数之间变量的相互干扰，尤其是同名变量。全局变量一般定义在程序的最前面，作用范围比较广，对范围内所有的函数都起作用。

▶ 19.5　函数的调用

　　C 程序总是从主函数 main() 开始执行，以 main() 函数体结束为止。在函数体的执行过程中，是通过不断地对函数的调用来执行的，调用者称为主调函数，被调用者称为被调函数。被调函数执行结束，从被调函数结束的位置再返回主调函数当中，继续执行主调函数后面的语句。如下图所示，是一个函数调用的简单例子。

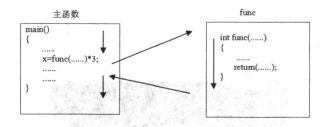

19.5.1 函数调用方式

函数调用的一般形式有以下两种。

01 函数语句

当 C 语言中的函数只进行了某些操作而不返回结果时，使用这种形式，该形式作为一条独立的语句，如：

函数名 (实参列表); 　　 /* 调用有参函数，实参列表中有多个参数，中间用逗号隔开 */
或
函数名 (); 　　 /* 调用无参函数 */

如【范例 19-8】中的 "swap(x,y);" 就是这种形式，要求函数仅完成一定的操作，比如输入、输出、排序等。

> **提示**
>
> 函数后面有一个分号 ";" 。还有像 printf()、scanf() 等函数的调用也属于这种形式，如：
>
> printf ("%d",p) ;

02 函数表达式

当所调用的函数有返回值时，函数的调用可以作为表达式中的运算分量，参与一定的运算。
例如：

m=max(a,b); 　 /* 将 max() 函数的返回值赋给变量 m*/
m=3*max(a,b); 　　　　 /* 将 max() 函数的返回值乘以 3 赋给变量 m*/
printf("Max is %d",max(a,b)) ; 　　 /* 输出也是一种运算，输出 max() 函数的返回值 */

> **注意**
>
> 一般 void 类型的函数使用函数语句的形式，因为 void 类型没有返回值。对于其他类型的函数，在调用时一般采用函数表达式的形式。

范例 19-10　编写一个函数，求任意两个整数的最小公倍数。

(1) 在 Visual C++ 6.0 中，新建名称为 "Least Common Multiple.c" 的【 Text File 】文件。
(2) 在代码编辑区域输入以下代码（代码 19-9.txt ）。

```
01  #include<stdio.h>
02  int sct(int m,int n)    /* 定义函数 sct 求最小公倍数 */
03  {
04      int temp,a,b;
05      if (m<n)/* 如果 m<n，交换 m,n 的值，使 m 中存放较大的值 */
06      {
07          temp=m;
08          m=n;
09          n=temp;
```

```
10      }
11      a=m;  b=n;          /* 保存 m,n 原来的数值 */
12      while(b!=0)         /* 使用 "辗转相除" 法求两个数的最大公约数 */
13      {
14        temp=a%b;
15        a=b;
16        b=temp;
17      }
18      return(m*n/a);      /* 返回两个数的最小公倍数，即两数相乘的积除以最大公约数 */
19   }
20   void main()
21   {
22      int x,y,g;
23      printf(" 请输入两个整数： ");
24      scanf("%d%d",&x,&y);
25      g=sct(x,y);         /* 调用 sct 函数 */
26      printf(" 最小公倍数为： %d\n",g);     /* 输出最小公倍数 */
27   }
```

【运行结果】

编译、连接、运行程序，根据提示信息输入两个整数，即可计算出这两个数的最小公倍数。

【范例分析】

本范例调用了 sct() 函数，该函数有两个参数，因此在调用时实参列表也有两个参数，且这两个参数的个数、类型、位置是一一对应的。sct() 函数有返回值，因此在主调函数中，函数的调用参与一定的运算，这里参与了赋值运算，将函数的返回值赋给了变量 g。

19.5.2 函数的声明

📋 提示

我们在学习变量时，要求遵循 "先定义后使用" 的原则，同样，在调用函数时也要遵循这个原则。也就是说，被调函数必须存在，而且在调用这个函数的地方，前面一定要给出了这个函数定义，这样才能成功调用。

如果被调函数的定义出现在主调函数之后，这时应给出函数的原型说明，以满足 "先定义后使用" 的原则。

函数声明的目的是使编译系统在编译阶段对函数的调用进行合法性检查，判断形参与实参的类型及个数是否匹配。

函数声明采用函数原型的方法。函数原型就是已经定义函数的首部。

有参函数的声明形式为：

函数类型 函数名 (形参列表);

无参函数的声明形式为：

函数类型 函数名 ();

函数声明包含函数的首部和一个分号";"，函数体不用写。

有参函数声明时的形参列表只需要把一个个参数类型给出就可以了，如：

int power(int,int);

函数声明可以放在所有函数的前面，也可以放在主调函数内调用被调函数之前。

📝 **范例 19-11**   编写一个函数，求半径为r的球的体积。球的半径r由用户输入。

(1) 在 Visual C++ 6.0 中，新建名称为 "Ball Volume.c" 的【Text File】文件。

(2) 在代码编辑区域输入以下代码（代码 19-10.txt）。

```
01  #include<stdio.h>
02  double volume(double);    /* 函数的声明 */
03  void main()
04  {
05      double r,v;
06      printf(" 请输入半径：");
07      scanf("%lf",&r);
08      v=volume(r);
09      printf(" 体积为：%lf\n\n",v);
10  }
11  double volume(double x)
12  {
13      double y;
14      y=4.0/3*3.14*x*x*x;
15      return y;
16  }
```

【运行结果】

编译、连接、运行程序，根据提示信息输入一个半径的值，即可计算出此半径的球的体积。

【范例分析】

本范例中被调函数 volume() 的定义在调用之后，需要在调用该函数之前给出函数的声明，声明的格式只需要在函数定义的首部加上分号，且声明中的形参列表只需要给出参数的类型即可，参数名字可写可不写，假如有多个参数则用逗号隔开。

函数的声明在下面 3 种情况下是可以省略的。

(1) 被调函数定义在主调函数之前。

(2) 被调函数的返回值是整型或字符型（整型是系统默认的类型）。

(3) 在所有的函数定义之前，已在函数外部进行了函数声明。

如果被调函数是 C 语言提供的库函数，虽然库函数的调用不需要作函数声明，但必须把该库函数的头文件用 #include 命令包含在源程序的最前面。例如，getchar()、putchar()、gets()、puts() 等，这样的函数定义是放在 stdio.h 头文件中的，只要在程序的最前面加上 #include<stdio.h> 就可以了。

同样，如果使用数学库中的函数，则应该用 #include<math.h>。

19.5.3 函数的嵌套调用

在 C 语言中，函数之间的关系是平行的、独立的，也就是在函数定义时不能嵌套定义，即一个函数的定义函数体内不能包含另外一个函数的完整定义。但是 C 语言允许进行嵌套调用，也就是说，在调用一个函数的过程中可以调用另外一个函数。

范例 19-12　函数嵌套调用示例。

(1) 在 Visual C++ 6.0 中，新建名称为 "Nested Function.c" 的【Text File】文件。
(2) 在代码编辑区域输入如下代码（代码 19-11.txt）。

```
01  #include<stdio.h>
02  fun2(int x,int y)
03  {
04    int z;
05    z=2*x-y;
06    return z;
07  }
08  fun1(int x,int y)
09  {
10    int z;
11    z=fun2(x,x+y);      /* 在 fun1() 内调用 fun2() 函数 */
12    return z;
13  }
14  main()
15  {
16    int a,b,c;
17    printf(" 请输入两个整数： ");
18    scanf("%d%d",&a,&b);
19    c=fun1(a,b);         /* 调用 fun1() 函数 */
20    printf("%d\n",c);
21  }
```

【运行结果】

编译、连接、运行程序，输入两个整数后按【Enter】键，即可在命令行中输出结果。

【范例分析】

本范例是两层的嵌套，其执行过程是：①执行 main() 函数的函数体部分；②遇到函数调用语句，程序转去执行 fun1() 函数；③执行 fun1() 函数的函数体部分；④遇到函数调用 fun2() 函数，转去执行 fun2() 函数的函数体；⑤执行 fun2() 函数体部分，直到结束；⑥返回 fun1() 函数调用 fun2() 处；⑦继续执行 fun1() 函数的尚未执行的部分，直到 fun1() 函数结束；⑧返回 main() 函数调用 fun1() 处；⑨继续执行 main() 函数的剩余部分，直到结束。

其程序的执行顺序可以用下图描述。

19.5.4 函数的递归调用

如果在调用一个函数的过程中，又直接或者间接地调用了该函数本身，这种形式称为函数的递归调用，这个函数就称为递归函数。递归函数分为直接递归和间接递归两种。C语言的特点之一就在于允许函数的递归调用。

直接递归就是函数在处理过程中又直接调用了自己。例如：

```
01  int func(int a)
02  {
03      int b,c;
04      ……
05      c=func(b);
06      ……
07  }
```

其执行过程如图所示。

如果函数p调用函数q，而函数q反过来又调用函数p，就称为间接递归。例如：

其执行过程如图所示。

> **注意**
>
> 　　这两种递归都无法终止自身的调用。因此在递归调用中，应该含有某种条件控制递归调用结束，使递归调用是有限的，可终止的。例如可以用 **if** 语句来控制只有在某一条件成立时才继续执行递归调用，否则不再继续。

范例 19-13　用递归方法求n!(n>0)。

(1) 在 Visual C++ 6.0 中，新建名称为 "N Factorial.c" 的【Text File】文件。

(2) 在代码编辑区域输入以下代码（代码 19-12.txt）。

```
01  #include<stdio.h>
02  long fac(int n)        /* 定义求阶乘的函数 fac()*/
03  {
04      long m;
05      if(n==1)
06          m=1;
07      else
08          m=fac(n-1)* n;  /* 在函数的定义中又调用了自己 */
09      return m;
10  }
11  main()
12  {   int n; float y;
13      printf("input the value of n.\n");
14      scanf("%d",&n);
15      printf("%d!=%ld\n",n,fac(n));          /* 输出 n!*/
16  }
```

【运行结果】

编译、连接、运行程序，从键盘上输入任意一个整数，按【Enter】键即可计算出它的阶乘。

【范例分析】

本范例采用递归法求解阶乘，就是 5!=4!*5，4!=3!*3...1!=1。可以用下面的递归公式表示。

$$n! = \begin{cases} 1 & \text{当 } n=0.1 \\ n*(n-1)! & \text{当 } n>1 \end{cases}$$

可以看出，当 n>1 时，求 n 的阶乘公式是一样的，因此可以用一个函数来表示上述关系，即 fac() 函数。main() 函数中只调用了一次 fac() 函数，整个问题的求解全靠一个 fac(n) 函数调用来解决。如果 n 值为 5，整个函数的调用过程如图所示。

从图中可以看出，fac() 函数共被调用了 5 次，即 fac(5)、fac(4)、fac(3)、fac(2)、fac(1)。其中，fac(5) 是 main() 函数调用的，其余 4 次是在 fac() 函数中进行的递归调用。在某一次的 fac() 函数的调用中，并不会立刻得到 fac(n) 的值，而是一次次地进行递归调用，直到 fac(1) 时才得到一个确定的值，然后再递推出 fac(2)、fac(3)、fac(4)、fac(5)。

在许多情况下，采用递归调用形式可以使程序变得简洁，增加可读性。但很多问题既可以用递归算法解决，也可以用迭代算法或其他算法解决，而后者计算的效率往往更高，更容易理解。如【范例 19-12】也可以用循环来实现。

```
01  #include<stdio.h>
02  long fac(int n)
03  {   int i;long m=1;
04   for(i=1;i<=n;i++)
05   {
06     m=m*i;
07   }
08     return m;
09  }
10  main()
11  {   int n;
12     float y;
13     printf("input the value of n.\n");
14     scanf("%d",&n);
15     printf("%d!=%ld",n,fac(n));
16  }
```

范例 19-14　用递归法求Fibonacci数列。

(1)在 Visual C++ 6.0 中，新建名称为 "Fibonacci.c" 的【Text File】文件。
(2)在代码编辑区域输入以下代码（代码 19-13.txt）。

```
01  #include<stdio.h>
02  long fibonacci(int n)/* 求 fibonacci 中第 n 个数的值 */
03  {
04   if(n==1||n==2)     /*fibonacci 数列中前两项均为 1，终止递归的语句 */
05     return 1;
06   else
07     return(fibonacci(n-1)+fibonacci(n-2));        /* 从第 3 项开始，下一项是前两项的和 */
08  }
09  main()
10  {
11     int n,i;
12     long y;
13     printf("Input n:");
14     scanf("%d",&n);
15     for(i=1;i<=n;i++) /* 列出 fibonacci 数列的前 n 项 */
16     {
17       y=fibonacci(i);
18       printf("%d ",y);
19     }
20     printf("\n");
21  }
```

【运行结果】

编译、连接、运行程序，根据提示从键盘上输入一个整数 n，按【Enter】键，即可在命令行中输出前 n 项的 Fibonacci 数列。

【范例分析】

本范例仍采用递归方法输出前 n 项的 Fibonacci 数列。Fibonacci 数列的前两项都为 1，从第 3 项开始，每一项都是前两项的和，例如 1，1，2，3，5，8，13，21，35，…，可以由下面的公式表示。

$$
\text{fibonacci}(n)\begin{cases}1 & \text{当 } n=1,2 \\ \text{fibonacci}(n-1)+\text{fibonacci}(n-2) & \text{当 } n>2\end{cases}
$$

其中，n 表示第几项，函数值 fibonacci (n) 表示第 n 项的值。当 n 的值大于 2 时，每一项的计算方法都一样，因此可以定义一个函数 f(n) 来计算第 n 项的值，递归的终止条件是当 n=1 或 n=2 时。

范例 19-15　Hanoi(汉诺)塔问题。

在这是一个典型的只能用递归方法解决的问题。

有 3 根针 A、B、C，A 针上有 64 个盘子，盘子大小不等，大的在下，小的在上（如图所示）。要求把这 64 个盘子从 A 针移到 C 针，在移动过程中可以借助 B 针，每次只允许移动一个盘子，且在移动过程中，在 3 根针上都保持大盘在下，小盘在上。要求编程序打印出移动的步骤。

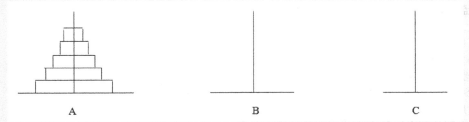

(1) 在 Visual C++ 6.0 中，新建名称为 "Hanoi.c" 的【Text File】文件。

(2) 在代码编辑区域输入以下代码（代码 19-14.txt）。

```
01  #include<stdio.h>
02  void printdisk(char x,char y)    /* 定义打印函数 */
03  {
04      printf("%c----->%c\n",x,y);
05  }
06  void hanoi(int n,char a,char b,char c)    /* 定义递归函数 hanoi 完成移动 */
07  {
08      if(n==1)/* 如果 A 针上的盘子数只剩下最后一个，移到 C 针上 */
09          printdisk(a,c);
10      else    /* 如果 A 针上的盘子数多余一个，执行以下语句 */
11      {
12          hanoi(n-1,a,c,b); /* 将 A 针上的 n-1 个盘子借助 C 针先移到 B 针上 */
13          printdisk(a,c);  /* 将 A 针上剩下的一个盘子移到 C 针上，即打印出来移动方式 */
14          hanoi(n-1,b,a,c); /* 将 n-1 个盘从 B 针借助 A 针移到 C 针上 */
15      }
16  }
17  void main()
18  {
19      int n;
20      printf("Input n:");
21      scanf("%d",&n);    /* 由键盘输入盘子数 */
22      hanoi(n,'A','B','C');/* 调用 hanoi() 函数 */
23  }
```

【运行结果】

编译、连接、运行程序，根据提示从键盘上输入一个整数 n，如果键入盘子数为 4，按【Enter】键，即可在命令行中输出盘子的移动过程。

【范例分析】

将 n 个盘子从 A 针移到 C 针可以分解为以下 3 个步骤。

(1) 将 A 上 n-1 个盘子借助 C 针先移到 B 针上。

(2) 把 A 针上剩下的一个盘子移到 C 针上。

(3) 将 n-1 个盘子从 B 针借助 A 针移到 C 针上。

这 3 个步骤分成两类操作。

(1) 当 n>1 时，将 n-1 个盘子从一个针移到另一个针上，这是一个递归的过程。

(2) 将最后一个盘子从一个针上移到另一个针上。

本程序分别用两个函数实现上面的两类操作，用 hanoi() 函数实现 n>1 时的操作，用 printf() 函数实现将一个盘子从一个针上移到另一个针上。

递归作为一种算法，在程序设计语言中被广泛应用，它通常把一个大型复杂的问题层层转化为一个与原问题相似的规模较小的问题来求解，递归策略只需少量的程序就可以描述出解题过程所需要的多次重复计算，大大地减少了程序的代码量。用递归思想写出来的程序往往十分简洁。

递归的缺点：递归算法解题的运行效率较低。在递归调用的过程中，系统为每一层的返回点、局部量等开辟了栈来存储，系统开销较大。递归次数过多，容易造成栈溢出等问题。

▶ 19.6 内部函数和外部函数

函数一旦定义，就可以被其他函数调用。但是当一个源程序由多个源文件组成时，在一个源文件中定义的函数能否被其他源文件中的函数调用呢？为此，C 语言又把函数分为两类——内部函数和外部函数。

19.6.1 内部函数

如果在一个源文件中定义的函数只能被本文件中的函数调用，而不能被同一源程序其他文件中的函数调用，这种函数称为内部函数。

定义内部函数的一般形式是：

static 类型说明符 函数名 ([形参表])

其中，"[ ]" 中的部分是可选项，即该函数可以是有参函数，也可以是无参函数。如果为无参函数，形参表为空，但括号必须要有。例如：

```
static int f(int a,int b);   /* 内部函数前面加 static 关键字 */
{
  ……
}
```

说明：f() 函数只能被本文件中的函数调用，在其他文件中不能调用此函数。

内部函数也称为静态函数。但此处静态 static 的含义并不是指存储方式，而是指对函数的调用范围只局限于本文件，因此在不同的源文件中定义同名的内部函数不会引起混淆。通常把只由同一个文件使用的函数和外部变量放在一个文件中，前面加上 static 使之局部化，其他文件不能引用。

19.6.2 外部函数

外部函数在整个源程序中都有效，只要定义函数时，在前面加上 extern 关键字即可。其定义的一般形式为：

extern 类型说明符 函数名 (< 形参表 >)

例如：

extern int f(int a,int b)
{
　……
}

📖 **提示**

因为函数与函数之间都是并列的，函数不能嵌套定义，所以函数在本质上都具有外部性质。因此在定义函数时省去了 extern 说明符时，则隐含为外部函数。可以说，前面范例中使用的函数都是外部函数。

如果定义为外部函数，不仅可被定义它的源文件调用，而且可以被其他文件中的函数调用，即其作用范围不只局限于本源文件，而是整个程序的所有文件。在一个源文件的函数中调用其他源文件中定义的外部函数时，通常使用 extern 说明被调函数为外部函数。

📝 **范例 19-16**　**调用外部函数。**

(1) 在 Visual C++ 6.0 中，新建名称为 "Extern Function" 的【Win32 Console Application】工程。

(2) 新建名称为 "file1.c" 的【Text File】文件，并在代码编辑区域输入以下代码（代码 19-15.txt）。

```
01  #include<stdio.h>
02  main()
03  {
04      int a,b;
05      printf("a= ");
06      scanf("%d",&a);
07      printf("b= ");
08      scanf("%d",&b);
09      printf("\n");
10      add(a,b);
11      printf("\n");
12      sub(a,b);
13  }
```

(3) 新建名称为 "file2.c" 的【Text File】文件，并在代码编辑区域输入以下代码。

```
01  #include<stdio.h>
02  extern add(int c,int d)    /* 定义外部函数 add()，extern 可省略不写 */
03  {
04      printf("%d+%d=%d\n",c,d,c+d);
05  }
```

(4) 新建名称为 "file3.c" 的【Text File】文件，并在代码编辑区域输入以下代码。

```
01  #include<stdio.h>
02  extern sub(int c,int d)    /* 定义外部函数 sub()，extern 可省略不写 */
03  {
04      printf("%d-%d=%d\n",c,d,c-d);
05  }
```

【运行结果】

编译、连接、运行程序，根据提示从键盘上输入 a、b 的值，按【Enter】键，即在控制台显示程序结果。

【范例分析】

本范例的整个程序是由 3 个文件组成的，每个文件包含一个函数。主函数是主控函数，使用了 4 个函数的调用语句。其中，printf()、scanf() 是库函数，另外两个是用户自定义的函数，它们都定义为外部函数。在main() 函数中，使用 extern 说明在 main() 函数中用到的 add() 和 sub() 都是外部函数。

▶19.7 main() 函数

从开始学 C 语言，我们就一直使用 main() 函数，都知道一个 C 程序必须有并且只能有一个主函数，C 程序的执行总是从 main() 函数开始的。本节再对 main() 函数做一个详细的说明。

归纳起来，main() 函数在使用过程中应该注意以下几点。

(1) main() 函数可以调用其他函数，包括本程序中定义的函数和标准库中的函数，但其他函数不能反过来调用 main() 函数。main() 函数也不能调用自己。

(2) 前面章节用到的 main() 函数都没有在函数头中提供参数。其实，main() 函数可以带有两个参数，其一般形式是：

```
int main(int argc, char *argv[ ])
{
   函数体
}
```

其中，形参 argc 表示传给程序的参数个数，其值至少是 1；而 argv 则是指向字符串的指针数组。

📖 提示

如果读者熟悉类似 DOS 的行命令操作系统，就会知道使用计算机命令是在提示符后面输入相应的命令名；如果有参数，就输入相应的参数（如文件名等），并且命令与各参数之间用空格隔开，最后按【Enter】运行该命令。

同样，用户编写的 C 程序经过编译、连接后形成的可执行文件，就可以像命令一样使用，其后面当然也可以跟命令行的参数，这个参数要作为 main() 函数的参数传递给相应程序。

📝 **范例 19-17**　带参数的main()函数。

(1) 在 Visual C++ 6.0 中，新建名称为 "Main Function.c" 的【Text File】文件。
(2) 在代码编辑区域输入以下代码（代码 19-16.txt）。

```
01  #include <stdio.h>
02  int main(int argc, char *argv[])
03  {
04     int count;
05     printf("The command line has %d arguments: \n",argc-1);
06     for(count=1;count<argc;count++)            /* 依次读取命令行输入的字符串 */
07     printf("%d: %s\n",count,argv[count]);
08  }
```

【运行结果】

带输入参数应用程序的调试步骤：选择【Project】➤【Settings】菜单命令，在打开的【Project Settings】对话框中【Debug】选项卡下的【Program arguments】文本框中输入参数，如"I am happy！"，单击【OK】按钮。

编译、连接、运行程序，即可在命令行中显示程序运行结果。

【范例分析】

从本范例可以看出，程序从命令行中接受到 3 个字符串，并将它们存放在字符串数组中，其对应关系为：

- argv[0] ------> I
- argv[1] ------> am
- argv[2] ------> happy!

argc 的值即是参数的个数，程序在运行时会自动统计。

需要注意的是，在命令行的输入都将作为字符串的形式存储于内存中。也就是说，如果输入一个数字，那么要输出这个数字，就应该用 %s 格式，而非 %d 格式或者其他。

main() 函数也有类型。如果它不返回任何值，就应该指明其类型为 void；如果默认其类型为 int，那么在该函数末尾应由 return 语句返回一个值，例如 0。

▶ 19.8 综合应用——用截弦法求方程的根

本节通过一个综合应用的例子，把前面学习的函数的定义、函数的调用和参数传递等知识再熟悉一下。

范例 19-18　编写一个程序，实现用截弦法求方程x3-5x2+16x-80=0在区间[-3,6]内的根。

(1) 在 Visual C++ 6.0 中，新建名称为"Equation Root.c"的【Text File】文件。

(2) 在代码编辑区域输入以下代码（代码 19-17.txt）。

```
01  #include<stdio.h>
02  #include<math.h>    /* 下面程序中使用了 pow 等函数，需要包含头文件 math.h*/
03  float func(float x)    /* 定义 func 函数，用来求函数 funx(x)=x*x*x-5*x*x+16x-80 的值 */
04  {
05      float y;
06      y=pow(x,3)-5*x*x+16*x-80.0f;         /* 计算指定 x 值的 func(x) 的值，赋给 y*/
07      return y; /* 返回 y 的值 */
08  }
09  float point_x(float x1,float x2)  /* 定义 point_x 函数，用来求出弦在 [x1,x2] 区间内与 X 轴的交点 */
10  {
11      float y;
12      y=(x1*func(x2)-x2*func(x1))/(func(x2)-func(x1));
13      return y;
14  }
15  float root(float x1,float x2)     /* 定义 root 函数，计算方程的近似根 */
16  {
17      float x,y,y1;
```

```
18    y1=func(x1);        /* 计算 x 值为 x1 时的 func(x1) 函数值 */
19    do{       /* 循环执行下面的语句 */
20     x=point_x(x1,x2);        /* 计算连接 func(x1) 和 func(x2) 两点弦与 X 轴的交点 */
21     y=func(x);         /* 计算 x 点对应的函数值 */
22     if(y*y1>0)         /*func(x) 与 func(x1) 同号，说明根在区间 [x,x2] 之间 */
23     {
24       y1=y;          /* 将此时的 y 作为新的 y*/
25       x1=x;          /* 将此时的 x 作为新的 y*/
26     }
27     Else     /* 否则将此时的 x 作为新的 x*/
28     {
29       x2=x;
30     }
31    }while(fabs(y)>=0.0001);
32    return x;/* 返回根 x 的值 */
33  }
34  void main()
35  {
36    float x1=-3,x2=6;
37    float t=root(x1,x2);
38    printf(" 方程的根为：%f\n",t);
39  }
```

【运行结果】

编译、连接、运行程序，即可在命令控制台显示出方程的根。

【范例分析】

本范例用弦截法求方程的根，方法如下。

(1) 取两个不同的点 x1 和 x2，如果 f(x1)、f(x2) 符号相反，则 (x1,x2) 区间内必有一个根；但如果 f(x1)、f(x2) 符号相同，就应该改变 x1 和 x2 直到上述条件成立为止。

(2) 连接 f(x1)、f(x2) 两点，这个弦就交 x 轴于 x 处，那么求 x 点的坐标就可以用下面的公式求解。x=(x1*func(x2)-x2*func(x1))/(func(x2)-func(x1))，由此可以进一步求出由 x 点对应的 f(x)。

(3) 如果 f(x)、f(x1) 同号，则根必定在 (x,x2) 区间内，此时将 x 作为新的 x1。如果 f(x)、f(x1) 异号，表示根在 (x1,x) 区间内，此时可将 x 作为新的 x2。

(4) 重复步骤 (2)、(3)，直到 |f(x)|< ε 为止，ε 为一个很小的数，程序中设为 0.0001，此时可认为 f(x) ≈ 0。

▶ 19.9　高手点拨

C 语言中又规定在以下几种情况时可以省去主调函数中对被调函数的函数说明。

(1) 如果被调函数的返回值是整型或字符型时，可以不对被调函数作说明，而直接调用。这时系统将自动对被调函数返回值按整型处理。

(2) 当被调函数的函数定义出现在主调函数之前时，在主调函数中也可以不对被调函数再作说明而直接调用。例如，函数 max() 的定义放在 main() 函数之前，因此可在 main() 函数中省去对 max() 函数的函数说明 int max(int a,int b)。

(3) 如在所有函数定义之前，在函数外预先说明了各个函数的类型，则在以后的各主调函数中，可不再对被调函数作说明。例如：

```
char str(int a);
float f(float b);
main(){
    /*...*/
}
char str(int a){
    /* ... */
}
float f(float b){
    /* ... */
}
```

其中，第 1、第 2 行对 str() 函数和 f() 函数预先作了说明。因此在以后各函数中无需对 str() 和 f() 函数再作说明就可直接调用。对库函数的调用不需要再作说明，但必须把该函数的头文件用 include 命令包含在源文件前部。

前面已经介绍过，函数的参数分为形参和实参两种。形参出现在函数定义中，在整个函数体内都可以使用，离开该函数则不能使用。实参出现在主调函数中，进入被调函数后，实参变量也不能使用。形参和实参的功能是作数据传送。函数调用中发生的数据传送是单向的。即只能把实参的值传送给形参，而不能把形参的值反向地传送给实参。因此在函数调用过程中，形参的值发生改变，而实参中的值不会变化。例如：

```
main()
{
        int n;
        printf("input number\n");
        scanf("%d",&n);
        s(n);
        printf("n=%d\n",n);
}
void s(int n)
{
        int i;
        for(i=n-1;i>=1;i--)
            n=n+i;
        printf("n=%d\n",n);
}
```

本程序中定义了一个函数 s，该函数的功能是求 $\sum ni$ 的值。在主函数中输入 n 值，并作为实参，在调用时传送给 s 函数的形参量 n。在主函数中用 printf 语句输出一次 n 值，这个 n 值是实参 n 的值。在函数 s 中也用 printf 语句输出了一次 n 值，这个 n 值是形参最后取得的 n 值 0。从运行情况看，输入 n 值为 100。即实参 n 的值为 100。把此值传给函数 s 时，形参 n 的初值也为 100，在执行函数过程中，形参 n 的值变为 5050。返回主函数之后，输出实参 n 的值仍为 100。可见实参的值不随形参的变化而变化。

上述程序中函数 s 的返回类型为 void，对于函数返回值有以下一些说明。

(1) 函数的值只能通过 return 语句返回主调函数，在函数中允许有多个 return 语句，但每次调用只能有一个 return 语句被执行，因此只能返回一个函数值。

(2) 函数值的类型和函数定义中函数的类型应保持一致。如果两者不一致，则以函数类型为准，自动进行类型转换。

(3) 如函数值为整型，在函数定义时可以省去类型说明。

(4) 不返回函数值的函数，可以明确定义为"空类型"，类型说明符为"void"。例如，函数 s 并不向主函数返函数值，因此可定义为：

```
void s(int n){
    /* ... */
}
```

一旦函数被定义为空类型，就不能在主调函数中使用被调函数的函数值了。例如，在定义 s 为空类型后，在主函数中写语句 sum=s(n); 就是错误的。

▶ 19.10 实战练习

1. 编写函数 prime()，判断给定的整数 x 是否为素数。在主函数输入一个整数，输出是否为素数。
2. 编写函数，求 $C_n^m = \dfrac{n!}{m!(n-m)!}$（其中 ,m 和 n 由用户输入）。
3. 编写函数，根据整型参数 m 的值，计算下列公式的值。

$$t = 1 - \frac{1}{2} + \frac{1}{3} - \frac{1}{4} + \cdots + \frac{1}{m}$$

4. 用递归法反序输出一个正整数的各位数值，如输入 4532，应输出 2354。
5. 编写函数 fun()，它的功能是计算并输出下列级数和。

$$s = \frac{1}{1 \times 2} + \frac{1}{2 \times 3} + \cdots + \frac{1}{n(n+1)}$$

例如，当 $n = 10$ 时，函数值为 0.909091。请勿改动主函数 main() 和其他函数中的任何内容，仅在函数 fun() 的花括号中填入编写的若干语句。

```
#include <stdio.h>
double  fun( int n )
{
}
main()  /* 主函数 */
{
    printf("%f\n", fun(10));
    NONO();
}
```

6. 编写函数 fun()，其功能是根据以下公式求 P 的值，结果由函数值带回。m 与 n 为两个正整数，且要求 m > n。

$$P = \frac{m!}{n!(m-n)!}$$

例如，m = 12，n = 8 时，运行结果为 495.000000。请勿改动主函数 main() 和其他函数中的任何内容，仅在函数 fun() 的花括号中填入编写的若干语句。

```
#include <stdio.h>
float  fun(int m, int n)
{

}

main()  /* 主函数 */
{
    printf("P=%f\n", fun (12,8));
    NONO();
}
```

第**20**章

函数中的变量

本章重点介绍函数的局部变量、全局变量，以及变量的 4 种存储类别，分别是自动类型、寄存器类型、静态类型和外部类型。通过学习，希望读者能够了解 C 语言中函数的各种变量的类型，熟悉变量的 4 种不同类型在内存中的存储状态，并能熟练掌握与区分函数中的局部变量与全局变量。

本章要点（已掌握的在方框中打钩）

☐ 局部变量

☐ 全局变量

☐ 自动类型变量

☐ 寄存器类型变量

☐ 静态类型变量

☐ 外部类型变量

▶20.1 局部变量与全局变量

前面曾经提到，函数被调用前，该函数内的形参是不占用内存的存储单元的，调用以后，形参才被分配内存单元，函数调用结束，形参所占用的内存也将被回收，被释放。这一点说明形参只有在定义它的函数内才是有效的，离开该函数就不能再使用了。这个变量有效性的范围或者说该变量可以引用的范围，称为变量的作用域。不仅仅是形参变量，C语言中所有的变量都有自己的作用域。按照变量的作用，域范围可分为两种，即局部变量和全局变量。

20.1.1 局部变量

局部变量就是在函数内部或者块内定义的变量。局部变量只在它的函数内部或块内部有效，在这个范围之外是不能使用这些变量的。例如：

```
int func(int a,int b)          /* 函数 func*/
{
  double x,y;
  ……
}
main()
{
  int m,n;
  ……
}
```

在函数 func() 内定义了 4 个变量，a、b 为形参，x、y 为一般的变量。在 func() 的范围中，a、b、x、y 都有效，或者说 a、b、x、y 等 4 个变量在函数 func() 内是可见的。同理，m、n 的作用域仅限于 main() 函数内。

关于局部变量的作用域，还要说明以下几点。

(1) 主函数 main() 中定义的变量 m、n 只在主函数中有效，并不是因为在主函数中定义，而在整个文件或程序中有效。因为主函数也是一个函数，它与其他函数是平行的关系。

(2) 不同的函数中可以使用相同的变量名，它们代表不同的变量，这些变量之间互不干扰。

(3) 在一个函数内部，还可以在复合语句（块）中定义变量，这些变量只在本复合语句中有效。

(4) 如果局部变量的有效范围有重叠，则有效范围小的优先。如

```
void main()
{
      int a,b,c;
  ……
  {
    int c;
    c=a+b;
     ……
  }
}
```

整个 main() 函数内 a、b、c 均有效，但程序进入函数内的复合语句中又定义了一个变量 c，此时的变量与复合语句外部的变量 c 重名，那么在此范围内 c 变量优先使用。

📝 **范例 20-1　局部变量的应用。**

(1) 在 Visual C++ 6.0 中，新建名称为 "Local Variable.c" 的【Text File】文件。
(2) 在代码编辑区域输入以下代码（代码 20-1.txt）。

```
01  #include<stdio.h>
02  void main()
```

```
03  {
04      int i=2,j=3,k;        /* 变量 i,j,k 在 main 函数内部均有效 */
05      k=i+j;
06      {
07          int h=8;          /* 变量 h 只在包含它的复合语句中有效 */
08          printf("%d\n",h);
09      }
10      printf("%d\n",k);
11  }
```

【运行结果】

编译、连接、运行程序，即可在命令控制台输出运行结果。

【范例分析】

本范例中，变量 h 只在复合语句的语句块内有效，离开该复合语句，该变量则无效。

20.1.2 全局变量

与局部变量相反，在函数之外定义的变量称为全局变量。由于一个源文件可以包含一个或若干个函数，全局变量可以为本文件中的其他函数所共有，它的有效范围从定义点开始，到源文件结束，全局变量又称为外部变量。例如：

```
int a=2,b=5;   /* 全局变量 */
int f1()       /* 定义函数 f1*/
{
  ......
}
double c,d;    /* 全局变量 */
void f2()      /* 定义函数 f2*/
{
  ......
}
main()         /* 主函数 */
{
  ......
}
int e,f;       /* 全局变量 */
```

其中，a、b、c、d、e、f 都是全局变量，但它们的作用范围不同。在 main() 函数、函数 f1() 和函数 f2() 中，可以使用 a、b、c、d；在函数 f2() 和 main() 函数中可以使用 c、d，但不能使用 a、b。变量 e、d 不能被任何函数使用。

📝 范例 20-2   编写一个函数，实现同时返回10个数的最大值和最小值。

(1) 在 Visual C++ 6.0 中，新建名称为 "Max and Min of Ten.c" 的【Text File】文件。
(2) 在代码编辑区域输入以下代码（代码 20-2.txt）。

```
01  #include <stdio.h>
```

```
02   #include <math.h>
03   #include <stdlib.h>
04   int min;        /* 全局变量 min*/
05   int find( )
06   {
07     int max,x,i;
08     x=rand()%101+100;           /* 产生一个 [100, 200] 之间的随机数 x*/
09     printf(" %d",x);
10     max=x; min=x;     /* 设定最大数和最小数 */
11     for(i=1;i<10;i++)
12     {
13       x=rand()%101+100;          /* 再产生一个 [100, 200] 之间的随机数 x*/
14       printf(" %d",x);
15       if(x>max)
16         max = x;           /* 若新产生的随机数大于最大数，则进行替换 */
17       if(x<min)
18         min = x;           /* 若新产生的随机数小于最小数，则进行替换 */
19     }
20     return max;
21   }
22   void main( )
23   {
24     int m=find( );
25     printf("\n 最大数 :%d, 最小数 :%d\n",m,min);
26   }
```

【运行结果】

编译、连接、运行程序，即可在命令控制台输出 10 个随机数，并显示这 10 个数中的最大值和最小值。

【范例分析】

本范例中，变量 min 是全局变量，它的作用范围是整个源文件。程序通过函数返回最大值，最小值则由全局变量进行传递。由此可见，如果需要传递多个数据，除了使用函数值外，还可以借助于全局变量，因为函数的调用只能带回一个返回值，因此有时可以利用全局变量增加与函数联系的渠道，从函数得到一个以上的返回值。

因此，全局变量的使用增加了函数之间传送数据的途径。在全局变量的作用域内，任何一个函数都可以引用该全局变量。但如果在一个函数中改变了全局变量的值，就会影响其他函数，相当于各个函数间有直接的传递通道。

范例 20-3　全局变量和局部变量同名的示例。

(1) 在 Visual C++ 6.0 中，新建名称为 "Same Name.c" 的【Text File】文件。
(2) 在代码编辑区域输入以下代码（代码 20-3.txt）。

```
01   #include <stdio.h>
02   int a=3,b=5;        /* 全局变量 a,b*/
03   int max(int a,int b)   /* 局部变量 a,b*/
04   {
```

```
05    int c;
06    c=a>b?a:b;
07    return c;
08 }
09 main()
10 {
11    int a=8;  /* 局部变量 a*/
12    printf("%d\n",max(a,b));
13 }
```

【运行结果】

编译、连接、运行程序，即可在命令控制台显示运行结果。

【范例分析】

程序中定义了两个全局变量 a 和 b，在 main() 函数中定义了局部变量 a，根据局部变量优先的原则，main() 函数中调用的实参 a 是 8，b 的值是全局变量 5，因此程序的运行结果比较的是 8 和 5 的最大值。

在实际使用过程中，建议不在必要时不要使用全局变量，原因如下。

（1）全局变量在程序的全部执行过程中都占用存储单元，而不是仅在需要时才开辟单元。

（2）全局变量使得函数的通用性降低了，因为函数在执行时要依赖于其所在的外部变量。如果将一个函数移到另一个文件中，还要将有关的外部变量及其值一起移过去。但若该外部变量与其他文件的变量同名，就会出现问题，会降低程序的可靠性和通用性。在程序设计中，在划分模块时要求模块的"内聚性"强，与其他模块的"耦合性"弱。即模块的功能要单一（不要把许多互不相干的功能放到一个模块中），与其他模块的相互影响要尽量少，而使用全局变量是不符合这个原则的。一般要求把 C 程序中的函数做成一个封闭体，除了可以通过"实参 – 形参"的渠道与外界发生联系外，没有其他渠道。这样的程序移植性好，可读性强。

（3）使用全局变量过多，会降低程序的清晰性，人们往往难以清楚地判断出每个瞬时各个外部变量的值。在各个函数执行时，都可能改变外部变量的值，程序容易出错。因此，要限制使用全局变量，而多使用局部变量。

▶20.2　变量的存储类别

　　上一节是从变量的作用域角度，将变量划分为全局变量和局部变量。本节从另外一个角度，就是变量值存在的时间（即生存期）来划分，可以分为静态存储变量和动态存储变量。

（1）动态存储变量，当程序运行进入定义它的函数或复合语句时才被分配存储空间，程序运行结束离开此函数或复合语句时，所占用的内存空间被释放。这是一种节省内存空间的存储方式。

（2）静态存储变量，在程序运行的整个过程中，始终占用固定的内存空间，直到程序运行结束，才释放占用的内存空间。静态存储类别的变量被存放于内在空间的静态存储区。

在 C 程序运行时，占用的内存空间分为 3 部分，如图所示。

程序代码区
静态存储区
动态存储区

　　程序运行时的数据分别存储在静态存储区和动态存储区。静态存储区用来存放程序运行期间所占用固定存储单元的变量，如全局变量等。动态存储区用来存放不需要长期占用内存的变量，如函数的形参等。

　　变量的存储类型具体来说可分为 4 种，即自动类型 (auto)、寄存器类型 (register)、静态类型 (static) 和外部类型 (extern)。其中，自动类型、寄存器类型的变量属于动态变量，静态类型、外部类型的变量属于静态变量。

20.2.1 自动类型 (auto)

　　用自动类型关键字 auto 说明的变量称为自动变量。其一般形式为：

auto 类型 变量名；

　　自动变量属于动态局部变量，该变量存储在动态存储区。定义时可以加 auto 说明符，也可以省略。由此可知，我们之前所用到的局部变量都是自动类型的变量。自动变量的分配和释放存储空间的工作是由编译系统自动处理的。例如：

```
int func1(int a)
{
   auto int b,c=3;
   ……
}
```

　　形参 a，变量 b、c 都是自动变量。在调用该函数时，系统给它们分配存储空间，函数调用结束时自动释放存储空间。

20.2.2 寄存器类型 (register)

　　寄存器类型变量的存储单元被分配在寄存器当中，用关键字 register 说明。其一般形式为：

register 类型 变量名；

如：

register int a;

　　寄存器变量是动态局部变量，存放在 CPU 的寄存器或动态存储区中，这样可以提高存取的速度，因为寄存器的存取速度比内存快得多。该类变量的作用域、生存期与自动变量相同。如果没有存放在通用寄存器中，便按自动变量处理。

　　但是由于计算机中寄存器的个数是有限的，寄存器的位数也是有限的，所以使用 register 说明变量时要注意以下几点。

　　(1) 寄存器类型的变量不宜过多，一般可将频繁使用的变量放在寄存器中（如循环中涉及的内部变量），以提高程序的执行速度。

　　(2) 变量的长度应该与通用寄存器的长度相当，一般为 int 型或 char 型。

　　(3) 寄存器变量的定义通常是不必要的，现在优化的编译系统能够识别频繁使用的变量，并能够在不需要编程人员作出寄存器存储类型定义的情况下，就把这些变量放在寄存器当中。

📝 范例 20-4　寄存器变量示例。

　　(1) 在 Visual C++ 6.0 中，新建名称为 "Register.c" 的【Text File】文件。

　　(2) 在代码编辑区域输入如下代码（代码 20-4.txt）。

```
01  #include <stdio.h>
02  void main()
03  {
04     int x=5,y=10,k;     /* 自动变量 x,y,k*/
05     for (k=1;k<=2;k++)
06     {  register int m=0,n=0;     /* 寄存器变量 m,n*/
```

```
07      m=m+1;
08      n=n+x+y;
09      printf("m=%d\tn=%d\n",m,n);
10   }
11 }
```

【运行结果】

编译、连接、运行程序，即可在命令行中输出结果。

【范例分析】

本范例中定义了两类变量，一类是自动变量 x、y 和 k，还有两个寄存器变量 m 和 n。

20.2.3 静态类型 (static)

静态类型的变量占用静态存储区，用 static 关键字来说明。其一般形式为：

static 类型 变量名；

如：

static int a;

静态类型又分为静态局部变量和静态全局变量。C 语言规定静态局部变量有默认值，int 型等于 0，float 型等于 0.0，char 型为 '\0'，静态全局变量也如此。而自动变量和寄存器变量没有默认值，值为随机数。

01 静态局部变量

定义在函数内的静态变量称为静态局部变量。关于静态局部变量的几点说明如下。

(1) 静态局部变量是存储在静态存储区的，所以在整个程序开始时就被分配固定的存储单元，整个程序运行期间不再被重新分配，故其生存期是整个程序的运行期间。

(2) 静态局部变量本身也是局部变量，具有局部变量的性质，即其作用域是局限在定义它的本函数体内的。如果离开了定义它的函数，该变量就不再起作用，但其值仍然存在，因为存储空间并未释放。

(3) 静态局部变量赋初值的时间是在编译阶段，并且只被赋初值一次，即使它所有的函数调用结束，也不释放存储单元。因此不管调用多少次该静态局部变量的函数，它仍保留上一次调用函数时的值。

📝 范例 20-5   静态局部变量示例：打印 1~5 的阶乘。

(1) 在 Visual C++ 6.0 中，新建名称为 "Static Local.c" 的【Text File】文件。
(2) 在代码编辑区域输入以下代码（代码 20-5.txt）。

```
01 #include <stdio.h>
02 long fac(int n)
03 {
04     static long f=1;     /* 定义静态局部变量 f，仅初始化一次，在静态存储区分配空间 */
05     f=f*n;
06     return f;
07 }
```

```
08  main()
09  {
10    intk;
11    for(k=1;k<=5;k++)
12    {
13      printf("%d!=%ld\n",k,fac(k));
14    }
15    printf("\n");
16  }
```

【运行结果】

编译、连接、运行程序，在命令行中即可显示 1~5 的阶乘。

```
■ "D:\范例源码\ch20\范例20-5\Static Local\Debug\Static Local.exe"
1!=1
2!=2
3!=6
4!=24
5!=120

Press any key to continue
```

【范例分析】

程序从 main() 函数开始运行，此时 fac() 函数内的静态局部变量 f 已在静态存储区初始化为 1。当第 1 次调用 fac() 函数时，f=1*1=1，第 1 次调用结束并不会释放 f，仍保留 1。第 2 次调用 fac() 函数时，f=1*2=2（其中 1 仍是上次保留的结果），第 2 次调用结束 f 的值仍保留为 2。第 3 次调用，f=2*3=6，f 内这次保留的是 6。第 4 次调用……第 5 次调用的结果为 120(24*5)。

02 静态全局变量

在定义全局变量时前面也加上关键字 static，就是静态全局变量。

如果编写的程序是在一个源程序文件中实现的，那么一个全局变量和一个静态全局变量是没有区别的。但是，有时一个 C 源程序是由多个文件组成的，那么全局变量和静态全局变量在使用上是完全不同的，一个文件可以通过外部变量声明使用另一个文件中的全局变量，但却无法使用静态全局变量，静态全局变量只能被定义它的文件所独享。

静态全局变量的特点如下。

(1) 静态全局变量与全局变量基本相同，只是其作用范围（即作用域）是定义它的程序文件，而不是整个程序。

(2) 静态全局变量属于静态存储类别的变量，它在程序一开始运行时，就被分配固定的存储单元，所以其生存期是整个程序运行期间。

(3) 使用静态全局变量的好处，是同一程序的两个不同的源程序文件中可以使用相同名称的变量名，而互不干扰。

📝 范例 20-6   静态全局变量示例。

(1) 在 Visual C++ 6.0 中，新建名称为 "Static Global" 的【Win32 Console Application】工程。
(2) 新建名称为 "file1.c" 的【Text File】文件，并在代码编辑区域输入以下代码（代码 20-6-1.txt）。

```
01  #include<stdio.h>
02  static int n;           /* 定义静态全局变量 n*/
03  void f(int x)
04  {
```

```
05      n=n*x;
06      printf("%d\n",n);
07  }
```

(3) 新建名称为 "file2.c" 的【Text File】文件，并在代码编辑区域输入以下代码（代码 20-6-2.txt）。

```
01  #include<stdio.h>
02  int n;       /* 定义全局变量 */
03  void f(int);
04  void main()
05  {
06      n=100;
07      printf("%d\n",n);
08      f(5);
09  }
```

【运行结果】

编译、连接、运行程序，即可在命令行中显示结果。

【范例分析】

本范例由两个文件构成——file1 和 file2。file1 中定义了主函数，file2 中定义了子函数 f()。程序仍是从包含主函数的文件开始执行。在 file1 中定义了一个全局变量 n，对子函数作了一个声明，执行主函数，n=100，范围小的优先，先输出局部变量 100。调用子函数，在 file2 中定义了静态全局变量 n，此时这里的 n 被赋的初值为 0，因为是静态的，所以会自动赋值。这个子函数输出的是 0*5 = 0。所以这两个 n 是互不干涉的，静态全局变量 n 对其他源程序文件无效，只在定义它的程序文件中有效。

20.2.4 外部类型（extern）

在任何函数之外定义的变量都叫作外部变量。外部变量通常用关键字 extern 说明。其一般形式为：

extern 类型 变量名；

例如：

extern int a;
extern double k;

在一个文件中定义的全局变量默认为外部的，即 extern 关键字可以省略。但是如果其他文件要使用这个文件中定义的全局变量，则必须在使用前用 "extern" 作外部声明，外部声明通常放在文件的开头。

📝 范例 20-7　外部变量示例。

(1) 在 Visual C++ 6.0 中，新建名称为 "Extern Variable" 的【Win32 Console Application】工程。
(2) 新建名称为 "file1.c" 的【Text File】文件，并在代码编辑区域输入以下代码（代码 20-7-1.txt）。

```
01  #include <stdio.h>
02  extern int a;           /* 外部变量 a*/
03  extern int sum(int x);
04  void main( )
05  { int c;
```

```
06      c=sum(a);
07      printf("1+2+…+%d=%d\n",a,c);
08    }
```

(3) 新建名称为 "file2.c" 的【Text File】文件，并在代码编辑区域输入以下代码（代码 20-7-2.txt）。

```
01    int a=20;  /* 全局变量 a*/
02    int sum(int x)
03    {
04      int i,y=0;
05      for(i=1;i<=x;i++)
06      {
07        y=y+i;
08      }
09      return y;
10    }
```

【运行结果】

编译、连接、运行程序，即可在命令行中显示结果。

【范例分析】

本范例 file2.c 文件中定义的 1 个全局变量，其作用域可以延伸到程序的其他文件中，即其他文件也可以使用这个变量，但是在使用前用 "extern" 作外部声明。file1 文件使用了 file2 文件中的变量 a，就要在前面加上 extern 声明，一般放在文件的开头。另外引用的 sum() 子函数也是第 1 个文件，也作了一个外部声明。

▶20.3 综合应用——日期判断

本节通过一个综合应用的例子，把本章前面学习的内容再熟悉一下。

范例 20-8　编写程序，给出年、月、日，计算该日是该年的第几天。

(1) 在 Visual C++ 6.0 中，新建名称为 "Days" 的【Win32 Console Application】工程。
(2) 新建名称为 "control.c" 的【Text File】文件，并在代码编辑区域输入以下代码（代码 20-8-1.txt）。

```
01    #include <stdio.h>
02    extern int days();     /* 定义外部函数 */
03    extern int year,month,day;     /* 外部变量 */
04    void main()
05    {
06      printf(" 输入年、月、日：\n");
07      scanf("%d%d%d",&year,&month,&day);
08      printf("%d 月 %d 日是 %d 年的第 %d 天 \n",month,day,year,days());
09    }
```

(3) 新建名称为 "day.c" 的【Text File】文件，并在代码编辑区域输入以下代码（代码 20-8-2.txt）。

```
01    int year,month,day; /* 定义全局变量 */
02    int days()
```

```
03  {
04      int i,count=0;        /*count 记录天数 */
05      int a[13]={0,31,28,31,30,31,30,31,31,30,31,30,31};        /* 用一维数组记录每个月的天数 */
06      if((year%100)&&!(year%4)||!(year%400))        /* 如果此年为闰年，将二月份的天数改为 29 天 */
07          a[2]=29;
08      for(i=0;i<month;i++)        /* 累加该日期前面几个月份的天数 */
09          count+=a[i];
10      count=count+day; /* 再加上该日期在本月份中的天数 */
11      return count;
12  }
```

【运行结果】

编译、连接、运行程序，根据提示输入年、月、日，按【Enter】键，即可输出该日是该年的第几天。

【范例分析】

本范例中，要想计算天数，首先必须知道每个月有多少天，这里使用一维数组记录一年当中每个月的天数，数组下标与年份吻合。另外，还要知道要计算的日期所在的年份是否是闰年，所以用 if((x%100)&&!(x%4)||!(x%400)) 计算闰年，如果是闰年，将下标为 2 的元素改为 29，否则不发生变化。这样就可以进行天数相加，先加前面几个月份的天数和，再与该日期中的 day 相加即可。

本范例在 day.c 源文件中采用了全局变量存放年、月、日，并在另一个文件中使用了这 3 个外部变量和外部函数 days()。此方法只用于举例，建议初学者尽量避免使用全局变量。

▶20.4 高手点拨

在本章的学习中，要重点注意以下问题。

变量的作用域：作用域描述了程序中可以访问某个标识符的一个或多个区域，即变量的可见性。一个 C 变量的作用域可以是代码块作用域、函数原型作用域和文件作用域。函数作用域（function scope），标识符在整个函数中都有效。只有语句标号属于函数作用域。标号在函数中不需要先声明后使用，在前面用一个 goto 语句也可以跳转到后面的某个标号，但仅限于同一个函数之中。

(1) 文件作用域（file scope），标识符从它声明的位置开始直到这个程序文件的末尾都有效。例如下例中 main() 函数外面的 sum、add，还有 main，printf 其实是在 stdio.h 中声明的，被包含到这个程序文件中了，所以也属于文件作用域。

(2) 块作用域（block scope），标识符位于一对 "{}" 括号中（函数体或语句块），从它声明的位置开始到右 "}" 括号之间有效。例如上例中 main() 函数里的 num。此外，函数定义中的形参也属于块作用域，从声明的位置开始到函数末尾之间有效。

(3) 函数原型作用域（function prototype scope），标识符出现在函数原型中，这个函数原型只是一个声明而不是定义（没有函数体），那么标识符从声明的位置开始到在这个原型末尾之间有效，例如 void add(int num); 中的 num。

下面再介绍另一种分类形式，它分为代码块作用域和文件作用域。代码块作用域和文件作用域也有另一种分类方法，局部作用域和全局作用域。

(1) 代码块作用域：代码块是指一对花括号之间的代码，函数的形参虽然是在花括号前定义的但也属于代码作用域。在 C99 中把代码块的概念扩大到包括由 for 循环、while 循环、do while 循环、if 语句所控制的代码。

在代码块作用域中，从该变量被定义到代码块末尾该变量都可见。

(2) 文件作用域：一个在所有函数之外定义的变量具有文件作用域。具有文件作用域的变量从它的定义处到包含该定义的文件结尾都是可见的。

链接一个 C 语言变量具有下列链接之———外部链接（external linkage）、内部链接（internal linkage）或空链接（no linkage）。

(1) 空链接。具有代码块作用域或者函数原型作用域的变量就具有空链接，这意味着它们是由其定义所在的代码块或函数原型所私有。

(2) 内部链接。具有文件作用域的变量可能有内部链接或外部链接，一个具有文件作用域的变量前使用了 static 标识符标识时，即为具有内部链接的变量。一个具有内部链接的变量可以在一个文件的任何地方使用。

(3) 外部链接。一个具有文件作用域的变量默认是具有外部链接的。但当其前面用 static 标识后即转变为内部链接。一个具有外部链接的链接变量可以在一个多文件程序的任何地方使用。例如：

```
static int a;（在所有函数外定义）内部链接变量
int b;（在所有函数外定义）外部链接变量
main() {
int b;// 空链接，仅为 main 函数私有。
}
```

存储时期：一个 C 语言变量有以下两种存储时期之一（不包括动态内存分配 malloc 和 free 等），即静态存储时期（static storage duration）和自动存储时期（automatic storage duration）。

(1) 静态存储时期：如果一个变量具有静态存储时期，它在程序执行期间将一直存在。具有文件作用域的变量具有静态存储时期。这里注意一点，对于具有文件作用域的变量，关键词 static 表明链接类型，而不是存储时期。一个使用了 static 声明了的文件作用域的变量具有内部链接，而所有的文件作用域变量，无论它具有内部链接，还是具有外部链接，都具有静态存储时期。

(2) 自动存储时期：具有代码块作用域的变量一般情况下具有自动存储时期。在程序进入定义这些变量的代码块时，将为这些变量分配内存，当退出这个代码块时，分配的内存将被释放。

对头文件写法给出以下几点建议。

(1) 按相同功能或相关性组织 .c 和 .h 文件，同一文件内的聚合度要高，不同文件中的耦合度要低。接口通过 .h 文件给出。

(2) 对应的 .c 文件中写变量、函数的定义，并指定链接范围。对于变量和函数的定义时，仅本文件使用的变量和函数，要用 static 限定为内部链接防止外部调用。

(3) 对应的 .h 文件中写变量、函数的声明。仅声明外部需要的函数，必须给出变量。有时可以通过使用设定和修改变量函数声明，来减少变量外部声明。

(4) 如果有数据类型的声明和宏定义，将其写的头文件（.h）中，这时也要注意模块化问题，如果数据类型仅本文件使用则不必在写头文件中，而写在源文件（.c）中。这样会提高聚合度，减少不必要的格式外漏。

(5) 头文件中一定加上 #ifndef…#define…#endif 之类的防止重包含的语句。

(6) 头文件中不要包含其他的头文件，头文件的互相包含使程序组织结构和文件组织变得混乱，同时会造成潜在的错误，给错误查找造成麻烦。如果出现头文件中类型定义需要其他头文件时，将其提出来，单独形成全局的一个源文件和头文件。

(7) 模块的 .c 文件中别忘包含自己的 .h 文件。

▶20.5 实战练习

1. 定义一个结构体变量（包括年、月、日）。计算该日在本年中是第几天，注意闰年问题。

2. 写一个函数 days()，实现上面的计算。由主函数将年、月、日传递给 days() 函数，计算后将日数传回主函数输出。

3. 编写一个函数 print()，打印一个学生的成绩数，该数组中有 5 个学生的数据记录，每个记录包括 num、name、sore[3]，用主函数输入这些记录，用 print() 函数输出这些记录。

4. 在上题的基础上，编写一个函数 input()，用来输入 5 个学生的数据记录。

5. 有 10 个学生，每个学生的数据包括学号、姓名、3 门课的成绩，从键盘输入 10 个学生的数据，要求打印出 3 门课的总平均成绩，以及取得最高分学生的数据（包括学号、姓名、3 门课成绩）。

第

21

章

文件

计算机的内存中运行的程序和数据在关机后会自动消失，所以数据必须保存在可以永久性地存储数据的硬盘等外存上，以后需要某部分数据的时候能随时调入内存使用。操作系统提供了对数据进行统一组织和管理的功能，就是以"文件"的形式把数据存储在计算机的存储介质上。

本章要点（已掌握的在方框中打钩）

☐ 文件概述
☐ 文件的打开和关闭
☐ 文件的顺序读写
☐ 文件的随机读写

▶ 21.1 文件概述

一个文件是由一系列彼此有一定联系的数据集合构成的。就像我们把社会上的一个个家庭作为社会的基本组成单位一样，也可以把家庭中的每一个成员看作是一个数据，并且通常以户主名来标识不同的家庭。同样，为了区分不同类型的数据构成的不同文件，我们给每个文件取个名字，就是文件名。为了更好地进行管理，家庭一般是隶属于某个居委会，居委会再隶属于上级组织。这种层次性的管理形式也用于对文件的管理，一般可把一些相关的文件集中在一个文件夹中，一些彼此相关的文件夹还可以集中在更上一级的文件夹中，这样就构成了"目录"。使用的时候，只要指明文件的名字和存放的路径，利用 C 语言的输入 / 输出函数库中提供的一些函数，就可以完成有关文件中数据的读写等基本的操作。

21.1.1 文件类型

C 语言中文件按其储存数据的格式可分为文本文件和二进制文件。那么文本文件和二进制文件有哪些不同呢？

从概念上讲，文本文件中的数据都是以单个字符的形式进行存放的，每个字节存储的是一个字符的 ASCII 码值，把一批彼此相关的数据以字符的形式存放在一起构成的文件就是文本文件（也叫 ASCII 码文件）。而二进制文件中的数据是按其在内存中的存储样式原样输出到二进制文件中进行存储的，也就是说，数据原本在内存中是什么样子，在二进制文件中就还是什么样子。

例如，对于整数 12345，在文本文件中存放时，数字"1""2""3""4""5"都是以字符的形式各占一个字节，每个字节中存放的是这些字符的 ASCII 值，所以要占用 5 个字节的存储空间。而在二进制文件中存放时，因为是整型数据，所以系统分配两个字节的存储空间，也就是说，整数 12345 在二进制文件中占用两个字节。其存放形式如图所示。

在文本文件中的存储形式：

00110001	00110010	00110011	00110100	00110101

在二进制文件中的存储形式：

00110000	00111001

综上所述，文本文件和二进制文件的主要区别有以下两点。

(1) 由于存储数据的格式不同，所以在进行读写操作时，文本文件是以字节为单位进行写入或读出的；而二进制文件则以变量、结构体等数据块为单位进行读写。

(2) 一般来讲，文本文件用于存储文字信息，一般由可显示字符构成，如说明性的文档、C 语言的源程序文件等都是文本文件；二进制文件用于存储非文本数据，如某门功课的考试成绩或者图像、声音等信息。

具体应用时，应根据实际需要选用不同的文件格式。

21.1.2 C 如何操作文件——文件指针

在 C 语言中，所有对文件的操作都是通过文件指针来完成。

前面已经学习过变量的指针，变量的指针指向该变量的存储空间；但文件的指针不是指向一段内存空间，而是指向描述有关该文件相关信息的一个文件信息结构体，该结构体定义在 stdio.h 头文件中。当然，用户也无需了解有关此结构体的细节，只要知道如何使用文件指针就可以了。和普通指针一样，文件指针在使用之前，也必须先进行声明。

声明一个文件指针的语法格式如下：

FILE * 文件指针名；   /* 功能是声明一个文件指针 */

> **⚙ 技巧**
>
> 文件指针（如 **FILE *fp**）不像以前普通指针那样进行 **fp++** 或 ***fp** 等操作，**fp++** 意味着指向下一个 **FILE** 结构（如果存在）。

声明一个文件指针后，就可以使用它进行文件的打开、读写和关闭等基本操作了。

> **注意**
>
> 　　声明文件指针时，"FILE"必须全是大写字母！另外一定要记得使用文件指针进行文件的相关操作时，在程序开头处包含 stdio.h 头文件。

21.1.3 文件缓冲区

由于文件存储在外存储器上，外存的数据读写速度相对较慢，所以在对文件进行读写操作时，系统会在内存中为文件的输入或输出开辟缓冲区。

当对文件进行输出时，系统首先把输出的数据填入为该文件开辟的缓冲区内，每当缓冲区被填满时，就把缓冲区中的内容一次性地输出到对应的文件中。当从某个文件输入数据时，首先将从输入文件中输入一批数据放入该文件的内存缓冲区中，输入语句将从该缓冲区中依次读取数据。当该缓冲区中的数据被读完时，将再从输入文件中输入一批数据放入缓冲区。

▶ 21.2 文件的打开和关闭

在进行文件读写之前，必须先打开文件；在对文件的读写结束之后，应关闭文件。

21.2.1 文件的打开 —— fopen() 函数

在 C 语言程序中，打开文件就是把程序中要读、写的文件与磁盘上实际的数据文件联系起来，并使文件指针指向该文件，以便进行其他的操作。C 语言输入 / 输出函数库中定义的打开文件的函数是 fopen() 函数，其一般的使用格式如下：

```
FILE  *fp;        /* 声明 fp 是一个文件类型的指针 */
fp=fopen(" 文件名 "," 打开方式 ");        /* 以某种打开方式打开文件，并使文件指针 fp 指向该文件 */
```

功能：以某种指定的打开方式打开一个指定的文件，并使文件指针 fp 指向该文件，文件成功打开之后，对文件的操作就可以直接通过文件指针 fp 了。若文件打开成功，fopen() 函数返回一个指向 FILE 类型的指针值（非 0 值）；若指定的文件不能打开，该函数则返回一个空指针值 NULL。

说明：fopen() 函数包含两个参数，调用时都必须用双引号括起来。其中，第 1 个参数（"文件名"）表示的是要打开的文件的文件名，必须用双引号括起来；如果该参数包含文件的路径，则按该路径找到并打开文件；如果省略文件路径，则在当前目录下打开文件。第 2 个参数（"打开方式"）表示文件的打开方式，有关文件的各种打开方式见下表。

打开方式	含义	指定文件不存在时	指定文件存在时
r	以只读方式打开一个文本文件	出错	正常打开
w	以只写方式打开一个文本文件	建立新文件	文件原有内容丢失
a	以追加方式打开一个文本文件	建立新文件	在文件原有内容末尾追加
r+	以读写方式打开一个文本文件	出错	正常打开
w+	以读写方式建立一个新的文本文件	建立新文件	文件原有内容丢失
a+	以读取 / 追加方式建立一个新的文本文件	建立新文件	在文件原有内容末尾追加
rb	以只读方式打开一个二进制文件	出错	正常打开
wb	以只写方式打开一个二进制文件	建立新文件	文件原有内容丢失
ab	以追加方式打开一个二进制文件	建立新文件	在文件原有内容末尾追加
rb+	以读写方式打开一个二进制文件	出错	正常打开
wb+	以读写方式建立一个新的二进制文件	建立新文件	文件原有内容丢失
ab+	以读取 / 追加方式建立一个新的二进制文件	建立新文件	在文件原有内容末尾追加

提示

只读方式表示对目标文件只能读取数据，不可改变内容；只写方式是只能进行写操作，用于输出数据；追加方式表示的是在文件的末尾添加数据的方式；读写方式既可以读取数据，又可以改写文件；而建立新文件就是指如果文件已存在，则覆盖原文件。

无论是对文件进行读取还是写入操作，都要考虑在文件打开过程中会因为某些原因而不能正常打开文件的可能性。所以在进行打开文件操作时，一般都要检查操作是否成功。通常在程序中打开文件的语句是这样的。

```
01   FILE *fp;
02   if((fp=fopen("abc.txt","r+"))==0)        /* 以读写方式打开文件，并判断其返回值 */
03   {
04     printf ("Can't open this file\n");
05     exit(0);
06   }
```

第 2 行的语句执行过程是，先调用 fopen() 函数并以读写方式打开文件 "abc.txt"，若该函数的返回值为 0，则说明文件打开失败，显示文件无法打开的信息；若文件打开成功，则文件指针 fp 得到函数返回的一个非 0 值。这里是通过判断语句 if 来选择执行不同的程序分支。

另外，"NULL" 是 stdio.h 中定义的一个符号常量，代表数值 0，表示空指针。因而有时在程序语句中也用 NULL 代替 0。即第 2 行语句也可以是：

```
if((fp=fopen("abc.txt","r+"))==NULL)
```

注意

fopen() 函数是 C 语言中定义的标准库函数，调用时，必须在程序开始处用 include 命令包含 **stdio.h** 文件，即语句 **#include "studio.h"**，进行编译预处理。

21.2.2 文件的关闭——fclose() 函数

所谓关闭文件，就是使文件指针与它所指向的文件脱离联系，一般当文件的读或写操作完成之后，应及时关闭不再使用的文件。这样一方面可以重新分配文件指针去指向其他文件，另外，特别是当文件的使用模式为"写"方式时，在关闭文件的时候，系统会首先把文件缓冲区中的剩余数据全部输出到文件中，然后再使两者脱离联系。此时，如果没有进行正常的关闭文件的操作，而直接结束程序的运行，就会造成缓冲区中剩余数据的丢失。

C 语言输入 / 输出函数库中定义的关闭文件的函数是 fclose() 函数，其一般使用格式如下：

```
fclose( 文件指针 );
```

fclose() 函数只有一个参数"文件指针"，它必须是由打开文件函数 fopen() 得到的，并指向一个已经打开的文件。

功能：关闭文件指针所指向的文件。执行 fclose() 函数时，若文件关闭成功，返回 0，否则返回 −1。

在程序中对文件的读写操作结束后，对文件进行关闭时，调用 fclose() 函数的语句是：

```
fclose(fp);    /*fp 是指向要关闭的文件的文件指针 */
```

技巧

因为保持一个文件的打开状态需要占用内存空间，所以对文件的操作一般应该遵循"晚打开，早关闭"的原则，以避免无谓的浪费。

21.2.3 文件结束检测——feof() 函数

feof() 函数用于检测文件是否结束，既适用于二进制文件，也适用于文本文件。其一般使用格式如下。

feof(文件指针);

其中，"文件指针"指向一个已经打开并正在操作的文件。

功能：测试文件指针 fp 所指向的文件是否已读到文件尾部。若已读到文件末尾，返回值为 1；否则，返回值为 0。

说明：在进行读文件操作时，需要检测是否读到文件的结尾处，常用"while(!feof(fp))"循环语句来控制文件中内容的读取。如当前读取的内容不是文件尾部，则 feof(fp) 的值为 0，取非运算后值为 1，那么循环继续执行；若已读到文件结尾，则 feof(fp) 的值为 1，取非运算后值为 0，循环结束，也即是读文件操作结束。

例如，顺序读取文本文件中的字符，代码如下：

```
while(!feof(fp))
{
    c=fgetc(fp);        /* 从文件中读一个字符赋值给变量 c */
    ……    /* 其他操作 */
}
```

▶ 21.3 文件的顺序读写

拿到一本书，可以从头到尾顺序阅读，也可以跳过一部分内容而直接翻到某页阅读。对文件的读写操作也是这样的，可以分为顺序读写和随机读写两种方式。顺序读写方式指的是从文件首部开始顺序读写，不允许跳跃；随机读写方式也叫定位读写，是通过定位函数定位到具体的读写位置，在该位置处直接进行读写操作。一般来讲，顺序读写方式是默认的文件读写方式。

文件的顺序读写常用的函数如下。

字符输入 / 输出函数：fgetc(), fputc()

字符串输入 / 输出函数：fgets(), fputs()

格式化输入 / 输出函数：fscanf(), fprintf()

数据块输入 / 输出函数：fread(), fwrite()

这里需要特别指出：有关以上这些函数原型的定义都在 stdio.h 文件中，因此在程序中调用这些函数时，必须在程序开始处加入预处理命令。

#include "stdio.h"

21.3.1 文本文件中字符的输入 / 输出

对于文本文件中数据的输入 / 输出，可以是以字符为单位，也可以是以字符串为单位。本小节介绍文本文件中以字符为单位的输入 / 输出函数——fgetc() 和 fputc() 函数。

01 文件字符输入函数——fgetc()

fgetc() 函数的一般使用格式如下：

```
char ch;          /* 定义字符变量 ch*/
ch=fgetc( 文件指针 );
```

功能：该函数从文件指针所指定的文件中读取一个字符，并把该字符的 ASCII 值赋给变量 ch。执行本函数时，如果读到文件末尾，则函数返回文件结束标志 EOF。

说明：文件输入是指从一个已经打开的文件中读出数据，并将其保存到内存变量中，这里的"输入"是相对内存变量而言的。

例如，要从一个文本文件中读取字符并把其输出到屏幕上，代码如下：

ch=fgetc(fp);

```
while(ch!=EOF)
{
        putchar(ch);
        ch=fgetc(fp));
}
```

第 2 行代码中的 EOF 字符常量是文本文件的结束标志，它不是可输出字符，不能在屏幕上显示。该字符常量在 stdio.h 中定义为 −1，因此当从文件中读入的字符值等于 −1 时，表示读入的已不是正常的字符，而是文本文件结束符。上面例子中的第 2 行等价于：

```
while(ch!=-1)
```

当然，判断一个文件是否读取结束，还可以使用文件结束检测函数 feof()。

02 文件字符输出函数——fputc()

fputc() 函数的一般使用格式如下：

```
fputc( 字符 , 文件指针 );
```

其中，第 1 个参数"字符"可以是一个普通字符常量，也可以是一个字符变量名；第 2 个参数"文件指针"指向一个已经打开的文件。

功能：把"字符"的 ASCII 值写入文件指针所指向的文件。若写入成功，则返回字符的 ASCII；否则返回文本文件结束标志 EOF。

说明：文件输出是指将内存变量中的数据写到文件中，这里的"输出"也是相对内存变量而言的。例如：

```
fputc("a",fp);  /* 把字符 "a" 的 ASCII 值写入到 fp 所指向的文件中 */
char ch;
fputc(ch,fp)    /* 把变量 ch 中存放的字符的 ASCII 值写入到 fp 所指向的文件中 */
```

📝 范例21-1　**利用fgetc()函数和fputc()函数建立一个名为"file1.txt"的文本文件，并在屏幕上显示文件中的内容。**

(1) 在 Visual C++ 6.0 中，新建名为"cfile.c"的【Text File】文件。
(2) 在代码编辑区域输入以下代码（代码 21-1.txt）。

```
01  #include "stdio.h"
02  #include "stdlib.h"   /* 程序中用到的异常退出函数 exit(0) 定义在 "stdlib.h" 头文件中 */
03  void main()          /* 程序的入口 */
04  {
05    FILE *fp1,*fp2;    /* 定义两个文件指针变量 fp1,fp2*/
06    char c;
07    if((fp1=fopen("file1.txt","w"))==0)    /* 以只写方式新建文件 file1.txt，并测试是否成功 */
08    {
09      printf(" 不能打开文件 \n");
10      exit(0);                          /* 强制退出程序 */
11    }
12    printf(" 输入字符 :\n");
13    while((c=getchar())!='\n')    /* 接收一个从键盘输入的字符并赋给变量 c，输入回车符则循环结束 */
14      fputc(c,fp1);       /* 把变量 c 写到 fp1 指向的文件 file1.txt 中 */
15    fclose(fp1);         /* 写文件结束，关闭文件，使指针 fp1 和文件脱离关系 */
16    if((fp2=fopen("file1.txt","r"))==0)    /* 以只读方式新建并打开文件 file1.txt，测试是否成功 */
17    {
18      printf(" 不能打开文件 \n");
19      exit(0);
20    }
21    printf(" 输出字符 :\n");
22    while((c=fgetc(fp2))!=EOF) /* 从文件 file1.txe 的开头处读字符存放到变量 c 中 */
```

```
23    putchar(c);       /* 把变量 c 的值输出到屏幕上 */
24    printf("\n"); /* 换行 */
25    fclose(fp2);      /* 关闭文件 */
26  }
```

【运行结果】

编译、连接、运行程序，从键盘上输入 "abcd" 并按【Enter】键，运行结果如图所示。此时，程序文件夹中已创建了 "file1.txt"，文件内容，即为所输入的字符。

【范例分析】

程序中定义了两个文件指针 fp1 和 fp2，分别用于写文件和读文件操作。先以只写方式新建并打开文本文件 file1.txt，并使 fp1 指向该文件。第 13 行是一个循环控制语句，每次从键盘读入一个字符，并判断当读入的字符不是回车符时，把该字符写入文件中；当输入回车符时，写文件结束，关闭文件。然后重新以只读方式打开文件，使指针 fp2 指向文件，利用循环语句进行读文件操作，并输出到屏幕上，直到检测到文件结束标志 EOF，对文件的输出结束，关闭文件。

21.3.2 文本文件中字符串的输入 / 输出

实际应用中，当需要处理大批数据时，以单个字符为单位对文件进行输入 / 输出操作，效率不高。而以字符串为单位进行文件输入 / 输出操作，则可以一次输入或输出包含任意多个字符的字符串。本小节介绍对文本文件中的数据以字符串为单位进行输入 / 输出的函数——fgets() 和 fputs() 函数。

01 字符串输入函数——fgets()

fgets() 函数是从文本文件中读取一个字符串，并将其保存到内存变量中。使用格式如下：

fgets(字符串指针 , 字符个数 **n**, 文件指针);

其中，第 1 个参数 "字符串指针" 可以是一个字符数组名，也可以是字符指针，用于存放读出的字符串；第 2 个参数是一个整型数，用来指明读出字符的个数；第 3 个参数 "文件指针" 不再赘述。

功能：从文件指针所指向的文本文件中读取n-1 个字符，并在结尾处加上 "\0" 组成一个字符串，存入 "字符串指针" 中。若函数调用成功，则返回存放字符串的首地址；若读到文件结尾处或调用失败时，则返回字符常量 NULL。

例如，语句 fgets(char *s, int n, FILE *fp); 的含义是从 fp 指向的文件中读入 n − 1 个字符，存入字符指针 s 指向的存储单元。

当满足下列条件之一时，读取过程结束。

(1) 已读取了 n − 1 个字符。

(2) 当前读取的字符是回车符。

(3) 已读取到文件末尾。

02 字符串输出函数——fputs()

fputs() 函数是将一个存放在内存变量中的字符串写到文本文件中，使用格式如下：

fputs(字符串 , 文件指针);

其中，"字符串"可以是一个字符串，也可以是一个字符数组名或指向字符的指针。

功能：将"字符串"写到文件指针所指向的文件中，若写入成功，函数的返回值为0；否则，返回一个非零值。

说明：向文件中写入的字符串中并不包含字符串结束标志符"\0"。

例如有以下语句：

```
char str[10]={"abc"};
fputs(str,fp);
```

含义是将字符数组中存放的字符串"abc"写入到fp所指向的文件中，这里写入的是3个字符a、b和c，并不包含字符串结束标志"\0"。

范例21-2　应用fputs()和fgets()函数建立一个名为"file2.txt"的文本文件，并读取文件中的内容在屏幕上显示。

(1) 在 Visual C++ 6.0 中，新建名为"sfile.c"的【Text File】文件。
(2) 在编辑窗口中输入以下代码（代码21-2.txt）。

```
01  #include "stdio.h"
02  #include "string.h"
03  #include "stdlib.h"
04  void main()          /* 程序的入口 */
05  {
06    FILE *fp1,*fp2;    /* 定义两个文件指针变量 fp1,fp2*/
07    char str[10];
08    if((fp1=fopen("file2.txt","w"))==0)     /* 以只写方式新建文件 file2.txt，并测试是否成功 */
09    {
10      printf(" 不能创建文件 \n");
11      exit(0);            /* 强制退出程序 */
12    }
13    printf(" 输入字符串 :\n");
14    gets(str);           /* 接收从键盘输入的字符串 */
15    while(strlen(str)>0)
16    {
17      fputs(str,fp1);
18      fputs("\n",fp1);   /* 在文件中加入换行符作为字符串分隔符 */
19      gets(str);
20    }
21    fclose(fp1);         /* 写文件结束，关闭文件 */
22    if((fp2=fopen("file2.txt","r"))==0)       /* 以只读方式新建并打开文件 file2.txt，测试是否成功 */
23    {
24      printf(" 不能打开文件 \n");
25      exit(0);
26    }
27    printf(" 输出字符串 :\n");
28    while(fgets(str,10,fp2)!=0)  /* 从文件中读取字符串存放到字符数组 str 中并测试是否已读完 */
29    printf("%s",str);    /* 把数组 str 中的字符串输出到屏幕上 */
30    printf("\n");        /* 换行 */
31    fclose(fp2);         /* 关闭文件 */
32  }
```

【运行结果】

编译、连接、运行程序，输入字符串，全部字符串输入结束，按两次【Enter】键，即可显示所输入的字符串内容。此时，程序文件夹中已创建了"file2.txt"，文件内容即为所输入的字符串。

【范例分析】

本程序中定义了两个文件指针 fp1 和 fp2，分别用于写文件和读文件的操作。读者要熟悉 fgets() 函数和 fputs() 函数的使用。第 15 行的 "strlen(str)>0" 语句用于测试从键盘输入的字符串是否为空串（即只输入回车符）。

21.3.3　格式化输入 / 输出

有的时候我们对要输入 / 输出的数据有一定的格式要求，如整型、字符型或按指定的宽度输出数据等。这里要介绍的格式化输入 / 输出指的是不仅输入 / 输出数据，还要指定输入 / 输出数据的格式，它比前面介绍的字符 / 字符串输入 / 输出函数的功能更加强大。

01 格式化输出函数——fprintf()

fprintf() 与前面介绍的 printf() 函数相似，只是将输出的内容存放在一个指定的文件中。使用格式如下：

fprintf(文件指针，格式串，输出项表);

其中，"文件指针"仍是一个指向已经打开的文件的指针，其余的参数和返回值和 printf() 函数相同。

功能：按"格式串"所描述的格式把输出项写入"文件指针"所指向的文件中。执行这个函数时，若成功，则返回所写的字节数；否则，返回一个负数。

02 格式化输入函数——fscanf()

fscanf() 函数与前面介绍的 scanf() 函数相似，只是输入的数据是来自于文本文件。其一般使用格式如下：

fscanf(文件指针，格式串，输入项表);

功能：从"文件指针"所指向的文本文件中读取数据，按"格式串"所描述的格式输出到指定的内存单元中。

📝 范例21-3　　应用fprintf()函数和fscanf()函数建立文本文件file3.txt，并读取其中的信息输出到计算机屏幕上。

(1) 在 Visual C++ 6.0 中，新建名为 "ffile.c" 的【Text File】文件。
(2) 在编辑窗口中输入以下代码（代码 **21-3.txt**）。

```
01   #include "stdio.h"
02   #include "string.h"
03   #include "stdlib.h"
04   void main()
05   {
06       FILE *fp;
07       char name1[4][8],name2[4];
```

```
08    int i, score1[4],score2;
09    if((fp=fopen("file3.txt","w"))==0)        /* 以只写方式打开文件 file3.txt，测试是否成功 */
10    {
11      printf(" 不能打开文件 \n");
12      exit(0);
13    }
14    printf(" 输入数据 : 姓名 成绩 \n");
15    for(i=1;i<4;i++)
16    {
17      scanf("%s %d",name1[i],&score1[i]);
18      fprintf(fp,"%s %d\n",name1[i],score1[i]);
19    }            /* 向文本文件写入一行信息 */
20    fclose(fp);
21    if((fp=fopen("file3.txt","r"))==0)        /* 以只读方式打开文件测试是否成功 */
22    {
23      printf(" 不能打开文件 \n");
24      exit(0);
25    }
26    printf(" 输出数据 :\n");
27    while(!feof(fp))
28    {
29      fscanf(fp,"%s %d\n",name2,&score2);        /* 从文件中按格式读取数据存放到 name2 数组和变
量 score2 中 */
30      printf("%s %d\n",name2,score2);
31    }
32    fclose(fp);
33    }
```

【运行结果】

编译、连接、运行程序，根据提示输出 3 个学生的姓名和成绩，按【Enter】键，即可输出结果。此时，
程序文件夹中已创建了 "file3.txt"，文件内容即为所输入的内容。

【范例分析】

本程序中首先定义了一个文件指针，分别以只写方式和只读方式打开同一个文件，写入和读出格式化数据。

> **提示**
>
> 格式化读写文件时，用什么格式写入文件，就一定用什么格式从文件读取。读出的数据与格式控制符不一致，
> 就会造成数据出错。

21.3.4 二进制文件的输入 / 输出——数据块读写

二进制文件是以 "二进制数据块" 为单位进行数据的读写操作。所谓 "二进制数据块" 就是指在内存中
连续存放的具有若干长度的二进制数据，如整型数据、实型数据或结构体类型数据等，数据块输入 / 输出函数

对于存取结构体类型的数据尤为方便。

相应地，C 语言中提供了用来完成对二进制文件进行输入／输出操作的函数，这里把它称作数据块输入／输出函数 fwrite() 函数和 fread() 函数。

01 数据块输出函数——fwrite()

这里的"输出"仍是相对于内存变量而言的。fwrite() 函数是从内存输出数据到指定的二进制文件中，一般使用格式如下：

fwrite(buf,size,count, 文件指针);

其中，buf 是输出数据在内存中存放的起始地址，也就是数据块指针；size 是每个数据块的字节数；count 用来指定每次写入的数据块的个数；文件指针是指向一个已经打开等待写入的文件。这个函数的参数较多，要注意理解每个参数的含义。

功能：从以 buf 为首地址的内存中取出 count 个数据块（每个数据块为 size 个字节），写入到"文件指针"指定的文件中。调用成功，该函数返回实际写入的数据块的个数；出错时返回 0 值。

02 数据块输入函数——fread()

这里的"输入"仍是相对于内存变量而言的。fread() 函数是从指定的二进制文件中输出数据到内存单元中，一般使用格式如下：

fread(buf,size,count, 文件指针);

其中，buf 是输入数据在内存中存放的起始地址。其他各参数的含义同 fwrite() 函数。

功能：在文件指针指定的文件中读取 count 个数据块（每个数据块为 size 个字节），存放到 buf 指定的内存单元地址中去。调用成功，函数返回实际读出的数据块个数；出错或到文件末尾时返回 0 值。

范例21-4　使用fwrite()和fread()函数对stud.bin文件进行写入和读取操作。

(1) 在 Visual C++ 6.0 中，新建名为"stubin.c"的【Text File】文件。
(2) 在编辑窗口中输入以下代码（代码 21-4.txt）。

```
01  #include "stdio.h"
02  #include "stdlib.h"
03  void main()
04  {
05    FILE *fp;
06    struct student        /* 定义结构体数组并初始化 */
07    {
08      char num[8];
09      int score;
10    }
11    stud[]={{"101",86},{"102",60},{"103",94},{"104",76},{"105",50}},stud1[5];
12    int i;
13    if((fp=fopen("stud.bin","wb+"))==0)   /* 以读写方式新建并打开文件 stud.bin, 测试是否成功 */
14    {
15      printf(" 不能打开文件 \n");
16      exit(0);
17    }
18    for(i=0;i<5;i++)
19      fwrite(&stud[i],sizeof(struct student),1,fp);   /* 向 fp 指向的文件中写入数据 */
20    rewind(fp);        /* 重置文件位置指针于文件开始处，以便读取文件 */
21    printf(" 学号  成绩 \n");     /* 在屏幕上输出提示信息 */
```

```
22      while(!feof(fp))    /* 循环读取文件中的数据，直到检测到文件结束标志 */
23      {
24          fread(&stud1[i],sizeof(struct student),1,fp);    /* 读取 fp 指向的文件中的数据并写入到结构体数组
stud1 中 */
25          printf("%s %d\n",stud1[i].num,stud1[i].score);
26      }        /* 向屏幕上输出结构体数组 stud1 中的数据 */
27      fclose(fp);        /* 关闭文件 */
28  }
```

【运行结果】

编译、连接、运行程序，即可在命令行中输出如图所示的内容。此时，程序文件夹中已创建了二进制文件 "stud.bin"。

【范例分析】

程序中定义了两个结构体数组 stud 和 stud1，并对 stud 进行了初始化。以读写方式新建并打开二进制文件 stud.bin。利用 for 循环语句把初始化过的结构体数组 stud 中的数据写入文件 stud.bin 中，写数据结束后文件指针指向文件的结尾处。由于后面还要从文件中读取数据，所以需要重置文件指针于文件开头处，这里使用了 rewind() 函数重置文件指针读写位置，这个函数在下一节中介绍，最后利用 while 循环语句把文件 stud.bin 中的数据写入结构体数组 stud1 中，并在屏幕上输出。

▶21.4 文件的随机读写

相对于前面介绍的顺序访问文件方式，文件的随机访问是给定文件当前读写位置的一种读写文件方式，也就是允许对文件进行跳跃式的读写操作。

要定位文件的当前读写位置，这里要提到一个文件位置指针的概念。所谓文件位置指针，就是指当前读或写的数据在文件中的位置，在实际使用中，是由文件指针充当的。当进行文件读操作时，总是从文件位置指针开始读其后的数据，然后位置指针移到尚未读的数据之前；当进行写操作时，总是从文件位置指针开始去写，然后移到刚写入的数据之后。本节介绍文件位置指针的定位函数。

01 取文件位置指针的当前值——ftell() 函数

ftell() 函数用于获取文件位置指针的当前值，使用格式如下：

ftell(fp);

其中，文件指针 fp 指向一个打开过的正在操作的文件。

功能：返回当前文件位置指针 fp 相对于文件开头的位移量，单位是字节。执行本函数，调用成功返回文件位置指针当前值，否则返回值为 -1。

说明：该函数适用于二进制文件和文本文件。

02 移动文件位置指针——fseek() 函数

fseek 函数用来移动文件位置指针到指定的位置上，然后从该位置进行读或写操作，从而实现对文件的随机读写功能。使用格式如下：

fseek(fp,offset,from);

其中，fp 指向已经打开正被操作的文件；offset 是文件位置指针的位移量，是一个 long 型的数据，ANSI C 标准规定在数字的末尾加一个字母 L 来表示是 Long 型的。若位移量为正值，表示位置指针的移动朝着文件尾的方向（从前向后）；若位移量为负值，表示位置指针的移动朝着文件头的方向（从后向前）。from 是起始点，用以指定位移量是以哪个位置为基准的。

功能：将文件位置指针从 from 表示的位置移动 offset 个字节。若函数调用成功，返回值为 0，否则返回非 0 值。

下表给出了代表起始点的符号常量和数字及其含义，在 fseek 函数中使用时两者是等价的。

数字	符号常量	起始点
0	SEEK_SET	文件开头
1	SEEK_CUR	文件当前指针位置
2	SEEK_END	文件末尾

例如：

fseek(fp,100L,0);　　/* 文件位置指针从文件开头处向后移动 100 个字节 */
fseek(fp,50L,1);　　　/* 文件位置指针从当前位置向后移动 50 个字节 */
fseek(fp,-30,2);　　　/* 文件位置指针从文件结尾处向前移动 30 个字节 */

03 置文件位置指针于文件开头——rewind() 函数

rewind 函数用于将文件位置指针置于文件的开头处，其一般使用格式如下：

rewind(fp);

功能：将文件位置指针移到文件开始位置。该函数只是起到移动文件位置指针的作用，并不带回返回值。

▶ 21.5 综合应用——文件操作

范例21-5　编写程序，建立两个文本文件f1.txt和f2.txt，要求从键盘上输入字符写入到这两个文本文件中，然后对f1.txt和f2.txt中的字符排序，并合并到一个文件中。

(1) 在 Visual C++ 6.0 中，新建名为 "zfile.c" 的【Text File】文件。
(2) 在编辑窗口中输入以下代码（代码 21-5.txt）。

```
01  #include "stdio.h"
02  #include "stdlib.h"
03  main()
04  {
05      FILE *fp;
06      char ch[200],c;
07      int i=0,j,n;
08      if((fp=fopen("f1.txt","w+"))==NULL) /* 以读写方式新建一个文本文件 f1.txt*/
```

```
09  {
10      printf("\n 不能打开文件 f1\n");
11      exit(0);
12  }
13  printf(" 写入数据到 f1.txt:\n");
14  while((c=getchar())!='\n')
15      fputc(c,fp);         /* 往文件 f1.txt 中写入字符，输入回车符结束 */
16      rewind(fp);          /* 重置文件指针于文件开头处 */
17  while((c=fgetc(fp))!=EOF)  /* 循环读取文件 f1.txt 中的所有字符并写入字符数组 ch 中 */
18      ch[i++]=c;
19      fclose(fp);          /* 关闭文件 f1.txt*/
20  if((fp=fopen("f2.txt","w+"))==NULL)  /* 以读写方式新建一个文本文件 f2.txt*/
21  {
22      printf("\ 不能打开文件 f2\n");
23      exit(0);
24  }
25  printf(" 写入数据到 f2.txt:\n");
26  while((c=getchar())!='\n')    /* 往文件 f2.txt 中写入字符，输入字符 '0' 结束 */
27      fputc(c,fp);
28      rewind(fp);          /* 重置文件指针于文件开头处 */
29  while((c=fgetc(fp))!=EOF)  /* 循环读取文件 f2.txt 中的所有字符并写入字符数组 ch 中 */
30      ch[i++]=c;
31      fclose(fp);          /* 关闭文件 f2.txt*/
32  n=i;
33  for(i=1;i<n;i++)         /* 对字符数组 ch 中的字符进行排序 */
34  for(j=0;j<n-i;j++)
35      if(ch[j]>ch[j+1])
36      {
37          c=ch[j];
38          ch[j]=ch[j+1];
39          ch[j+1]=c;
40      }
41      if((fp=fopen("f3.txt","w+"))==NULL)      /* 以读写方式新建一个文本文件 f3.txt*/
42      {
43          printf("\n 不能打开文件 f3\n");
44          exit(0);
45      }
46  for(i=0;i<n;i++)         /* 把字符数组 ch 中排过序的字符写入到文件 f3.txt 中 */
47      fputc(ch[i],fp);
48      printf(" 排序并输出 :\n");
49      rewind(fp);
50  while((c=fgetc(fp))!=EOF)  /* 把 f3.txt 中排过序的字符在屏幕上显示 */
51      putchar(c);
52      printf("\n");
53      fclose(fp);          /* 关闭文件 f3.txt*/
54  }
```

【运行结果】

编译、连接、运行程序，根据提示，依次输入 2 组字符串，按【Enter】键，即可将 2 次输入的内容排序输出。此时，程序文件夹中已创建了 f1、f2、f3 等 3 个文本文件。

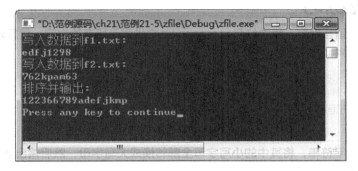

【范例分析】

这是一个文件的综合应用题目，用到了文件的新建、读写、打开、关闭、移动文件位置指针等文件操作函数，功能是实现把两个文件中的内容合并成一个文件。

▶ 21.6 高手点拨

从用户观点来看，文件分为特殊文件 (标准输入输出文件或标准设备文件) 和普通文件 (磁盘文件)；从操作系统的角度看，每一个与主机相连的输入输出设备看作是一个文件。例如，输入文件可以看作终端键盘，输出文件可以看作显示屏和打印机。按数据的组织形式，文件分为 ASCII 文件 (文本文件) 和二进制文件。ASCII 文件：每一个字节放一个 ASCII 代码。二进制文件：把内存中的数据按其在内存中的存储形式原样输出到磁盘上存放。

C 语言对文件的处理方法分为两种，一种是缓冲文件系统，即系统自动地在内存区为每一个正在使用的文件开辟一个缓冲区。用缓冲文件系统进行的输入输出又称为高级磁盘输入输出。另一种是非缓冲文件系统，系统不自动开辟确定大小的缓冲区，而由程序为每个文件设定缓冲区。用非缓冲文件系统进行的输入输出又称为低级输入输出系统。

注意，在 UNIX 系统下，用缓冲文件系统来处理文本文件，用非缓冲文件系统来处理二进制文件。ANSIC 标准只采用缓冲文件系统来处理文本文件和二进制文件。C 语言中对文件的读写都是用库函数来实现的。

在打开文件之前，常用下面的方法打开一个文件。

```
if((fp=fopen("file1", "r")) = = NULL)
{
printf("cannot open this file\n");
}
```

即先检查打开的操作是否出错，如果有错就在终端上输出 "can not open this file"。exit() 函数的作用是关闭所有文件，终止正在执行的程序，待用户检查出错误并修改后再运行。

在使用完一个文件后应该关闭它，以防止它再被误用。"关闭" 就是使文件指针变量不指向该文件，也就是文件指针变量与文件 "脱钩"，此后不能再通过该指针对原来与其相联系的文件进行读写操作，除非再次打开，使该指针变量重新指向该文件。在向文件写数据时，是先将数据输出到缓冲区，待缓冲区充满后才正式输出给文件，如果当数据未充满缓冲区而程序结束运行，就会将缓冲区中的数据丢失。用 fclose() 函数关闭文件，可以避免这个问题，函数 fclose() 关闭成功时返回值为 0，否则返回 EOF(-1)。

▶ 21.7 实战练习

1. 编写一个简单的留言程序，每次打开 message.txt 文件显示所有的内容，然后允许用户写新留言，并保存到 message.txt 文件中。

目 提示

保存新留言应该使用追加方式写入，否则原先的留言会被清除。

2. 从键盘输入一个字符串，将其中的小写字母全部转换成大写字母，然后输出到一个磁盘文件"test"中保存。输入的字符串以"！"结束。

3. 有两个磁盘文件"A"和"B"，各存放一行字母，要求把这两个文件中的信息合并，输出到一个新文件"C"中。

4. 从键盘输入若干行字符（每行长度不等），输入后把它们存储到一磁盘文件中。再从该文件中读入这些数据，将其中小写字母转换成大写字母后在显示屏上输出。

第

22

章

库函数概览

构成 C 语言程序的基本单位是函数，函数也是 C 程序中模块化程序设计的基础。库函数包含了丰富的常用函数，借助它们，开发程序可以做到事半功倍。本章将揭开库函数神秘的面纱。

本章要点（已掌握的在方框中打钩）

☐ 标准 C 库函数

☐ 数学函数

☐ 字符串处理函数

☐ 字符处理函数

☐ 转换和存储管理函数

☐ 随机函数

☐ 日期和时间处理函数

☐ 诊断函数

☐ 命令行参数

☐ 其他函数

▶ 22.1 标准 C 库函数

标准 C 库函数提供有功能强大而且丰富的函数，使用这些库函数可以在很大程度上减少代码的开发量，降低代码开发的难度。比如我们经常使用的 **printf()** 函数和 **scanf()** 函数，就是由标准输入 / 输出库提供的，可通过加载输入 / 输出库 "**#include <stdio.h>**"，继而调用相关的函数。否则，如果需要用户交互功能，还需要自己开发底层代码完成输入输出功能，相当复杂。

标准库函数由 15 个头文件组成，下表列举了这 15 个文件和它们的类型。

名称	函数类型
<assert.h>	诊断
<ctype.h>	字符测试
<errno.h>	错误检测
<float.h>	系统定义的浮点型界限
<limits.h>	系统定义的整数界限
<locale.h>	区域定义
<math.h>	数学
<stjump.h>	非局部的函数调用
<signal.h>	异常处理和终端信号
<stdarg.h>	可变长度参数处理
<stddef.h>	系统常量
<stdio.h>	输入 / 输出
<stdlib.h>	多种公用
<string.h>	字符串处理
<time.h>	时间和日期

📋 提示

　　在调用函数时要注意函数参数值的类型和函数返回值的类型。

▶ 22.2 数学函数

　　尽管加、减、乘、除等运算符可以完成很多算术运算，但是对于求幂、计算平方根、求绝对值等运算，C 语言中并不存在这样的运算符。为了方便这些计算，C 语言提供了标准数学函数供程序使用。与所有的 C 语言函数一样，传递给数学函数的参数不一定必须是数字，任何一个表达式，包括嵌套调用其他的函数，都可以作为数学函数的参数。

　　要使用数学函数，需要包含数学函数库头文件。

#include <math.h>

22.2.1 绝对值函数

绝对值函数用于将表达式的结果转换为非负数，形式如下表所示。

原型	功能
int abs(int n)	计算整数 n 的绝对值
long labs(long n)	计算长整数 n 的绝对值
double fabs(double x)	计算双精度实数 x 的绝对值

范例 22-1 求整数的绝对值。

(1) 在 Visual C++ 6.0 中，新建名为 "abs.c" 的【Text File】文件。
(2) 在代码编辑区中输入以下代码 (代码 22-1.txt)。

```
01  #include <stdio.h>    /* 包含标准输入输出头文件 */
02  #include <math.h>     /* 包含数学头文件 */
03  int main()
04  {
05      int x;
06      x=-5;
07      printf("|%d|=%d\n",x,abs(x));      /* 调用绝对值函数 */
08      x=0;
09      printf("|%d|=%d\n",x,abs(x));      /* 调用绝对值函数 */
10      x=+5;
11      printf("|%d|=%d\n",x,abs(x));      /* 调用绝对值函数 */
12      getchar();        /* 等待键入字符 */
13      return 0;
14  }
```

【运行结果】

编译、连接、运行程序，即可在命令行中输出结果。

【范例分析】

计算整数 x 的绝对值，当 x 不为负时返回 x，否则返回 – x。

22.2.2 幂函数和开平方函数

幂函数和开方函数分别用于求 N 次幂和开平方，形式如下表所示。

原型	功能
double pow(double x,double y)	计算双精度实数 x 的 y 次幂
double sqrt(double x)	计算双精度实数 x 的平方根

范例 22-2 幂函数的应用。

(1) 在 Visual C++ 6.0 中，新建名为 "pow.c" 的【Text File】文件。
(2) 在代码编辑区中输入以下代码 (代码 22-2.txt)。

```
01  #include <stdio.h>   /* 包含标准输入输出头文件 */
02  #include <math.h>    /* 包含数学头文件 */
03  int main()
04  {
05      printf("4^5=%f",pow(4.,5.));      /* 调用幂函数 */
06      getchar();        /* 等待键入字符 */
07      return 0;
08  }
```

【运行结果】

编译、连接、运行程序，即可在命令行中输出结果。

【范例分析】

计算 x 的幂，x 应大于零，返回幂指数的结果。

22.2.3 指数函数和对数函数

指数函数和对数函数互为逆函数，形式如下表所示。

原型	功能
double exp(double x)	计算 e 的双精度实数 x 次幂
double log(double x)	计算以 e 为底的双精度实数 x 的对数 $\ln(x)$
double log10(double x)	计算以 10 为底的双精度实数 x 的对数 $\log_{10}x$

使用指数函数和对数函数时，e 是自然对数的底，值是无理数 2.718281828……

22.2.4 三角函数

三角函数常用的正弦、余弦和正切函数形式如下表所示。

原型	功能
double sin(double x)	计算双精度实数 x 的正弦值
double cos(double x)	计算双精度实数 x 的余弦值
double tan(double x)	计算双精度实数 x 的正切值
double asin(double x)	计算双精度实数 x 的反正弦值
double acos(double x)	计算双精度实数 x 的反余弦值
double atan(double x)	计算双精度实数 x 的反正切值
double sinh(double x)	计算双精度实数 x 的双曲正弦值
double cosh(double x)	计算双精度实数 x 的双曲余弦值
double tanh(double x)	计算双精度实数 x 的双曲正切值

要正确使用三角函数，需要注意参数范围。

- 对于 sin 和 cos 函数，其参数 x 范围是 [-1,1]。
- 对于 asin 函数，x 的定义域为 [-1.0，1.0]，值域为 [$-\pi/2$，$+\pi/2$]。
- 对于 acosx 函数，x 的定义域为 [-1.0，1.0]，值域为 [0，π]。
- 对于 atan 函数，值域为 ($-\pi/2$，$+\pi/2$)。

22.2.5 取整函数和取余函数

取整函数用于获取实数的整数部分，取余函数用于获取实数的余数部分，形式如下表所示。

原型	功能
double ceil(double x)	计算不小于双精度实数 x 的最小整数
double floor(doulbe x)	计算不大于双精度实数 x 的最大整数
double fmod(double x,double y)	计算双精度实数 x/y 的余数，余数使用 x 的符号
double modf(double x,double *ip)	把 x 分解成整数部分和小数部分，x 是双精度浮点数，ip 是整数部分指针，返回结果是小数部分

- 假设 x 的值是 74.12，则 ceil(x) 的值是 75，如果 x 的值是 -74.12，则 ceil(x) 的值是 -74。
- 假设 x 的值是 74.12，则 floor(x) 的值是 74，如果 x 的值是 -74.12，则 floor(x) 的值是 -75。

范例 22-3　取整和取余函数的应用。

(1) 在 Visual C++ 6.0 中，新建名为 "取整和求余 .c" 的【Text File】文件。
(2) 在代码编辑区中输入以下代码 (代码 22-3.txt)。

```
01  #include <stdio.h>   /* 包含标准输入输出头文件 */
02  #include <math.h>    /* 包含数学头文件 */
03  int main()
04  {
05      double x,y,i;
06      x=74.12;
07      y=6.4;
08      printf("74.12/6.4: %f\n",fmod(x,y));      /* 调用取余函数 */
09      x=74.12;
10      y=-6.4;
11      printf("74.12/(-6.4): %f\n",fmod(x,y));          /* 调用取余函数 */
12      x=modf(-74.12,&i);
13      printf("-74.12=%.0f+(%.2f)",i,x);
14      getchar();            /* 等待键入字符 */
15      return 0;
16  }
```

【运行结果】

编译、连接、运行程序，即可在命令行中输出结果。

```
D:\范例源码\ch22\范例22-3\取整和...
74.12/6.4: 3.720000
74.12/(-6.4): 3.720000
-74.12=-74+(-0.12)
```

【范例分析】

本范例使用 fmod() 函数计算 x/y 的余数，modf() 函数将浮点数 num 分解成整数部分和小数部分。

▶22.3 字符串处理函数

C 语言没有为以数组为整体的对象提供内置操作，例如数组赋值或者数组比较。因为字符串只是一个以 '\0' 字符终止的字符数组，不是一个有它自己权限的数据类型，这就意味着不能为字符串提供赋值运算和关系运算。

但是，在 C 语言的标准库函数中，包含有大量的字符串处理函数和字符处理函数，能起到辅助完成字符串进行处理的功能。

字符串库函数的调用方式与所用的 C 语言函数的调用方式一样，要使用这些字符串函数，需要包含头文件 <string.h>。

22.3.1　字符串长度函数

求字符串长度函数在处理字符串问题时非常有用，形式如下表所示。

原型	功能
int strlen(char *d)	返回字符串 d 的长度，不包括终止符 NULL

如果有下面的代码：

char *s="Hello World";

n=strlen(s);

经过调用 strlen() 函数，n 的值为 11。

22.3.2 字符串连接函数

字符串连接函数用于把两个字符串连接在一起，形式如下表所示。

原型	功能
char *strcat(char *d,char *s)	连接字符串 s 到字符串 d，返回字符串 d
char *strncat(char *d,char *s,int n)	连接字符串 s 中至多 n 个字符到字符串 d，返回字符串 d

范例 22-4   字符串连接函数的应用。

(1) 在 Visual C++ 6.0 中，新建名为 "字符串连接 .c" 的【Text File】文件。
(2) 在代码编辑区中输入以下代码 (代码 22-4.txt)。

```
01  #include <stdio.h>   /* 包含标准输入输出头文件 */
02  #include <string.h>  /* 包含字符串处理头文件 */
03  int main()
04  {
05    char d1[20]="Hello";
06    char d2[20]="Hello";
07    char *s1=" World";
08    char *s2=" Worldabc"
09    strcat(d1,s1);       /* 调用字符串连接函数 */
10    printf("%s\n",d1);
11    strncat(d2,s2,6);    /* 调用字符串连接函数 */
12    printf("%s\n",d2);
13    getchar();           /* 等待键入字符 */
14    return 0;
15  }
```

【运行结果】

编译、连接、运行程序，即可在命令行中输出结果。

【范例分析】

在范例中，strncat() 函数把 s 所指字符串的前 n 个字符添加到 d 结尾处（覆盖 d 结尾处的 '\0'），并在字符串结尾处添加 '\0'，s 和 d 所指内存区域不可以重叠，且 d 必须有足够的空间来容纳 s 的字符串，最后返回指向 d 的指针。

22.3.3 字符串复制函数

字符串复制函数用于把一个字符串复制到另一个字符中，形式如下表所示。

原型	功能
char *strcpy(char *d,char *s)	复制字符串 s 到字符串 d，返回字符串 d
char *strncpy(char *d,char *s,int n)	复制字符串 s 中至多 n 个字符到字符串 d；如果 s 小于 n 个字符，用 '\0' 补上，返回字符串 d
void *memcpy(void *d,void *s,int n)	从 s 复制 n 个字符到 d，返回字符串 d
void *memmove (void *d,void *s,int n)	和 memcpy 相同，即使 d 和 s 部分相同也运行

范例 22-5   字符串复制函数的应用。

(1) 在 Visual C++ 6.0 中，新建名为"字符串复制 .c"的【Text File】文件。
(2) 在代码编辑区中输入以下代码 (代码 22-5.txt)。

```
01  #include <stdio.h>  /* 包含标准输入输出头文件 */
02  #include <string.h> /* 包含字符串处理头文件 */
03  int main()
04  {
05    char *s1="Hello World";
06    char *s2="Hello World";
07    char d1[20]="***************";
08    char d2[20]="***************";
09    strcpy(d1,s1);       /* 调用字符串复制函数 */
10    printf("%s\n",d1);
11    strncpy(d2,s2,strlen(s2));    /* 调用字符串复制函数 */
12    printf("%s\n",d2);
13    getchar();              /* 等待键入字符 */
14    return 0;
15  }
```

【运行结果】

编译、连接、运行程序，即可在命令行中输出结果。

【范例分析】

strcpy() 函数中的 s 和 d 所指内存区域不可以重叠，且 d 必须有足够的空间来容纳 s 的字符串，最后返回指向 d 的指针。

如果 strncpy() 函数中 s 的前 n 个字节不含 NULL 字符，则结果不会以 NULL 字符结束。如果 s 的长度小于 n 个字节，则以 NULL 填充 d，直到复制完 n 个字节。s 和 d 所指内存区域不可以重叠，且 d 必须有足够的空间来容纳 s 的字符串，最后返回指向 d 的指针。

22.3.4 字符串比较函数

字符串比较函数用于比较两个字符串的大小，以 ASCII 码为基准，形式如下表所示。

原型	功能
int strcmp(char *d,char *s)	比较字符串 d 与字符串 s。如果 d<s，返回 − 1；如果 d==s，返回 0；如果 d>s，返回 1
int strncmp(char *d,char *s,int n)	比较字符串 d 中至多 n 个字符与字符串 s。如果 d<s，返回 -1；如果 d==s，返回 0；如果 d>s，返回 1
int memcmp(void *d,void *s,int n)	比较 d 的首先 n 个字符与 s，和 strcmp 返回值相同

📝 范例 22-6　字符串比较函数的应用。

(1) 在 Visual C++ 6.0 中，新建名为 "字符串比较 .c" 的【Text File】文件。

(2) 在代码编辑区中输入以下代码 (代码 22-6.txt)。

```
01  #include <stdio.h>   /* 包含标准输入输出头文件 */
02  #include <string.h>  /* 包含字符串处理头文件 */
03  int main()
04  {
05    char *s1="Hello, Programmers!";
06    char *s2="Hello, programmers!";
07    int r;
08    r=strcmp(s1,s2);     /* 调用字符串比较函数 */
09    if(!r)
10      printf("s1 and s2 are identical");
11    else
12      if(r<0)
13        printf("s1 less than s2");
14      else
15        printf("s1 greater than s2");
16    getchar();            /* 等待键入字符 */
17    return 0;
18  }
```

【运行结果】

编译、连接、运行程序，即可在命令行中输出结果。

【范例分析】

当 s1<s2 时，返回值 =-1；当 s1=s2 时，返回值 =0；当 s1>s2 时，返回值 =1。

22.3.5 字符串查找函数

字符串查找函数用于在一个字符串中查找字串出现的位置，形式如下表所示。

原型	功能
char *strchr (char *d,char c)	返回一个指向字符串 d 中字符 c 第 1 次出现的指针；或者如果没有找到 c，则返回指向 NULL 的指针
char *strstr(char *d,char *s)	返回一个指向字符串 d 中字符 s 第 1 次出现的指针；或者如果没有找到 s，则返回指向 NULL 的指针
void *memchr(void *d,char c,int n)	返回一个指向被 d 所指向的 n 个字符中 c 第 1 次出现的指针；或者如果没有找到 c，则返回指向 NULL 的指针

范例 22-7　字符串查找函数的应用。

(1) 在 Visual C++ 6.0 中，新建名为 "字符串查找 .c" 的【Text File】文件。
(2) 在代码编辑区中输入以下代码 (代码 22-7.txt)。

```
01  #include <stdio.h>   /* 包含标准输入输出头文件 */
02  #include <math.h>    /* 包含字符串处理头文件 */
03  int main()
04  {
05    char *s="Hello World";
06    char *ps="llo";
07    char *p;
08    p=strchr(s,'W');     /* 调用字符串查找函数 */
09    if(p)
10      printf("%s\n",p);
11    else
12      printf("Not Found!\n");
13    p=strstr(s,ps);      /* 调用字符串查找函数 */
14    if(p)
15      printf("%s\n",p);
16    else
17      printf("Not Found!\n");
18    getchar();           /* 等待键入字符 */
19    return 0;
20  }
```

【运行结果】

编译、连接、运行程序，即可在命令行中输出结果。

【范例分析】

strchr() 函数查找字符 'W' 首次出现的位置，然后返回了 "World" 字符串；strstr() 函数查找字符串 "llo" 首次出现的位置，然后返回了 "llo World" 字符串。

22.3.6 字符串填充函数

字符串填充函数用于快速赋值一个字符到一个字符串，形式如下表所示。

原型	功能
void *memset(void *d;char c,int n)	使用 n 个字符 c 填充 void* 类型变量 d

范例 22-8　字符串填充函数的应用。

(1) 在 Visual C++ 6.0 中，新建名为 "字符串填充 .c" 的【Text File】文件。
(2) 在代码编辑区中输入以下代码 (代码 22-8.txt)。

```
01   #include <stdio.h>   /* 包含标准输入输出头文件 */
02   #include <string.h>  /* 包含字符串处理头文件 */
03   int main()
04   {
05     char array[]="Hello World";
06     char *s=array;
07     memset(s,'W',5);   /* 调用字符串填充函数 */
08     printf("%s",s);
09     getchar();                    /* 等待键入字符 */
10     return 0;
11   }
```

【运行结果】

编译、连接、运行程序，即可在命令行中输出结果。

【范例分析】

把指针所指内存存储空间的前 5 个字符，使用字符 'W' 填充。

▶22.4 字符处理函数

除了字符串处理函数外，还有标准 C 语言字符处理函数，这些函数包含在头文件 **<ctype.h>** 中，要使用这些字符处理函数，需要包含该头文件。

22.4.1 字符类型判断函数

字符类型函数用于判断字符的类型，例如是整数、字母还是标点符号等，形式如下表所示。

原型	功能
int isalnum(int c)	如果整数 c 是文字或数字返回非零，否则返回零
int isalpha(int c)	如果整数 c 是一个字母返回非零，否则返回零
int iscntrl(int c)	如果整数 c 是一个控制符返回非零，否则返回零
int isdigit(int c)	如果整数 c 是一个数字返回非零，否则返回零
int isgraph(int c)	如果整数 c 是可打印的（排除空格）返回非零，否则返回零
int islower(int c)	如果整数 c 是小写字母返回非零，否则返回零
int isprint(int c)	如果整数 c 是可打印的（包括空格）返回非零，否则返回零
int ispunct(int c)	如果整数 c 是可打印的（除了空格、字母或数字之外）返回非零，否则返回零
int isspace(int c)	如果整数 c 是一个空格返回非零，否则返回零
int isupper(int c)	如果整数 c 是大小字母返回非零，否则返回零
int isxdigit(int c)	如果整数 c 是十六进制数字返回非零，否则返回零

字符类型判断函数，我们以 isalpha(int c) 函数为例，如果判断字符 'c' 是英文字母，返回值则为非零，否则返回值为零。其他类型的判断函数也都一样，找到返回值就是非零，否则返回值为零。

范例 22-9　字符类型判断函数的应用。

(1) 在 Visual C++ 6.0 中，新建名为"字符类型判断 .c"的【Text File】文件。
(2) 在代码编辑区中输入以下代码 (代码 22-9.txt)。

```
01  #include <stdio.h>   /* 包含标准输入输出头文件 */
02  #include <ctype.h>
03  #include <math.h>   /* 包含字符串处理头文件 */
04  int main()
05  {
06      char s1[]="Test Line 1\tend\nTest Line 2\r";
07      char s2[]="Hello, Rain!";
08      int i;
09      printf(" 空白符判断 \n");
10      for(i=0;i<strlen(s1);i++)
11      {
12          if(isspace(s1[i]))  /* 调用字符判断函数 */
13              putchar('.');
14          else
15              putchar(s1[i]);
16      }
17      printf("\n\n");
18      printf(" 标点符号判断 \n");
19      for(i=0;i<strlen(s2);i++)
20      {
21          if(ispunct(s2[i]))  /* 调用字符判断函数 */
22              printf("^");
23          else
24              printf(".");
25      }
26      getchar();              /* 等待键入字符 */
27      return 0;
28  }
```

【运行结果】

编译、连接、运行程序，即可在命令行中输出结果。

【范例分析】

isspace(int c) 函数的功能是判断字符 c 是否为空白符，当 c 为空白符时，返回非零值，否则返回零。空白符指空格、水平制表、垂直制表、换页、回车和换行符等。

ispunct(int c) 函数的功能是判断字符 c 是否为标点符号，当 c 为标点符号时，返回非零值，否则返回零。标点符号指那些既不是字母数字，也不是空格的可打印字符。

22.4.2 字符大小写转换函数

字符大小写转换函数用于字母大小写互换，形式如下表所示。

原型	功能
int tolower(int c)	转换整数 c 为小写字母。当 c 为大写英文字母时，则返回对应的小写字母，否则返回原来的值
int toupper(int c)	转换整数 c 为大写字母。当 c 为小写英文字母时，则返回对应的大写字母，否则返回原来的值

▶ 22.5 转换和存储管理函数

　　本节分为两部分——转换函数和存储管理函数。这些函数的原型都包含在 **<stdlib.h>** 头文件中，使用这些函数时需要包含这个头文件。

22.5.1 转换函数

　　下表列出的库函数用于把字符串转换为整型或者浮点型数据类型，或者把整型和浮点型数据类型转换为字符串。

原型	功能
int atoi(string)	转换一个 ASCII 字符串为一个整数，在第一个非整型字符处停止
double atof(string)	转换一个 ASCII 字符串为一个双精度数，在第一个不能被解释为一个双精度数的字符处停止
string itoa(int,char *,int)	转换一个整数为一个 ASCII 字符串，为返回的字符串分配的空间必须足够大于被转换的数值

📝 范例 22-10　　转换函数的应用。

　　(1) 在 Visual C++ 6.0 中，新建名为"转换函数 .c"的【Text File】文件。
　　(2) 在代码编辑区中输入以下代码 (代码 22-10.txt)。

```
01  #include <stdio.h>   /* 包含标准输入输出头文件 */
02  #include <stdlib.h>  /* 包含转换和存储头文件 */
03  int main()
04  {
05      int num=12345;
06      char *str="12345.67";
07      char array[10];
08      itoa(num,array,sizeof(array));        /* 调用转换函数 */
09      printf("num=%d,array=%s\n",num,array);
10      printf("%d",atoi(str));
11      getchar();              /* 等待键入字符 */
12      return 0;
13  }
```

【运行结果】

编译、连接、运行程序，即可在命令行中输出结果。

【范例分析】

itoa() 函数用于把整数转换为字符串，需要指定字符数组的大小。

22.5.2 存储管理函数

下表列出的 4 个函数用来控制动态地分配和释放存储空间。

原型	功能
void *malloc(size_t n)	为一个大小为 n 的对象分配存储空间
void *calloc(size_n,size_n)	为 n 个对象的数组分配存储空间，每个的大小为 n，初始化所有被分配的内存为 0
void *realloc(void *p,size_n)	重新分配空间的大小为 n，内容保持与旧的相同，等于新的大小
void free(void *p)	释放指向的空间

尽管在实际中，malloc() 和 calloc() 函数能够经常互换使用，但还是更推荐使用 malloc() 函数，因为它在这个函数中的用途更普遍。在使用 malloc() 请求一个新的存储空间分配时，必须给函数提供一个所需的存储数量的指示。这可以通过请求一个指定的字节数或者通过为一个特殊数据类型请求足够的空间来完成。

例如，函数调用 malloc(10*sizeof(char)) 请求足够存储 10 个字符的存储空间，而函数 malloc(sizeof(int)) 请求足够存储一个整型数据的存储空间。

被 malloc() 分配的空间来自计算机空闲存储区，这个存储区形成在堆上。堆是由未分配的存储区组成的，这个存储区能够在这个程序执行时根据请求分配给一个程序。程序中如果使用了 free() 函数，可以把使用malloc() 分配的存储区返回给这个堆。

为了提供访问这些位置的能力，malloc() 返回已经被保存的第 1 个位置。当然，这个地址必须赋值给一个指针。通过 malloc() 返回一个指针，对创建数组或者是一组数据的结果是很有帮助的。我们需要注意到，返回的指针类型是 void 类型，这样不管请求的数据是什么类型，返回的地址必须使用强制类型转换成希望得到的类型，这就需要使用强制类型转换。

例如有个变量 pt，是一个指向整型的指针，已经使用 malloc() 创建了，如下所示。

pt = malloc(sizeof(int))

malloc() 创建的是 void 指针类型，所以需要重新定义 pt 为一个整型指针，如下所示。

(int *)pt;

下面看一段代码，功能是创建一个整型数组，数组大小由用户在运行时输入决定。

int *pt;

printf(" 输入数值 \n");

scanf("%d",&number);

pt = (int *) malloc(number * sizeof(int));

经过这样的处理，我们就可以使用 pt[i] 或者 *(pt+i) 访问数组中的第 i 个元素。

📝 范例 22-11 存储管理函数的应用。

(1) 在 Visual C++ 6.0 中，新建名为 "存储管理函数 .c" 的【Text File】文件。
(2) 在代码编辑区中输入以下代码 (代码 22-11.txt)。

```
01  #include <stdio.h>   /* 包含标准输入输出头文件 */
02  #include <stdlib.h>  /* 包含转换和存储头文件 */
03  int main()
04  {
05    int numgrades, i;
06    int *grades;
07    printf(" 输入数值 :\n");
08    scanf("%d", &numgrades);
```

```
09     /* 请求存储空间 */
10     grades = (int *) malloc(numgrades * sizeof(int)); /* 调用分配内存函数 */
11     /* 检查空间是否正常分配 */
12     if (grades == (int *) NULL)
13     {
14       printf(" 分配空间失败 \n");
15       exit(1);
16     }
17     for(i = 0; i < numgrades; i++)
18     {
19       printf(" 输入数据 :");
20       scanf("%d", &grades[i]);
21     }
22     printf(" 数组已创建，有 %d 个整数 \n", numgrades);
23     printf(" 存储的数组值是 :\n");
24     for (i = 0; i < numgrades; i++)
25       printf("%d\n", grades[i]);
26     free(grades);          /* 调用释放内存函数 */
27     return 0;
28   }
```

【运行结果】

编译、连接、运行程序，根据提示输入数组值，并按【Enter】键，即可输出结果。

【范例分析】

需要注意到，程序是在使用 malloc() 分配存储空间后，检查了空间是否被正常分配，确保正确执行了分配指令。如果此时分配失败了，malloc() 函数将返回 NULL 指针，程序中断执行。所以，动态分配存储空间时，大家一定要检查返回值，这是非常重要的。

程序结尾使用了 free() 函数，它的作用是释放空间，把分配的存储空间归还给系统。

▶22.6 随机函数

在解决许多商业和科学问题的过程中，通常会使用概率统计学的取样技术。例如，在模拟流通流量和电信流量的模型中，要求有统计模型。另外，类似简单的计算机游戏和更多包含博彩类的游戏中，这样的应用只能由统计学来描述。所有的这些统计学模型都要求产生随机数，也就是次序不能预测的一系列数字。

22.6.1 初识随机函数

在实践中，找到真正的随机数字是困难的。数字计算机只能在一个限定的范围内和有限的精度下去处理数字。在大多数情况下，一个人能够做的较好方法是产生伪随机数，这不是真正意义的随机数，它的意义是，单次产生的数列是无法预测的，但是每次都会生成同样的一组随机数列。

标准 C 函数库提供了一个随机数函数，即 rand() 函数，它返回 [0，MAX] 之间均匀分布的伪随机整数。rand() 函数不接受参数，默认以 1 为种子（即起始值），它总是以相同的种子开始，所以形成的伪随机数列也相同，不是真正的随机。这是有意设计的，目的是为了便于程序的调试。

另一个函数是 srand()，我们可以使用该函数指定不同的数（无符号整数）为种子。但是如果种子相同，那么伪随机数列也相同。我们有两种方法可以采用，一种办法是让用户输入种子，但是效果不是很理想；另外一种比较理想的方法是采用变化的数，我们常用时间来作为随机数生成器的种子。这样种子不同，产生的随机数也就不同。

22.6.2 使用随机函数

rand() 函数没有参数，它返回一个从 0 到最大值之间的随机整数。例如要产生 0~10 的随机整数，可以表达为：

```
int n= rand() % 11;
```

如果要产生 1~10，则是这样的：

```
int n= 1 + rand() % 10;
```

总的来说，要生成 [a，b] 范围内的一个随机整数，可以用下式来表示。

```
int n=a + rand() % (b-a+1)
```

范例 22-12　随机函数的应用。

(1) 在 Visual C++ 6.0 中，新建名为 "随机函数 .c" 的【Text File】文件。
(2) 在代码编辑区中输入以下代码（代码 22-12.txt）。

```
01  #include <stdio.h>   /* 包含标准输入输出头文件 */
02  #include <stdlib.h>  /* 包含转换和存储头文件 */
03  #include <time.h>    /* 包含日期时间处理头文件 */
04  #define MAX 100
05  int main()
06  {
07      int i;
08      srand( (unsigned)time( NULL ) );            /* 随机数播种函数 */
09      for (i=0;i<10;i++)  /* 产生 10 个随机数 */
10        printf("%d\n",rand()%MAX);               /* 设定随机数范围并输出 */
11      return 0;
12  }
```

【运行结果】

编译、连接、运行程序，即可在命令行中输出结果。

【范例分析】

srand() 函数的参数是一个带 NULL 参数的 time() 函数。NULL 参数使 time() 函数以秒为单位读取计算机内部时钟的时间，然后 srand() 函数使这个时间初始化，rand() 函数设定随机函数范围，也就是我们常说的产生一个以当前时间开始的随机种子。

MAX 为生成随机数范围的上限值，rand()%MAX 产生的随机数范围是 [0，MAX-1]。

> **提示**
>
> 生成 [a，b] 范围内的随机整数公式为 n = a + rand() % (b-a+1)。

在实践中，我们需要对 rand() 函数生成的随机数进行修改，比如需要生成的随机数的范围在 0~1 之间，那该怎么办呢？

可以这样做，首先产生范围 0~10 的随机正整数，然后除以 10.0，根据需要再明确精度，这样就可以了，其他情况依此类推。

▶ 22.7　日期和时间处理函数

C 语言的标准库函数包括一系列日期和时间处理函数，这些函数的原型包含在 **<time.h>** 头文件中，形式如下表所示。

原型	功能
char *asctime(const struct tm *timeptr)	将参数 timeptr 所指的 tm 结构中的信息转换成真实世界所使用的时间日期表示方法，然后将结果以字符串形态返回
char *ctime(const time_t *timep)	将参数 timep 所指的 time_t 结构中的信息转换成真实世界所使用的时间日期表示方法，然后将结果以字符串形态返回
struct tm*gmtime(const time_t*timep)	将参数 timep 所指的 time_t 结构中的信息转换成真实世界所使用的时间日期表示方法，然后将结果由结构 tm 返回
struct tm *localtime(const time_t *timep)	将参数 timep 所指的 time_t 结构中的信息转换成真实世界所使用的时间日期表示方法，然后将结果由结构 tm 返回，结构 tm 的定义请参考 gmtime()

比如下面的代码：

```
struct tm
{
  int tm_sec;  /* 目前秒数，正常范围为 0~59，但允许至 61 秒 */
  int tm_min;  /* 目前分数，范围为 0~59*/
  int tm_hour;        /* 从午夜算起的时数，范围为 0~23*/
  int tm_mday;        /* 目前月份的日数，范围为 01~31*/
  int tm_mon;  /* 目前月份，从一月算起，范围为 0~11*/
  int tm_year;  /* 从 1900 年算起至今的年数 */
  int tm_wday;        /* 一星期的日数，从星期一算起，范围为 0~6*/
  int tm_yday;        /* 从今年 1 月 1 日算起至今的天数，范围为 0~365*/
};
```

此函数返回的时间日期未经时区转换，而是 UTC 时间（UTC 是协调世界时 Universal Time Coordinated 的英文缩写），是由国际无线电咨询委员会规定和推荐，并由国际时间局负责保持的以秒为基础的时间标度。UTC 相当于本初子午线（即经度 0°）上的平均太阳时，过去曾用格林尼治平均时（GMT）来表示。

范例 22-13　**日期和时间函数的应用。**

(1) 在 Visual C++ 6.0 中，新建名为 "日期和时间 .c" 的【Text File】文件。
(2) 在代码编辑区中输入以下代码 (代码 22-13.txt)。

```
01  #include <stdio.h>   /* 包含标准输入输出头文件 */
02  #include <time.h>    /* 包含日期时间处理头文件 */
03  int main()
04  {
05      char *wday[]={"Sun","Mon","Tue","Wed","Thu","Fri","Sat"};
06      time_t timep;
07      struct tm *p;
08      time(&timep);
09      printf("%s",ctime(&timep)); /* 调用日期时间处理函数 */
10      p=gmtime(&timep);             /* 调用日期时间处理函数 */
11      printf("%s",asctime(p));      /* 调用日期时间处理函数 */
12      printf("%d-%d-%d ",(1900+p->tm_year), (1+p->tm_mon),p->tm_mday);
13      printf("%s %d:%d:%d\n", wday[p->tm_wday], p->tm_hour, p->tm_min, p->tm_sec);
14      p=localtime(&timep);          /* 调用日期时间处理函数 */
15      printf ("%d-%d-%d ", (1900+p->tm_year),( 1+p->tm_mon), p->tm_mday);
16      printf("%s %d:%d:%d\n", wday[p->tm_wday],p->tm_hour, p->tm_min, p->tm_sec);
17      return 0;
18  }
```

【运行结果】

编译、连接、运行程序，即可在命令行中输出结果。

```
Mon Dec 26 10:33:07 2016
Mon Dec 26 02:33:07 2016
2016-12-26 Mon 2:33:7
2016-12-26 Mon 10:33:7
Press any key to continue
```

▶ **22.8　诊断函数**

assert() 函数是诊断函数，它的作用是测试一个表达式的值是否为 false，也就是为 0，并且在条件为 false 时终止程序，参数表达式的结果是一个整型数据。assert() 函数是在标准函数库 <assert.h> 头文件中定义的。 比如：

assert(a==b);

当 a 和 b 相当时，表达式的结果是 1，也就等同于 true；如果 a 和 b 不等，结果就是 0，也就是 false，然后可根据结果决定是否终止程序。当程序出现异常时，可以使用 abort() 函数以非正常方式立即结束应用程序。

范例 22-14　**诊断函数的应用。**

(1) 在 Visual C++ 6.0 中，新建名为 "诊断函数 .c" 的【Text File】文件。
(2) 在代码编辑区中输入以下代码 (代码 22-14.txt)。

```
01  #include <stdio.h>   /* 包含标准输入输出头文件 */
```

```
02  #include <assert.h>  /* 包含诊断处理头文件 */
03  struct ITEM
04  {
05    int key;
06    int value;
07  };
08  /* 诊断 ITEM 结构对象是否为 false*/
09  void additem(struct ITEM *itemptr)
10  {
11    assert(itemptr != NULL);      /* 调用诊断函数 */
12  }
13  int main()
14  {
15    additem(NULL);
16    return 0;
17  }
```

【运行结果】

编译、连接、运行程序，即可在命令行中输出结果。

【范例分析】

assert() 诊断函数程序出现了错误对话框和运行结果，因为诊断结果为 false，运行结果很明确地标示出程序出错的原因、出错的文件及其出错代码所在行，这样有利于我们及时修正代码。

▶22.9 命令行参数

标准 C 语言允许主函数 main() 有或没有参数列表，所以我们可以在主函数 main() 中使用一个或多个参数，比如下面主函数的形式：

int main(int argc, char *argv[])

这是 main() 函数通常的写法，其中，第 1 个参数 argc 是英文 argument counter 的简写，表示传递给主函数 main() 多少个参数，第 2 个参数 argv[] 以字符串数组的形式接收真正的参数，它是英文 argument value 的简写。

main() 函数本身是索引为 0 的参数，所以 argc 至少为 1。用户在控制台环境中在程序路径和名称的后面键入参数，将传递给 argv[1]、argv[2] 等。

如果程序名称为 main，并且已经编译链接生成了可执行文件，键入如下字符：

D:\ 范例源码 \ch22\main 1

值 1 将传递给 argv[1]。当然输出几个参数、什么参数则取决于程序的编写。因为参数 argv 类型是字符串，所以如果需要进行数据转换，编写的代码就得完成这些工作。

> **📑 提示**
>
> 必须在 **DOS** 下或者在编译器中设置命令行参数，才能运行上面的代码。

📝 范例 22-15　命令行参数的应用。

(1) 在 Visual C++ 6.0 中，新建名为 "命令行参数 .c" 的【Text File】文件。
(2) 在代码编辑区中输入以下代码 (代码 22-15.txt)。

```
01  #include <stdio.h>   /* 包含标准输入输出头文件 */
02  #include <stdlib.h>  /* 包含转换和存储头文件 */
03  int main(int argc, char *argv[])
04  {
05      int a, b, c;
06      a = atoi( argv[1] );  /* 调用类型转换函数 */
07      b = atoi( argv[2] );  /* 调用类型转换函数 */
08      c = a + b;
09      printf("First Number:%d\n",a);
10      printf("Second Number:%d\n",b);
11      printf("%d + %d = %d\n",a,b,c);
12      return 0;
13  }
```

【运行结果】

编译、连接，生成可执行文件后，不是直接运行程序，而是在 CMD 控制台中输入程序的路径和参数，即可输出结果。

【范例分析】

有些情况下我们需要执行带参数的 main() 函数，此范例中是把输入的参数作为整数来运算，根据需要，可以转换成不同的形式。

▶22.10　其他函数

本节介绍两个比较重要的库函数——**exit()** 结束函数和 **qsort()** 快速排序函数。

22.10.1 exit() 函数

exit() 函数表示结束程序，它的返回值将被忽略。如果使用 exit() 函数，需要包含 <stdlib.h> 头文件。函数原型如下：

```
void exit(int retval);
```

范例 22-16　exit()函数的应用。

(1) 在 Visual C++ 6.0 中，新建名为 "exit 函数 .c" 的【Text File】文件。
(2) 在代码编辑区中输入以下代码 (代码 22-16.txt)。

```
01  #include <stdio.h>  /* 包含标准输入输出头文件 */
02  #include <stdlib.h> /* 包含转换和存储头文件 */
03  int main()
04  {
05    int i;
06    for(i=0;i<10;i++)
07    {
08      if(i==5) exit(0);
09      else
10      {
11        printf("%d",i);
12        getchar();        /* 等待键入字符 */
13      }
14    }
15    getchar();            /* 等待键入字符 */
16    return 0;
17  }
```

【运行结果】

编译、连接、运行程序，连续按 5 次【Enter】键，输出结果如图所示。

【范例分析】

当 i 值为 5 时，执行 exit() 函数，终止程序，exit() 函数的返回值将被忽略。

22.10.2 qsort() 函数

qsort() 函数包含在 <stdlib.h> 头文件中，此函数根据给出的比较条件进行快速排序，通过指针移动实现排序。排序之后的结果仍然放在原数组中。使用 qsort() 函数必须自己写一个比较函数。

函数原型为：

```
void qsort ( void * base,int n, int size, int ( * fcmp ) ( const void *, const void * ) );
```

📝 范例 22-17   qsort()函数的应用。

(1) 在 Visual C++ 6.0 中，新建名为 "qsort 函数 .c" 的【Text File】文件。
(2) 在代码编辑区中输入以下代码 (代码 22-17txt)。

```
01  #include <stdio.h>   /* 包含标准输入输出头文件 */
02  #include <stdlib.h>  /* 包含转换和存储头文件 */
03  #include <string.h>  /* 包含字符串处理头文件 */
04  char stringlist[5][6] = { "boy", "girl", "man", "woman", "human" };
05  int intlist[5]= { 3, 2,5,1,4 };
06  int sort_stringfun( const void *a, const void *b);
07  int sort_intfun( const void *a, const void *b);
08  int main(void)
09  {
10    int x;
11    printf(" 字符串排序：\n");
12    qsort((void *)stringlist, 5, sizeof(stringlist[0]), sort_stringfun);      /* 调用快速排序函数 */
13    for (x = 0; x < 5; x++)
14      printf("%s\n", stringlist[x]);
15    printf(" 整数排序：\n");
16    qsort((void *)intlist, 5, sizeof(intlist[0]), sort_intfun);
17    for (x = 0; x < 5; x++)
18      printf("%d\n", intlist[x]);
19    return 0;
20  }
21  int sort_stringfun( const void *a, const void *b)
22  {
23    return( strcmp((const char *)a,(const char *)b) );
24  }
25  int sort_intfun( const void *a, const void *b)
26  {
27    return *(int *)a - *(int *)b;
28  }
```

【运行结果】
编译、连接、运行程序，即可在命令行中输出结果。

【范例分析】
需要注意的是 void * 数据类型，需要针对不同的数据类型进行必要的转换。

▶22.11 综合应用——猜数字游戏

本节通过一个猜数字的游戏来学习库函数的综合应用。

范例 22-18   猜数字游戏。随机生成一个1~9之间的任意整数作为被猜数字，循环输入你猜的数字，告诉你猜大了还是猜小了，直到猜中，同时统计猜的次数。

(1) 在 Visual C++ 6.0 中，新建名为 "猜数字 .c" 的【Text File】文件。
(2) 在代码编辑区中输入以下代码 (代码 22-18.txt)。

```
01  #include <stdio.h>   /* 包含标准输入输出头文件 */
02  #include <stdlib.h>
03  #include <string.h>
04  #include <ctype.h>
05  #include <time.h>
06  #define MAX 9
07  int main()
08  {
09   int b=0;
10   int n;      /* 所猜的数字 */
11   int sum=0;           /* 猜数的次数 */
12   char array[100];
13   char *p=array;
14   int num;
15   srand( (unsigned)time( NULL ) ); /* 随机数播种函数 */
16   num=1+rand()%MAX;       /* 设定随机数 */
17   printf(" 随机数已经准备好，范围 1 到 9.\n");
18   while(!b)/* 猜不对就一直循环 */
19   {
20    sum+=1;
21    printf(" 请输入你猜的数字 \n");
22    scanf("%s",p);
23    if(strlen(p)==1)
24    {
25     if(isalpha(*p)!=0)
26     {
27      printf(" 请输入数字，不是字母 \n");
28     }
29     else if(ispunct(*p)!=0)
30     {
31      printf(" 请输入数字，不是标点符号 \n");
32     }
33     else
34     {
35      n=atoi(p);
36      if(n==num)
37      {
38       b=1;
39       printf(" 你太聪明了！你共猜了 %d 次 \n",sum);
40      }
41      else if(n<num && n>=0)
42      {
43       printf(" 你猜小了！继续努力！ \n");
44      }
45      else if(n>num && n<=9)
46      {
47       printf(" 你猜大了！继续努力！ \n");
48      }
49     }
50    }
51    else
```

```
52    {
53      printf(" 数字范围是 1 到 9，你输入的数据不对！ \n");
54    }
55    }
56    return 0;
57    }
```

【运行结果】

编译、连接、运行程序，输入要猜的数字并按【Enter】键，输出结果如下图所示。

【范例分析】

标准输入输出函数、随机函数和循环选择组合，可以完成很多有趣的题目。本范例中再通过字符类型判断，对用户错误的输入提示得更准确。

▶ 22.12　高手点拨

C 语言中的随机函数 rand() 可以产生从 0~rand_max 的随机数。例如：

```
main()
{
    int k;
    k=rand();
    printf("%d\n", k);
}
```

上述程序运行几次后会发现每次产生的随机数相同。注意，在 VC++ 中，没有 random() 和 randomize() 函数，只有 rand() 和 srand() 函数。其中，random() 和 randomize() 函数的使用方法分别与 rand() 和 srand() 函数的使用方法对应类似。

rand() 和 srand() 函数使用的方法如下。

这两个函数都在头文件 stdlib.h 中，rand() 函数和 srand() 函数必须配套使用。

其中，rand() 是用来产生随机数的发生器，而 srand() 函数用来给 rand() 函数提供变量（或者称种子）。如果不通过 srand() 函数来提供不同的种子，那么 rand() 函数产生的数就只能是固定的（其实，如果程序中没有使用 srand() 函数，rand() 在产生随机数时，会默认调用 srand(1)，即种子永远是 1），达不到预期的要求。所以 rand() 函数总是和 srand() 函数一起使用。

下面看一下这两个函数的用法。

01 srand() 函数

void srand(unsigned seed) 是一个无返回值、单无符型形参的函数。

在程序每次运行中，让 seed（种子）都不一样，即是一个可变常数。通常情况下，我们会使用时间来作为 seed，即令 srand((unsigned)time(NULL))。其中，time() 函数在头文件 time.h 中。它返回的是一个以秒为单位的当地时间。

02 rand() 函数

int rand(void)，它返回一个 [seed, RAND_MAX] 间的随机整数，其中，RAND_MAX 是个定值，用 VC++ 查看是 32767。

例如，产生 10 个 3~7 的实数。

```
#include<stdio.h>
#include<stdlib.h>
#include<time.h>
void main()
{
    int i;
    srand((unsigned)time(NULL));
    for(i=0;i<10;i++)
    printf("%lf\n",rand()/(float)(RAND_MAX)*4+3); // 这是关键的一步
}
```

▶ 22.13 实战练习

1. 写出下列程序的运行结果。

```
#include <stdio.h>
#include <stdlib.h>
int fun(int n)
{
    int *p;
    p=(int*)malloc(sizeof(int));
    *p=n;
    return *p;
}
main()
{
    int a;
    a = fun(10);
    printf("%d\n", a+fun(10));
}
```

程序的运行结果是（　）。

A. 0　　　　　　　　　　　　　B. 10

C. 20　　　　　　　　　　　　 D. 出错

2. 编写 C 程序，实现以下功能。

有一个字符串 "abcdefg123abc12345abcdefg"。

(1) 统计源字符串中字符的个数。

(2) 查找子串 "abc" 出现的次数和每次出现的位置。

3. 编写 C 程序，实现以下功能。

(1) 使用随机函数生成一个字符数组，大小写混合出现。

(2) 然后调用字符处理函数转换为大写。

(3) 再使用快速排序函数重组数组。

第 **23** 章

合理利用内存
——位运算

　　数据在计算机里是以二进制形式表示的，在实际程序中，许多系统程序需要直接对二进制位数据进行操作，还有不少硬件设备与计算机通信都是通过一组二进制数控制和反映硬件的状态。C 语言特别提供了直接对二进制位进行操作的功能，称为位运算。

　　位运算直接对内存中的二进制数据进行操作，无需转成十进制，因此处理速度非常快。正确地使用位运算，可以合理地利用内存，优化程序。

本章要点（已掌握的在方框中打钩）

□ 二进制数
□ 位运算符
□ 位域

位运算应用于整型数据，即把整型数据看成是固定的二进制序列，然后对这些二进制序列进行按位运算。与其他的高级语言相比，位运算是 C 语言的特点之一，读者在实际应用中可逐步体会其优越性。

▶23.1 二进制数

前面已经介绍过二进制、八进制和十六进制数据。为了更清晰透彻地介绍位运算，在正式引入 C 语言的位运算之前，再次深入讲解二进制数。

23.1.1 二进制

二进制就是逢二进一，例如十进制数 3 转换为二进制数 11，十进制数 10 转换为二进制数 1010。要把二进制数转换为十进制数，可以使二进制数字的每一位对应一个 2 的某次幂，然后累加求和。比如：

$$(1011)_2 = 1 * 2^3 + 0 * 2^2 + 1 * 2^1 + 1 * 2^0 = 8 + 0 + 2 + 1 = (11)_{10}$$

我们把二进制数中的每一个二进制数称为位（bit，比特），每个 0 或 1 就是一位，位是数据存储的最小单位。

通常，我们把一组 4 位二进制数称为半字节（nibble），一组 8 位二进制数称为一个字节（byte）。通常把两个或者 4 个字节称为一个字（word），两个字又称之为一个双字（double word）。

23.1.2 无符号数和有符号数

为了简单起见，这里以一个字节为例，来说明无符号数和有符号数。需要注意的是，在 Microsoft Visual C++ 6.0 中，整型 int 用 4 个字节 32 位表示一个有符号整数。

对一个字节而言，8 位二进制数都是用来存储数据的，它只能表示非负整数，范围为 0~255。二进制 00000000 最小，表示十进制的 0；二进制 11111111 最大，表示十进制的 255。

有符号数是通过一个字节左边的第 1 位的二进制数来表示的，0 表示整数，1 表示负数。例如，10000011 表示 -3，00000011 表示 3。

问题看似很完美地解决了，再来看个特殊情况，就是十进制数 0。使用 00000000 表示正 0，使用 10000000 表示负 0，这样一对多的关系不利于数据的存储，程序开发也会产生很多隐患。

为了解决这个问题，引入了二进制补码机制。

(1) 正数的时候最高位是 0，不需要再求补码（数在计算机内部存储时用来表示的二进制数），或者可以理解为原码（数直接转换的二进制数）和补码是相同的，因此 00000011 表示为十进制 3。

(2) 负数的时候最高位是 1，表示的原码先按位取反后加 1（符号位不动）。例如，-3 的原码是 10000011，先按位取反变为 11111100，然后再加 1 变成 11111101，这样 11111101 就是 -3，在计算机内部存储时用来表示它的二进制数。反之，当知道存储器中有序列 11111101，而且知道它的最高位是符号位，表示的是一个负整数，用转变为十进制数的方法就是先减 1（符号位不动），变为 11111100，然后再按位取反得到 10000011，即它表示的就是 -3 了。

23.2 位运算符

C 语言中提供了以下 6 种位运算符。

位运算符	描述
&	按位与
|	按位或
^	按位异或
~	取反

右上角：续表

位运算符	描述
<<	左移
>>	右移

说明：

(1)位运算符中除"~"以外，均为双目（元）运算符，即要求两侧各有一个运算量。

(2)运算量只能是整型或字符型的数据，不能为实型数据。

23.2.1 按位与运算符

按位与运算符"&"是双目运算符，其功能是参与运算的两数各对应的二进位相与。只有对应的两个二进位均为1时，结果位才为1，否则为0。即：

0 & 0 = 0，0 & 1 = 0，1 & 0 = 0，1 & 1 = 1

01 正数的按位与运算

例如，计算 10 & 5。需要先把十进制数转换为补码形式，再按位与运算，计算如下。

```
  0000 1010    10 的二进制补码
& 0000 0101    5 的二进制补码
  0000 0000    按位与运算，结果转换为十进制后为 0
```

所以 10 & 5 = 0。

02 负数的按位与运算

例如，计算 -9 & -5。

第 1 步：先转换为补码形式。

-9 的原码：10001001，反码：11110110，补码：11110111

-5 的原码：10000101，反码：11111010，补码：11111011

第 2 步：补码进行位与运算。

```
  11110111        -9 的二进制补码
& 11111011        -5 的二进制补码
  11110011        按位与运算
```

第 3 步：将结果转换为原码。

补码：11110011，反码：11110010，原码：10001101，原码：-13。所以 -9 & -5 = -13。

03 按位与的作用

按位与运算通常用来对某些位清 0 或保留某些位。例如，把 a 的高 8 位清 0，保留低 8 位，可以使用 a & 255 运算（255 的二进制数为 0000000011111111）。

又例如，有一个数是 01101101，我们希望保留从右边开始第 3、第 4 位，以满足程序的某些要求，可以这样运算：

```
  01101101
& 00001100
  00001100
```

上式描述的就是为了保留指定位，进行的按位与运算。如果写成十进制形式，可以写成 109 & 12。

23.2.2 按位或运算符

按位或运算符"|"是双目运算符，其功能是参与运算的两数各对应的二进位相或。只要对应的两个二进

位有一个为1，结果位就为1。即：

0|0 = 0，0|1 = 1，1|0 = 1，1|1 = 1

参与运算的两个数均以补码出现。例如，10|5可写成如下算式。

```
  00001010
| 00000101
  00001111 15 的二进制补码
```

所以10|5 = 13。

常用来将源操作数的某些位置为1，其他位不变。

首先设置一个二进制掩码mask，执行s=s|mask，将其中的特定位置为1，其他位为0。例如，有一个数是00000011，希望将从右边开始的第3、第4位置为1，其他位不变，可以写成00000011 | 00001100=00001111，也就是3|12=15。

23.2.3 按位异或运算符

按位异或运算符"^"是双目运算符，其功能是参与运算的两数各对应的二进位相异或，当两对应的二进位相异时，结果为1。即：

0^0 = 0，0^1 = 1，1^0 = 1，1^1 = 0

参与运算数仍以补码出现，例如，10^5可写成如下的算式。

```
  00001010
^ 00000101
  00001111 15 的二进制补码
```

所以10^5 = 15。

充分利用按位异或的特性，可以实现以下效果。

(1) 设置一个二进制掩码mask，执行s = s ^ mask，将特定位置为1，可以使特定位的值取反；设置掩码中特定位的其他位是0，可以保留原值。

设有01111010，想使其低4位翻转，即1变为0，0变为1。可以将它与00001111进行^运算，即：

```
  01111010
^ 00001111
  01110101
```

(2) 不引入第3变量，交换两个变量的值。

想将a和b的值互换，可以用以下赋值语句实现。

a = a^b;

b = b^a;

a = a^b;

分析如下：（按位异或满足交换率）

a = a ^ b;

b = b ^ a = b ^ a ^ b = b ^ b ^ a = 0 ^ a = a;

a = a ^ b = a ^ b ^ a = a ^ a ^ b = 0 ^ b = b;

假设a = 3，b = 4，验证如下。

```
  a = 011
^ b = 100
  a = 111（a^b的结果，a变成7）
^ b = 100
  b = 011（b^a的结果，b变成3）
^ a = 111
  a = 100（a^b的结果，a变成4）
```

23.2.4 按位取反运算符

求反运算符"~"为单目运算符，具有右结合性，其功能是对参与运算数的各二进位按位求反。例如 ~9 的运算为 ~（00001001），结果为（11110110），如果表示无符号数是 246，如果表示有符号数是 -10（按照上文的方法自己演算）。

23.2.5 左移运算符

左移运算符"<<"是双目运算符，其功能是把"<<"左边的运算数的各二进位全部左移若干位，由"<<"右边的数指定移动的位数。

01 无符号数的左移

如果是无符号数，则向左移动 n 位时，丢弃左边 n 位数据，并在右边填充 0，如下图所示。

十进制 n=1:	0	0	0	0	0	0	0	1
n<<1，十进制 2:	0	0	0	0	0	0	1	0
n<<1，十进制 4:	0	0	0	0	0	1	0	0
n<<1，十进制 8:	0	0	0	0	1	0	0	0
n<<1，十进制 16:	0	0	0	1	0	0	0	0
n<<1，十进制 32:	0	0	1	0	0	0	0	0
n<<1，十进制 64:	0	1	0	0	0	0	0	0
n<<1，十进制 128:	1	0	0	0	0	0	0	0

程序到这里还都是很正常的，每次左移一位，结果是以 2 的幂次方不断变化，此时继续左移。

n<<1，十进制 0:	0	0	0	0	0	0	0	0

结果变成了 0，显然结果是不对的，所以左移时一旦溢出就不再正确了。讨论完了对无符号数的左移，下面讨论有符号数左移问题。

02 有符号数的左移

如果是有符号数，则向左移动 n 位时，丢弃左边 n 位数据，并在右边填充 0，同时把最高位作为符号位。这种情况对于正数，跟上述的无符号数左移结果是一样的，不再分析。那对于负数呢，如下图所示。

十进制 n=-128:	1	0	0	0	0	0	0	1
n<<1，十进制 2:	0	0	0	0	0	0	1	0
n<<1，十进制 4:	0	0	0	0	0	1	0	0
n<<1，十进制 8:	0	0	0	0	1	0	0	0
n<<1，十进制 16:	0	0	0	1	0	0	0	0
n<<1，十进制 32:	0	0	1	0	0	0	0	0
n<<1，十进制 64:	0	1	0	0	0	0	0	0
n<<1，十进制 128:	1	0	0	0	0	0	0	0
n<<1，十进制 0:	0	0	0	0	0	0	0	0
n<<1，十进制 0:	0	0	0	0	0	0	0	0

我们已经看到了有符号数左移是如何移动的。对于有符号数据的左移操作也非常简单，只不过要把最高位考虑成符号位而已，遇到 1 就是负数，遇到 0 就是正数，就是这么简单，直到全部移除变成 0。

23.2.6 右移运算符

右移运算符">>"是双目运算符，其功能是把">>"左边的运算数的各二进位全部右移若干位，">>"

右边的数指定移动的位数。

01 无符号数的右移

如果是无符号数，则向右移动 n 位时，丢弃右边 n 位数据，并在左边填充 0，如图所示。

1	0	0	0	0	0	0	0
0	1	0	0	0	0	0	0
0	0	1	0	0	0	0	0
0	0	0	1	0	0	0	0
0	0	0	0	1	0	0	0
0	0	0	0	0	1	0	0
0	0	0	0	0	0	1	0
0	0	0	0	0	0	0	1

十进制 n=128：
n>>1，十进制 64：
n>>1，十进制 32：
n>>1，十进制 16：
n>>1，十进制 8：
n>>1，十进制 4：
n>>1，十进制 2：
n>>1，十进制 1：

程序到这里还都是正常的，每次右移一位，结果是以 2 的幂次方不断变化，此时继续右移。

n<<1，十进制 0：

0	0	0	0	0	0	0	0

结果变成了 0，显然结果是不对的，所以右移时一旦溢出就不再正确了。在不溢出的情况下，右移一位相当于乘以 2，右移 n 位相当于乘以 2^n。

讨论完了对无符号数的右移，下面讨论有符号数右移问题。

02 有符号数的右移

如果是有符号数，则向右移动 n 位时，丢弃右边 n 位数据，而左边填充的内容则依赖于具体的机器，可能是 1，也可能是 0。

例如，对于有符号数 (10001010) 来说，右移有两种情况。

(1) (1000 1010) >> 2 =(00100010)。

(2) (1000 1010) >> 2 = (11100010)。

不能一概而论机器是按上面哪种方式右移运算的。例如，机器安装的是 Windows XP 系统，使用 Microsoft Visual C++ 6.0 是按照方式 2 运行的有符号运算，如图所示。

1	1	0	0	0	0	0	0
1	1	1	0	0	0	0	0
1	1	1	1	0	0	0	0
1	1	1	1	1	0	0	0
1	1	1	1	1	1	0	0
1	1	1	1	1	1	1	0
1	1	1	1	1	1	1	1
1	1	1	1	1	1	1	1

十进制 n=-64：
n>>1，十进制 -32：
n>>1，十进制 -16：
n>>1，十进制 -8：
n>>1，十进制 -4：
n>>1，十进制 -2：
n>>1，十进制 -1：
n>>1，十进制 -1：

最高的符号位保持原来的符号位，不断右移，直到全部变成 1。在不溢出的情况下，右移一位相当于除以 2，右移 n 位相当于除以 2 的 n 次幂。

23.2.7 位运算赋值运算符

位运算符与赋值运算符可以组成位运算赋值运算符。

位运算赋值运算符	举例	等价于
&=	a &= b	a = a & b
|=	a |= b	a = a | b
^=	a ^= b	a = a ^ b

续表

位运算赋值运算符	举例	等价于
>>=	a <<=2	a = a << 2
<<=	a >>=2	a = a >> 2

23.2.8 位运算应用

本小节通过 3 个范例来学习位运算的应用。

范例23-1   分析以下程序的位运算的结果。

(1) 在 Visual C++ 6.0 中，新建名为"位运算符简单使用 .c"的【Text File】文件。
(2) 在代码编辑区域输入以下代码（代码 23-1.txt）。

```c
01  #include <stdio.h>
02  int main()
03  {
04    unsigned char a,b,c;          /* 声明字符型变量 */
05    a=0x3;   /*a 是十六进制数 */
06    b=a|0x8; /* 按位或 */
07    c=b<<1; /* 左移运算 */
08    printf("%d\n%d\n",b,c);
09    return 0;
10  }
```

【运行结果】

编译、连接、运行程序，即可在命令行中输出结果。

【范例分析】

变量 a 的二进制数:

0	0	0	0	0	0	1	1

0x8 的二进制数:

0	0	0	0	1	0	0	0

变量 b 的二进制数:

```
  00000011
| 00001000
  00001011            十进制 11 的二进制码
```

变量 b 左移 1 位，结果是:

0	0	0	1	0	1	1	0

所以变量 c 的值是十进制 22。

范例23-2 取一个整数a的二进制形式从右端开始的4~7位，并以八进制形式输出。

(1) 在 Visual C++ 6.0 中，新建名为"部分移位 .c"的【Text File】文件。
(2) 在代码编辑区域输入以下代码（代码 23-2.txt）。

```
01  #include <stdio.h>
02  int main()
03  {
04    unsigned short a,b,c,d;      /* 声明字符型变量 */
05    scanf("%o",&a);
06    b=a>>4; /* 右移运算 */
07    c=~(~0<<4);          /* 取反左移后再取反 */
08    d=b&c; /* 按位与 */
09    printf("%o\n%o\n",a,d);
10    return 0;
11  }
```

【运行结果】

编译、连接、运行程序，输入 1 个整数并按【Enter】键，即可在命令行中输出结果。

【范例分析】

本范例分 3 步进行，先使 a 右移 4 位，然后设置一个低 4 位全为 1、其余全为 0 的数，可用 ~(~0<<4)，最后将上面二者进行 & 运算。

我们输入的八进制数是 1640，转换为二进制数是 0000001110100000，获取其右端开始的 4~7 位是二进制数 1010，转换为八进制就是 12。

范例23-3 将无符号数a右循环移n位，即将a中原来左面(16-n)位右移n位，原来右端n位移到最左面n位。

(1) 在 Visual C++ 6.0 中，新建名为"循环移位 .c"的【Text File】文件。
(2) 在代码编辑区域输入以下代码（代码 23-3.txt）。

```
01  #include <stdio.h>
02  void main()
03  {
04    unsigned short a,b,c;          /* 声明字符型变量 */
05    int n;
06    scanf("%o,%d",&a,&n);      /* 输入八进制和十进制数 */
07    b=a<<(16-n);      /* 左移运算 */
08    c=a>>n; /* 右移运算 */
09    c=c|b; /* 按位或 */
10    printf("%o\n%o\n",a,c);      /* 输出八进制数 */
11  }
```

【运行结果】

编译、连接、运行程序，输入 1 个无符号数（如 1641.3）并按【Enter】键，即可在命令行中输出结果。

【范例分析】

本范例分 3 步进行，将 a,右端的 n 位先放到 b 中的高 n 位中，实现语句 b = a<<（16n）；将 a 右移 n 位，其左面高位 n 位补 0，实现语句 c = a>>n；最后 c 与 b 进行按位或运算，即 c = c|b。

我们输入的八进制数是 1641，转换为二进制数是 0000001110100001，获取其循环移 3 位，结果是 0010000001110100，转换为八进制就是 20164。

▶ 23.3 位域

C 语言可以在一个结构体中以二进制位为单位来指定其成员所占内存长度，这种以位为单位的成员就称为位域（**bit field**）。

如何以位作为单位来访问数据呢？这样可以更高效地使用存储空间，方法就是使用位域，这样就可以在一个字节中分别存放多个信息。

```
01  struct data        /* 定义结构体 */
02  {
03    unsigned n1: 6;   /*n1 占 6 个位 */
04    unsigned n2: 4;   /*n2 占 4 个位 */
05    unsigned n3: 4;   /*n3 占 4 个位 */
06    unsigned n4: 2;   /*n4 占 2 个位 */
07  } mydata;
```

结构体如下图所示。

以上结构体变量定义了 n1、n2、n3、n4 共 4 个位域，分别占 6 个二进制位、4 个二进制位、4 个二进制位和 2 个二进制位。

在使用位域时，需要注意以下情况。

(1)一个位域必须存储在同一个存储单元中，不能跨两个单元。我们可以闲置没有使用的存储单元，但是对那种一个剩余存储单元放不下的，就要从下一个单元开始存放。而且定义的每一个位域长度不能超过存储的单元。例如，要使用一个字节，总共 8 位，却申请了一个位域是 9 位的，这就是错误的。

(2)位域名默认时称作无名位域。例如：

```
01  struct date        /* 定义结构体 */
02  {
03    unsigned a:2;     /*a 占 2 个位 */
04    unsigned  :2;     /* 空 2 个位 */
05    unsigned b:1;     /* b 占 1 个位 */
06  }mydate;
```

第 2 次申请的 2 个空间的位域是闲置不用的，因为没有位域名称。

需要注意的是，同样是无名的位域，它的存储空间是 0，有特殊的含义，它指的是这个字节剩余的部分不再使用，从下个新字节开始存储。例如：

```
01  struct  date          /* 定义结构体 */
02  {
03    unsigned  a: 2;      /*a 占 2 个位 */
04    unsigned   :0;       /* 从下一个新字节开始存储 */
05    unsigned  b: 1;      /*b 占 1 个位 */
06  }mydate;
```

(3) 一个结构体中既可以定义位域成员，也可以同时定义一般的结构体成员。例如：

```
01  struct  date          /* 定义结构体 */
02  {
03    unsigned  a:2        /*a 占 2 个位 */
04    unsigned  b:1;       /*b 占 1 个位 */
05    int  k;    /*int 类型变量 */
06  } mydata;
```

(4) 不能定义以位域结构为元素的数组。位域的引用与结构体相同。例如：

```
01  mydata.a=2;           /* 赋值 */
02  mydata.b=1;           /* 赋值 */
```

需要注意的是，a 只占两位，我们在上面的结构体中有声明，也就是说，a 最大存储的二进制数是 11，转换为十进制就是 3，如果写成 mydata.a=10，这并不错，但是结果就不是期望的 10 了，变成了 2，因为 10 的二进制码是 1010，只截取右边两位 10，故结果是 2。

(5) 位域也可以参与算术表达式的运算，这时系统会自动将其转换为整型数。位域可以用整型格式符输出。例如：

```
01  printf( "%d\n" ,mydata.a);    /*a 以有符号整数形式输出 */
02  printf( "%u\n" ,mydata.a);    /*a 以无符号整数形式输出 */
```

▶23.4　综合应用——数制转换

本节通过一个范例来学习位运算的综合应用。

范例 23-4　从键盘上输入一个十进制正整数，按二进制位输出该数。

(1) 在 Visual C++ 6.0 中，新建名为 "十进制二进制 .c" 的【Text File】文件。
(2) 在代码编辑区域输入以下代码（代码 23-4.txt）。

```
01  #include<stdio.h>
02  int main()
03  {
04    unsigned short a,b,i;        /* 声明无符号短整型 */
05    printf(" 请输入一个整型数: ");
06    scanf("%u",&a);    /* 输入无符号整型 */
07    b=1<<15;           /* 构造一个最高位为 1、其余各位为 0 的整数 */
08    printf("%u=",a);
09    for(i=1;i<=16;i++)
10    {
```

```
11      putchar(a&b?'1':'0');        /* 输出最高位的值（1/0）*/
12      a<<=1; /* 将次高位移到最高位上 */
13      if(i%4==0) putchar(',');     /*4 位一组用逗号分开 */
14      }
15      printf("\bB\n");
16      return 0;
17      }
```

【运行结果】

编译、连接、运行程序，输入 1 个整数并按【Enter】键，即可在命令行中输出结果。

【范例分析】

本范例使用按位与配合右移运算，依次输出了二进制的每一位，大家可以按照前面范例中的方法自行分析。

▶ 23.5　高手点拨

按位运算是对字节或字中的实际位进行检测、设置或移位，它只适用于字符型和整数型变量以及它们的变体，对其他数据类型不适用。我们要注意区分位运算和逻辑运算。

01 按位与运算

按位与运算符 "&" 是双目运算符，其功能是参与运算的两数各对应的二进位相与。只有对应的两个二进位均为 1 时，结果位才为 1，否则为 0。参与运算的数以补码方式出现。

例如，9&5 可写算式如下，00001001(9 的二进制补码)&00000101(5 的二进制补码)=00000001(1 的二进制补码) 可见 9&5=1。

按位与运算通常用来对某些位清 0 或保留某些位。例如把 a 的高 8 位清 0，保留低 8 位，可作 a&255 运算（255 的二进制数为 0000000011111111）。

```
main(){
    int a=9,b=5,c;
    c=a&b;
    printf("a=%d/nb=%d/nc=%d/n",a,b,c);
}
```

02 按位或运算

按位或运算符 "|" 是双目运算符，其功能是参与运算的两数各对应的二进位相或。只要对应的 2 个二进位有一个为 1 时，结果位就为 1。参与运算的两个数均以补码出现。

例如，9|5 可写算式 00001001|00000101。

00001101（十进制为 13) 可见 9|5=13

```
main(){
    int a=9,b=5,c;
```

```
        c=a|b;
        printf("a=%d/nb=%d/nc=%d/n",a,b,c);
    }
```

03 按位异或运算

按位异或运算符"^"是双目运算符，其功能是参与运算的两数各对应的二进位相异或。当两对应的二进位相异时。结果为1。参与运算数仍以补码出现，例如，9^5 可写成算式 00001001^00000101= 00001100（十进制为 12）。

```
main(){
    int a=9;
    a=a^15;
    printf("a=%d/n",a);
}
```

04 求反运算

求反运算符"～"为单目运算符，具有右结合性，其功能是对参与运算的数的各二进位按位求反。例如，～ 9 的运算为 ~(0000000000001001) 结果为 1111111111110110。

05 左移运算

左移运算符"<<"是双目运算符，其功能把"<<"左边的运算数的各二进位全部左移若干位，由"<<"右边的数指定移动的位数，高位丢弃，低位补 0。例如，a<<4 指把 a 的各二进位向左移动 4 位。如 a=00000011(十进制 3)，左移 4 位后为 00110000(十进制 48)。

06 右移运算

右移运算符">>"是双目运算符，其功能是把">>"左边的运算数的各二进位全部右移若干位，">>"右边的数指定移动的位数。例如，a=15，a>>2 表示把 000001111 右移为 00000011(十进制 3)。应该说明的是，对于有符号数，在右移时，符号位将随同移动。当为正数时，最高位补 0，而为负数时，符号位为 1，最高位是补 0 或是补 1 取决于编译系统的规定。

```
main(){
    unsigned a,b;
    printf("input a number: ");
    scanf("%d",&a);
    b=a>>5;
    b=b&15;
    printf("a=%d/tb=%d/n",a,b);
}
```

▶ 23.6 实战练习

1. 请编程序，从终端读入十六进制无符号整数 m，调用函数 rightrot() 将 m 中的原始数据循环右移 n 位。并输出移位前后的内容。

2. 请编写函数 getbits() 从一个 16 位的单元中取出以 n1 开始至 n2 结束的某几位，起始位和结束位都从左向右计算。同时编写主函数调用 getbits() 进行验证。

3. 设计一个函数，使给出一个数的原码，能得到该数的补码。

第**24**章

结构体和联合体

事物往往具有多方面的属性，例如描述一个学生的信息，可能要包括学号、姓名、性别、年龄、成绩、班级等方面。对此，C 语言中提供了能够描述此类数据的构造数据类型，即结构体和联合体。

本章要点（已掌握的在方框中打钩）

☐ 结构体
☐ 结构体数组
☐ 结构体与函数
☐ 联合体
☐ 结构体和联合体的区别与联系

▶ 24.1 结构体

　　前面学习的字符型、整型、单精度浮点型等基本数据类型都是由 C 编译系统事先定义好的，可以直接用来声明变量。而结构体类型则是一种由用户根据实际需要自己构造的数据类型，所以必须要 "先定义，后使用"。也就是说，用户必须首先构造一个结构体类型，然后才能使用这个结构体类型来定义变量或数组。

24.1.1 结构体类型

　　"结构体类型" 是一种构造数据类型，它由若干个 "成员" 组成，每一个成员可以是相同、部分相同或者完全不同的数据类型。对每个特定的结构体都需要根据实际情况进行结构体类型的定义，也就是构造，以明确该结构体的成员及其所属的数据类型。

　　C 语言中提供的定义结构体类型的语句格式为：

```
struct 结构体类型名
{
  数据类型 1 成员名 1；
  数据类型 2 成员名 2；
  …
  数据类型 n 成员名 n；
};
```

　　其中，struct 是 C 语言中的关键字，表明是在进行一个结构体类型的定义。结构体类型名是一个合法的 C 语言标识符，对它的命名要尽量做到 "见名知义"。比如，描述一个学生的信息可以用 "stu"，描述一本图书的信息可以使用 "bookcard" 等。由定义格式可以看出，结构体数据类型由若干数据成员组成，每个数据成员可以是任意一个数据类型，最后的分号表示结构体类型定义的结束。例如，定义一个学生成绩的结构体数据类型如下。

```
struct student
{
    char no[8];         /* 学号 */
    char name[8];         /* 姓名 */
    float eng;          /* 英语成绩 */
    float math;           /* 数学成绩 */
    float ave ;             /* 平均成绩 */
};
```

　　在这个结构体中有 5 个数据成员，分别是 no、name、eng、math 和 ave，前 2 个是字符数组，分别存放学生的学号和姓名信息；eng、math、ave 是单精度实型，分别存放英语、数学以及平均成绩。

　　另外，结构体可以嵌套定义，即一个结构体内部成员的数据类型可以是另一个已经定义过的结构体类型。例如：

```
struct date
{
    int year;
    int month;
    int day;
};
struct student
{
```

```
    char name[10];
    char sex                /* 定义性别，m 代表男，f 代表女 */;
    struct date birthday;
    int age;
    float score;
};
```

在这个代码段中，先定义了一个结构体类型 struct date，然后在定义第 2 个结构体类型时，其成员 birthday 被声明为 struct date 结构体类型。这就是结构体的嵌套定义。

> 📑 **提示**
>
> 在定义嵌套的结构类型时，必须先定义成员的结构类型，再定义主结构类型。

关于结构体的说明如下。

(1) 结构体的成员名可以与程序中其他定义为基本类型的变量名同名，同一个程序中不同结构体的成员名也可以相同，它们代表的是不同的对象，不会出现冲突。

(2) 如果结构体类型的定义在函数内部，则这个类型名的作用域仅为该函数；如果是定义在所有函数的外部，则可在整个程序中使用。

24.1.2 定义结构体变量

结构体类型的定义只是由用户构造了一个结构体，但定义结构体类型时系统并不为其分配存储空间。结构体类型定义好后，可以像 C 中提供的基本数据类型一样使用，即可以用它来定义变量、数组等，称为结构体变量或结构体数组，系统会为该变量或数组分配相应的存储空间。

在 C 语言中，定义结构体类型变量的方法有以下 3 种。

01 先定义结构体类型，后定义变量

例如，先定义一个结构体类型。

```
struct student
{
    char no[8] ;            /* 学号 */
    char name[8];           /* 姓名 */
    float eng; /* 英语成绩 */
    float math;             /* 数学成绩 */
    float ave ;             /* 平均成绩 */
};
```

我们可以用定义好的结构体类型 struct student 来定义变量，该变量就可以用来存储一个学生的信息。定义如下：

```
struct student stu[30];     /* 定义结构体类型的数组 */
```

这里定义了一个包含 30 个元素的数组，每个数组元素都是一个结构体类型的数据，可以保存 30 个学生的信息。

```
struct student stu1;        /* 定义一个结构体类型的变量 */
```

说明：当一个程序中多个函数内部需要定义同一结构体类型的变量时，应采用此方法，而且应将结构体类型定义为全局类型。

02 定义结构体类型的同时定义变量

语法形式如下：

```
struct 结构体标识符
```

```
{
    数据类型 1 成员名 1;
    数据类型 2 成员名 2;
    ……
    数据类型 n 成员名 n;
} 变量 1, 变量 2, …, 变量 n;
```

其中，变量 1、变量 2，…，变量 n 为变量列表，遵循变量的定义规则，彼此之间通过逗号分割。

说明：在实际应用中，定义结构体的同时定义结构体变量适合于定义局部使用的结构体类型或结构体类型变量，例如在一个文件内部或函数内部。

03 直接定义结构体类型变量

这种定义方式是不指出具体的结构体类型名，而直接定义结构体成员和结构体类型的变量。此方法的语法形式如下：

```
struct
{
    数据类型 1 成员名 1;
    数据类型 2 成员名 2;
    ……
    数据类型 n 成员名 n;
} 变量 1, 变量 2, …, 变量 n;
```

这种定义的实质是先定义一个匿名结构体，之后再定义相应的变量。由于此结构体没有标识符，所以无法采用定义结构体变量的第 1 种方法来定义变量。

> **注意**
>
> 在实际应用中，此方法适合于临时定义局部变量或结构体成员变量。

24.1.3 初始化结构体变量

定义结构体变量的同时就对其成员赋初值的操作，就是对结构体变量的初始化。结构体变量的初始化方式与数组的初始化类似，在定义结构体变量的同时，把赋给各个成员的初始值用 "{}" 括起来，称为初始值表，其中各个数据以逗号分割。具体形式如下：

```
struct 结构体标识符
{
    数据类型 1 成员名 1;
    数据类型 2 成员名 2;
    ……
    数据类型 n 成员名 n;
} struct 结构体标识符 变量名 ={ 初始化值 1，初始化值 2，…，初始化值 n };
```

例如：

```
struct student
{
    char name[10];      /* 学生姓名 */
    char sex;           /* 定义性别，m 代表男，f 代表女 */
    int age;            /* 学生年龄 */
    float score;        /* 分数 */
} stu[30], stu1 = { "zhangsan",1,20,88.8}, stu2;
```

此代码在定义结构体类型 struct student 的同时定义了结构体数组和两个结构体变量,并对变量 stu1 进行了初始化,变量 stu1 的 4 个成员分别得到了一个对应的值,即 name 数组中初始化了一个学生的姓名"zhangsan",sex 中初始化了一个学生的性别"1",age 中初始化了一个学生的年龄 20,score 中初始化了学生的成绩 88.8,这样,变量 stu1 中就存放了一个学生的信息。

24.1.4 结构体变量的引用

结构体变量的引用分为结构体成员变量的引用和将结构体变量本身作为操作对象的引用两种。

01 结构体变量成员的引用

结构体变量包括一个或多个结构体成员变量,引用其成员变量的语法格式如下。

结构体变量名 . 成员名

其中,"."是专门的结构体成员运算符,用于连接结构体变量名和成员名,属于高级运算符,结构成员的引用表达式在任何地方出现都是一个整体,如 stu1.age、stu1.score 等。嵌套的结构体定义中成员的引用也一样。例如,有以下代码。

```c
struct date
{
    int year;        /* 年 */
    int month;       /* 月 */
    int day;         /* 日 */
};
struct student
{
    char name[10];
    char sex;
    struct date birthday;
    int age;
    float score;
}stu1;
```

其中,结构体变量 stu1 的成员 birthday 也是一个结构体类型的变量,这是嵌套的结构体定义。对该成员的引用,要用结构体成员运算符进行分级运算。也就是说,对成员变量 birthday 的引用是这样的:stu.birthday.year,stu.birthday.month,stu.birthday.day。

结构体成员变量和普通变量一样使用,比如,可以对结构体成员变量进行赋值操作,如下列代码都是合法的。

```c
scanf("%s",stu1.name);
stu1.sex=1;
stu1.age=20;
stu.birthday.year=1999;
```

02 对结构体变量本身的引用

结构体变量本身的引用是否遵循基本数据类型变量的引用规则呢? 我们先来看一下对结构体变量的赋值运算。

```c
struct student
{
    char name[10];
```

```
        char sex;
        int age;
        float score;
};
struct student stu1={ "zhangsan",1,20,88.8},stu2;
```

C 语言规定，同类型的结构体变量之间可以进行赋值运算，因此这样的赋值是允许的。

```
stu2=stu1；
```

此时，系统将按成员一一对应赋值。也就是说，上述赋值语句执行完后，stu2 中的 4 个成员变量分别得到数值 zhangsan、1、20 和 88.8。

但是，在 C 语言中规定，不允许将一个结构体变量作为整体进行输入或输出操作。因此以下语句是错误的。

```
scanf( "%s,%d,%d,%f",&stu1);
printf( "%s,%d,%d,%f",stu1);
```

将结构体变量作为操作对象时，还可以进行以下 2 种运算。

(1) 用 sizeof 运算符计算结构体变量所占内存空间。

定义结构体变量时，编译系统会为该变量分配内存空间，结构体变量所占内存空间的大小等于其各成员所占内存空间之和。C 中提供了 sizeof 运算符来计算结构体变量所占内存空间的大小，其一般使用形式如下：

```
sizeof( 结构体变量名 )
```

或：

```
sizeof( 结构体类型名 )
```

(2) 用 "&" 运算符对结构体变量进行取址运算。

前面介绍过对普通变量的取址，例如，&a 可以得到变量 a 的首地址。对结构体变量的取址运算也是一样的，例如，上面定义了一个结构体变量 stu1，那么利用 &stu1 就可以得到 stu1 的首地址。后面介绍用结构体指针作函数的参数以及使用结构体指针操作结构体变量的成员时，就需要用到对结构体变量的取址运算。

▶ 24.2 结构体数组

数组是一组具有相同数据类型变量的有序集合，可以通过下标获得其中的任意一个元素。结构体类型数组与基本类型数组的定义与引用规则是相同的，区别在于结构体数组中的所有元素均为结构体变量。

24.2.1 定义结构体数组

结构体数组的定义和结构体变量的定义一样，有以下 3 种方式。

(1)先定义结构体类型，再定义结构体数组。

```
struct 结构体标识符
{
        数据类型 1 成员名 1；
        数据类型 2 成员名 2；
        ……
        数据类型 n 成员名 n；
};
struct 结构体标识符 数组名 [ 数组长度 ];
```

(2)定义结构体类型的同时，定义结构体数组。

```
struct 结构体标识符
{
    数据类型 1 成员名 1；
    数据类型 2 成员名 2；
    ......
    数据类型 n 成员名 n；
} 数组名 [ 数组长度 ]；
```

(3)不给出结构体类型名，直接定义结构体数组。

```
struct
{
    数据类型 1 成员名 1；
    数据类型 2 成员名 2；
    ......
    数据类型 n 成员名 n；
} 数组名 [ 数组长度 ]；
```

其中，"数组名"为数组名称，遵循变量的命名规则；"数组长度"为数组的长度，要求为大于零的整型常量。例如，定义长度为 10 的 struct student 类型数组 stu[10] 的方法有如下 3 种形式。

方式 1：

```
struct student
{
    char name[10];
    char sex;
    int age;
    float score;
    }stu;
    struct student stu[10];
```

方式 2：

```
struct student
{
     char name[10];
    char sex;
    int age;
    float score;

}stu[10];
```

方式 3：

```
struct
{
    char name[10];
    char sex;
    int age;
```

```
    float score;
}stu[10];
```

结构体数组定义好后，系统即为其分配相应的内存空间，数组中的各元素在内存中连续存放，每个数组元素都是结构体类型，分配相应大小的存储空间。例子中的 stu 在内存中的存放顺序如图所示。

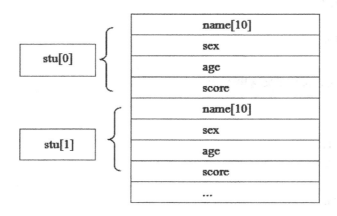

24.2.2 初始化结构体数组

结构体类型数组的初始化遵循基本数据类型数组的初始化规律，在定义数组的同时，对其中的每一个元素进行初始化。例如：

```
struct student  /* 定义结构体 struct student*/
{
    char Name[20];     /* 姓名 */
    float Math;        /* 数学 */
    float English;     /* 英语 */
    float Physical;    /* 物理 */
}stu[2]={{"zhang", 78, 89, 95}, {"wang", 87, 79, 92}};
```

在定义结构体类型的同时，定义长度为 2 的结构体数组 stu[2]，并分别对每个元素进行初始化。

说明：在定义数组并同时进行初始化的情况下，可以省略数组的长度，系统会根据初始化数据的多少来确定数组的长度。例如：

```
struct key
{
    char name[20];
    int count;
}key1[]={{"break", 0}, {"case", 0}, {"void", 0}};
```

系统会自动确认结构体数组 key1 的长度为 3。

24.2.3 结构体数组元素的引用

前面已经介绍过数组的使用，我们知道，对于数组元素的引用，其实质为简单变量的引用。对结构体类型的数组元素的引用也是一样，其语法形式如下：

数组名 [数组下标];

和前面介绍的基本类型的数组定义一样，"[]"为下标运算符，数组下标的取值范围为（0，1，2，…，n-1），n 为数组长度。对于结构体数组来说，每一个数组元素都是一个结构体类型的变量，对结构体数组元素的引用遵循对结构体变量的引用规则。

范例24-1　**结构体数据元素的输入输出**。要求从键盘输入5名学生的姓名、性别、年龄和分数，输出其中所有女同学的信息。

(1) 在 Visual C++ 6.0 中，新建名为"stuscore.c"的【Text File】文件。
(2) 在代码编辑区域输入以下代码（代码 24-1.txt）。

```
01  #include "stdio.h"
02  void main()
03  {
04      struct student        /* 定义结构体类型 */
05      {
06          char name[10];
07          char sex;          /* 定义性别，m 代表男，f 代表女 */
08          int age;
09          float score;
10      }stu[5]; /* 定义结构体数组 */
11      int i;
12      printf(" 输入数据 : 姓名 性别 年龄 分数 \n");   /* 提示信息 */
13      /* 输入结构体数组各元素的成员值 */
14      for(i=0;i<5;i++)
15          scanf("%s %c %d %f",stu[i].name,&stu[i].sex,&stu[i].age,&stu[i].score);
16      printf(" 输出数据 : 姓名 年龄 分数 \n");        /* 提示信息 */
17      /* 输出结构体数组元素的成员值 */
18      for(i=0;i<5;i++)
19          if(stu[i].sex=='f')
20              printf("%s %d %4.1f\n",stu[i].name,stu[i].age,stu[i].score);
21  }
```

【运行结果】

编译、连接、运行程序，根据提示输入 5 组数据，按【Enter】键后，即可输出所有女同学的信息。

【范例分析】

本程序定义了包含 5 个元素的结构体类型的数组，对其中数组元素的成员进行了输入输出操作，程序很简单，但要特别注意其中格式的书写。例如，在 scanf 语句中，成员 stu[i].name 是不加取地址运算符 & 的，因为 stu[i].name 是一个字符数组名，本身代表的是一个地址值；而其他如整型、字符型等结构体成员变量，则必须和普通变量一样，在标准输入语句中要加上取地址符号 &。

▶ 24.3 结构体与函数

了解了结构体数组和结构体指针后，本节介绍结构体和函数的关系。

24.3.1 结构体作为函数的参数

结构体作为函数的参数，有以下两种形式。

01 在函数之间直接传递结构体类型的数据——传值调用方式

由于结构体变量之间可以进行赋值，所以可以把结构体变量作为函数的参数使用。具体应用中，把函数的形参定义为结构体变量，函数调用时，将主调函数的实参传递给被调函数的形参。

📝 **范例24-2**　利用结构体变量作函数的参数的传值调用方式计算三角形的面积。

(1)在 Visual C++ 6.0 中，新建名为 "area_value.c" 的【Text File】文件。
(2)在代码编辑区域输入以下代码（代码 24-2.txt）。

```
01  #include "math.h"
02  #include "stdio.h"
03  struct triangle          /* 定义结构体类型 */
04  {
05    float a,b,c;
06  };
07  /* 自定义函数，功能是利用海伦公式计算三角形的面积 */
08  float area(struct triangle side1)
09  {
10    float l,s;
11    l=(side1.a+side1.b+side1.c)/2;          /* 计算三角形的半周长 */
12    s=sqrt(l*(l-side1.a)*(l-side1.b)*(l-side1.c));     /* 计算三角形的面积公式 */
13    return s;  /* 返回三角形的面积 s 的值到主调函数中 */
14  }
15  void main()
16  {
17    float s;
18    struct triangle side;
19    printf(" 输入三角形的 3 条边长：\n");          /* 提示信息 */
20    scanf("%f %f %f",&side.a,&side.b,&side.c);      /* 从键盘输入三角形的 3 条边长 */
21    s=area(side);          /* 调用自定义函数 area 求三角形的面积 */
22    printf(" 面积是：%f\n",s);
23  }
```

【运行结果】

编译、连接、运行程序，根据提示从键盘输入三角形的 3 条边长（如 5、7、8），按【Enter】键，即可输出三角形的面积。

【范例分析】

本程序中首先定义 struct triangle 为一个全局结构体类型，以便程序中所有的函数都可以使用该结构体类型来定义变量。这是一个利用结构体变量作函数参数的范例，调用时，主调函数中的实参 side 把它的成员值一一对应传递给自定义函数中的形参 side1，在自定义函数中求出三角形的面积，并把值带回到主调函数中输出。

本范例中，在发生参数传递时，实质上是传递作实参的结构体变量的成员值到作形参的结构体变量，这是一种传值的参数传递方式。

02 在函数之间传递结构体指针——传址调用方式

运用指向结构体类型的指针变量作为函数的参数，将主调函数的结构体变量的指针（实参）传递给被调函数的结构体指针（形参），利用作为形参的结构体指针来操作主调函数中的结构体变量及其成员，达到数据传递的目的。

范例24-3   利用结构体指针变量作函数的参数的传址调用方式计算三角形的面积。

(1) 在 Visual C++ 6.0 中，新建名为 "area_point.c" 的【Text File】文件。
(2) 在代码编辑区域输入以下代码（代码 24-3.txt）。

```
01  #include "math.h"
02  #include "stdio.h"
03  struct triangle
04  {
05      float a;
06      float b;
07      float c;
08  };
09  /* 自定义函数，利用结构体指针作参数求三角形的面积 */
10  float area(struct triangle *p)
11  {
12      float l,s;
13      l=(p->a+p->b+p->c)/2;              /* 计算三角形的半周长 */
14      s=sqrt(l*(l-p->a)*(l-p->b)*(l-p->c));    /* 计算三角形的面积公式 */
15      return s;
16  }
17  /* 程序入口 */
18  void main()
19  {
20      float s;
21      struct triangle side;
22      printf(" 输入三角形的 3 条边长：\n");          /* 提示信息 */
23      scanf("%f %f %f",&side.a,&side.b,&side.c);      /* 从键盘输入三角形的 3 条边长 */
24      s=area(&side);          /* 调用自定义函数 area 求三角形的面积 */
25      printf(" 面积是：%f\n",s);
26  }
```

【运行结果】

编译、连接、运行程序，根据提示从键盘输入三角形的 3 条边长（如 7、8、9），按【Enter】键，即可输出三角形的面积。

【范例分析】

本程序中，自定义函数的形参用的是结构体类型的指针变量，函数调用时，在主调函数中，通过语句 "s=area(&side)" 把结构体变量 side 的地址值传递给形参 p，由指针变量 p 操作结构体变量 side 中的成员，在自定义函数中计算出三角形的面积，返回主调函数中输出。

本范例中由结构体指针变量作为函数的形参来进行参数传递，实质是把实参的地址值传递给形参，这是一种传址的参数传递方式。

C 语言用结构体指针作函数参数，这种方式比用结构体变量作函数参数的效率高，因为无需传递各个成员的值，只需传递一个地址，且函数中的结构体成员并不占据新的内存单元，而与主调函数中的成员共享存储单元。这种方式还可通过修改形参所指的成员影响实参所对应的成员值。

24.3.2　结构体作为函数的返回值

通常情况下，一个函数只能有一个返回值。但是如果函数确实需要带回多个返回值的话，根据我们前面的学习，可以利用全局变量或指针来解决。而学习了结构体以后，就可以在被调函数中利用 return 语句将一个结构体类型的数据结果返回到主调函数中，从而得到多个返回值，这样更有利于对这个问题的解决。

✍ 范例24-4　编写一个程序，给出三角形的3条边，计算三角形的半周长和面积，要求在自定义函数中用结构体变量返回多个值。

(1) 在 Visual C++ 6.0 中，新建名为 "cir_areas.c" 的【Text File】文件。
(2) 在代码编辑区域输入以下代码（代码 24-4.txt）。

```
01  #include "math.h"
02  #include "stdio.h"
03  struct cir_area
04  {
05    float l,s;
06  };
07  /* 自定义函数，功能是根据 3 条边求三角形的半周长和面积 */
08  struct cir_area c_area(float a,float b,float c)
09  {
10    struct cir_area result;
11    result.l=(a+b+c)/2;
12    result.s=sqrt(result.l*(result.l-a)*(result.l-b)*(result.l-c));
13    return result;
14  }
15  void main()
16  {
17    float a,b,c;
18    struct cir_area triangle;        /* 定义结构体类型的变量 */
```

```
19    printf(" 输入三角形的 3 条边长: \n");           /* 提示信息 */
20    scanf("%f %f %f",&a,&b,&c);                   /* 从键盘输入三角形的 3 条边 */
21    triangle=c_area(a,b,c);           /* 调用自定义函数, 把返回值赋给结构体变量 triangle*/
22    printf(" 半周长是:  %f \n 面积是:  %f\n",triangle.l,triangle.s);
23   }
```

【运行结果】

编译、连接、运行程序, 根据提示从键盘输入三角形的 3 条边长 (如 7、8、9), 按【Enter】键, 即可输出三角形的半周长和面积。

【范例分析】

本程序在第 8 行定义了一个名为 "c_area" 的自定义函数, 用于计算并返回三角形的半周长和面积值, 注意这里必须将自定义函数 c_area 定义为 struct cir_area 结构体类型, 用于返回结构体变量的两个成员值, 即半周长和面积。函数调用时, 作参数的是普通变量, 参数传递方式是值传递方式。

▶ 24.4 联合体

在 C 语言中, 可以定义不同数据类型的数据共占同一段内存空间, 以满足某些特殊的数据处理要求, 这种数据构造类型就是联合体。

24.4.1 联合体类型

联合体也是一种构造数据类型, 和结构体类型一样, 它也是由各种不同类型的数据组成, 这些数据叫作联合体的成员。不同的是, 在联合体中, C 语言编译系统使用了覆盖技术, 使联合体的所有成员在内存中具有相同的首地址, 共占同一段内存空间, 这些数据可以相互覆盖, 因此联合体也常常被称作共用体, 在不同的时间保存不同的数据类型和不同长度的成员的值。也就是说, 在某一时刻, 只有最新存储的数据是有效的。运用此种类型数据的优点是节省存储空间。

联合体类型定义的一般形式为:

union 联合体名
{
　　数据类型 **1** 成员名 **1**;
　　数据类型 **2** 成员名 **2**;
　　……
　　数据类型 **n** 成员名 **n**;
};

其中, union 是 C 语言中的关键字, 表明进行一个联合体类型的定义。联合体类型名是一个合法的 C 语言标识符, 联合体类型成员的数据类型可以是 C 语言中的任何一个数据类型, 最后的分号表示联合体定义的结束。例如:

```
union ucode
{
    char u1;
    int u2;
    long u3;
};
```

这里定义了一个名为"union ucode"的联合体类型，它包括 3 个成员，分别是字符型、整型和长整型。

说明：联合体类型的定义只是由用户构造了一个联合体，定义好后可以像 C 中提供的基本数据类型一样使用，即可以用它来定义变量、数组等。但定义联合体类型时，系统并不为其分配存储空间，而是为由该联合体类型定义的变量、数组等分配存储空间。

24.4.2 联合体变量的定义

在一个程序中，一旦定义了一个联合体类型，也就可以用这种数据类型定义联合体变量。和定义结构体变量一样，定义联合体类型变量的方法有以下 3 种。

01 定义联合体类型后定义变量

一般形式如下：

```
union 联合体名
{
    数据类型 1 成员名 1;
    数据类型 2 成员名 2;
    ……
    数据类型 n 成员名 n;
};
union 联合体名 变量名 1，变量名 2，…，变量名 n;
```

02 定义联合体类型的同时定义变量

一般形式如下：

```
union 联合体名
{
    数据类型 1 成员名 1;
    数据类型 2 成员名 2;
    ……
    数据类型 n 成员名 n;
} 变量名 1，变量名 2，…，变量名 n;
```

说明：在实际应用中，定义联合体的同时定义联合体变量适合于定义局部使用的联合体类型或联合体类型变量，例如在一个文件内部或函数内部。

03 直接定义联合体类型变量

这种定义方式是不指出具体的联合体类型名，而直接定义联合体成员和联合体类型的变量。一般形式如下：

```
union
{
    数据类型 1 成员名 1;
    数据类型 2 成员名 2;
```

```
    ......
        数据类型 n  成员名 n；
} 变量名 1，变量名 2，…，变量名 n；
```

其实质如下：

```
union
{
        数据类型 1  成员名 1；
        数据类型 2  成员名 2；
        ......
        数据类型 n  成员名 n；
};
```

定义类型的匿名联合体之后，再定义相应的变量。由于此联合体没有标识符，所以无法采用定义联合体变量的第 1 种方法来定义变量。在实际应用中，此方法适合于临时定义局部使用的联合体类型变量。说明如下。

(1) 当一个联合体变量被定义后，编译程序会自动给变量分配存储空间，其长度为联合体的数据成员中所占内存空间最大的成员的长度。

(2) 联合体可以嵌套定义，即一个联合体的成员可以是另一个联合体类型的变量；另外，联合体和结构体也可以相互嵌套。

24.4.3 联合体变量的初始化

定义联合体变量的同时对其成员赋初值，就是对联合体变量的初始化。那么，对联合体变量初始化可以和结构体变量一样，在定义时直接对其各个成员赋初值吗？

看看下面的这段程序代码。

```
union ucode
{
    char u1;
    int u2;
};                                  /* 定义联合体类型 */
union ucode a={'a',45};  /* 定义联合体类型的变量 a 并初始化 */
```

编译时却提示错误"too many initializers"，这是为什么？

这是因为和结构体变量的存储结构不同，联合体变量中的成员是共用一个首地址，共占同一段内存空间，所以在任意时刻只能存放其中一个成员的值。也就是说，每一瞬时只能有一个成员起作用，所以，在对联合体类型的变量定义并初始化时，只能是对第 1 个成员赋初值，初值需要用"{}"括起来。

范例24-5   联合体类型的应用举例。

(1) 在 Visual C++ 6.0 中，新建名为"union1.c"的【Text File】文件。

(2) 在代码编辑区域输入以下代码（代码 24-5.txt）。

```
01  #include "stdio.h"
02  void main()
03  {
04    union
05    {
```

```
06      long u1;
07      char u2;
08    } a={0x974161};  /* 定义联合体类型的变量 a*/
09    printf("%ld %c\n",a.u1,a.u2);
10  }
```

【运行结果】

编译、连接、运行程序，即可在命令行中输出结果。

【范例分析】

程序中定义的联合体类型包含两个成员 u1 和 u2，分别是 4 个字节的长整型和一个字节的字符型，编译系统会按其中占用空间较多的长整型变量给结构体类型的变量 a 分配 4 个字节的存储空间。赋初值十六进制的 974161 进行初始化后的存储情况如图所示。

0110 0001
0100 0001
1001 0111

输出时，a.u1 输出它得到的初始值 0x974161，以十进制长整型输出 9912673；a.u2 并没有得到初值，但由于它和 a.u1 共用首地址，共用内存，所以在输出时，它取其中低位的一个字节，并把它以字符"a"的形式输出。

再把上面的程序稍作改动，即把联合体中的第 1 个成员 u1 定义为整型，把 u2 定义为字符型。

范例24-6 联合体类型的应用举例。

(1)在 Visual C++ 6.0 中，新建名为 "union2.c" 的【Text File】文件。
(2)在代码编辑区域输入以下代码（代码 24-6.txt）。

```
01  #include "stdio.h"
02  void main()
03  {
04    union ucode
05    {
06      char u1;
07      long u2;
08    }a={0x974161};
09    printf("%c %ld\n",a.u1,a.u2);
10  }
```

【运行结果】

编译、连接、运行程序，即可在命令行中输出结果。

【 范例分析 】

程序中定义的联合体类型包含两个成员 u1 和 u2，分别是一个字节的字符型和 4 个字节的长整型，编译系统会按其中占用空间较多的长整型变量给结构体类型的变量 a 分配 4 个字节的存储空间。赋初值进行初始化后，由于第 1 个成员是字符型，仅用一个字节，所以初值十六进制的 974161 只能接受 0x61，其他高位部分被舍去。存储情况如下图所示。

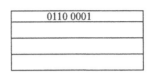

输出时，a.u1 输出它得到的初始值 0x61，以字符的形式输出 "a"；a.u2 并没有得到初值，但由于它和 a.u1 共用首地址，共用内存，所以在输出时，以十进制长整型输出 97。

请认真比较以上两个范例。

24.4.4 联合体变量的引用

联合体变量不能整体引用，对联合体变量的赋值、使用都只能对变量的成员进行，联合体变量引用其成员的方法与访问结构体变量成员的方法相同。例如，有如下程序段：

```
union ucode
{
    char u1;
    int  u2;
    long u3;
};
uion ucode a,*p=&a;
```

对其中的联合体中成员的引用方法如下。

(1) 使用运算符 "." 访问联合体成员，如下：

    a.u1, a.u2

(2) 使用指针变量访问联合体的成员，如下：

    (*p).u1, (*p).u2, p->u1, p->u2

📝 **范例24-7**   **联合体变量引用的应用举例。**

(1) 在 Visual C++ 6.0 中，新建名为 "union_variable.c" 的【 Text File 】文件。
(2) 在代码编辑区域输入以下代码（代码 24-7.txt ）。

```
01  #include "stdio.h"
02  void main()
03  {
04    union ucode        /* 定义联合体类型 */
```

```
05    {
06       char u1;
07       int u2;
08    };
09    union ucode a,*p=&a;          /* 定义联合体类型的变量和指针变量，并初始化指针变量 */
10    a.u2=5;
11    printf(" 输入 a.u1 的值：\n");        /* 提示信息 */
12    scanf("%d",&a.u1);
13    printf(" 输出数据 :\n");
14    printf("%c\n",p->u1);           /* 提示信息 */
15    printf("%d\n",p->u2);
16    }
```

【运行结果】

编译、连接、运行程序，根据提示输入数据后按【Enter】键，即可输出结果。

【范例分析】

本范例旨在巩固联合体变量成员的两种引用方法，并且进一步熟悉联合体类型数据的特点。第 09 行定义并初始化联合体类型的指针变量 p 后，可以使用 p 操作联合体变量 a 中的成员变量；第 10 行对 a 中的 u2 成员即 a.u2 赋值 5；接着又通过 scanf 语句对 a.u1 赋值，从键盘输入一个字符的 ASCII 码值，这里运行时输入了 65；那么第 12 行的输出结果即是此时 a 中有效的成员 a.u1 的值，输出字母 A；第 13 行 a.u2 尽管没有实际意义，但由于它和 a.u1 共用一个首地址，且占用相同的存储空间，所以输出的结果是整数 65。

▶24.5 结构体和联合体的区别与联系

结构体和联合体都是根据实际需要，由用户自己定义的数据类型，可以包含多个不同类型的成员变量，属于构造数据类型。定义好后，可以和 C 提供的标准数据类型一样使用。结构体和联合体主要有以下区别。

（1）结构和联合都是由多个不同的数据类型成员组成的。结构体用来描述同一事物的不同属性，所以任意时候结构的所有成员都存在，对结构的不同成员赋值是互不影响的。而联合体中虽然也有多个成员，但在任何同一时刻，对联合的不同成员赋值，将会对其他成员重写，原来成员的值就不存在了，也就是说在联合体中任一时刻只存放一个被赋值的成员。

（2）实际应用中，结构体类型用得比较多，而联合体的诞生主要是为了节约内存，这一点在如今计算机硬件技术高度发达的时代已经显得不太重要，所以，联合体目前实际上使用得并不多。

▶24.6 综合应用——计算学生成绩

本节通过一个范例来回顾结构体和联合体的应用。

范例24-8	定义一个结构体数组，存放N个学生的信息，每位学生的信息是一个结构体类型的数据，其成员分别为学号、姓名、3门成绩及总分。编写程序，实现如下功能：从键盘输入每位学生的学号、姓名及3门功课的成绩，计算总分，在屏幕上输出每位学生的学号、姓名和总分。要求使用自定义函数，并且用结构体指针作为函数的形参来实现。

(1) 在 Visual C++ 6.0 中，新建名为 "stuscore.c" 的【Text File】文件。

(2) 在代码编辑区域输入以下代码（代码 24-8.txt）。

```
01  #include "stdio.h"
02  #define N 5          /* 定义符号常量 N*/
03  struct student       /* 定义结构体类型 */
04  {
05    char num[8];        /* 学号 */
06    char name[10];      /* 姓名 */
07    float chinese;      /* 语文成绩 */
08    float english;      /* 英语成绩 */
09    float math;         /* 数学成绩 */
10    float total;        /* 总分 */
11  }stu[N];  /* 定义结构体的同时声明一个包含 N 个元素的结构体数组 */
12  /* 定义输入学生信息的函数 */
13  void input()
14  {
15    int i;
16    printf(" 输入 %d 名学生的：学号 姓名 语文 英语 数学 \n",N);
17    for(i=1;i<=N;i++)
18    {
19      printf("%d:",i);
20      scanf("%s %s %f %f %f", stu[i].num, stu[i].name, &stu[i].chinese, &stu[i].english, &stu[i].math);
21    }
22  }
23  /* 定义计算总分的函数 */
24  float sum_out(struct student *p,int i)
25  {
26    stu[i].total=p->chinese+p->english+p->math;     /* 计算总分 */
27    return stu[i].total;
28  }
29  void main()
30  {
31    int i;
32    float stotal;
33    input();
34    printf(" 输出数据：学号 姓名 总分 \n");          /* 提示输出信息 */
35    for(i=1;i<=N;i++) /* 循环调用自定义函数，每次计算并输出一个学生的信息 */
36    {
37      stotal=sum_out(&stu[i],i);
38      printf("%s %s %5.1f\n",stu[i].num,stu[i].name,stotal);
39    }
40  }
```

【运行结果】

编译、连接、运行程序，根据提示从键盘上输入 5 名学生的相关信息及成绩，按【Enter】键，即可输出学号、姓名和总分。

【范例分析】

　　本程序是对结构体知识的一个综合应用，包含了结构体类型及结构体类型数组的定义、结构体变量元素的引用，以及使用结构体类型的指针作函数的参数等方面的内容。程序中使用符号常量 N，主要是考虑到可以灵活更改本程序所处理的学生人数，只要改变定义 N 时所代表的常量数值即可。

▶ 24.7　高手点拨

　　学习了这一章的内容，读者从 20.5 节应该已经对结构体和联合体的区别与联系有了简单的认识，下面将由浅入深地讲解一下这些内容。

　　首先，要知道联合体的各个成员共用内存，并应同时只能有一个成员得到这块内存的使用权（即对内存的读写），而结构体各个成员各自拥有内存，各自使用互不干涉。所以，某种意义上来说，联合体比结构体节约内存。例如：

```
typedef struct
{
    int i;
    double j;
}B;
typedef union
{
    int i;
    double j;
}U;
```

　　可以通过 sizeof() 函数来查看结构体和联合体所占内存大小。sizeof(B) 的值是 12，sizeof(U) 的值是 8 而不是 12。为什么 sizeof(U) 不是 12 呢？因为 union 中各成员共用内存，i 和 j 的内存是同一块。而且整体内存大小以最大内存的成员划分，即 U 的内存大小是 double 的大小。sizeof(B) 大小为 12，因为 struct 中 i 和 j 各自得到了一块内存，变量 i 在内存中占 4 个字节，变量 j 在内存中占 8 个字节，加起来就是 12 个字节。了解了联合体共用内存的概念，也就明白了为何每次只能对其一个成员赋值了，因为如果对另一个赋值，会覆盖上一个成员的值。总之，二者区别可归结为以下两点。

　　(1)结构和联合都是由多个不同的数据类型成员组成的，但在任何同一时刻，联合中只存放了一个被选中的成员，而结构的所有成员都存在。

　　(2)对联合体内的不同成员赋值，将会对其他成员重写，原来成员的值就不存在了，而对结构的不同成员赋值是互不影响的。

　　下面举一个例子来加深对联合的理解。

```
01  main()
02  {
03  union{              /* 定义一个联合 */
04  int i;
05  struct{        /* 在联合中定义一个结构 */
06  char first;
07  char second;
08  }half;
09  }number;
10  number.i=0x4241;     /* 联合体成员赋值 */
11  printf("%c%c\n", number.half.first, mumber.half.second);
12      number.half.first='a';  /* 联合体中的结构体成员赋值 */
13      number.half.second='b';
14  printf("%x\n", number.i);
15  getch();
16  }
```

输出结果为：

AB

6261

从上例结果可以看出，当给 i 赋值后，其低八位就是 first 和 second 的值；当给 first 和 second 赋字符后，这两个字符的 ASCII 码也将作为 i 的低八位和高八位。

▶ 24.8 实战练习

1. 定义一个结构体变量，成员包括职工号、姓名、性别、身份证号、工资、地址。要求如下。

(1) 从键盘输入一个数据，放到一个结构体变量中，并在屏幕上显示出来。

(2) 定义一个结构体数组，存放 N 个职工的信息，计算所有职工工资的合计值，并在屏幕上显示出来。

2. 编写一个函数 print()，打印一个学生的成绩数，该数组中有 5 个学生的数据记录，每个记录包括 num、name、sore[3]，用主函数输入这些记录，用 pri nt() 函数输出这些记录。

3. 在上题的基础上，编写一个函数 input()，用来输入 5 个学生的数据记录。

4. 程序通过定义学生结构体数组，存储了若干名学生的学号、姓名和 3 门课的成绩。函数 fun 的功能是将存放学生数据的结构体数组按照姓名的字典序（从小到大）排序。请在程序的下划线处填入正确的内容并把下划线删除，使程序得出正确的结果。

```
01  #include <stdio.h>
02  #include <string.h>
03  struct student
04  {
05    long sno;
06    char name[10];
07    float score[3];
08  };
09  void fun(struct student a[], int n)
10  {
```

```
11     /**********found**********/
12     __1__ t;
13     int  i, j;
14     /**********found**********/
15     for (i=0; i<__2__; i++)
16     for (j=i+1; j<n; j++)
17     /**********found**********/
18     if (strcmp(__3__) > 0)
19     { t = a[i];   a[i] = a[j];  a[j] = t; }
20   }
21   main()
22   { struct student  s[4]={{10001,"ZhangSan", 95, 80, 88},{10002,"LiSi", 85, 70, 78},
23   {10003,"CaoKai", 75, 60, 88}, {10004,"FangFang", 90, 82, 87}};
24    int  i, j;
25    printf("\n\nThe original data :\n\n");
26    for (j=0; j<4; j++)
27   {
28   printf("\nNo: %ld ,Name: %-8s ,Scores: ",s[j].sno, s[j].name);
29     for (i=0; i<3; i++)
30   printf("%6.2f ", s[j].score[i]);
31     printf("\n");
32   }
33    fun(s, 4);
34    printf("\n\nThe data after sorting :\n\n");
35    for (j=0; j<4; j++)
36   {
37   printf("\nNo: %ld ,Name: %-8s,Scores: ",s[j].sno, s[j].name);
38     for (i=0; i<3; i++)
39   printf("%6.2f ", s[j].score[i]);
40     printf("\n");
41   }
42   }
```

5.有 10 个学生，每个学生的数据包括学号、姓名、3 门课的成绩，从键盘输入 10 个学生的数据，要求打印出 3 门课的总平均成绩，以及最高分的学生的数据（包括学号、姓名、3 门课成绩）。

第 **25** 章

数据管理者

——数据结构

数据结构是计算机存储、管理数据的方式，是数据元素的集合，合理的数据结构可以给程序带来更高的运行和存储效率。

本章要点（已掌握的在方框中打钩）

☐ 数据结构概述
☐ 线性表
☐ 栈和队列
☐ 二叉树
☐ 查找
☐ 排序

▶25.1 数据结构概述

数据结构是计算机存储、管理数据的方式。数据必须依据某种逻辑联系组织在一起并存储在计算机内，数据结构研究的就是这种数据的存储结构和逻辑结构。

选择合适的数据结构是非常重要的。在许多类型的程序设计中，数据结构的选择是一个基本的设计考虑因素。许多大型系统的构造经验表明，系统实现的困难程度和系统构造的质量都严重依赖于是否选择了最优的数据结构。许多时候，确定了数据结构后，算法就容易得到了，算法得到了，问题才能够得到顺利解决。有些时候事情也会反过来，可以根据特定算法来选择合适的数据结构。

数据的逻辑结构可以归纳为以下 4 类。

(1)集合结构：该结构的数据元素间的关系属于同一个集合。

(2)线性结构：该结构的数据元素之间存在着一对一的关系。

(3)树形结构：该结构的数据元素之间存在着一对多的关系。

(4)图形结构：该结构的数据元素之间存在着多对多的关系，也称网状结构。

▶25.2 线性表

线性结构是简单而且常用的数据结构，而线性表则是一种典型的线性结构。存储数据简单且有效的方法就是把它们存储在一个线性表中，只有当需要组织和搜索大量数据时，才考虑使用更复杂的数据结构。

一个线性表是 n 个数据元素的有限序列，每个元素在不同的情况下有不同的含义，可以是数字，也可以是字符，或者是其他信息。下面是几个线性表的例子。

color＝（red，orange，yellow，green，blue，black，white）　　/*color 线性表的组成 /
score＝（90，86，56，98，28，60）　　　　/* score 线性表的组成 */

从例子中可以看出，线性表中的数据元素可以是多样的，但是同一线性表中的元素必须是相同类型的。线性表的存储有两种，即顺序存储方式和链表存储方式。

25.2.1 顺序表

顺序表是把线性表中的所有元素按照其逻辑顺序依次存储到指定存储位置开始的一块连续的存储区域。这样，线性表的第 1 个元素的存储位置就是指定的存储位置，第 i 个元素的存储位置紧接着第 i-1 个元素的存储位置的后面。

顺序表的特点如下。

(1) 在顺序表中，各个元素的逻辑顺序跟物理顺序一致，第 i 项就存在第 i 个位置。

(2) 对顺序表中的所有元素，既可以顺序访问，也可以随机访问。

范例25-1　创建顺序表，并追加、插入、删除元素。

(1) 在 Visual C++ 6.0 中，新建名为 "顺序表 .c" 的【Text File】文件。
(2) 在代码编辑区域输入以下代码（代码 25-1.txt）。

```
01  #include <stdio.h>
02  #include <stdlib.h>
03  #define MAXLISTSIZE 1024 /* 定义顺序表最大容量 */
04  typedef struct        /* 定义顺序表节点类型 */
05  {
06    int data[MAXLISTSIZE];    /* 顺序表 */
07    int last; /* 顺序表元素个数 */
08  }linearlist;
09  void ListList(linearlist* list)   /* 打印线性顺序表 */
10  {
11    int i;
12    printf(" 当前线性表的状态 :\n");
13    if(list -> last == 0) /* 顺序表为空 */
14      printf(" 当前顺序表为空 ");
15    else
16      for(i = 0; i < (list -> last); i++)     /* 循环遍历顺序表 */
17        printf("[%4d]", list -> data[i]);      /* 输出元素 */
18    printf("\n");
19  }
20  void Output(linearlist* list)    /* 打印说明文档 */
21  {
22    system("cls");        /* 清屏 */
23    printf("-        顺序表          -\n"); /* 输入功能菜单 */
24    printf("- a: 追加一个节点 i: 插入一个节点  -\n");
25    printf("- d: 删除一个节点 e: 退出        -\n");
26    ListList(list);         /* 打印线性顺序表 */
27  }
28  linearlist* CreateList()       /* 创建线性顺序表 */
29  {
30    linearlist *list = (linearlist*)malloc(sizeof(linearlist));        /* 分配空间 */
```

```
31    list -> last = 0;        /* 初始化头节点值 */
32    return list;             /* 返回初始化头节点指针 */
33  }
34  void AppendNode(linearlist* list, int n)   /* 追加节点 */
35  {
36    if(list -> last < MAXLISTSIZE)         /* 顺序表不溢出 */
37    {
38      list -> data[list -> last] = n;  /* 初始化节点值 */
39      list -> last += 1;     /* 顺序表长度加 1 */
40    }
41  }
42  void InsertNode(linearlist* list, int n, int pos)      /* 插入节点 */
43  {
44    int j;
45    if(pos < 0 || pos > list -> last )
46      printf(" 所插入的位置超出顺序表的范围 \n");
47    else
48    {
49      for(j = list -> last; j >= pos; j--)     /* 逆向遍历顺序表 */
50        list -> data[j+1] = list -> data[j];   /* 元素后移 */
51      list -> data[pos] = n;         /* 指向节点赋值 */
52      list -> last++;      /* 顺序表长度加 1 */
53    }
54  }
55  void DeleteNode(linearlist* list, int pos)  /* 删除节点 */
56  {
57    int j;
58    if((pos < 0) || (pos > list -> last ))     /* 删除位置超出顺序表的范围 */
59      printf(" 所要删除的位置超出顺序表的范围 \n");
60    else
61    {
62      for(j = pos; j < list -> last; j++)        /* 遍历顺序表 */
63        list -> data[j] = list -> data[j+1];     /* 元素前移 */
64      list -> last--;      /* 顺序表长度减 1 */
65    }
66  }
67  int main() /* 主函数 */
68  {
69    int key, pos;          /*key 元素值，pos 下标 */
70    char ch;
71    linearlist *list;
72    list = CreateList(); /* 创建顺序表 */
73    while(1)
74    {
75      Output(list);
76      printf(" 请选择 :");
77      ch = getchar();        /* 接受选项 */
78      fflush(stdin);         /* 清除缓存 */
79      if(ch == 'a')          /* 追加 */
80      {
81        printf(" 请输入要追加的数据 :");
```

```
82          scanf("%d", &key);
83          AppendNode(list, key);
84        }
85        else if(ch == 'i')    /* 插入 */
86        {
87          printf(" 请输入要插入的数据的位置 :");
88          scanf("%d", &pos);
89          printf(" 请输入要插入的数据 :");
90          scanf("%d", &key);
91          InsertNode(list, key, pos);
92        }
93        else if(ch == 'd')    /* 删除 */
94        {
95          printf(" 请输入要删除的数据的位置 :");
96          scanf("%d", &pos);
97          DeleteNode(list, pos);
98        }
99        else if(ch == 'e')    /* 退出 */
100         exit(0);
101       Output(list);
102       fflush(stdin);        /* 清除缓存 */
103     }
104     return 0;
105   }
```

【 运行结果 】

编译、连接、运行程序，命令行中会显示操作列表和当前的状态。

输入 "a" 并按【Enter】键，然后输入追加的数据 "1"，按【Enter】键，即可在表中追加 1 个数据。按此方法追加 2~5，此时线性表中存在 5 个元素节点，分别是 1~5，对应的位置为 0~4，如图所示。

输入 "i"，再输入插入的位置 "2"，然后输入插入的数据 "0"，按【Enter】键，即可在位置 2 处（原节点 3 处）插入 1 个节点 0，如图所示。

输入"d",再输入要删除的数据的位置"1",按【Enter】键,即可将位置1处(原节点2)的元素删除,后面的节点顺次左移1位,如图所示。

输入"e",按【Enter】键,即可结束当前程序。

【范例分析】

本范例综合使用了顺序表的各种操作,对大家学习掌握顺序表的常用功能会有很大的帮助。分析如下。

首先调用 CreateList() 函数,创建了线性顺序表,创建顺序表指针,为指针分配存储空间,为下标为0的元素初始化值0,下标加1,移向数组下一位。

追加节点 AppendNode() 函数,以当前顺序表的长度为下标,为相应的元素赋值,下标加1,移向数组的下一位。

插入节点 InsertNode() 函数,接收用户输入的下标值,使用逆向循环遍历数组,以用户键入值为起点,整体后移数组元素,然后把用户键入的数据赋值到对象元素位置,实现插入元素功能。当用户插入的位置小于0或者大于数组长度时,提示无法输入。

删除节点 DeleteNode() 函数,接收用户输入的下标值,正向循环遍历数组,以用户键入值为起点,整体前移数组元素,覆盖用户指定元素。当用户删除的位置小于0或者大于数组长度时,提示无法输入。

程序使用循环方式配合功能菜单的组合,循环接收用户输入数据,更新屏幕时,使用了刷新指令,当键入的内容是e时,结束程序。

25.2.2 单链表

单链表是一种简单的链表表示,也叫作线性链表。用它来表示线性表时,用指针表示节点间的逻辑关系。因此单链表的一个存储节点包含两部分内容。

data 部分称为数据域,用于存储线性表的一个数据元素;link 部分称为指针域,用于存放一个指针,该指针指示该链表下一个节点的开始存储地址。

单链表的第1个节点也称为首节点,它的地址可以通过链表的头指针 head 找到,其他节点的地址通过前驱节点的 link 域找到,链表的最后一个节点没有后继,则在 link 域放一个空指针 NULL,图中用"^"表示。

线性表中数据元素的顺序与其链表表示中的物理顺序可能不一致,一般是通过单链表的指针将各个数据元素按照线性表的逻辑顺序链接起来。当 head 为空时,则单链表为空表,否则为非空表。

> 📄 **提示**
>
> 链表由头指针唯一确定,单链表可以用头指针的名字来命名。

01 链表节点的创建

链表是一种动态的数据结构,在程序中需要使用 malloc() 和 free() 函数创建链表。为了有效地存储节点数据,并且实现链表的链式功能,可建立 linknode 结构体。代码如下:

```
struct linknode
{
```

```
        int data;              /* 节点数据 */
        linknode *next;        /* 节点指针，指向下一个节点 */
};
```

运行上面的结构的声明后，linknode 就成为一个动态指针结构。建立了节点的结构后，接下来定义一个结构体指针变量，该指针变量在使用前必须分配存储空间，然后以用户键入值初始化节点数据，同时初始化该节点指向的下一个节点为空。

```
linknode *ptr;
ptr =（linknode *）malloc（sizeof（linknode））;
```

现在就可以输入数据到结构中了，如下所示：

```
scanf("%d", &ptr->data);
ptr->next = NULL;
```

按照上面的方法，可以循环依次建立多个节点，每个节点的 next 指针指向下一个节点，从而构成链式表结构。

02 链表节点的遍历

链表的遍历和数组的遍历相似，数组使用下标，而链表则是通过结构指针处理每一个节点的遍历。不同的是，数组可以随机地访问元素，可是链表结构一定要用遍历的方式访问其节点，所以如果要访问第 n 个节点的内容，就一定要遍历 n-1 个节点才能够知道结果在哪里。

03 链表节点的删除

在链表内删除节点时，有以下 3 种不同的情况。

(1) 删除链表的第 1 个节点，只需要将链表结构指针指向下一个节点即可。

(2) 删除链表的最后一个节点，只要将指向最后一个节点的结构指针指向 NULL 即可。

(3) 删除链表中间节点，只要将删除节点的结构指针指向删除节点后的下一个节点即可。

从动态内存的操作理论来说，应该在删除第 1 个节点后，立即将删除的节点内存释放给系统，如果 ptr 是指向删除节点的指针，那么释放命令如下：

```
free（ptr）;
```

如果是整个链表结构，除了使用上述命令，还需要借助于链表的遍历方法。

04 链表节点的插入

在链表中插入节点，因为节点位置不同，也有以下 3 种情况。

(1) 将节点插在链表第 1 个节点之前，只要将新创建节点的指针指向链表的第 1 个节点，也就是 ptr。接着新节点指针便成为此链表的开始，如图所示。

(2) 将节点插在链表最后一个节点的后面，只需将原来链表最后一个节点指针指向新创建的节点，然后将新节点的指针指向 NULL 即可，如图所示。

(3) 将节点插在链表的中间位置，如果节点插在 p 和 q 节点之间，而且 p 是 q 的前一个节点，此时的插入情况如图所示。

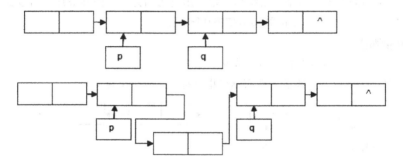

05 单链表的应用

范例25-2   创建单链表，实现插入、删除和查找元素的功能。

(1) 在 Visual C++ 6.0 中，新建名为 "单链表 .c" 的【Text File】文件。
(2) 在代码编辑区域输入以下代码（代码 25-2.txt）。

```c
01  #include <stdio.h>
02  #include <stdlib.h>
03  struct linknode       /* 链表结构声明 */
04  {
05    int data;  /* 存储节点数据 */
06    struct linknode *next;       /* 指向下一个节点 */
07  };
08  typedef struct linknode LinkNode;        /* 定义新类型 */
09  LinkNode *CreatLinkNode()  /* 链表的创建 */
10  {
11    int i;
12    LinkNode *head,*ptr,*p;       /* 链表节点 */
13    head = (LinkNode *) malloc(sizeof(LinkNode)); /* 分配内存 */
```

```
14    if(!head) /* 检查指针内存是否分配成功 */
15    {
16      printf(" 内存分配失败 !\n");
17      exit(1); /* 退出 */
18    }
19    printf(" 请输入第 1 个数据: ");
20    scanf("%d",&head->data ); /* 创建节点内容 */
21    head->next=NULL;           /* 设置指针初值 */
22    ptr=head;          /*ptr 指向链表开始 */
23    for(i=1;i<5;i++)    /* 循环创建节点 */
24    {
25      p=(LinkNode *) malloc(sizeof(LinkNode));
26      if(!p)
27      {
28        printf(" 内存分配失败 !\n");
29        exit(1);
30      }
31      printf(" 请输入第 %d 个数据: ",i+1);
32      scanf("%d",&p->data );
33      p->next=NULL;
34      ptr->next = p;      /* 连接节点 */
35      ptr=ptr->next;    /* 指向下一个节点 */
36    }
37    return head;
38  }
39  LinkNode *FindNode(LinkNode *head, int num)   /* 链表的遍历 */
40  {
41    LinkNode *ptr;
42    ptr=head;          /* 指向链表起始 */
43    while(ptr!=NULL) /* 遍历链表 */
44    {
45      if(ptr->data == num) return ptr;       /* 查找编号 */
46      ptr=ptr->next ;    /* 指向下一个节点 */
47    }
48    return ptr;
49  }
50  LinkNode *InsertNode(LinkNode *head,LinkNode *ptr,int vlaue)      /* 链表节点的插入 */
51  {
52    LinkNode *newnode=(LinkNode *)malloc(sizeof(LinkNode));        /* 分配内存 */
53    if(!newnode) return NULL;
54    newnode->data=vlaue;      /* 创建节点内容 */
55    newnode->next=NULL;      /* 设置指针初值 */
56    if(ptr==NULL)
57    {
58      newnode->next=head;      /* 新节点成为链表开始 */
59      return newnode;
60    }
61    else
62    {
63      if(ptr->next == NULL) ptr->next = newnode;   /* 是否是链表结束指向新节点 */
64      else
```

```
65      {
66        newnode->next=ptr->next;              /* 新节点指向下一个节点 */
67        ptr->next=newnode;              /* 节点 ptr 指向新节点 */
68      }
69    }
70    return head;
71  }
72  LinkNode *DeleteNode(LinkNode *head,LinkNode *ptr)              /* 链表节点删除 */
73  {
74    LinkNode *pre;      /* 指向前一个节点 */
75    if(ptr==head)        /* 是否是链表的开始 */
76      return head->next;              /* 输出第 2 个节点 */
77    else
78    {
79      pre=head;
80      while(pre->next !=ptr)      /* 找节点 ptr 的前节点 */
81        pre=pre->next;
82      if(ptr->next ==NULL)      /* 是否是链表的结束 */
83        pre->next = NULL;      /* 最后一个节点 */
84      else
85        pre->next = ptr->next ;      /* 中间节点 */
86    }
87    free(ptr);        /* 释放节点内存 */
88    return head;
89  }
90  void PrintNode(LinkNode *ptr)              /* 链表输出 */
91  {
92    while(ptr!=NULL) /* 链表遍历循环 */
93    {
94      printf("%d\t",ptr->data );      /* 输出节点数据 */
95      ptr=ptr->next;      /* 指向下一个节点 */
96    }
97    printf("\n");
98  }
99  void FreeLinkNode(LinkNode *head)      /* 链表的内存释放 */
100 {
101   LinkNode *ptr;
102   while(head!=NULL)
103   {
104     ptr=head;
105     head=head->next ;
106     free(ptr);
107   }
108 }
109 int main()
110 {
111   int num,value;
112   LinkNode *head,*ptr;      /* 指向链表开始 */
113   head = CreatLinkNode();      /* 创建链表 */
114   PrintNode(head); /* 输出链表 */
115   printf(" 请输入要查找的数据：\n");
```

```
116      scanf("%d",&num);
117      ptr=FindNode(head,num);    /* 查询数据 */
118      if(!ptr)
119        printf(" 没有找到 \n");        /* 没有查询到 */
120      else
121      {
122        printf(" 找到啦！ \n 请输入要插入的数据：\n");
123        scanf("%d",&value);
124        head=InsertNode(head,ptr,value);    /* 插入数据 */
125        PrintNode(head);            /* 输出链表 */
126      }
127      printf(" 请输入要查找并删除的数据：\n");
128      scanf("%d",&num);
129      ptr=FindNode(head,num);
130      if(!ptr)
131        printf(" 没有找到 \n");
132      else
133      {
134        printf(" 找到啦！ \n");
135        head=DeleteNode(head,ptr);
136        PrintNode(head);
137      }
138      FreeLinkNode(head);            /* 释放链表 */
139      return 0;
140    }
```

【运行结果】

编译、连接、运行程序，输入 5 个数据作为节点数据。根据提示输入查找的节点数值 "2"，按【Enter】键，提示 "找到啦！"。然后输入要插入的数据 "0"，数据 "0" 就会插入到数值 "2" 的右边。接下来输入要查找并删除的数据 "0"，程序就会删除数据 "0" 所在的节点，并把原链表中数据 "0" 右边的节点整体左移一位。

【范例分析】

本范例综合使用了单链表，实现了链表的创建、查找和插入的功能，具体功能分析如下。

程序首先使用 CreatLinkNode() 函数创建了链表,其中先定义了链表头节点、分配空间,初始化指针指向 NULL。接下来使用循环依次为新节点分配存储空间,初始化值为用户键入值,很重要的是下面 3 行代码。

```
p->next=NULL;
ptr->next = p;          /* 连接节点 */
ptr=ptr->next;          /* 指向下一个节点 */
```

首先初始化每一个新分配空间节点的指针为空,然后将当前节点指针指向新节点,接下来把刚申请的新节点作为当前节点,这样通过循环,实现节点连接。

查找节点 FindNode() 函数,根据用户键入的查找值,使用循环,遍历链表,直到找到等于查找值的节点,返回节点的指针。

插入节点 InsertNode() 函数,首先创建一个新节点,为其分配存储空间,利用查找函数返回的指针指向新节点,再使新节点指向原链表中的下一个节点,实现插入的功能。如果要插入的是链表头节点,用新节点指向原链表头节点,并返回新节点指针即可。如果要插入的是尾节点,就用原链表的尾节点指向新节点,同时新节点指针为空即可。

删除节点 DeleteNode() 函数,首先判断要删除的节点是否是链表头节点,如果是,则以原链表的头节点指向的节点作为表头节点;如果要删除的节点是链表的尾节点,则以原链表指向尾节点的节点指向空;如果是链表中间的某个节点,则通过使该节点的直接前驱指向该节点的直接后继节点。

要彻底删除节点或者链表,不仅需要操作节点指针的指向,还需要把节点占用的存储空间归还给系统,此时需要使用 free() 函数,通过遍历链表释放每一个节点所占用的存储空间。

> **📄 提示**
>
> 链表操作中动态存储分配要使用标准函数,如 **malloc(size)**、**calloc(n,size)** 和 **free(p)**。

▶ 25.3 栈

栈(Stack)是一种重要的线性结构,它是受限的线性表,是仅能在表的一端进行插入和删除运算的线性表。栈被广泛地应用到各种系统的程序设计中。

(1)通常称插入、删除的这一端为栈顶(Top),另一端称为栈底(Bottom)。

(2)当表中没有元素时称为空栈。

(3)栈为后进先出(Last In First Out)的线性表,简称为 LIFO 表。

栈的修改是按照后进先出的原则进行的。每次删除(退栈)的总是当前栈中"最新"的元素,即最后插入(进栈)的元素,而最先插入的则被放在栈的底部,要到最后才能删除,如下图所示。

> **⚙ 技巧**
>
> 栈具有记忆作用,对栈的插入与删除操作中,不需要改变栈底指针。

25.3.1 栈的基本运算

在实际使用过程中,常用的栈操作如下。

(1) InitStack(S)：构造一个空栈 S。

(2) StackEmpty(S)：判栈空。若 S 为空栈，则返回 TRUE，否则返回 FALSE。

(3) StackFull(S)：判栈满。若 S 为满栈，则返回 TRUE，否则返回 FALSE。

(4) Push(S,x)：进栈。若栈 S 不满，则将元素 x 插入 S 的栈顶。

(5) Pop(S)：退栈。若栈 S 非空，则将 S 的栈顶元素删去，并返回该元素。

(6) StackTop(S)：取栈顶元素。若栈 S 非空，则返回栈顶元素，但不改变栈的状态。

25.3.2 顺序栈的类型定义

顺序栈的定义和顺序表的定义一样，通常我们使用结构体定义顺序栈，记录栈顶坐标，从而操作栈实现各种功能。

```
#define StackSize 100    /* 假定预分配的栈空间最多为 100 个元素 */
typedef char DataType;   /* 假定栈元素的数据类型为字符 */
typedef struct
{
    DataType data[StackSize];    /* 定义栈数组 */
    int top;  /* 定义栈顶 */
}SeqStack;
```

> **注意**
>
> (1) 栈底位置是固定不变的，可设置在向量两端的任意一个端点。
> (2) 栈顶位置是随着进栈和退栈的操作而变化的，用一个整型量 top(通常称 top 为栈顶指针) 来指示当前栈顶的位置。

25.3.3 链式栈的类型定义

栈的链式存储结构称为链栈。链栈是没有附加头节点的运算受限的单链表。栈顶指针就是链表的头指针。跟单链表一样，通常我们使用结构体实现链式栈的功能，结构体内一个量存储节点值，一个量存储指针，实现链式结构。就像单链表有头指针一样，我们也为链式栈定义头节点，以便对链式栈进行操作。

```
typedef struct stacknode /* 链式栈结构 */
{
    DataType data    /* 栈元素 */
    struct stacknode *next        /* 栈元素指针 */
}StackNode;
typedef struct
{
StackNode *top;         /* 栈顶指针 */
}LinkStack;
```

> **注意**
>
> (1) LinkStack 结构类型的定义是为了方便在函数体中修改 top 指针本身。
> (2) 若要记录栈中元素的个数，可将元素个数属性放在 LinkStack 类型中定义。

▶ 25.4 队列

队列（ **Queue** ）也是一种重要的线性结构，它也是受限的线性表，是只允许在一端进行插入，而在另一端进行删除的运算。受限的线性表队列的修改是依据先进先出的原则进行的，如图所示。

> **注意**
>
> (1)允许删除的一端称为队头（Front）。
> (2)允许插入的一端称为队尾（Rear）。
> (3)当队列中没有元素时称为空队列。
> (4)队列也称作先进先出（First In First Out）的线性表，简称为 FIFO 表。

25.4.1 队列的基本运算

在实际使用过程中，常用的队列操作如下。

(1) InitQueue(Q)：置空队。构造一个空队列 Q。

(2) QueueEmpty(Q)：判队空。若队列 Q 为空，则返回真值，否则返回假值。

(3) QueueFull(Q)：判队满。若队列 Q 为满，则返回真值，否则返回假值。

(4) EnQueue(Q,x)：若队列 Q 非满，则将元素 x 插入 Q 的队尾。此操作简称入队。

(5) DeQueue(Q)：若队列 Q 非空，则删去 Q 的队头元素，并返回该元素。此操作简称出队。

(6) QueueFront(Q)：若队列 Q 非空，则返回队头元素，但不改变队列 Q 的状态。

25.4.2 顺序队列类型定义

队列的顺序存储结构称为顺序队列，顺序队列实际上是运算受限的顺序表。和顺序表一样，顺序队列用一个向量空间来存放当前队列中的元素。由于队列的队头和队尾的位置是变化的，设置两个指针 front 和 rear 分别指示队头元素和队尾元素在向量空间中的位置，它们的初值在队列初始化时均应置为 0。顺序队列操作如图所示。

(1) 入队时：将新元素插入 rear 所指的位置，然后将 rear 加 1。

(2) 出队时：删去 front 所指的元素，然后将 front 加 1 并返回被删元素。

> **注意**
>
> 当头尾指针相等时，队列为空；在非空队列里，队头指针始终指向队头元素，尾指针始终指向队尾元素的下一个位置。

25.4.3 链队列类型定义

队列的链式存储结构简称链队列，是限制仅在表头删除和表尾插入的单链表，如图所示。

增加指向链表上的最后一个节点的尾指针，便于在表尾进行插入操作。图中的 **Q** 为 LinkQueue 型的指针。

▶ 25.5　二叉树

树形结构是一类重要的非线性结构。树形结构是节点之间有分支并具有层次关系的结构，类似于自然界中的树。树结构在客观世界中是大量存在的，例如家谱、行政组织机构等都可以用树形象地表示。树在计算机领域中也有着广泛的应用，例如在编译程序中，可以用来表示源程序的语法结构；在数据库系统中，可以用来组织信息；在分析算法的行为时，可以用来描述其执行过程。

二叉树是树形结构的一个重要类型。许多实际问题抽象出来的数据结构往往是二叉树的形式。即使是一般的树，也能简单地转换为二叉树。而且二叉树的存储结构及其算法都较为简单，因此二叉树显得特别重要。

二叉树（BinaryTree）是 N(N>=0) 个节点的有限集，或者是空集 (N=0)，或者由一个根节点及两棵互不相交的、分别称作这个根的左子树和右子树的二叉树组成。二叉树可以是空集，根可以有空的左子树或右子树，或者左、右子树皆为空。

从二叉树的递归定义可知，一棵非空的二叉树由根节点及左、右子树等 3 个基本部分组成。因此，在任一给定节点上，可以按某种次序进行如下 3 个操作。

(1) 访问节点本身 (N)。

(2) 遍历该节点的左子树 (L)。

(3) 遍历该节点的右子树 (R)。

以上 3 种操作有 6 种执行次序，包括 NLR、LNR、LRN、NRL、RNL、RLN。在这 6 种次序中，前 3 种次序与后 3 种次序对称，故只讨论先左后右的前 3 种次序，也就是常说的前序遍历（NLR）、中序遍历（LNR）和后序遍历（LRN）。如下图中的一棵二叉树。

3 种遍历的结果如下。

- 前序遍历：A-B-D-Y-E-C-F-X-Z
- 中序遍历：D-Y-B-E-A-F-C-Z-X
- 后续遍历：Y-D-E-B-F-Z-X-C-A

▶ 25.6 查找

查找是在数据中寻找特定的值，这个值称为关键值。例如，在电话簿中查找朋友的电话号码，或是在书店查找喜爱的书，这些都是查找的应用。

如果是针对一些没有排序过的数据进行查找，我们需要从数据内的第 1 个元素开始比较每一个元素，才能得知这个元素数据是否存在。如果数据已经排序过，查找的方法就大不相同。例如，在电话簿中查找朋友的电话，相信没有读者会从电话簿的第 1 页开始找，而是直接根据姓名翻到开始的页数，这么做的原因就是，电话簿已经根据姓名排好序了。

25.6.1 顺序查找

顺序查找如同数组的遍历，就是从数组的第 1 个元素开始，检查数组的每一个元素，以便确定是否有查找的数据。因为是从头检查到尾，所以数组数据是否排序就不重要了。

范例25-3   顺序查找。

(1) 在 Visual C++ 6.0 中，新建名为 "顺序查找 .c" 的【Text File】文件。
(2) 在代码编辑区域输入以下代码（代码 25-3.txt）。

```
01  #include <stdio.h>
02  #include <stdlib.h>
03  #include <time.h>
04  #define MAX 100    /* 最大数组容量 */
05  struct element{      /* 记录结构声明 */
06    int key;
07  };
08  typedef struct element record;
09  record data[MAX+1];
10  /* 顺序查找 */
11  int seqsearch(int key)
12  {
13    int pos;  /* 数组索引 */
14    data[MAX].key=key;
15    pos=0;   /* 从头开始找 */
16    while(1)
17    {
18      if(key==data[pos].key)      /* 是否找到 */
19        break;
20      pos++; /* 下一个元素 */
21    }
22    if(pos==MAX)      /* 在最后 */
23      return -1;
24    else
25      return pos;
26  }
27  /* 主程序 */
```

```
28  int main()
29  {
30      int checked[300];   /* 检查数组 */
31      int i,temp;
32      long temptime;
33      srand(time(&temptime) %60);          /* 使用时间初始随机数 */
34      for(i=0;i<300;i++)
35        checked[i]=0;     /* 清除检查数组 */
36      i=0;
37      while(i!=MAX)       /* 生成数组值的循环 */
38      {
39        temp=rand() % 300;        /* 随机数范围 0~299*/
40        if(checked[temp]==0)      /* 是否是已有的值 */
41        {
42          data[i].key=temp;
43          checked[temp]=1;        /* 设置此值生成过 */
44          i++;
45        }
46      }
47      while(1)
48      {
49        printf(" 请输入查找值 0-299： ");
50        scanf("%d",&temp);        /* 导入查找值 */
51        if(temp!=-1)
52        {
53          i=seqsearch(temp);      /* 调用顺序查找 */
54          if(i!=-1)
55            printf(" 找到查找值 %d[%d]\n",temp,i);
56          else
57            printf(" 没有找到查找值 %d\n",temp);
58        }
59        else
60          exit(1);                /* 结束程序 */
61      }
62      return 0;
63  }
```

【运行结果】

编译、连接、运行程序，输入查找的值，按【Enter】键，即可在命令行中输出结果。

【范例分析】

本范例先使用随机函数，以时间为种子，生成了 300 个取值范围在 0~299 间互不相同的一组随机整数。

第 40~45 行定义了 checked 数组，初始值为 0，temp 是生成的随机数。我们以 temp 为下标，当 temp 第 1 次出现时，将以 temp 为下标的 checked 数组元素值设置为 1，如果再次生成了 temp 值，检查相应的 checked 数组 temp 下标的值是否是 0，为 0 就说明 temp 是新数，为 1 就说明 temp 是已有数，需要重新产生一个值。

接下来调用 seqsearch() 顺序查找函数，根据用户键入值查找元素是否存在。查找方法是遍历数组，直到找到与用户键入值相等的元素，把该元素在数组中的下标返回给主函数。

25.6.2 折半查找

如果查找的数据已经排序，虽仍然可以使用顺序查找法进行顺序查找，不过有一种更好的方法，那就是折半查找法。

折半查找法使用分区数据然后查找的方法。首先折半查找检查中间元素，如果中间元素小于查找的关键值，可以确定数据是存储在前半段，否则就在后半段。然后继续在可能存在的半段数据内重复上述操作，直到找到或已经没有数据可以分区，表示没有找到。

如果数组的上下范围分别是 low 和 high，此时的中间元素是（low+high）/ 2。在进行查找时，可以分成以下 3 种情况。

(1)如果查找关键值小于数组的中间元素，关键值在数据数组的前半部分。

(2)如果查找关键值大于数组的中间元素，关键值在数据数组的后半部分。

(3)如果查找关键值等于数组的中间元素，中间元素就是查找的值。

范例25-4   折半查找。

(1)在 Visual C++ 6.0 中，新建名为"折半查找 .c"的【Text File】文件。

(2)在代码编辑区域输入以下代码（代码 25-4.txt）。

```
01  #include <stdio.h>
02  #include <stdlib.h>
03  #define MAX 21      /* 最大数组容量 */
04  struct element {
05   int key;};
06  typedef struct element record;
07  record data[MAX]={          /* 结构数组声明 */
08   1,3,5,7,9,21,25, 33,46,89,100,121,
09   127,139,237,279,302,356,455,467,500
10  };
11  /* 折半查找 */
12  int binarysearch(int key)
13  {
14   int low,high,mid;   /* 数组开始、结束和中间变量 */
15   low=0;  /* 数组开始，标记查找下限 */
16   high=MAX-1;    /* 数组结束，标记查找上限 */
17   while(low<=high)
18   {
19    mid=(low+high)/2;        /* 折半查找中间值 */
20    if(key<data[mid].key)    /* 当待查找数据小于折半中间值 */
21     high=mid-1;    /* 在折半的前一半重新查找 */
22    else
23     if(key>data[mid].key)    /* 当待查找数据大于折半中间值 */
```

```
24        low=mid+1;      /* 在折半的后一半重新查找 */
25      else
26        return mid;      /* 找到了，返回下标 */
27    }
28    return -1;          /* 没有找到返回 -1 */
29  }
30
31  int main()
32  {
33    int found;          /* 是否找变量 */
34    int value;          /* 查找值 */
35    while(1)
36    {
37      printf(" 请输入查找值 0-500:\n");
38      scanf("%d",&value);
39      if(value !=-1)
40      {
41        found=binarysearch(value);          /* 调用折半查找 */
42        if(found!=-1)
43          printf(" 找到查找值 :%d[%d]\n",value,found);
44        else
45          printf(" 没有找到查找值 :%d\n",value);
46      }
47      else
48        exit(1);          /* 结束程序 */
49    }
50    return 0;
51  }
```

【运行结果】

编译、连接、运行程序，输入查找的值，按【Enter】键，即可在命令行中输出结果。

【范例分析】

折半查找的前提是数组已经按照大小顺序排序，本范例是从小到大的排序顺序。用户键入查找值，调用折半查找函数 binarysearch()，以数组的下标居中的元素为中间值，把数组一分为二，根据键入和中间值的大小关系，在上半部分还是下半部分继续查找，然后再次取下标居中的元素为中间值循环判断，直至找到键入值。

▶ 25.7 排序

在计算机科学的领域，可以说没有什么其他的工作比排序和查找更加重要的了。计算机大部分时间都是在使用排序和查找功能，排序和查找的程序实时地应用在数据库、编译程序和操作系统中。

25.7.1 冒泡排序法

排序法中比较出名的就是冒泡排序，不仅好记，而且排序方法简单。该方法是将较小的元素搬移到数组的开始，将较大的元素慢慢地浮到数组的最后，数据如同水缸里的泡沫，慢慢上浮，所以称为冒泡排序法。

冒泡排序法使用交换方式进行排序。

范例25-5　使用冒泡排序法，按照从小到大的顺序对字符数组排序。

(1) 在 Visual C++ 6.0 中，新建名为"冒泡排序 .c"的【Text File】文件。
(2) 在代码编辑区域输入以下代码（代码 25-5.txt）。

```
01  #include <stdio.h>
02  #include <stdlib.h>
03  #include <string.h>
04  #define MAX 20
05  /* 冒泡排序法 */
06  void bubble(char *arr,int count)
07  {
08    int i,j;
09    char temp;
10    for(j=count;j>1;j--)/* 外循环控制比较轮数 */
11    {
12      for(i=0;i<j-1;i++) /* 内循环控制每轮比较的次数 */
13      {
14        if(arr[i+1]<arr[i])        /* 比较相邻元素 */
15        {
16          temp=arr[i+1]; /* 交换相邻元素 */
17          arr[i+1]=arr[i];
18          arr[i]=temp;
19        }
20      }
21      printf(" 输出结果 [%s]\n",arr);        /* 交换后输出字符串 */
22    }
23  }
24  int main()
25  {
26    char array[MAX];
27    int count;
28    printf(" 输入将排序的字符串 :\n");
29    gets(array);                /* 存储字符数数组 */
30    count=strlen(array);        /* 测试字符数数组 */
31    bubble(array,count);
32    return 0;
33  }
```

【运行结果】

编译、连接、运行程序，输入字符串并按【Enter】键，即可在命令行中输出结果。

【范例分析】

本范例使用冒泡排序法对字符数组排序。首先使用 gets() 函数获取字符数组元素，然后调用排序函数。冒泡排序使用双循环，外层循环采用逆序循环方法，控制循环有多少轮，每轮找到最大的数放在数组目前下标最大的元素中，然后进入下一轮。内层循环控制每轮比较的次数，比较的方法是紧挨着的元素，把数值大的放在下标较大的位置。

25.7.2 选择排序法

择排序法是从排序的元素中选出最小的一个元素和第 1 个元素交换，然后从剩下的元素中选出最小的元素和第 2 个元素交换，重复这种处理的方法，直到最后一个元素为止。

范例25-6　　使用选择排序法，按照从小到大的顺序对字符数组排序。

(1) 在 Visual C++ 6.0 中，新建名为"选择排序 .c"的【Text File】文件。

(2) 在代码编辑区域输入以下代码（代码 25-6.txt）。

```c
01  #include <stdio.h>
02  #include <stdlib.h>
03  #include <string.h>
04  #define MAX 20
05  /* 选择排序法 */
06  void select(char *arr,int count)
07  {
08    int pos;
09    int i,j;
10    char temp;
11    for(i=0;i<count-1;i++)
12    {
13      pos=i;
14      temp=arr[pos];
15      for(j=i+1;j<count;j++)        /* 查找最小字符 */
16      {
17        if(arr[j]<temp)
18        {
19          pos=j;           /* 保存新的最小字符的下标 */
20          temp=arr[j];       /* 保存新的最小字符的值 */
21        }
22      }
23      arr[pos]=arr[i];     /* 交换当前字符和最小字符两个元素的值和下标*/
24      arr[i]=temp;
25      printf(" 输出结果 :[%s]\n",arr);        /* 交换后输出 */
26    }
27  }
28  int main()
29  {
30    char array[MAX];
```

```
31    int count;
32    printf(" 输入将排序的字符串 :\n");
33    gets(array);          /* 存储字符数组 */
34    count=strlen(array);       /* 测试字符数组 */
35    select(array,count);
36    return 0;
37    }
```

【运行结果】

编译、连接、运行程序，输入字符串并按【Enter】键，即可在命令行中输出结果。

【范例分析】

本范例使用选择排序法对字符数组排序。首先使用 gets() 函数获取字符数组元素，然后调用排序函数。选择排序法使用双循环，每一轮找到最小的元素，保存该元素的下标和值，然后和当前元素交换，接下来进入下一个最小元素再交换。

25.7.3 插入排序法

插入排序法对排序元素的前两个元素排序，然后将第 3 个元素插入已经排好序的两个元素中，所以这 3 个元素仍然是从小到大排序，接着将第 4 个元素插入，重复操作，直到所有的元素都排好序。

范例25-7　使用插入排序法，按照从小到大的顺序对字符数组排序。

(1) 在 Visual C++ 6.0 中，新建名为 "插入排序 .c" 的【Text File】文件。
(2) 在代码编辑区域输入以下代码（代码 25-7.txt）。

```
01    #include <stdio.h>
02    #include <stdlib.h>
03    #include <string.h>
04    #define MAX 10
05    /* 插入排序法 */
06    void insert(char *arr,int count)
07    {
08      int i,j;
09      char temp;
10      for(i=1;i<count;i++)
11      {
12        temp=arr[i];      /* 创建初值 */
13        j=i-1;    /* 开始位置 */
14        while(j>=0 && temp<arr[j])       /* 循环后移元素 */
```

```
15    {
16      arr[j+1]=arr[j];
17      j--;
18    }
19    arr[j+1]=temp;      /* 插入字符 */
20    printf(" 输出结果 :[%s]\n",arr);          /* 输出交换后字符串 */
21    }
22  }
23  int main()
24  {
25    char array[MAX];
26    int count;
27    printf(" 输入将排序的字符串 :\n");
28    gets(array);
29    count=strlen(array);
30    insert(array,count);
31    return 0;
32  }
```

【运行结果】

编译、连接、运行程序，输入字符串并按【Enter】键，即可在命令行中输出结果。

【范例分析】

插入排序法就像按高低个排队一样，先有一个基准，然后插入下一个。如果插入的值较大，就直接放在前一个的后面；如果插入的值较小，第 1 步先把前一个数后移一位，第 2 步再把插入值放在第 1 个位置。本范例中，insert() 函数的外层循环控制有多少个数待插入，内层循环控制数值较大的元素循环后移。

▶ 25.8 综合应用——链表的反转

本节通过一个范例来学习数据结构的综合应用。

📝 范例25-8　　链表的反转。

(1) 在 Visual C++ 6.0 中，新建名为 "链表的反转 .c" 的【Text File】文件。

(2) 在代码编辑区域输入以下代码（代码 25-8.txt）。

```
01  #include <stdio.h>
02  #include <stdlib.h>
03  /* 链表结构声明 */
```

```
04   struct linknode{
05     int data;
06     struct linknode *next;
07   };
08   /* 定义新类型 */
09   typedef struct linknode LinkNode;
10   /* 链表的创建 */
11   LinkNode *CreatLinkNode(int *array,int len)
12   {
13     LinkNode *head;   /* 链表首节点 */
14     LinkNode *ptr,*p;
15     int i;
16     head = (LinkNode *) malloc(sizeof(LinkNode));  /* 分配内存 */
17     if(!head) /* 检查指针 */
18       return NULL;
19     head->data=array[0];
20     head->next=NULL;            /* 设置指针初值 */
21     ptr=head;            /*ptr 指向链表开始 */
22     for(i=1;i<len;i++)
23     {
24       p=(LinkNode *) malloc(sizeof(LinkNode));
25       if(!p)
26         return NULL;
27       p->data=array[i];
28       p->next=NULL;
29       ptr->next = p;    /* 连接节点 */
30       ptr=ptr->next;    /* 指向下一个节点 */
31     }
32     return head;
33   }
34   /* 链表的反转 */
35   LinkNode *InvertNode(LinkNode *head)
36   {
37     LinkNode *mid,*last;
38     mid=NULL;         /*mid 是 head 的前节点 */
39     while(head!=NULL)
40     {
41       last=mid;         /*last 是 head 的后节点 */
42       mid=head;
43       head=head->next;           /* 下一个节点 */
44       mid->next=last;   /*mid 指向后节点 last*/
45     }
46     return mid;
47   }
48   /* 链表输出 */
49   void PrintNode(LinkNode *ptr)
50   {
51     while(ptr!=NULL) /* 链表遍历循环 */
52     {
53       printf("%d\t",ptr->data );    /* 输出节点数据 */
54       ptr=ptr->next;    /* 指向下一节点 */
```

```
55    }
56    printf("\n");
57  }
58  /* 链表的内存释放 */
59  void FreeLinkNode(LinkNode *head)
60  {
61    LinkNode *ptr;
62    while(head!=NULL)
63    {
64      ptr=head;
65      head=head->next ;
66      free(ptr);
67    }
68  }
69  int main()
70  {
71    int list[6]={1,2,3,4,5,6};
72    LinkNode *head;  /* 指向链表开始 */
73    head = CreatLinkNode(list,6);          /* 创建链表 */
74    if(!head)
75    {
76      printf(" 内存分配失败 \n");
77      exit(1);
78    }
79    printf(" 原来的链表是：\n");
80    PrintNode(head);
81    head=InvertNode(head);
82    printf(" 反转后的链表是：\n");
83    PrintNode(head);
84    FreeLinkNode(head);
85    return 0;
86  }
```

【运行结果】

编译、连接、运行程序，即可在命令行中输出结果。

【范例分析】

本范例是在本章单链表基础上的再应用，目的是学会熟练地使用链表。需要注意的部分就是 InvertNode() 函数，下面分析一下它的实现方式。

第 39~45 行代码是实现链表的反向，last 这个指针变量的作用相当于交换两个变量时的中间量，它的目的是先保存当前的 mid 节点，然后使用 mid->next 指向原来的 mid 节点，随着 head 指向的后移，就把整个链表指向取反了，而且 mid 指针最终是指向原链表的尾节点。

▶ 25.9 高手点拨

学习 C 语言的数据结构需要注意以下几点。

1. 在实现线性表数据元素的存储方面，一般可用顺序存储结构和链式存储结构两种方法。栈、队列和串也是线性表的特殊情况，又称为受限的线性结构。

2. 栈（Stack）是限定只能在表的一端进行插入和删除操作的线性表。队列（Queue）是限定只能在表的一端进行插入和在另一端进行删除操作的线性表。从"数据结构"的角度看，它们都是线性结构，即数据元素之间的关系相同。但它们是完全不同的数据类型。除了它们各自的基本操作集不同外，主要区别是对插入和删除操作的"限定"。

3. 对于一般的二叉树，如果仍按从上至下和从左到右的顺序将树中的节点顺序存储在一维数组中，则数组元素下标之间的关系不能够反映二叉树中节点之间的逻辑关系，只有增添一些并不存在的空节点，使之成为一棵完全二叉树的形式，然后再用一维数组顺序存储。

4. 下面给出顺序表存储结构及常见操作，以方便大家在编程时使用。

（1）在顺序表插入与删除指定序号的元素。

```
01 #ifndef __SEQLIST__
02 #define __SEQLIST__
03 #include <stdlib.h>
04 /* 顺序表存储空间长度的最小值 */
05 #define LISTMINSIZE 10
06 /* 顺序表存储结构类型定义 */
07 typedef struct
08 {
09     ListDT *base;       /* 顺序表空间基地址 */
10     int listsize;       /* 顺序表空间尺寸 */
11     int len; /* 顺序表长度 */
12 }SeqList;
13
14 /* 顺序表初始化 */
15 void ListInitialize(SeqList *pL, int size)
16 {
17     if(size<LISTMINSIZE)
18     size=LISTMINSIZE;           /* 限定不能小于最小尺寸 */
19     pL->listsize=size;
20     pL->base=(ListDT *)malloc(pL->listsize*sizeof(ListDT));
21     if(!pL->base)
22     exit(EXIT_FAILURE);
23     pL->len =0;                              /* 初始化空表 */
24 }
25
26 /* 按给定的下标取顺序表元素值 */
27 BOOL ListElem(SeqList L, int index, ListDT *pelem)
28 {
29     BOOL flg=TRUE;
30     if(index<0 || index>L.len-1 )
31         flg=FALSE;                   /* 参数越界 */
32     else
33         *pelem=L.base[index];
34     return flg;
35 }
```

```
36
37   /* 求顺序表长度 */
38   int ListLen(SeqList L)
39   {
40      return L.len;
41   }
42
43   /* 在顺序表中指定序号位置插入元素 */
44   BOOL ListInsert(SeqList *pL, int pos, ListDT d)
45   {
46      BOOL flg=TRUE;
47      int i;
48      if(pos<0 || pL->len>=pL->listsize || pos>pL->len)
49         flg=FALSE;
50      else
51      {
52         for(i=pL->len-1; i>=pos; i--)                  /* 移动数据 */
53         pL->base[i+1]=pL->base[i];
54         pL->base[pos]=d;                               /* 写入数据 */
55         pL->len++;                                     /* 表长增 1*/
56      }
57      return flg;
58   }
59
60   /* 把顺序表中指定序号的元素删除 */
61   BOOL ListDel(SeqList *pL, int pos)
62   {
63      BOOL flg=TRUE;
64      int i;
65      if(pos<0 || pos>=pL->len)
66         flg=FALSE;
67      else
68      {
69         for(i=pos+1; i<pL->len; i++)                   /* 移动数据 */
70         pL->base[i-1]=pL->base[i];
71         pL->len--;                                     /* 表长增 1*/
72
73      return flg;
74   }
75       /* 在顺序表中查找元素 */
76   int ListLoc(SeqList L, ListDT d,BOOL (*equal)(ListDT, ListDT))
77   {
78   int pos=L.len-1;
79      while(pos>=0 && !(*equal)(L.base[pos],d))
80         pos--;
81      return pos;
82   }
83
84   /* 取前导元素序号位置 */
85   BOOL ListPrior(SeqList L, int pos, int *ppriorpos)
86   {
87      BOOL flg=TRUE;
88      if(pos>0 && pos<L.len)
89         *ppriorpos=pos-1;
```

```
90     else
91       flg=FALSE;
92     return flg;
93   }
94
95   /* 取后继元素序号位置 */
96   BOOL ListNext(SeqList L, int pos, int *pnextpos)
97   {
98     BOOL flg=TRUE;
99     if(pos>=0 && pos<L.len-1)
100      *pnextpos=pos+1;
101    else
102      flg=FALSE;
103    return flg;
104  }
105  /* 销毁顺序表 */
106  void ListDestroy(SeqList L)
107  {
108    free(L.base);
109  }
110
111  #endif
112  /*~~~~~~~~~~~~~~~~~~~~~~~~~~~~~~~~~~~~~~~~~~~~~~~~~~~~~~*/
113
114  /*
115  建议性测试用程序
116  */
117  typedef enum {TRUE=1,FALSE=0} BOOL;
118  typedef int ListDT;
119  #include "seqlist.c"
120  void printSeqList(SeqList L)
121  {
122    int i;
123    ListDT x;
124    printf("\nList:\n");
125    for(i=0; i<ListLen(L); i++)
126  {
127    ListElem(L,i,&x);
128    printf("%3d",x);
129  }
130  }
131
132  BOOL dataequal(int x, int y)
133  {
134    return (x==y)? TRUE:FALSE;
135  }
136
137  #define N 5
138  void main()
139  {
140    int i,prior,next;
141    ListDT x,test[N]={10,20,30,40,50};
142    SeqList L;
143    /* 初始化顺序表 */
```

```
144    ListInitialize(&L,N);
145    /* 在表头插入 N 个元素 */
146    for(i=0; i<N; i++)
147    ListInsert(&L,0,test[i]);
148    printSeqList(L);
149    /* 删除元素 */
150    ListDel(&L,N/2);
151    printSeqList(L);
152    printf("\ninput a key:\n");
153    scanf("%d",&x);
154    /* 查找 x 在表中位置 */
155    i=ListLoc(L,x,dataequal);
156    /* 求 x 的前导元素 */
157    if(ListPrior(L,i,&prior))
158    {
159    ListElem(L,prior,&x);
160    printf("Prior:%d\n",x);
161    }
162 else
163    printf("no Prior.\n");
164    /* 求 x 的后继 */
165    if(ListNext(L,i,&next))
166    {
167    ListElem(L,next,&x);
168    printf("Next:%d\n",x);
169 }
170 else
171    printf("no Next.\n");
172 /* 求表长 */
173 printf("List length=%d",ListLen(L));
174 /* 销毁顺序表 */
175 ListDestroy(L);
176 }
```

(2)单链表在插入节点和删除节点。

```
01    #include <iostream.h>
02    #include <stdlib.h>
03    #define LEN 20          // 姓名、学号最大字符数
04    // 定义单链表的一个节点，或称数据元素
05    struct link_node
06    {
07    // 数据域
08    char  stu_No[LEN+1];      // 学号
09    char  stu_Name[LEN+1];        // 姓名
10    int   stu_Age;          // 年龄
11    char  stu_Sex[2+1];         // 性别
12    float stu_Score1;         // 成绩一
13    float stu_Score2;         // 成绩二
14    float stu_Score3;         // 成绩三
15    float stu_Score4;         // 成绩四
16    float stu_Score5;         // 成绩五
17    // 指针域
18    link_node * next;
19    };
```

```
20   // 定义单链表类
21   class link_Student
22   {
23     // 定义成员变量
24     private:
25     // 指针域
26     link_node * head;
27     int current_stuNum;
28
29     // 定义成员函数
30     public:
31     link_Student();// 构造函数
32     ~link_Student();// 析构函数
33     int get_Current_stuNum();// 求当前单链表节点个数，即求学生数目
34     void insert_stu_Info(link_node * p1, int i);// 插入一个节点，即插入一个学生信息
35     void delete_stu_Info(int i);// 删除一个节点，即删除一个学生信息
36     link_node * get_stu_Info(int i);// 获取一个节点的信息，即获取某位置的学生信息
37   };
38   // 构造函数
39   link_Student::link_Student()
40   {
41     head=NULL;
42     current_stuNum=0;
43   }
44   // 析构函数，需要释放所动态申请的内存空间
45   link_Student::~link_Student()
46   {
47     link_node *p1,*p2;//p1 为当前链表的头节点
48     p1=head;
49     while(p1!=NULL)
50   {
51     p2=p1;
52     p1=p1->next;
53     delete p2;
54   }
55     head=NULL;
56   }
57
58   // 求当前单链表节点个数，即求学生数目
59   int link_Student::get_Current_stuNum()
60   {
61     return current_stuNum;
62   }
63
64   // 插入一个节点，即插入一个学生信息
65   void link_Student::insert_stu_Info(link_node * p1, int pos)//( 节点从 1 开始编号,pos 表示插入操作后节点所处的位置:
pos 为 1 时，表示在单链表的头节点前插入；pos 为 current_stuNum+1 时，表示在单链表的尾节点后插入 )
66   {
67     // 定义 temp 用来找出插入的前一个节点
68     link_node* temp=head;
69
70     // 判断插入位置是否合法
71     if (pos<1 || pos>current_stuNum+1)
72   {
```

```
73    cout<<" 所给插入的位置不正确，位置值不能是负数或超过当前元素个数 +1 ！ "<<endl;
74    exit(0);
75  }
76  if(pos==1)// pos 为 1 时，表示在单链表的头节点前插入
77  {
78    head=p1;// 新节点作为头节点
79    p1->next=temp;// 原链表中的后半部分链到新节点后面
80  }
81  else
82  {
83    if(pos==current_stuNum+1)//current_stuNum+1 为 1 时，表示在单链表的尾节点后插入
84    {
85      // 将要插入位置的前一个节点找出来
86      for (int j=1;j<pos-1;j++)
87      {
88              temp=temp->next;
89      }
90      temp->next=p1;// 新节点链到原链表中的前半部分后面
91      p1->next=NULL;// 新节点作为尾节点，所以需要将其 next 置为 NULL
92    }
93    else
94    {
95      // 将要插入位置的前一个节点找出来
96      for (int j=1;j<pos-1;j++)
97      {
98      temp=temp->next;
99      }
100 p1->next=temp->next;// 原链表中的后半部分链到新节点后面
101 temp->next=p1;// 新节点链到原链表中的前半部分后面
102 }
103 }
104
105 // 修改当前学生数
106 current_stuNum++;
107 }
108 // 删除一个节点，即删除一个学生信息
109 void link_Student::delete_stu_Info(int pos)//( 节点从 1 开始编号 ,pos 表示删除的节点所处的位置：pos 为 1 时，表
示删除单链表的头节点；pos 为 current_stuNum+1 时，表示删除单链表的尾节点 )
110 {
111   // 定义 temp 用来找出删除节点的前一个节点
112   link_node* temp=head;
113
114   // 判断位置是否合法
115 if (pos<1 || pos>current_stuNum)
116 {
117    cout<<" 所给删除位置不正确，位置值不能是负数或超过当前元素个数！ "<<endl;
118    exit(0);
119 }
120
121 if(pos==1)// pos 为 1 时，表示删除单链表的头节点
122 {
123   head=head->next;// 链好
124   delete temp;// 删除
125 }
```

```
126 else
127 {
128    if(pos==current_stuNum)
129 {
130    // 将要删除节点的前一个节点找出来
131    for (int j=1;j<pos-1;j++)
132 {
133    temp=temp->next;
134 }
135
136 delete temp->next;// 删除
137 temp->next=NULL;// 由于删除的是尾节点，因此尾节点前的一个节点成为尾节点，所以需要将其 next 置为
NULL
138 }
139 else
140 {
141    // 将要删除位置的前一个节点找出来
142    for (int j=1;j<pos-1;j++)
143 {
144    temp=temp->next;
145 }
146
147    link_node* temp2=temp->next;// 保存
148    temp->next=temp->next->next;// 链好
149    delete temp2;// 删除
150 }
151 }
152 // 修改当前学生数
153 current_stuNum--;
154 }
155
156 // 获取一个节点的信息，即获取某位置的学生信息
157 link_node * link_Student::get_stu_Info(int pos)//( 节点从 1 开始编号 ,pos 表示删除的节点所处的位置：pos 为 1 时，
表示删除单链表的头节点；pos 为 current_stuNum+1 时，表示删除单链表的尾节点 )
158 {
159 // 定义 temp 用来找出要获取信息的节点
160 link_node* temp=head;
161
162 // 判断位置是否合法
163 if (pos<1 || pos>current_stuNum)
164 {
165 cout<<" 所给出的要获取信息的位置不正确，位置值不能是负数或超过当前元素个数！ "<<endl;
166 exit(0);
167 }
168
169 for (int j=1;j<pos;j++)
170 {
171 temp=temp->next;
172 }
173
174 return temp;
175 }
176
177 void main()
```

```
178 {
179 int i_nodeNum;
180
181 link_Student ls1;
182
183 cout<<" 需要插入几个学生的信息？ "<<endl;
184 cin>>i_nodeNum;
185
186 for (int j=1;j<=i_nodeNum;j++)
187 {
188 link_node * ln1=new link_node;
189 cout<<" 请输入第 "<<j<<" 个学生的信息："<<endl;
190 cout<<" 年龄："";
191 cin>>ln1->stu_Age;
192 cout<<" 性别："";
193 cin>>ln1->stu_Sex;
194 cout<<" 姓名："";
195 cin>>ln1->stu_Name;
196 cout<<" 学号："";
197 cin>>ln1->stu_No;
198 cout<<" 成绩 1："";
199 cin>>ln1->stu_Score1;
200 cout<<" 成绩 2："";
201 cin>>ln1->stu_Score2;
202 cout<<" 成绩 3："";
203 cin>>ln1->stu_Score3;
204 cout<<" 成绩 4："";
205 cin>>ln1->stu_Score4;
206 cout<<" 成绩 5："";
207 cin>>ln1->stu_Score5;
208
209 ls1.insert_stu_Info(ln1,j);
210 }
211
212 for (j=1;j<=i_nodeNum;j++)
213 {
214 cout<<ls1.get_stu_Info(j)->stu_Age<<endl;
215 cout<<ls1.get_stu_Info(j)->stu_Sex<<endl;
216 cout<<ls1.get_stu_Info(j)->stu_Name<<endl;
217 cout<<ls1.get_stu_Info(j)->stu_No<<endl;
218 cout<<ls1.get_stu_Info(j)->stu_Score1<<endl;
219 cout<<ls1.get_stu_Info(j)->stu_Score2<<endl;
220 cout<<ls1.get_stu_Info(j)->stu_Score3<<endl;
221 cout<<ls1.get_stu_Info(j)->stu_Score4<<endl;
222 cout<<ls1.get_stu_Info(j)->stu_Score5<<endl;
223
224 }
225
226 for (j=i_nodeNum;j>=1;j--)
227 {
228 ls1.delete_stu_Info(j);
229 cout<<ls1.get_Current_stuNum()<<endl;
230 }
231 }
```

(3) 如何使用折半查找法查找？

```
01  #include<stdio.h>
02  #include<stdlib.h>
03  #define MAX 11
04  #define OVERFLOW -1
05  #define OK 1
06  #define EQ(a,b) ((a)==(b))
07  #define LT(a,b) ((a)<(b))
08  typedef int KeyType;
09  typedef struct{
10  KeyType *elem;
11  int length;
12  }SSTable;
13  int Create(SSTable *T,KeyType p[]){
14  KeyType i,j;
15  T->elem=p;
16  T->length=0;
17    printf(" 输入查找表中的数据 :\n");
18      for(j=1;j<=MAX;j++){
19  scanf("%d",&i);
20  T->elem[j]=i;
21  T->length++;
22  }
23  return OK;
24  }//Create 构造查找表
25  int Paixu(SSTable *T){
26  KeyType i,k;
27  for(i=1;i<=MAX;i++){
28  if(T->elem[i]>T->elem[i+1]){
29              k=T->elem[i];
30  T->elem[i]=T->elem[i+1];
31  T->elem[i+1]=k;
32  }
33  }
34  return OK;
35  }//Paixu 排序
36  int Search(SSTable *T,KeyType b){
37  int low,high,mid;
38  low=1;high=T->length;
39  while(low<=high){
40  mid=(low+high)/2;
41  if(EQ(T->elem[b],T->elem[mid])) return mid;
42  if(LT(T->elem[b],T->elem[mid])) low=mid+1;
43   else high=mid-1;
44  }
45  return 0;
46  }//Search 折半查找
47  void main(){
48          SSTable q;SSTable *T=&q;KeyType p[MAX+1];KeyType k,m;char ch;
49    Create(T,p);
50  Paixu(T);
51  printf(" 请输入要查的数 :\n");
52    scanf("%d",&k);
53    ch=getchar();
```

```
54   m=Search(T,k);
55    if(m)
56   printf(" 查找成功它的下标值为：%d",m);
57   else printf(" 查找失败，该数不存在！ ");
58   printf(" 若要继续查找请输入 1:\n");
59   scanf("%d",&k);
60   ch=getchar();
61   if(k==1){
62   printf(" 请输入要查的数 :\n");
63   scanf("%d",&k);
64   ch=getchar();
65   m=Search(T,k);
66   if(m)
67   printf(" 查找成功它的下标值为：%d",m);
68   else printf(" 查找失败，该数不存在！ ");
69   }
70   }
```

▶ 25.10 实战练习

1. 设有一组初始记录关键字序列（K_1，K_2，…，K_n），要求设计一个算法能够在 O(n) 的时间复杂度内将线性表划分成两部分，其中，左半部分的每个关键字均小于 K_1，右半部分的每个关键字均大于等于 K_1，请设计算法。

```
void quickpass(int r[], int s, int t)
{
        int i=s, j=t, x=r[s];
        while(i<j){
        while (i<j && r[j]>x) j=j-1; if (i<j) {r[i]=r[j];i=i+1;}
        while (i<j && r[i]<x) i=i+1; if (i<j) {r[j]=r[i];j=j-1;}
    }
   r[i]=x;
}
```

2. 设有两个集合 A 和集合 B，要求设计生成集合 C=A ∩ B 的算法，其中，集合 A、B 和 C 用链式存储结构表示，请设计算法。

```
typedef struct node {int data; struct node *next;}lklist;
void intersection(lklist *ha,lklist *hb,lklist *&hc)
{
    lklist *p,*q,*t;
    for(p=ha,hc=0;p!=0;p=p->next)
{ for(q=hb;q!=0;q=q->next) if (q->data==p->data) break;
    if(q!=0){ t=(lklist *)malloc(sizeof(lklist)); t->data=p->data;t->next=hc; hc=t;}
}
}
```

3. 设计在单链表中删除值相同的多余节点的算法。

```
typedef int datatype;
typedef struct node {datatype data; struct node *next;}lklist;
void delredundant(lklist *&head)
{
        lklist *p,*q,*s;
        for(p=head;p!=0;p=p->next)
        {
```

```
                  for(q=p->next,s=q;q!=0; )
                  if (q->data==p->data) {s->next=q->next; free(q);q=s->next;}
                  else {s=q,q=q->next;}
                  }
       }
```

4. 设计一个求节点 x 在二叉树中的双亲节点算法。

```
typedef struct node {datatype data; struct node *lchild,*rchild;} bitree;
bitree *q[20]; int r=0,f=0,flag=0;
void preorder(bitree *bt, char x)
{
   if (bt!=0 && flag==0)
if (bt->data==x) { flag=1; return;}
else {r=(r+1)% 20; q[r]=bt; preorder(bt->lchild,x); preorder(bt->rchild,x); }
}
void parent(bitree *bt,char x)
{
     int i;
     preorder(bt,x);
     for(i=f+1; i<=r; i++) if (q[i]->lchild->data==x || q[i]->rchild->data==x) break;
     if (flag==0) printf("not found x\n");
     else if (i<=r) printf("%c",bt->data); else printf("not parent");
}
```

5. 设计在链式结构上实现简单选择排序算法。

```
void simpleselectsorlklist(lklist *&head)
{
     lklist *p,*q,*s;  int min,t;
     if(head==0 ||head->next==0) return;
     for(q=head; q!=0;q=q->next)
  {
          min=q->data; s=q;
          for(p=q->next; p!=0;p=p->next) if(min>p->data){min=p->data; s=p;}
          if(s!=q){t=s->data; s->data=q->data; q->data=t;}
  }
}
```

6. 设计在顺序存储结构上实现求子串算法。

```
void substring(char s[ ], long start, long count, char t[ ])
{
        long i,j,length=strlen(s);
        if (start<1 || start>length) printf("The copy position is wrong");
        else if (start+count-1>length) printf("Too characters to be copied");
else { for(i=start-1,j=0; i<start+count-1;i++,j++) t[j]=s[i]; t[j]= '\0';}
   }
```

第 IV 篇

高级应用

第 **26** 章

内存的快捷方式

——指针

指针就是内存地址，使用指针访问变量，就是直接对内存中的数据进行操作。合理地使用指针，可以提高程序运行的速度，增强操作的灵活性。

本章要点（已掌握的在方框中打钩）

☐ 指针概述

☐ 指针的算术运算

☐ 运算符 & 和 *

☐ 指针表达式

☐ 综合使用——使用指针进行排序

▶ 26.1 指针概述

访问内存中的数据有两种方式——直接访问和间接访问。直接访问就是通过变量来实现，因为变量是内存中某一块存储区域的名称；间接访问就是通过指针来实现。指针并不是用来存储数据的，而是用来存储数据在内存中的地址，我们可以通过访问指针达到访问内存中数据的目的。

指针是 C 语言的精髓，深入领会 C 语言就需要深刻地掌握指针。首先我们来看一下指针有哪几种类型。

26.1.1 指针的类型

从语法的角度看，只要把指针声明语句里的指针名字去掉，剩下的部分就是这个指针的类型。这是指针本身所具有的类型。下面是一些简单的指针类型。

```
int *ptr; // 指针的类型是 int *
float *ptr;// 指针的类型是 float *
char *ptr; // 指针的类型是 char *
```

26.1.2 指针所指向的类型

通过指针来访问指针所指向的内存区时，指针所指向的类型决定了编译器将把那片内存区里的内容当作什么来看待。

从语法上看，只需把指针声明语句中的指针名字和名字左边的指针声明符 "*" 去掉，剩下的就是指针所指向的类型。例如：

```
int*ptr；// 指针所指向的类型是 int
float*ptr；// 指针所指向的类型是 float
char*ptr，// 指针所指向的类型是 char
```

在指针的算术运算中，指针所指向的类型有很大的作用。

指针的类型（即指针本身的类型）和指针所指向的类型是两个概念。对 C 越来越熟悉时会发现，把与指针容易混淆的 "类型" 这个概念分成 "指针的类型" 和 "指针所指向的类型" 两个概念，是精通指针的关键点之一。

26.1.3 指针的值

指针的值是指针本身存储的数值，这个值将被编译器当作一个地址，而不是一个一般的数值。在 32 位程序里，所有类型指针的值都是一个 32 位整数，因为 32 位程序里内存地址全都是 32 位的。

指针所指向的内存区是从指针的值所代表的那个内存地址开始的，长度为 sizeof（指针所指向的类型）的一片内存区。以后，我们说一个指针的值是 XX，就相当于说该指针指向了以 XX 为首地址的一片内存区域；我们说一个指针指向了某块内存区域，就相当于说该指针的值是这块内存区域的首地址。

指针所指向的内存区和指针所指向的类型是两个完全不同的概念。如果指针所指向的类型已经有了，但由于指针还未初始化，那么它所指向的内存区是不存在的，或者说是无意义的。

以后，每遇到一个指针，都应该问问：这个指针的类型是什么？指针指向的类型是什么？该指针指向了哪里？

26.1.4 指针所占内存

指针所占内存与指针指向的内容和内容的大小无关。在不同的操作系统及编译环境中，指针类型占用的字节数是不同的。

指针本身占了多大的内存？对于某一个具体的环境，可以用下面的语句精确地知道指针类型占用的字节数：printf("%d\n", sizeof(int *))。在 32 位平台里，指针本身占据了 4 个字节的长度。指针所占内存这个概念在判断一个指针表达式是否是左值时很有用。

▶ 26.2　指针的算术运算

指针的算法运算包括指针与整数的运算和指针与指针的运算。指针与整数的运算的意义与通常的数值加减运算的意义是不一样的，下面我们就先来看看指针与整数的运算、指数之间的运算。

26.2.1　指针与整数的运算

C 指针算术运算的第一种形式是：

指针 ± 整数

标准定义这种形式只能用于指向数组中某个元素的指针，如下图所示。

并且这类表达式的结果类型也是指针。这种形式也适用于使用 malloc() 函数动态分配获得的内存。

数组中的元素存储于连续的内存位置中，后面元素的地址大于前面元素的地址。因此，我们很容易看出，对一个指针加 1 使它指向数组的下一个元素，加 5 使它向右移动 5 个元素的位置，依此类推。将一个指针减去 3 使它向左移动 3 个元素的位置。对整数进行扩展保证对指针执行加法运算能产生这种结果，而不管数组元素的长度如何。

对指针执行加法或减法运算之后如果指针所指的位置在数组第 1 个元素的前面或在数组最后一个元素的后面，那么其效果就是未定义的。让指针指向数组最后一个元素后面的那个位置是合法的，但对这个指针执行间接访问可能会失败。

例如：p+n、p-n。

将指针 p 加上或者减去一个整数 n，表示 p 向地址增加或减小的方向移动 n 个元素单元，从而得到一个新的地址，使其能访问新地址中的数据。每个数据单元的字节数取决于指针的数据类型。

如图所示，变量 a、b、c、d 和 e 都是整型数据 int 类型，它们在内存中占据一块连续的存储区域，地址从 1234 到 1250，每个变量占用 4 个字节。指针变量 p 指向变量 a，也就是 p 的值是 1234，那么 p+1 按照前面的介绍，表示 p 向地址增加的方向移动了 4 个字节，从而指向一个新的地址，这个值就是 1238，指向了变量 b（变量从 a 到 e 占用一块连续的存储区域）；同理，p+2 地址就是 1242，再次增加了 4 个字节，指向变量 c，依此类推。

存储一组
整数的
连续存储
区域

📄 提示

指针 p+1 并不意味着地址 +1，而是表示指针 p 指向下一个数据类型。比如，int *p，p+1 表示当前地址 +4，指向下一个整型数据。

📝 范例26-1　指针变量自身的运算。

(1) 在 Visual C++ 6.0 中，新建名为"指针变量自运算 .c"的【Text File】文件。

(2) 在代码编辑窗口输入以下代码（代码 26-1.txt）。

```
01  #include <stdio.h>
    {
```

```
02   int main(void)
03
04   int a=1,b=10;
05   int *p1,*p2;
06   p1=&a;   /* 指针赋值 */
07   p2=&b;
08   printf("p1 地址是 %d,p1 存储的值是 %d\n",p1,*p1);      /* 输出 */
09   printf("p2 地址是 %d,p2 存储的值是 %d\n",p2,*p2);      /* 输出 */
10   printf("p1-1 地址存储的值是 %d\n",*(p1-1));   /* 地址 -1 后存储的值 */
11   printf("p1 地址中的值 -1 后的值是 %d\n",*p1-1);      /* 值 -1 后的值 */
12   printf("*(p1-1) 的值和 *p1-1 的值不同 \n");
13   return 0;
14   }
```

【运行结果】

编译、连接、运行程序，即可在命令行中输出结果。

【范例分析】

从本范例的运行结果可以很清晰地看到，*(p1-1) 的值和 *p1-1 的值是不同的，*(p1-1) 表示将 p1 指向的地址减 1 个存储单元，也就是后移 4 个字节。而 *p1-1 表示的是 p1 所指向的存储单元的值减 1，如果不是巧合，二者是不会相同的。分析到这里，指针变量自身的运算已经介绍完了，但是从输出结果上，可以看到一个很奇怪的现象，是什么呢？那就是 *(p1-1) 的值跟变量 b 的值相等，这是巧合吗？

不是！大家可以自行验证。原因是 a 和 b 依次被赋值为 1 和 10，它们在内存中占用连续的存储单元，这里需要注意的是连续区域，因为变量 a 和 b 内配的存储空间是在栈中（原因不再解释），而栈是向低地址扩展的存储空间（如果是堆又不同了），又因为 int 类型在内存中占用 4 个字节，所以 a 的地址比 b 的地址大 4 个字节，p1-1 表示 a 的地址减少 4 个字节后的地址，也就是 p2 所指向的变量 b，所以是 10。

对于单个的变量，它们分配到的空间并不一定是连续的，所以范例中的情况实用价值并不大。但对于数组就不同了，因为数组在内存中占用一块连续的存储区域，而且随着下标的递增，地址也在递增，这样指针就有更大的"施展自己才华的舞台"了。

26.2.2 指针与指针的运算

C 指针算术运算的第 2 种形式是：

指针 - 指针

大家要注意，指针与指针之间的算术运算没有加运算，只有减运算。并且，只有当两个指针都指向同一个数组中的元素时，才允许将一个指针减去另一个指针，如下图所示。

两个指针相减的结果的类型是 ptrdiff_t，它是一种有符号整数类型。减法运算的值是两个指针在内存中的距离（以数组元素的长度为单位，而不是以字节为单位），因为减法运算的结果将除以数组元素类型的长度。例如，如果 p1 指向 array[i] 而 p2 指向 array[i]，那么 p2-p1 的值就是 j-i 的值。

让我们看一下它是如何作用于某个特定类型的。例如前图中数组元素的类型为 float，每个元素占据 4 个字节的内存空间。如果数组的起始位置为 1000，p1 的值是 1004，p2 的值是 1024，但表达式 p2-p1 的结果将是 5，因为两个指针的差值（20）将除以每个元素的长度（4）。

同样，这种对差值的调整是指针的运算结果与数据的类型无关。不论数组包含的元素类型如何，这个指针减法运算的值总是 5。

那么，表达式 p1 - p2 是否合法呢？如果两个指针都指向同一个数组的元素，这个表达式就是合法的。在前一个例子中，这个值将是 - 5。

如果两个指针所指向的不是同一个数组中的元素，那么它们之间相减的结果是未定义的。就像如果把两个位于不同街道的房子的门牌号码相减不可能获得这两所房子间的房子数一样。程序员无法知道两个数组在内存中的相对位置，如果不知道这一点，两个指针之间的距离就毫无意义。

▶ 26.3 运算符 & 和 *

如果指针的值是某个变量的地址，通过指针就能间接访问那个变量，这些操作由取址运算符 "&" 和间接访问运算符 "*" 完成。

单目运算符 "&" 用于给出变量的地址。例如：

Int*p，a=3;

P=&a;

将整型变量 a 的地址赋给指针 p，使指针 p 指向变量 a。也就是说，用运算符 "&" 去变量 a 的地址，并将这个地址值作为指针 p 的值，使指针 p 指向变量。

> **注意**
>
> 指针的类型和它所指向变量的类型必须相同。

在程序中（不是指针变量被定义的时候），单目运算符 * 用于访问指针所指向的变量，它也成为间接访问运算符。例如，当 p 指向 a 时，*p 和 a 访问同一个存储单元，*p 的值就是 a 的值（如图所示）。

指针运算示意图

范例26-2   取地址运算和间接访问示例。

（1）在 Visual C++ 6.0 中，新建名为 "运算符 .c" 的【Text File】文件。
（2）在代码编辑窗口输入以下代码（代码 26-2.txt）。

```
01  #include <stdio.h>
02  int main(void)
03  {
04    int a=3,*p;              /* 定义整型变量 a 和整型指针 p*/
05    p=&a;                    /* 把变量 a 的地址赋给指针 p，即 p 指向 a*/
```

```
06      printf("a=%d,*p=%d\n",a,*p);        /* 输出变量 a 的值和指针 p 所指向变量的值 */
07      *p=10;                /* 对指针 p 所指向的变量赋值，相当于对变量 a 赋值 */
08      printf("a=%d,*p=%d\n",a,*p);
09      printf("Enter a:");
10      scanf("%d",&a);             /* 输入 a*/
11      printf("a=%d,*p=%d\n",a,*p);
12      (*p)++;             /* 将指针所指向的变量加 1*/
13      printf("a=%d,*p=%d\n",a,*p);
14      return 0;
15   }
```

【运行结果】

编译、连接、运行程序，当输入 a 的值为 5 时，输出结果如下图所示。

【范例分析】

第 4 行的 "int a=3,*p" 和其后出现的 *p，尽管形式是相同的，但两者的含义完全不同。第 4 行定义了指针变量，p 是变量名，* 表示其后的变量是指针；而后面出现的 *p 代表指针 p 所指向的变量。本例中，由于 p 指向变量 a，因此，*p 和 a 的值一样。

再如表达式 *p=*p+1、++*p 和 (*p)++，分别将指针 p 所指向变量的值加 1。而表达式 *p++ 等价于 *(p++)，先取 *p 的值作为表达式的值，再将指针 p 的值加 1，运算后，p 不再指向变量 a。同样，在下面这几条语句中：

```
int a=1,x,*p;
p=&a;
x=*p++;
```

指针 p 先指向 a，其后的语句 x=*p++，将 p 指向的变量 a 的值赋给变量 x，然后修改指针的值，使得指针 p 不再指向变量 a。

从以上例子可以看到，要正确理解指针操作的意义，带有间接地址访问符 * 的变量的操作在不同的情况下会有完全不同的含义，这既是 C 的灵活之处，也是初学者十分容易出错的地方。

▶26.4 指针表达式

一个表达式的最后结果如果是一个指针，那么这个表达式就叫指针表达式。下面是一些指针表达式的例子。

```
int a,b;
int array[10];
int *pa;
```

pa=&a;//&a 是一个指针表达式。

int **ptr=&pa;//&pa 也是一个指针表达式。

*ptr=&b;//*ptr 和 &b 都是指针表达式。

pa=array;

pa++;// 这也是指针表达式。

char *arr[20];

char **parr=arr;// 如果把 arr 看作指针的话，arr 也是指针表达式

char *str;

str=*parr;//*parr 是指针表达式

str=*(parr+1);//*(parr+1) 是指针表达式

str=*(parr+2);//*(parr+2) 是指针表达式

由于指针表达式的结果是一个指针，因此指针表达式也具有指针所具有的 4 个要素，即指针的类型、指针所指向的类型、指针指向的内存区、指针自身占据的内存。

当一个指针表达式的结果指针已经明确地具有了指针自身占据的内存时，这个指针表达式就是一个左值，否则就不是一个左值。

▶ 26.5 综合应用——使用指针进行排序

本节通过一个使用指针进行排序的范例，再次熟悉一下本章所讲的指针内容。

📝 范例26-3　输入3个不同的整数，存储在变量a、b和c中，使用指针交换，按照从大到小的顺序排序，并输出。

(1) 在 Visual C++ 6.0 中，新建名为 "三个数排序 .c" 的【Text File】文件。

(2) 在代码编辑窗口输入以下代码（代码 26-3.txt）。

```
01  #include <stdio.h>
02  int main(void)
03  {
04    int a,b,c;
05    int *p1=&a,*p2=&b,*p3=&c,*p;      /* 声明 3 个指针变量 */
06    printf(" 请输入变量 a,b,c\n");      /* 输入 a 和 b 的值 */
07    scanf("%d %d %d",&a,&b,&c);
08    if(*p1<*p2)        /* 当 *p1 小于 *p3 时交换 */
09    {
10      p=p1;
11      p1=p2;
12      p2=p;
13    }
14    if(*p1<*p3)        /* 当 *p2 小于 *p3 时交换 */
15    {
16      p=p1;
17      p1=p3;
18      p3=p;
19    }
20    if(*p2<*p3)        /* 当 *p2 小于 *p3 时交换 */
21    {
```

```
22      p=p2;
23      p2=p3;
24      p3=p;
25      }
26      printf(" 变量 a 的值是 %d,b 的值是 %d,c 的值 %d\n",a,b,c);        /* 输出 */
27      printf(" 变量 *p1 的值是 %d,*p2 的值是 %d,*p3 的值是 %d,\n",*p1,*p2,*p3);        /* 输出 */
28      return 0;
29      }
```

【运行结果】

编译、连接、运行程序，当输入 a、b 和 c 的值分别为 1、2 和 3 时，即可输出结果。

【范例分析】

p1 指向变量 a，p2 指向变量 b，p3 指向变量从 c，当输入 a=1、b=2、c=3 时，根据题意，3 次交换后，*p1、*p2 和 *p3 将按照从大到小的顺序依次存储 a、b 和 c 的值。

▶26.6 高手点拨

计算机内存中的每个内存都由一个地址标识。通常，邻近的内存位置合成一组，这就允许存储更大范围的值。指针的值表示内存地址。

指针变量的值并非它所指向的存储位置的值。我们必须使用间接访问来获得它所指向位置存储的值。对一个"指向整型的指针"施加间接访问的结果将是一个整型值。

声明一个指针变量并不会自动分配任何内存。在对指针执行间接访问前，指针必须进行初始化，或者使它指向现有的内存，或者给它分配动态内存。对未初始化的指针变量执行间接访问操作是非法的，而且这种错误常常难以检测。其结果常常是一个不相关的值被修改。这种错误是很难被调试发现的。

在指针值上可以执行一些有限的算术运算。可以把一个整型值加到一个指针上，也可以从一个指针减去一个整型值。在这两种情况下，这个整型值会进行调整，原址将乘以指针目标类型的长度。这样，对一个指针加 1 将使它指向下一个变量，至于该变量在内存中占几个字节的大小则与此无关。

下面强调几种比较容易混淆的指针运算。

(1) int a=3，*p；p=&a；则 &*p 与 &a 是等价的，均表示地址；*&a 与 a 是等价的，均表示变量。

(2) char**p；chara[10]；p=&a；则 p 就是指向指针的指针，保存的是一个指针变量 / 常量的地址；*p 就是指针 a，**p 就是 a[0]。

(3) y = *px++ 相当于 y = *(px++) (* 和 ++ 优先级相同，自右向左运算)。

▶ 26.7 实战练习

1. 输入两个整数，存储在变量 a 和 b 中，通过指针输出他们在内存中的地址。

2. 输入 3 个整数，存储在变量 a、b 和 c 中，用这 3 个变量对 3 个指针进行赋值。

3. 输入两个整数，存储在变量 a 和 b 中，通过指针改变变量 a 和 b 的值并输出改变后它们的值。

4. 输入两个整数，存储在变量 a 和 b 中，当 a 小于 b 时，使用指针交换 a 和 b 并输出。

第 **27** 章

指针与数组

掌握了指针变量后，下一步是挖掘指针和数组的关系。根据数组占据内存中连续的存储区域这样一个性质，使用指针将使我们操作数组元素的手段更加丰富。

本章要点（已掌握的在方框中打钩）

□ 数组指针
□ 数组指针作为函数参数
□ 指针与字符数组
□ 指针数组与指针的指针
□ 综合应用——报数游戏

▶ 27.1 数组指针

在程序实际开发中，数组的使用非常普遍，如何建立起指针和数组的关系，又如何使用这样的指针，如何更大限度地发挥指针的作用，将是本章要讲解的内容。

当指针变量里存放一个数组的首地址时，此指针变量称为指向数组的指针变量，简称数组的指针。

可以定义指针变量指向任意一个数组元素。

声明与赋值，例如：

```
int a[ 5 ],*p;
p = &a[ 0 ]; 或 p = a;
则 p+1 指向 a[1], p+2 指向 a[2]
……
```

通过指针引用数组元素：*p 就是 a[0]，*（p＋1）就是 a[1] ……*（p＋i）就是 a[i]。

数组表示的指针变量法：

```
#include<stdio.h>
int main( void )
 {
    int i, a[ ] = { 1, 3, 5, 7, 9 }
    int *p = a;
    for ( i = 0; i < 5; i++ )
      printf( "%d\t", *( p + i ) );
     printf( "\n" );
}
```

1	a p
3	p+1
5	p+2
7	p+3
9	p+4

▶ 27.2 数组指针作为函数参数

指向数组的指针可以作为函数形参，对应实参为数组名或已有值的指针变量，此时仍然进行单向地址传递。

形参	实参
数组名	数组名
数组名	指针变量
指针变量	数组名
指针变量	指针变量

📝 **范例 27-1**　　编写一个函数，将数组中10个整数完全颠倒顺序。

(1) 在 Visual C++ 6.0 中，新建名为 "颠倒顺序 .c" 的【Text File】文件。

(2) 在代码编辑窗口输入以下代码（代码 27-1.txt）。

```
01  #include <stdio.h>
02  void inv( int *x, int n );
03  void main( )
04  {
05    int i,a[ ] = { 3, 7, 9, 11, 0, 6, 7, 5, 4, 2 };
06    printf( "The original array:\n" );
07    for( i = 0; i < 10; i++)
08      printf( "%3d", a[i] );
09    printf( "\n" );
10    inv( a,10 );
11    printf( "The array has been inverted:\n" );
12    for( i = 0; i < 10; i++ )
13    printf( "%3d", a[i] );
14    printf( "\n" );
15    void inv( int *x, int n )
16    {
17    int t,*i,*j;
18    for(i = x, j = x + n - 1; i <= j; i++, j-- )
19    {
20      t = *i;
21      *i = *j;
22      *j = t;
23    }
24    }
```

【运行结果】

编译、连接、运行程序，即可在命令行中输出结果。

【范例分析】

本例程序的颠倒顺序采取从首尾开始，数组前后相对元素互换数值的方法。定义两个指针变量 i 和 j，分别指向数组开头和结尾，对向扫描交换数值。当 i >= j 时扫描结束。

▶ 27.3　指针与字符数组

指针变量可以直接用来处理字符串，用指针变量处理字符串有其独特之处。

字符数组法：

char string[ ] = "name";

输出：　printf("%s\n", string);

或：　for (i = 0; i < 5; i++)

```
printf( "%c", string[ i ] );
```

▶27.4 指针数组与指针的指针

所有元素都是指针的数组称为指针数组。指针数组提供了多个可以存放地址的空间，常用于多维数组的处理。

什么是指针数组？指针数组是指数组由指针类型的元素组成。例如 int *p[10]，数组 p 是由 10 个指向整型元素的指针组成的，例如 p[0] 就是一个指针变量，它的使用与一般的指针用法一样，无非是这些指针有同一个名字，需要使用下标来区分。例如有下面的定义：

```
char *p[2];
char array[2][20];
p[0]=array[0];
p[1]=array[1];
```

如下图所示。

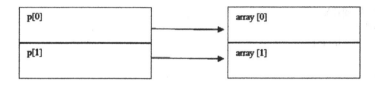

📖 提示

对指针数组元素的操作和对同类型指针变量的操作相同。

📝 范例 27-2   利用指针数组输出单位矩阵。

(1) 在 Visual C++ 6.0 中，新建名为"输出单位矩阵 .c"的【Text File】文件。
(2) 在编辑窗口中输入以下代码（代码 27-2.txt）。

```
01  #include <stdio.h>
02  void main()
03  {
04    int line1[ ]={1,0,0};       /* 声明数组，矩阵的第一行 */
05    int line2[ ]={0,1,0};       /* 声明数组，矩阵的第二行 */
06    int line3[ ]={0,0,1};       /* 声明数组，矩阵的第三行 */
07    int *p_line[ 3 ];           /* 声明整型指针数组 */
08    p_line[0]=line1;            /* 初始化指针数组元素 */
09    p_line[1]=line2;
10    p_line[2]=line3;
11    printf( "Matrix test:\n");
12    for( int i = 0; i < 3; i++ )   /* 对指针数组元素循环 */
13    {
14      for( int j = 0; j < 3; j++ )   /* 对矩阵每一行循环 */
15      {
16        printf("%2d ", p_line[i][j] );
17      }
18      printf( "\n");
19    }
```

【运行结果】

编译、连接、运行程序，即可在命令行中输出结果。

【范例分析】

程序首先声明了数组，为单位矩阵赋值。然后定义指针数组并初始化指针数组元素，之后用 for 循环对数组元素进行循环，for 循环内部还有一个 for 循环，内部的循环对矩阵每一行进行循环并且输出。

学习了指针数组以后，让我们再来学习指针的指针。指向指针变量的指针变量被称为指针的指针。

范例 27-3　使用指针的指针访问字符串数组。

(1) 在 Visual C++ 6.0 中，新建名为"指针的指针 .c"的【Text File】文件。
(2) 在代码编辑窗口输入以下代码（代码 27-3.txt）。

```
01   #include <stdio.h>
02   int main(void)
03   {
04   char *seasons[]={"Winter","Spring","Summer","Fall"};
05   char **p;            /* 指针的指针 */
06   int i;
07   for(i=0;i<4;i++)
08   {
09    p= seasons +i;      /* 指针的指针 p 指向 array+i 所指向的字符串的首地址 */
10    printf("%s\n",*p);        /* 输出数组中的每一个字符串 */
11   }
12   return 0;
13   }
```

【运行结果】

编译、连接、运行程序，即可在命令行中输出结果。

【范例分析】

seasons 是指针数组，也就是说，seasons 的每个元素都是指针。例如，seasons[0] 是一个指向字符串 "Winter" 的指针，seasons+i 等价于 &seasons[i]，也就是每个字符串首字符的地址。这里的 seasons[i] 已经是指针类型，那么 seasons+i 就是指针的指针，和变量 p 的类型一致，所以写成 p=seasons+i，*p 等价于 *(seasons+i)，也就等价于 seasons[i]，表示的含义是第 i 个字符串的首地址，对应输出每一个字符串。

▶27.5 综合应用——报数游戏

本节通过一个报数游戏，来综合回顾一下本章所学的内容。

> 📝 范例 27-4   有n个人围成一圈，顺序排号。从第1个人开始报数（从1到3报数），凡报到3的人退出圈子，问最后留下的那位是原来的第几号。

(1) 在 Visual C++ 6.0 中，新建名为 "报数 .c" 的【Text File】文件。
(2) 在代码编辑窗口输入以下代码（代码 27-4.txt）。

```
01  #include <stdio.h>
02  #define nmax 50
03  int main(void)
04  {
05   int i,k,m,n,num[nmax],*p;
06   printf(" 请输入总人数 :");
07   scanf("%d",&n);
08   p=num;
09   for(i=0;i<n;i++)
10    *(p+i)=i+1;
11   i=0;
12   k=0;
13   m=0;
14   while(m<n-1)
15   {
16    if(*(p+i)!=0)
17     k++;
18    if(k==3)
19    {
20     *(p+i)=0;
21     k=0;
22     m++;
23    }
24    i++;
25    if(i==n)
```

```
26      i=0;
27    }
28    while(*p==0)
29      p++;
30    printf("%d 号留下了 \n",*p);
31    return 0;
32  }
```

【运行结果】

编译、连接、运行程序，输入总人数后按【Enter】键，即可在命令行中输出结果。

【范例分析】

首先使用指针循环赋值，用变量 m 表示退出的人数，变量 k 表示报的数，报到 3 就恢复到 0，变量 i 表示地址偏移，到了数组结束就重置到数组首地址。一直这样不停地报数，不停地退出，直至只剩下一个元素输出。

▶27.6 高手点拨

在绝大多数表达式中，数组名的值是指向数组第一个元素的指针。**这个规则只有两个例外。Sizeof 返回整个数组所占用的字节而不是一个指针所占用的字节。单目运算符 & 返回一个指向数组的指针，而不是一个指向数组第一个元素的指针的指针。**

指针和数组并不相等。数组的属性和指针的属性大相径庭。当我们声明一个数组时，它同时也分配了一些内存空间，用于容纳数组元素。但是，当我们声明一个指针时，它只分配了用于容纳指针本身的空间。

当数组名作为函数参数传递时，实际传递给函数的是一个指向数组第一个元素的指针。函数所接收到的参数实际上是原参数的一份复制，所以函数可以对其进行操纵而不会影响实际的参数。但是，对指针参数执行间接访问操作允许函数修改原先的数组元素。数组形参既可以声明为数组，也可以声明为指针。这两种声明形式只有当它们作为函数的形参时才是相等的。

▶27.7 实战练习

1. 有 n 个整数，使前面各数顺序循环移动 m 个位置（$m<n$）。编写一个函数实现以上功能，在主函数中输入 n 个整数并输出调整后的 n 个整数。

2. 在数组中查找指定元素。输入一个正整数 n（$1<n \leqslant 10$），然后输入 n 个整数存入数组中，再输入一个整数 x，在数组 a 中查找 x，如果找到则输出相应的最小下标，否则输出"Not found"。

要求定义并调用函数 search(list,n,x), 它的功能是在数组 list 中查找元素 x，若找到则返回相应的最小下标，否则返回 1。

3. 定义函数 void sort(int a[],int n)，用选择法对数组 a 中的元素升序排列。自定义 main() 函数，并在其中调用 sort() 函数。

4. 输入 10 个整数作为数组元素，计算并输出它们的和。

5. 输入 n 个整数存放在数组中，试通过函数调用的方法实现数组元素的逆序存放。设数组有 n 个元素，将（a[0],a[n-1]）互换，（a[1],a[n-2]）互换……直到完成对原数组逆序存放。

第**28**章

指针与函数

函数有地址吗？如何用指针方便地访问函数？本节介绍指针和函数的关系。

本章要点（已掌握的在方框中打钩）

☐ 函数指针
☐ 指针函数
☐ 指向函数的指针作为函数参数
☐ 综合应用——日期的输出

▶ 28.1 函数指针

函数指针是指向函数的指针变量。因而"函数指针"本身首先应是指针变量，只不过该指针变量指向函数。这正如用指针变量可指向整型变量、字符型、数组一样，这里是指向函数。如前所述，C在编译时，每一个函数都有一个入口地址，该入口地址就是函数指针所指向的地址。

28.1.1 ▶ 函数指针的定义

用指针变量可以指向一个函数。函数在程序编译时被分配了一个入口地址，这个函数的入口地址就称为函数的指针。

函数指针的定义如下：

数据类型（* 函数指针名）（形参类型表）;

> **▶注意**
>
> "数据类型"说明函数的返回类型，"（* 函数指针名）"中的括号不能省，若省略整体则成为一个函数说明，说明了一个返回的数据类型是指针的函数，后面的"形参类型表"表示指针变量指向的函数所带的参数列表。

例如：

int（*p）（int, float）;

上面的代码定义指针变量 p 可以指向一个整型函数，这个函数有 2 个形参，即 int 和 float。

函数指针变量常见的用途之一是把指针作为参数传递到其他函数。指向函数的指针也可以作为参数，以实现函数地址的传递，这样就能够在被调用的函数中使用实参函数。

> **📝 范例28-1   指向函数的指针。**
>
> (1)在 Visual C++ 6.0 中，新建名为"指向函数的指针 .c"的【Text File】文件。
> (2)在代码编辑窗口输入以下代码（代码 28-1.txt）。

```
01  #include <stdio.h>
02  /* 求 x 和 y 中的较大的值 */
03  int max(int x,int y)
04  {
05    int z;
06    if(x>y)
07      z=x;
08    else
09      z=y;
10    return z;
11  }
12  int main(void)
13  {
14    int (*p)(int,int);      /* 指向函数的指针 */
15    int a,b,c;
16    p=max;  /* 指向函数的指针 max 函数 */
17    printf(" 输入 a 和 b 的值 \n");
18    scanf("%d %d",&a,&b);
19    c=(*p)(a,b);         /*max 函数返回值 */
20    printf("%d 和 %d 中较大的值是 %d\n",a,b,c);
21    return 0;
22  }
```

【运行结果】

编译、连接、运行程序，输入 a、b 的值后按【Enter】键，即可输出结果。

【范例分析】

"int (*p)(int,int);" 说明 p 是一个指向函数的整型指针。"c=(*p)(a,b);" 说明 p 确切指向函数 max，相当于调用了 c=max(a,b)。

28.1.2 函数指针的赋值

函数指针的赋值形式：

指针变量名 = 函数名；

例：　p = fun

　　　设 fun 函数原型为 int fun (int s, float t)。

用指针变量引用函数：用 (* 指针变量名) 代替函数名。

例：x = (*p) (a, b) 与 x = fun (a, b) 等价。

函数指针一般用于在函数中灵活调用不同函数。

28.1.3 通过函数指针调用函数

可以用指针变量指向整型变量、字符串、数组、结构体，也可以指向一个函数。一个函数在编译时被分配一个入口地址。这个入口地址就称为函数指针。可以用一个指针变量指向函数，然后通过该指针变量调用此函数。下面用简单的数值比较为例。

范例28-2　　**指向函数的指针。**

(1) 在 Visual C++ 6.0 中，新建名为 "通过函数指针调用函数 .c" 的【Text File】文件。

(2) 在代码编辑窗口输入以下代码（代码 28-2.txt）。

```
01   #include <stdio.h>
02   #include <stdlib.h>
03   int main(void)
04   {
05     int max(int,int);
06     int (*p)(int,int);
07     int a,b,c;
08     p = max;
09     scanf("%d%d",&a,&b);
10     c = (*p)(a,b);
11     printf("a=%d,b=%d,max=%d\n",a,b,c);
12     return 0;
13   }
14   int max(int x,int y)
15   {
16     int z;
17     if(x>y) z = x;
18     else z = y;
19     return z;
20   }
```

【运行结果】

编译、连接、运行程序，输入 a、b 的值后按【Enter】键，即可输出结果。

【范例分析】

第 7 行：int (*p)(int,int); 用来定义 p 是一个指向函数的指针变量，该函数有两个整型参数，函数值为整型。注意，*p 两侧的括号不可省略，表示 p 先与 * 结合，是指针变量，然后再与后面的 ( ) 结合，表示此指针变量指向函数，这个函数值（即函数的返回值）是整型的。如果写成 int*p(int,int), 由于 ( ) 的优先级高于 *，它就成了声明一个函数 P(这个函数的返回值是指向整型变量的指针)。

赋值语句 p=max; 的作用是将函数 max() 的入口地址赋给指针变量 p。与数组名代表数组首元素地址类似，函数名代表该函数的入口地址。这时 p 就是指向函数 max() 的指针变量，此时 p 和 max() 都指向函数开头，调用 *p 就是调用 max() 函数。但是 p 作为指向函数的指针变量，它只能指向函数入口处而不可能指向函数中间的某一处指令处，因此不能用 *(p + 1) 来表示指向下一条指令。

▶28.2 指针函数

如果函数可以返回数值型、字符型、布尔型等数据，也可以带回指针型的数据，这种函数叫作返回指针值的函数，又称指针型函数。定义形式为：

类型名 * 函数名 (参数表列);

例如，下式表示的含义是：max() 函数调用后返回值的数据类型是整型指针。

int *max(int *x, int *y);

范例28-3   返回指针的函数。

(1) 在 Visual C++ 6.0 中，新建名为 "返回指针的函数 .c" 的【Text File】文件。
(2) 在代码编辑窗口输入以下代码（代码 28-3.txt）。

```
01  #include <stdio.h>
02  #include <string.h>
03  /* 返回指针的函数 */
04  int *max(int x[],int y[],int *p, int *c)
05  {
06      int i;
07      int *m=&x[0];
08      for(i=0;i<9;i++)
09      {
10          if(*m<x[i])
11          {
12              *m=x[i];
13              *p=i;
14              *c=1;
15          }
16      }
17      for(i=0;i<9;i++)
18      {
19          if(*m<y[i])
20          {
```

```
21        *m=y[i];
22        *p=i;
23        *c=2;
24      }
25    }
26    return m;
27  }
28  int main(void)
29  {
30    int c1[10]={1,2,3,4,5,6,7,8,9,0};
31    int c2[10]={11,12,13,14,15,16,17,18,19,10};
32    int n;
33    int c;
34    int *p;
35    p=max(c1,c2,&n,&c);
36    printf(" 两个数组中最大的是 %d, 在 %d 中位置是 %d\n",*p,c,n);    /* 函数 max 返回最大值 */
37    return 0;
38  }
```

【运行结果】

编译、连接、运行程序，即可在命令行中输出结果。

【范例分析】

函数 max() 接收两个数组，求这两个数组中的最大值，并使用指针作为 max() 的函数返回值。函数只能有一个返回值，然而我们却偏偏希望返回给主函数 3 个值，还有两个表示是哪个数组哪个值最大，使用的方法叫作引用。

int n,c;
p=max(c1,c2,&n,&c);   /* 参数 &n 就是引用，用来接收形参 *p*/

在函数 max() 中，"*p=i;" 就是把 i 的值存放在指针变量 p 所指向的存储单元中，也就是存放在实参 n 中。本范例提出的引用方法可以给我们开发程序带来很大的便利，特别是需要调用函数返回多个返回值时，大家可以根据需要灵活使用。

▶28.3 指向函数的指针作为函数参数

前面已经介绍过，C 语言中的函数参数包括实参和形参，两者的类型要一致。函数的参数可以是变量、指向变量的指针变量、数组名、指向数组的指针变量，当然也可以是指向函数的指针。指向函数的指针可以作为参数，以实现函数地址的传递，这样就能够在被调用的函数中使用实参函数。

📝 **范例28-4**   使用函数实现对输入的两个整数按从大到小顺序排序输出。

(1) 在 Visual C++ 6.0 中，新建名为 "函数交换指针 .c" 的【Text File】文件。
(2) 在代码编辑窗口输入以下代码（代码 **28-4**.txt）。

```
01  #include <stdio.h>   /* 包含标准输入输出头文件 */
02  void swap(int *p1,int *p2)    /* 形参为指针变量 */
```

```
03   {
04    int temp;              /* 临时量 */
05    temp=*p1;              /* 把指针 p1 所指向的地址中的值暂存在 temp 中 */
06    *p1=*p2;               /* 把指针 p2 所指向的地址中的值存在 p1 指向的地址中 */
07    *p2=temp;              /* 把 temp 中的值存储到 p2 所指向的地址中 */
08    printf("swap 函数中的输出 \n");
09    printf("*p1=%d,*p1=%d\n",*p1,*p2);
10   }
11   int main(void)
12   {
13    int a,b;
14    int *point1=&a,*point2=&b; /* 声明两个指针变量 */
15    printf(" 请输入变量 a 和 b\n");
16    scanf("%d %d",&a,&b);
17    if(a<b)
18      swap( point1 ,point2 );      /* 调用 swap 函数 */
19    printf(" 主函数中的输出 \n");
20    printf("a=%d,b=%d\n",a,b);
21    printf("*point1=%d,*point2=%d\n",*point1,*point2);
22    return 0;
23   }
```

【运行结果】

编译、连接、运行程序，输入变量 a 和 b 的值，按【Enter】键，即可输出结果。

【范例分析】

调用 swap() 函数前，指针指向如图所示。

调用 swap() 函数，把实参 point1 和 point2 传递给了形参 p1 和 p2 后，执行 swap() 函数前，指针指向如图所示。

　　交换函数执行后，调用并执行 swap() 函数，在还没有返回主函数前，这里交换的变量 a 和 b 的值、point1 和 point2、p1 和 p2 的指向并没有变，还是指向原来的存储单元，但是 a 和 b 变量的值发生了交换，指针指向如图所示。

　　调用 swap() 函数后，主函数输出结果，指针指向如图所示。

　　从这几个图中数据的变化，可以很清楚地看到指针变量 point1 和 point2 发生的变化。本范例可以帮助我们很好地理解指针变量以及指针变量是如何作为参数进行传递的。

▶ 28.4　综合应用——日期的输出

本节通过一个日期的输出范例，再次熟悉一下本章所讲内容。

📑 范例28-5	输入年份和天数，输出对应的年、月、日。要求定义和调用函数 month_day(year,yearday,*pmonth,*pday)，其中，year是年，yearday是天数，*pmonth和*pday是计算得出的月和日。例如，输入2000和61，输出2000-3-1，即2000年的第61天是3月1日。

　　(1) 在 Visual C++ 6.0 中，新建名为"日期的输出 .c"的【Text File】文件。
　　(2) 在代码编辑窗口输入以下代码（代码 28-5.txt）。

```
01 #include<stdio.h>
02 int main(void)
03 {
03    int day,month,year,yearday;      /* 定义代表日、月、年和天数的变量 */
04    void month_day(int year,int yearday,int *pmonth,int *pday); /* 声明计算月、日的函数 */
05    printf(" 请输入年份和天数 :");
06    scanf("%d%d",&year,&yearday);
07    month_day(year,yearday,&month,&day);           /* 调用计算月、日的函数 */
08    printf("%d 年 -%d 月 -%d 日 \n",year,month,day);
09    return 0;
10 }
11 void month_day(int year,int yearday,int *pmonth,int *pday)
12 {
13    int k,leap;
14    int tab[2][13]={
15       {0,31,28,31,30,31,30,31,31,30,31,30,31},
16       {0,31,29,31,30,31,30,31,31,30,31,30,31},
17    };            /* 定义数组存放非闰年和闰年每个月的天数 */
18    leap=(year%4==0&&year%100!=0)||year%400==0; /* 建立闰年判别条件 leap */
```

```
19    for(k=1;yearday>tab[leap][k];k++){
20       yearday-=tab[leap][k];
21    }
22    *pmonth=k;
23    *pday=yearday;
24 }
```

【运行结果】

编译、连接、运行程序，输入年份和月数即可在命令行中输出结果。

【范例分析】

在 main() 函数中调用函数 month_day() 时，将变量 month 和 day 的地址作为实参，在被调函数中，用形参指针 pmonth 和 pday 分别接收地址，并改变了形参所指向变量的值。因此，main() 函数中 month 和 day 的值也随之改变。

28.5　高手点拨

在学习 C 语言的过程中，很多人对指针和函数的关系不甚清楚。事实上，C 语言中的指针变量可以指向一个函数；函数指针可以作为参数传递给其他函数；函数的返回值可以是一个指针值。我们在学习函数指针时要注意以下几个方面。

(1) 指向函数的指针变量的一般定义形式为：数据类型（＊指针变量名）（函数参数列表）

这里，数据类型就是函数返回值的类型。

(2) int (* p) (int,int); 只是定义一个指向函数的指针变量 p，不是固定指向哪一个函数的，而只是表示定义这样一个类型的变量，它专门用来存放函数的入口地址。在程序中把哪一个函数（该函数的值应该是整型的，且有两个整型参数）的地址赋给它，它就指向哪一个函数。在一个函数中，一个函数指针变量可以先后指向同类型的不同函数。

(3) p = max; 在给函数指针变量赋值时，只需给出函数名而不必给出函数参数，因为是将函数的入口地址赋给 p，而不涉及实参和形参的结合问题，不能写成 p = max(a,b)。

(4) c = (*p)(a,b) 在函数调用时，只需用 (*p) 代替函数名即可，后面实参依旧。

(5) 对于指向函数的指针变量，如 p++,p+n……是无意义的。

28.6　实战练习

1. 用字符指针实现函数 str_cat(s,t)，将字符串 t 复制到字符串 s 的末端，并且返回字符串 s 的首地址，并编写主函数。

2. 编写一个程序，输入一个字符串后再输入 2 个字符，输出此字符串中从第一个字符匹配的位置开始到与第 2 个字符匹配的位置之间的所有字符。用返回字符指针实现。

3. 编写一个解密藏尾诗的程序。输入一首藏尾诗（假设只有 4 句），输出其藏尾的真实含义。用返回字符指针的函数实现。

4. 有 n 个整数，使其前面各数顺序向后移 m 个位置，最后 m 个数变成最前面 m 个数。

5. 将 n 个数按输入时的顺序进行逆序排列。

第29章

29

第 **29** 章

指针与字符串

前面已经介绍了数组和指针的关系，其中用到的数组都是数值类型的数组，为什么没有涉及字符类型的数组呢？原因是使用指针处理字符串有它的特殊性，所以我们这一章要详细讲述指针与字符串的关系。

本章要点（已掌握的在方框中打钩）

☐ 字符串指针
☐ 字符串指针作为函数参数
☐ 字符指针变量与字符数组的区别
☐ 综合应用——"回文"问题

▶ 29.1 字符串指针

　　C语言中许多字符串的操作都由指向字符数组的指针及指针的运算来实现。对字符串来说一般都是严格顺序存取，使用指针可以打破这种存取方式，使字符串的处理更加灵活。

29.1.1 创建字符串

　　字符串的定义自动包含了指针，例如定义 message1[100]；为 100 个字符声明存储空间，并自动地创建一个包含指针的常量 message1，存储的是 message1[0] 的地址。与一般的常量一样，指针常量的指向是明确的，不能被修改。

　　对于字符串，我们可以不按照声明一般数组的方式定义数组的维数和每一维的个数，可以使用新的方法，即用指针创建字符串。例如下面的代码：

　　char *message2="how are you?";

　　message2 和 message1 是不同的。message1 是按照数组定义方式定义的，如：

　　char message1[100]= "how are you?";

　　这种形式要求 message1 有固定的存储该数组的空间，而且，因为 message1 本身是数组名称，一旦被初始化后，再执行下面的语句就是错误的。如：

　　message1= "fine,and you?";

　　message2 本身就是一个指针变量，它通过显式的方式明确了一个指针变量，对 message2 执行了初始化后，再执行下面的代码就是正确的。

　　message2= "fine,and you?";

　　从分配空间的角度来分析，二者也是不同的。message1 指定了一个存储 10 个字符位置的空间。而对于message2 就不同了，它只能存储一个地址，只能保存指定字符串的第 1 个字符的地址。

📝 范例29-1　八进制转十进制。

　　(1) 在 Visual C++ 6.0 中，新建名为 "八进制转十进制 .c" 的【Text File】文件。
　　(2) 在代码编辑窗口输入以下代码（代码 29-1.txt）。

```
01  #include <stdio.h>
02  int main(void)
03  {
04    char *p,s[6];
05    int n;
06    n=0;
07    p=s;      /* 字符指针 p 指向字符数组 s*/
08    printf(" 输入你要转换的八进制数：\n");
09    gets(p);  /* 输入字符串 */
10    while(*(p)!='\0')   /* 检查指针是否都以字符数组结尾 */
11    {
12      n=n*8+*p-'0';     /* 八进制转十进制计算公式 */
13      p++;    /* 指针后移 */
14    }
15    printf(" 转换的十进制是：\n%d\n",n);
16    return 0;
17  }
```

【运行结果】

编译、连接、运行程序，输入 1 个八进制数后按【Enter】键，即可输出结果。

【范例分析】

实现八进制到十进制的转换很简单，但是本范例需要注意的地方是 p=s; 字符指针 p 指向字符串 s，为什么呢？

我们之前介绍过，字符指针 p 只是一个指针变量，它能存储的仅是一个地址，所以执行了 p=s，再用 p接收输入的字符串时，该字符串存储到 s 所代表的存储区域，之后的代码才能正常运行。

29.1.2 处理字符串

本小节介绍指针访问字符串的方法，通过 3 个范例来学习。

> ### 📝 范例29-2　字符串复制。

(1) 在 Visual C++ 6.0 中，新建名为"字符串复制 .c"的【Text File】文件。
(2) 在代码编辑窗口输入以下代码（代码 29-2.txt）。

```
01  #include <stdio.h>
02  int main(void)
03  {
04      char str1[10],str2[10];
05      char *p1,*p2;
06      p1=str1;
07      p2=str2;
08      printf(" 请输入原字符串：\n");
09      gets(p2);
10      for (; *p2!='\0';p1++,p2++)    /* 循环复制 str2 中的字符到 str1*/
11          *p1=*p2;
12      *p1='\0'; /*str1 结尾补 \0*/
13      printf(" 原字符串是：%s\n 复制后字符串是：%s\n",str2,str1);
14      return 0;
15  }
```

【运行结果】

编译、连接、运行程序，输入 1 个字符串后按【Enter】键，即可在命令行中输出结果。

【范例分析】

本范例声明了两个字符串的指针，通过指针移动，赋值字符串 str2 中的字符到 str1，并且在 str1 结尾添加了字符串结束标志。在这里需要说明以下两点。

(1) 如果题目中没有使用指针变量，而是直接在 for 循环中使用了 "str1++" 这样的表达式，程序就会出错，因为 str1 是字符串的名字，是常量。

(2) 如果没有写 "*p1='\0';" 这行代码，输出的目标字符串长度是 9 位，而且很可能后面的字符是乱码，因为 str1 没有结束标志，直至遇见了声明该字符串时设置好的结束标志 "\0"。

范例29-3   字符串连接。

(1) 在 Visual C++ 6.0 中，新建名为 "字符串连接 .c" 的【Text File】文件。
(2) 在代码编辑窗口输入以下代码（代码 29-3.txt）。

```
01  #include <stdio.h>
02  int main(void)
03  {
04    char str1[10],str2[10],str[20];
05    char *p1,*p2,*p;
06    int i=0;
07    p1=str1;
08    p2=str2;
09    p=str;
10    printf(" 请输入字符串 1: \n");
11    gets(p1);
12    printf(" 请输入字符串 2: \n");
13    gets(p2);
14    while(*p1!='\0')     /* 复制 str1 到 str*/
15    {
16      *p=*p1;
17      p+=1;
18      p1+=1;
19      i++;
20    }
21    for (; *p2!='\0';p1++,p2++,p++)        /* 复制 str2 到 str*/
22      *p=*p2;
23    *p='\0';  /*str 结尾补 \0*/
24    printf(" 字符串 1 是: %s\n 字符串 2 是: %s\n 连接后是: %s\n",str1,str2,str);
25    return 0;
26  }
```

【运行结果】

编译、连接、运行程序，依次输入 2 个字符串，按【Enter】键，即可输出结果。

【范例分析】

本范例声明了 3 个字符串指针，通过指针的移动，先把 str1 复制到 str 中，然后把 str2 复制到 str 中。

需要注意的是，复制完 str1 后，指针变量 p 的指针已经移到了下标为 5 的地方，然后再复制时指针继续向后移动，实现字符串连接。

📝 **范例29-4**　已知一个字符串，使用返回指针的函数，实现这样的功能：把该字符串中的"#"号删除，同时把后面连接的字符串前移。

例如原字符串为"abc#def##ghi#jklmn#"，转换后的字符串为"abcdefghijklmn"。
(1) 在 Visual C++ 6.0 中，新建名为"字符串重组 .c"的【Text File】文件。
(2) 在代码编辑窗口输入以下代码（代码 **29-4**.txt）。

```c
01  #include <stdio.h>
02  #include <string.h>
03  char *strarrange(char *arr)
04  {
05    char *p=arr;       /*p 指向数组 */
06    char *t;
07    while(*p!='\0')    /* 数组没有到结束就循环 */
08    {
09     p++;    /* 指针后移 */
10     if(*p=='#')       /* 当指针指向的值是 #*/
11     {
12      t=p;  /*t 指向数组 */
13    }
14      while(*t!='\0')    /* 数组没有到结束就循环 */
15      {
16       *t=*(t+1);        /* 数组前移一位 */
17       t++;  /* 指针后移 */
18      }
19      p--;    /* 指针前移，重新检查该位置值 */
20     }
21   }
22   return arr;
23  }
24  int main(void)
25  {
26    char s[]="abc#def##ghi#jklmn#";
27    char *p;
28    p=s;
29    printf("%s\n",p);
30    printf("%s\n",strarrange(p));
31    return 0;
32  }
```

【运行结果】

编译、连接、运行程序，即可在命令行中输出结果。

【范例分析】

本范例中需要考虑的有以下几点。

(1) 保留当前地址，如代码中的 p=arr 和 t=p，都是这样的含义，用于恢复到当前位置。

(2) 针对连续出现"#"的解决办法，我们采用了先向前移动，然后再重新检查该位置字符的办法，如代码 p--。

范例中的 strarrange() 函数返回了字符指针，该指针始终指向该字符串 s 的首地址。

29.1.3 输出字符串

字符串的输出包括字符数组的输出和字符指针的输出，下面我们来看一下它们分别是怎么输出的。

字符数组的输出：printf("%s\n", string);

或：

```
for ( i = 0; i < 5; i++ )
printf( "%c", string[ i ] ;
```

字符指针的输出：

(1) 整体输出：printf("%s\n", p);
(2) 单字符输出：while (*p != '\0') printf("%c", *p++);
(3) 直接指针的输出：printf("%s\n", p);

▶ 29.2 字符串指针作为函数参数

将一个字符串从一个函数传递到另外一个函数，可以用地址传递的方法，即用字符数组名作参数或用指向字符的指针变量作参数。在被调用的函数中可以改变字符串内容，在主调函数中可以得到改变了的字符串。

字符指针作函数参数与一维数组名作函数参数一致，但指针变量作形参时实参可以直接给字符串。

实参和形参的用法十分灵活，我们可以慢慢去熟悉，这里列出一个表格便于大家记忆。

实参	形参
数组名	数组名
数组名	字符指针变量
字符指针变量	字符指针变量
字符指针变量	数组名

范例29-5　字符串比较。

(1) 在 Visual C++ 6.0 中，新建名为 "字符串比较 .c" 的【Text File】文件。

(2) 在代码编辑窗口输入以下代码（代码 29-5.txt）。

```
01  #include<stdio.h>
02  #include<string.h>
03  int comp_string (char *s1,char *s2)   /* 字符串指针 *s1 和 *s2 作为函数参数 */
04  {
05    while (*s1==*s2)
06    {
07      if(*s1=='\0')           /* 遇到 ' 0'，则停止比较，返回 0*/
08        return 0;
09      s1++;
10      s2++;
11    }
12    return *s1-*s2;
13  }
14  int main(void)
15  {
16    char *a="I am a teacher.";
17    char *b="I am a student.";        /* 定义两个字符串指针 *a 和 *b*/
18     printf("%s\n%s\n",a,b);
19    printf(" 比较结果 : %d\n",comp_string(a,b));
20    return 0;
21  }
```

【运行结果】

编译、连接、运行程序，即可在命令行中输出结果。

【范例分析】

本例主要定义了一个字符串比较函数，当 s1<s2 时，返回为负数；当 s1=s2 时，返回值 = 0。

当 s1>s2 时，返回正数；即两个字符串自左向右逐个字符相比（按 ASCII 值大小相比较），直到出现不同的字符或遇 '\0' 为止。本例中，2 字符串比较到 't' 和 's' 的时候，跳出 while 循环，执行 't'-'s' 的操作，返回正数 1。

▶ 29.3 字符指针变量与字符数组的区别

用字符数组和字符指针变量都可实现字符串的存储和运算。但是两者是有区别的，在使用时应注意以下几个问题。

(1) 字符指针变量本身是一个变量，用于存放字符串的首地址。字符数组是由于若干个数组元素组成的静态的连续存储空间，它可用来存放整个字符串。

> **⚡注意**
>
> 字符指针变量存放的地址可以改变，而字符数组名存放的地址不能改变。

例如：

```
char *p = "hello",*q;
char a[]= "aaaaaaaaa";
char b[]= "bbbbbbbb";
```

合法的语句：

```
q=p
p=a;
```

不合法的语句：

```
a=p;
```

(2) 赋值操作不同。

对于字符指针变量来说，随时可以把一个字符串的开始地址赋值给该变量。而对于字符数组来说，只能在声明字符数组时，把字符串的开始地址初始化给数组名，在后面只能逐个字符赋值。

例如：

合法的语句：

```
char *s1="C Language";
char *s2;
s2= "Hello!" ;
char a[]= "good" ;
```

不合法的语句：

```
char a[100] ;
a= "good" ;
```

有些同学在数组编程时编写了类似下面的代码：

```
int  s[],x,y;
for(i=0;i<10;++i)
s[i]=i;
```

这段代码的错误在于声明 s 数组时没有给出长度，因此系统无法为 s 开辟一定长度的空间。

▶ 29.4 综合应用——"回文"问题

本节通过一个关于"回文"问题的范例，再次熟悉一下本章所讲的指针与字符串的内容。

范例29-6　编程判断输入的一串字符是否为"回文"。

所谓"回文"，是指顺读和倒读都一样的字符串。如"XYZYX"和"xyzzyx"都是"回文"。
(1) 在 Visual C++ 6.0 中，新建名为"回文问题 .c"的【Text File】文件。
(2) 在代码编辑窗口输入以下代码（代码 **29-6.txt**）。

```
01  #include<stdio.h>
02  #include<string.h>
03  int is_sym(char *s)
04  {
05   int i=0,j=strlen(s)-1;
06   while(i<j){
07    if(s[i]!=s[j])
08     return 0;
09    i++;
10    j--;
11    }
12   return 1;
13    }
14  int main(void)
15  {
16   char s[80];
17   printf("Input a string: ");
18   gets(s);
19   if(is_sym(s))
20     printf("YES\n");
21   else
22    printf("NO\n");
23   return 0;
24    }
```

【运行结果】
编译、连接、运行程序，输入字符串，按【Enter】键，即可在命令行中输出结果。

【范例分析】
本例首先定义了字符指针函数，用 while 循环对字符串的首尾进行比较。main() 函数里，定义一个数组，用于存放输入的字符串，然后调用函数，返回值为 0，则输出"NO"，否则输出"YES"。

▶ 29.5 实战练习

1.输入 5 个字符串，输出其中最大的字符串。

2.找出最长的字符串。输入 5 个字符串，输出其中最长的字符串。输入字符串调用函数 scanf("%s",sx)。

3.删除字符串中的字符。输入一个字符串 s，再输入一个字符 c，将字符串 s 中出现的所有字符 c 删除。要求定义并调用函数 delchar(s,c)，它的功能是将字符串 s 中出现的所有 c 字符删除。

4.输入一行文字，统计其中的大写字母、小写字母、空格、数字以及其他字符的个数。

5.编写一个函数，求一个字符串的长度。在 main() 函数中输入字符串，并输出其长度。

6.有一字符串，包含 n 个字符。编写一个函数，将此字符串中从第 m 个字符开始的全部字符复制成为另一个字符串 。

第 **30** 章

指针与结构体

指针变量非常灵活方便，可以指向任一类型的变量。前面已介绍过基本数据类型的指针，如整型指针指向一个整型变量，字符指针指向一个字符型的变量。同样，也可以定义一个结构体类型的指针，让它指向结构体类型的变量。相应地，该结构体变量的指针就是该变量所占内存空间的首地址。

本章要点（已掌握的在方框中打钩）

□ 结构体指针
□ 指向结构体变量的指针
□ 指向结构体数组的指针
□ 综合应用——创建简单链表

▶ 30.1 结构体指针

当用一个指针变量指向一个结构体变量时，该指针被称为结构体指针。通过结构体指针可访问该结构体变量、初始化结构体成员变量。下面就给大家详细介绍结构体指针的使用方法。

30.1.1 定义结构体指针

和其他的指针变量一样，结构体变量的指针在使用前必须先定义，并且要初始化一个确定的地址值后才能使用。

定义结构体指针变量的一般形式如下：

struct 结构体名 * 指针变量名；

例如：struct student *p，stu1。

其中，struct student 是一个已经定义过的结构体类型，这里定义的指针变量 p 是 struct student 结构体类型的指针变量，它可以指向一个 struct student 结构体类型的变量，例如 p=stu。

定义结构体类型的指针也有 3 种方法，和定义结构体类型的变量和数组基本一致，这里不再赘述。

30.1.2 初始化结构体指针

结构体指针变量在使用前必须进行初始化，其初始化的方式与基本数据类型指针变量的初始化相同，在定义的同时赋予其一个结构体变量的首地址，即让结构体指针指向一个确定的地址值。例如：

```
struct student
{
        char name[10];
        char sex;
        struct date birthday;
        int age;
        float score;
}stu,*p=&stu;
```

这里定义了一个结构体类型的变量 stu 和一个结构体类型的指针变量 p，定义的时候编译系统会为 stu 分配该结构体类型所占字节数大小的存储空间，通过 "*p=&stu" 使指针变量 p 指向结构体变量 stu 存储区域的首地址。这样，指针变量 p 就有了确定的值，即结构体变量 stu 的首地址，以后就可以通过它对该结构体变量进行操作。

30.1.3 使用指针访问成员

定义并初始化结构体类型的指针变量后，通过指针变量可以访问它所指向的结构体变量的任何一个成员。例如下面的代码：

```
struct
{
    int a;
    char b;
}m, *p;
p=&m;
```

在这里，p 是指向结构体变量 m 的结构体指针，使用指针 p 访问变量 m 中的成员有以下 3 种方法。

(1) 使用运算符 "."，如 m.a、m.b。

(2) 使用 "." 运算符，通过指针变量访问目标变量，如 (*p).a、(*p).b。

> **注意**
>
> 由于运算符 "." 的优先级高于 "*"，因此必须使用圆括号把 *p 括起来，即把 (*p) 作为一个整体。

(3) 使用 "->" 运算符，通过指针变量访问目标变量，如 p->a、p->b。

说明：结构体指针在程序中使用得很频繁，为了简化引用形式，C 提供了结构成员运算符 "->"，利用它可以简化用指针引用结构成员的形式。并且，结构成员运算符 "->" 和 "." 的优先级相同，在 C 中属于高级运算符。

> **范例30-1**　利用结构体指针访问结构体变量的成员。

(1) 在 Visual C++ 6.0 中，新建名为 "structpoint.c" 的【Text File】文件。
(2) 在代码编辑区域输入以下代码（代码 30-1.txt）。

```
01  #include "stdio.h"
02  void main ()
03  {
04     struct ucode          /* 声明结构体类型 */
05     {
06        char u1;
07        int u2;
08     }a={'c',89},*p=&a;              /* 声明结构体类型指针变量 p 并初始化 */
09     printf("%c %d\n",(*p).u1,(*p).u2);       /* 输出结构体成员变量 a 的值 */
10  }
```

【运行结果】

编译、连接、运行程序，即可在命令行中输出结果。

【范例分析】

本范例中，在声明结构体指针变量 p 时对它进行了初始化，使其指向结构体类型的变量 a，初始化后，就可以通过结构体指针 p 来对变量 a 中的成员进行引用。其中，(*p).u1 等价于 p->u1，也等价于 a.u1；(*p).u2 等价于 p->u2，也等价于 a.u2。因此，对第 9 行代码也可以修改如下：

printf("%c %d\n",p->u1,p->u2);　或　printf("%c %d\n",a.u1,a.u2);

虽书写形式不同，但功能是完全一样的。

30.1.4 **给结构体指针赋值**

我们借助于下面的一段代码来讲解结构体指针的赋值方式。

```
struct ucode
  {
  char u1;
     int u2;
  };
void main ()
```

```
{
    struct ucode a,*p;
    p=&a;
    p->u1='c';
    p->u2=89;
    printf("%c %d\n",a.u1,a.u2);
}
```

上面代码的输出结果和【范例 30-1】的结果一样。

▶30.2 指向结构体变量的指针

当一个指针变量用来指向一个结构变量时，称为结构指针变量。结构指针变量中的值是所指向的结构变量的首地址。通过结构指针即可访问该结构变量，这与数组指针和函数指针的情况是相同的。

结构指针变量说明的一般形式为：

struct 结构名 * 结构指针变量名

例如以下代码：

```
struct stud_type
{
    char name[10];
    int age;
    char sex;
};
main()
{
    struct stud_type student,*p;
    p=&student;
};
```

这里 p 指向结构体变量 student。

> ✎注意

可以按成员类型定义成员指针。

📝 范例30-2　| 指针变量自身的运算。

(1) 在 Visual C++ 6.0 中，新建名为 "指针变量自运算 .c" 的【Text File】文件。
(2) 在代码编辑窗口输入以下代码（代码 30-2.txt）。

```
01  #include <stdio.h>
02  #include <string.h>
03  void main()
04  {
05     struct student
06     {
07        long num;
08        char name[20];
09        float score;
10     };
11     struct student stu_1;
```

```
12    struct student * p;
13    p=&stu_1;
14    stu_1.num=89101;
15    strcpy(stu_1.name,"LiLin");
16    stu_1.score=89.5;
17    printf("No.:%ld\nname:%s\nscore:%.2f\n",stu_1.num,stu_1.name,stu_1.sex,stu_1.score);
18    printf("No.:%ld\nname:%s\nscore:%.2f\n",( * p).num,( * p).name,( * p).sex,( * p).score);
19 }
```

【运行结果】

编译、连接、运行程序，即可在命令行中输出结果。

【范例分析】

在主函数中声明了 struct student 类型，然后定义一个 struct student 类型的变量 stu_1。同时又定义一个指针变量 p，它指向一个 struct student 类型的数据。在函数的执行部分将结构体变量的起始地址赋给指针变量 p，也就是使 p 指向 stu_1，然后对 stu_1 的各成员赋值。第 1 个 printf() 函数的功能是输出 stu_1 各成员的值。用 stu_1.num 表示 stu_1 中的成员 num，依此类推。第 2 个 printf() 函数也用来输出 stu_1 各成员的值，但使用的是 (* p).num 这样的形式。(* p) 表示 p 指向的结构体变量，(*p).num 是 p 指向的结构体变量中的成员 num。注意，* p 两侧的括号不可省略，因为成员运算符 "." 优先于 "*" 运算符，* p.num 就等价于 *(p.num)。

▶30.3 指向结构体数组的指针

结构体指针变量的使用与其他普通变量的指针使用方法和特性是一样的。结构体变量指针除了指向结构体变量，还可以用来指向一个结构体数组。此时，指向结构体数组的结构体指针变量加 1 的结果是指向结构体数组的下一个元素，那么结构体指针变量地址值的增量大小就是 "sizeof(结构体类型)" 的字节数。

例如，有以下代码：

```
struct ucode
{
        char u1;
        int u2;
} tt[4],*p=tt;
```

这里定义了一个结构体类型的指针 p，指向结构体数组 tt 的首地址，即初始时指向数组的第 1 个元素，那么 (*p).u1 等价于 tt[0].u1，(*p)u2 等价于 tt[0].u2。如果对 p 进行加 1 运算，则指针变量 p 指向数组的第 2 个元素，即 tt[1]，那么 (*p).u1 等价于 tt[1].u1，(*p)u2 等价于 tt[1].u2。总之，指向结构体类型数组的结构体指针变量使用起来并不复杂，但要注意区分以下情况。

p->u1++	/* 等价于 (p->u1)++，先取成员 u1 的值，再使 u1 自增 1*/
++p->u1	/* 等价于 ++(p->u1)，先对成员 u1 进行自增 1，再取 u1 的值 */
(p++)->u1	/* 等价于先取成员 u1 的值，用完后再使指针 p 加 1*/
(++p) ->u1	/* 等价于先使指针 p 加 1，然后再取成员 u1 的值 */

📝 范例30-3　指向结构体数组的指针的应用。

(1) 在 Visual C++ 6.0 中，新建名为 "stru_arrpoint.c" 的【Text File】文件。

(2) 在代码编辑区域输入以下代码（代码 30-3.txt）。

```
01  #include "stdio.h"
02  void main()
03  {
04    struct ucode
05    {
06      char u1;
07      int u2;
08    }tt[4]={{'a',97},{'b',98},{'c',99},{'d',100}};        /* 声明结构体类型的数组并初始化 */
09    struct ucode *p=tt;
10    printf("%c %d\n",p->u1,p->u2);            /* 输出语句 */
11    printf("%c\n",(p++)->u1);     /* 输出语句 */
12    printf("%c %d\n",p->u1, p->u2++);      /* 输出语句 */
13    printf("%d\n",p->u2);        /* 输出语句 */
14    printf("%c %d\n",(++p)->u1,p->u2);    /* 输出语句 */
15    p++;    /* 结构体指针变量增 1*/
16    printf("%c %d\n",++p->u1,p->u2);     /* 输出语句 */
17  }
```

【运行结果】

编译、连接、运行程序，即可在命令行中输出结果。

【范例分析】

首先，p 指向 tt[0]，第 8 行的输出结果为 a97。第 9 行的输出项 (p++)->u1 是先取成员 u1 的值，再使指针 p 增 1，因此输出 a，p 指向 tt[1]。第 12 行 p->u2++ 与 (p->u2)++ 等价，输出 tt[1] 的成员 u2 的值，再使 u2 增 1，因此输出结果是 b98，同时 u2 的值增 1 后变为 99。第 13 行即输出结果 99。第 14 行 (++p)->u1 先使 p 自增 1，此时指向 tt[2]，输出结果为 c99。第 15 行 p 自增 1，指向 tt[3]。第 16 行的 ++p->u1 等价于 ++(p->u1)，成员 u1 的值增加 1，因此输出结果为 e100。

▶30.4 综合应用——创建简单链表

本节通过一个创建单链表的范例，再次熟悉本章所讲的指针内容。

范例30-4　创建简单链表。

单链表是一种简单的链表表示，也叫作线性链表。用它来表示线性表时，用指针表示节点间的逻辑关系。因此单链表的一个存储节点包含两部分内容。

data	link

data 部分称为数据域，用于存储线性表的一个数据元素。**link** 部分称为指针域，用于存放一个指针，该指针指示该链表下一个节点的开始存储地址。

a1		→	a2		→	a3		→	a4	^

单链表的第 1 个节点也可称为首节点，它的地址可以通过链表的头指针找到，其他节点的地址通过前驱节点的 link 域找到，链表的最后一个节点没有后继，则在 link 域放一个空指针 NULL，图中用 ^ 表示。

（1）在 Visual C++ 6.0 中，新建名为"创建简单链表 .c"的【Text File】文件。

（2）在代码编辑窗口输入以下代码（代码 30-4.txt）。

```
01  #include "stdlib.h"
02  #include "stdio.h"
03  struct list
04  {
05    int data;
06    struct list *next;
07  };
08  typedef struct list node;
09  typedef node *link;
10  void main()
11  {
12    link ptr,head;        /* 创建对象指针对象 */
13    int num,i;
14    ptr=(link)malloc(sizeof(node));          /* 分配空间 */
15    head=ptr;             /* 分配空间 */
16    printf("please input 5 numbers==>\n"); /* 输入数据 */
17    for(i=0;i<=4;i++)  /* 循环创建对象指针对象 */
18    {
19      scanf("%d",&num);
20      ptr->data=num;  /* 对象赋值 */
21      ptr->next=(link)malloc(sizeof(node)); /* 分配空间 */
22      if(i==4)
23        ptr->next=NULL;          /* 最后一个指针指向空 */
24      else
25        ptr=ptr->next;   /* 指针指向下一个对象 */
26    }
27    ptr=head;
28    while(ptr!=NULL) /* 对象不为空就输入值 */
29    {
30      printf("The value is ==>%d\n",ptr->data);
31      ptr=ptr->next;
32    }
33  }
```

【运行结果】

编译、连接、运行程序，输入 5 个数据，按【Enter】键，即可在命令行中输出结果。

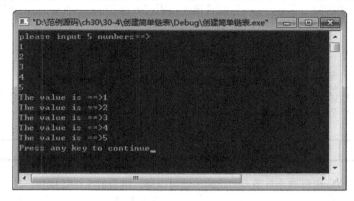

【范例分析】

使用指针，我们创建了一个简单链表，前一个指针指向后一个数据，这样构成一个链状的数据，运行时键入的 5 个数据就会自动地构成这样一个结构，故输出时自然会一个接一个输出。

▶30.5 高手点拨

结构类型的数据往往由许多成员组成，结构指针实际指向结构变量中的第一个成员。

结构体类型的指针在初始化时只能指向一个结构体类型的变量。

指向结构体变量的指针是指向结构体变量的，即结构体变量的首地址。

当指向成员时，用 (*P).name 或 P->name，不能用 P.name 表示，此方式是变量的成员表示。

▶30.6 实战练习

1. 输入若干个学生的信息（包括学号、姓名和成绩），输入学号为 0 时输入结束。建立一个单向链表，再输入一个成绩值，将成绩大于等于该值的学生信息输出。

2. 输入若干个正整数（输入 -1 为结束标志），要求按输入数据的逆序建立一个链表并输出。

3. 输入若干个正整数（输入 -1 为结束标志），并建立一个单向链表，将其中的偶数值节点删除后删除。

4. 有 2 个已按升序排列的单向链表，头指针分别为 list1 和 list2，链表中每一个节点的数据域是一个整数。请编写一个函数，将 2 个链表拼成 1 个链表并对新链表升序排列后，返回新链表。

5. 有一个单向链表，头指针为 L，节点的数据域是一个整数，将链表 L 中奇数值的节点重新组成一个新的链表 NEW，并输出新建链表。

第31章

31

指针的高级应用与技巧

指针是 C 语言的精华，是 C 语言的灵魂。本章将在前面章节的基础上对指针的使用再进行深入探讨，使读者更好地理解指针在具体程序中的使用。

本章要点（已掌握的在方框中打钩）

☐ 指向指针的指针
☐ void 指针
☐ 内存操作
☐ 指针的传递
☐ 综合应用——数值的降序排列

▶ 31.1　指向指针的指针

由于指针是一个变量，在内存中占据一定的空间，并且具有一个地址，这个地址也可以利用指针来保存。因此，可以声明一个指针来指向它，这个指针称为指向指针的指针，也称为二级指针。一般来说，声明指向指针的指针的形式如下：

存储类型　数据类型 ** 指针变量名

其中，参数说明如下。

两个星号"**"表示二级指针。

数据类型是指通过两次间接寻址后所访问的变量类型。

例如，下面语句声明了一个指向指针的指针 pp，其指向指针 p。

int i,*p=&i;

int **pp=&p;

读者可以看出，指向指针的指针中存储的是指针的地址。

📝 **范例31-1**　　定义了一个指向指针的指针pp。

(1) 在 Visual C++ 6.0 中，新建名为"指向指针的指针 .c"的【Text File】文件。
(2) 在代码编辑窗口输入以下代码（代码 31-1.txt）。

```
01  #include <stdio.h>
02  void main()
03  {
04      int a;
05      int *p=&a;              /* 定义整型指针 p 并初始化 */
06      int **pp=&p;            /* 定义指向指针的指针 pp，并初始化 */
07      a=10;
08      printf ("a= %d\n",a);      /* 输出 a, p, pp 等值 */
09      printf ("p= %d\n",p);
10      printf ("*p= %d\n",*p);
11      printf ("*pp= %d\n",*pp);
12      printf ("**pp= %d\n",**pp);
13  }
```

【运行结果】

编译、连接、运行程序，即可在命令行中输出结果。

【范例分析】

该示例定义了指针 p 和指向指针的指针 pp，其中，p 指向整型变量 a。pp 指向 p，该程序其输出了 p 和 pp 的各种值，运行后，其返回结果如上图所示。

读者可以看出，上述程序中 p 指向的是变量 a，因此 *p 的值为 10，p 的值为变量 a 的存储地址。而 pp 指向指针 p，因此 *pp 的地址为指针 p 的值，即变量 a 的存储地址，而 **pp 才是变量 a 的值，也即 10。这就符合了上述输出结果。

> **注意**
>
> 在实际的程序中，初学者容易混淆指向指针的指针及指针的值，除非特殊情况，否则一般不建议初学者使用指向指针的指针。

▶ **31.2　void 操作**

在 **C** 语言中，可以声明指向 **void** 类型的指针，指向 **void** 类型的指针称为 **void** 指针。**void** 在 C 语言中表示"无类型"，**void** 指针则为无类型指针，**void** 指针可以指向任何类型的数据。C 语言中引入 **void** 指针的目的在于两个方面，一是对函数返回的限定，二是对函数参数的限定。

此外，前面章节提到了，一般来说只能用指向相同类型的指针给另一个指针赋值，而在不同类型的指针之间进行赋值是错误的。比如：

```
int a,b;
int *p1=&a,*p2=p1;    /* 正确 */
int a;
int *p1=&a;
double *p2=p1;     /* 错误 */
```

> **注意**
>
> 上述语句中的两个指针 **p1，p2** 指向的类型不同，因此，除非进行强制类型转换，否则它们之间不能相互赋值。

如果在 VC 中编译如上类型不同的指针赋值，编译器将给出"Suspicious pointer conversion"的错误，void 指针对于上述出现的错误而言是一个特例，C 语言允许使用 void 指针，任何类型的指针都可以赋值给它，即不指定指针指向一个固定的类型。C 语言中 void 指针的定义格式为：

```
void *p;
```

上述定义表示指针变量 p 不指向一个确定的类型数据，其作用仅仅是用来存放一个地址。void 指针可以指向任何类型的 C 数据。也就是说，可以用任何类型的指针直接给 void 指针赋值。例如，下面语句在 C 语言中是合法的。

```
 int *p1;
void *p2;
p2=p1;
```

需要注意的是，void 类型指针可以接收其他数据类型指针的赋值，但如果需要将 void 指针的值赋给其他类型的指针，则还是需要进行强制类型转换。例如，下面语句也是合法的。

```
int *p1,p3;
void *p2;
p2=p1;
p3=(int *)p2;
```

上述语句将 void 类型的指针 p2 赋值给 int 指针 p3 时就用了强制类型转换，如果不加"(int*)"进行类型转换，上述语句就是错误的。这就是说，任何类型的指针都可以直接给 void 指针赋值，但 void 指针并不能给任何类型的指针赋值。

📝 范例31-2　定义了 void 指针，实现指针强制类型转换。

（1）在 Visual C++ 6.0 中，新建名为"指针强制类型转换 .c"的【Text File】文件。

（2）在代码编辑窗口输入以下代码（代码 **31-2.txt**）。

```
01  #include <stdio.h>
02  void main()
03  {
04    int a=10;
05    int *p1=&a;              /* 定义整型指针 p1 并初始化 */
06    void *p2=p1;             /* 定义 void 指针 p2 并赋初值 */
07    int *p3;
08    p3=(int *)p2;            /* 强制类型转换 */
09    printf ("*p1= %d\n",*p1);   /* 输出这些指针各自指向的值 */
10    printf ("p2= %d\n",p2);
11    printf ("*p3= %d\n",*p3);
12  }
```

【运行结果】

编译、连接、运行程序，即可在命令行中输出结果。

```
*p1= 10
p2=  1638212
*p3= 10
Press any key to continue
```

【范例分析】

上述代码中定义了整型指针 p1 和 p3，此外还定义了 void 指针 p2。在 TC 2.0 中编译运行上述程序，将 p1 和 p3 指向的值输出，将 p2 的地址输出，其返回结果如上图所示。

读者可以看出，上述输出只输出了 p2 的地址，而不是 p2 指向的值 *p2，这是因为 TC 2.0 中不支持 void 指针的输出，读者可自行验证。此外，上述代码在用 void 指针 p2 对整型指针 p3 进行初始化时，使用了强制类型转换来实现。

一般地说，void 关键字在 C 语言程序中使用较多，其功能比较丰富，除了可以将其声明 void 指针外，还可以作为函数返回值等。在 C 语言中使用 void 关键字，需要注意如下事项。

（1）如果函数没有返回值，应声明为 void 类型。在 C 语言中，凡不加返回值类型限定的函数就会被编译器作为返回整型值处理。例如，本书前面章节许多示例的主函数没有限定返回值，而直接写 main()，这样就相当于 int main()，而不是 void main()。

（2）如果函数不接受参数，应指明参数为 void。在 C 语言中，可以给无参数的函数传送任意类型的参数，如果该函数不接受参数，指明其参数为 void 后，该函数将不能接受参数。例如，声明函数 fun(void) 后，其不能再接受参数及其传递。

（3）不能对 void 指针进行算术运算。ANSI 标准规定不能对 void 指针进行算术运算，因此声明 void 指针 p后，p++，p−− 等都是不合法的。

(4) 如果函数的参数可以是任意类型指针，那么应声明其参数为 void *，即 void 指针型。void 不能代表一个真实的变量。在 C 语言中定义 void 变量时不合法的，例如，语句 void a; 就是错误的。

void 指针不等同于空指针，void 指针是指没有指向任何数据的指针，即其指向的是一块空的内存区域，而空指针是指向 NULL 的指针，其指向的是具体的区域。

▶ 31.3 内存操作

读者知道，C 语言之所以被称为中级语言，主要原因之一是其能够对内存进行操作。本节将就 C 语言内存操作的函数及其应用进行简要介绍。

01 内存分配方式

事实上，在 C 语言中有 3 种内存的分配方式，在具体应用中，程序员可以根据不同的需要选择不同的分配方式，主要如下所示。

(1) 从静态存储区域分配。该方式是指内存在程序编译是已经分配好的，这块内存在程序的整个运行期间都存在。如全局变量、static 变量等就属于该方式。

(2) 在栈上创建。在执行函数时，函数内部、局部变量的存储单元都可以在栈上创建，函数执行结束时这些存储单元自动被释放。栈内存分配运算内置于处理器的指令集中，效率很高，但是分配的内存容量有限。

(3) 从堆上分配。该方式也称动态内存分配。程序在运行的时候用 malloc() 函数申请任意的内存，程序员自己负责在何时用 free() 函数释放内存。动态内存的生存期由用户自己决定，使用非常灵活。

读者可以看出，第 1 种方式和第 2 种方式都是通过变量的定义、类型和变量的作用域来决定其采用哪一种分配方式，这些操作在前面章节声明变量中已经具体讲解，此处将具体介绍第 3 种方式，即动态内存分配的相关知识。

02 内存操作函数

通过前面的学习读者知道，C 语言中进行内存管理比较灵活的是动态内存分配部分，其提供了几个常用函数来实现用户对内存的操作。

(1) malloc() 函数 /calloc() 函数。

在 C 语言中，malloc() 函数和 calloc() 函数都是用于进行动态内存分配的函数，其函数原型分别如下所示：

```
void *malloc(size_t size);
void *calloc(size_t num,size_t size);
```

其中，参数 size 表示分配内存块的大小，参数 num 表示分配内存块的个数。这两个函数的返回类型都是 void 指针型，也即其返回后的结果可赋值给任意类型的指针。这两个函数执行成功返回分配内存块的首地址，失败则返回 NULL。

范例31-3 分配一个整型变量的内存空间给一个变量，分配成功后在该内存块中赋一个值。

(1) 在 Visual C++ 6.0 中，新建名为"分配内存空间 .c"的【Text File】文件。

(2) 在代码编辑窗口输入以下代码（代码 **31-3.txt**）。

```
01  #include <stdio.h>
02  #include <stdlib.h>        /* 包含头文件 */
03  void main()
04  {
05      int *p=NULL;           /* 定义整型指针并初始化为空 */
06      p=(int *)malloc(sizeof(int));    /* 为指针 p 分配内存空间 */
```

```
07    if(p==NULL)              /* 分配失败 */
08    {
09      printf("malloc error\n");        /* 输出错误提示 */
10      exit(1);                    /* 异常退出 */
11    }
12    *p=10;                /* 指针赋值 */
13    printf("malloc Successful\n");
14    printf("*p= %d\n",*p);          /* 输出 p 指向的值 */
15  }
```

【运行结果】

编译、连接、运行程序，即可在命令行中输出结果。

【范例分析】

读者可以看出，上述程序分配一个整型变量的空间给指针 p，其空间大小为 sizeof(int)，即该计算机中整型数据类型 int 的长度。为使返回值为 int 类型指针，在前面使用强制类型转换 (int)，使用 malloc() 函数进行动态内存分配。如果分配不成功，则输出错误提示信息并退出程序，否则将一个常量 10 赋给该变量并输出。

此外，malloc() 和 calloc() 都可以分配内存区，但 malloc() 一次只能申请一个内存区，calloc() 一次可以申请多个内存区。另外，calloc() 会把分配来的内存区初试化为 0，malloc() 不会进行初始化，读者可自行验证 calloc() 函数的功能。

> **注意**
>
> 上述程序为指针 p 动态分配了一个整型内存空间，使用完成后并没有将其释放，这是不允许的，否则将导致内存空间一直被占用。

(2) free() 函数。

通过 malloc() 函数和 calloc() 函数动态分配的内存空间使用完成后，需要将这些空间释放，否则这些空间将一直被占用，导致内存空间越来越小。为解决该问题，C 语言中引入了 free() 函数，用来释放动态分配的内存空间。C 语言中，free() 的函数原型如下所示。

void free(void *ptr);

其中，参数 ptr 为使用 malloc() 或 calloc() 等内存分配函数所返回的内存指针。此外，free() 函数没有返回值。

📝 范例31-4   在上述分配内存的示例中加上free()函数。

(1) 在 Visual C++ 6.0 中，新建名为 "free 函数 .c" 的【Text File】文件。
(2) 在代码编辑窗口输入以下代码（代码 31-4.txt）。

```
01  #include <stdio.h>
```

```
02  #include <stdlib.h>          /* 包含头文件 */
03  void main()
04  {
05      int *p=NULL;
06      p=(int *)malloc(sizeof(int));    /* 分配内存空间 */
07      if(p==NULL)               /* 分配失败 */
08      {
09          printf("malloc error\n");
10          exit(1);
11      }
12      *p=10;
13      printf("malloc Successful\n");
14      printf("*p= %d\n",*p);
15      free(p);                  /* 释放内存空间 p */
16      printf ("free Successful\n");
17  }
```

【运行结果】

编译、连接、运行程序，即可在命令行中输出结果。

【范例分析】

读者可以看出，free() 函数可以释放由 malloc() 或 calloc() 等内存分配函数分配的内存。当程序很大时，期间可能要多次动态分配内存，如果不及时释放，程序将要占用很大内存。因此，free() 函数一般都是和 malloc() 函数或 calloc() 函数等成对出现的。

> **📑注意**
>
> 如果指针 ptr 所指内存已被释放或是未知的内存地址，则可能有无法预期的情况发生。如果参数为 NULL，则 free() 函数不会有任何作用。

▶ 31.4 指针的传递

指针的传递本质上是值传递的方式，它所传递的是一个地址值。值传递过程中，被调函数的形式参数作为被调函数的局部变量处理，即在栈中开辟了内存空间以存放由主调函数放进来的实参的值，从而成为实参的一个副本。值传递的特点是被调函数对形式参数的任何操作都是作为局部变量进行的，不会影响主调函数的实参变量的值。实参指针本身的地址值不会变。

▶ 31.5 综合应用——数值的降序排列

指针的应用非常广泛也非常灵活，熟练地运行指针是掌握好 C 语言的标志之一。下面的示例使用了动态内存分配、指针作为函数的参数及函数的调用，通过这个示例复习一下本章的知识。

📋 范例31-5　实现将3个数值进行降序排列。

(1) 在 Visual C++ 6.0 中，新建名为"数值降序排列 .c"的【Text File】文件。
(2) 在代码编辑窗口输入以下代码（代码 31-5.txt）。

```
01  #include <stdio.h>
02  #include <stdlib.h>
03  void fun(int *a,int *b)           /* 定义参数为指针的函数 fun */
04  {
05    int temp;
06    temp=*a;                        /* 交换参数的值 */
07    *a=*b;
08    *b=temp;
09  }
10  void exchange(int *a,int *b,int *c)    /* 定义参数为指针的函数 exchange */
11  {
12  if (*a<*b)                        /* 指针 a 指向的参数小于 b 指向的参数 */
13  fun(a,b);                         /* 调用函数 fun 进行交换 */
14  if (*a<*c)
15  fun(a,c);                         /* 交换 a，c 的值 */
16  if (*b<*c)
17  fun(b,c);                         /* 交换 b，c 的值 */
18  }
19  void main()
20  {
21  int *p1=(int *)malloc(sizeof(int));    /* 定义指针并分配空间 */
22  int *p2=(int *)malloc(sizeof(int));
23  int *p3=(int *)malloc(sizeof(int));
24  printf ("Please input 3 numbers:\n");
25  scanf ("%d%d%d",p1,p2,p3);        /* 输入 3 个指针指向的整型值 */
26  exchange(p1,p2,p3);               /* 以指针为实参调用 exchange 函数 */
27  printf ("Output:\n");
28  printf ("*p1= %d\t*p2= %d\t*p3= %d\n",*p1,*p2,*p3);  /* 输出交换后的值 */
29  free(p1);                         /* 释放内存空间 */
30  free(p2);
31  free(p3);
32  }
```

【运行结果】

编译、连接、运行程序，输入 3 个整数即可在命令行中输出结果。

【范例分析】

读者可以看出，上述代码中，首先定义了包含两个引用作为参数的函数 fun()，用于交换两个变量的值，然后定义了包含 3 个引用作为参数的函数 exchange()，在该函数中又调用了 fun() 函数，实现 3 个变量值的交换。执行该函数时读者可以看出，其结果是 3 个变量中最大的值存储在 p1 所指向的地址中，次大的值存储在 p2 所指向的地址中，而最小的值存储在 p3 所指向的地址中。程序一开始就分配了 3 个内存空间，并为其赋值，交换后输出，最后释放这 3 个空间。

利用指针变量可以表示各种数据结构，能很方便地使用数组和字符串，并能像汇编语言一样处理内存地址，从而编出精练而高效的程序。指针极大地丰富了 C 语言的功能。学习指针是学习 C 语言中十分重要的一环，能否正确理解和使用指针是用户是否掌握 C 语言的一个标志。

同时，学习指针也是学习 C 语言中十分困难的一部分，在学习中除了要正确理解基本概念，还必须要多编程，多上机调试。只要做到这些，指针是不难掌握的。

▶ 31.6 高手点拨

对于初学者来说，使用 C 语言进行内存操作经常会出现错误。一般来说，进行动态内存分配需要注意很多问题，其常见的错误及解决办法如下所示。

(1) 内存分配未成功却被使用了。这种问题是新手非常容易犯的错误，因为其没有意识到内存分配会不成功。一般来说，该问题常用的解决办法是，在使用内存之前检查指针是否为 NULL。即在使用该分配的内存空间前，添加类似如下的判断语句。

```
if(p==NULL)
{
printf("malloc error\n");
exit(1);
}
```

(2) 内存分配成功，但是尚未初始化就引用。犯这种错误有两个原因，一是没有初始化的观念；二是以为内存的默认初值全为零，导致引用初值错误。内存的默认初值并没有统一的标准，尽管有些时候为零，但其不是一定为零，所以使用前一定不能忘了赋初值。

(3) 内存分配成功而且已经初始化，但越过了内存的边界。例如，定义一个数组长度为 10，但是在循环的时候不小心循环了 11 次，就导致了数组越界。

(4) 忘记释放内存，造成内存泄漏。如果犯了这种错误，则函数每被调用一次就丢失一块内存。最终导致系统内存耗尽。因此，动态的申请与释放必须配对。

(5) 释放了内存却继续使用，一般而言有 3 种情况。程序中的对象调用关系过于复杂，实在难以搞清楚某个对象究竟是否已经释放了内存，此时应该重新设计数据结构，从根本上解决对象管理的混乱局面。函数的 return() 语句写错了，注意不要返回指向栈内存的指针或者引用，因为该内存在函数体结束时被自动销毁。使用 free() 函数释放内存后，没有将指针设置为 NULL。

▶ 31.7 实战练习

1. 编写一个函数 Memory()，对 m 个字符开辟连续的存储空间，此函数应返回一个指针（地址），指向字符串开始的空间。Memory(m) 表示分配 m 个字节的内存空间。

2. 利用指针的传递知识，输入数字月份，实现输出英语月份

3. 用指向指针的指针的方法对 3 个字符串排序并输出

4. 用指向指针的指针的方法对 m 个整数排序并输出。要求排序过程单独写在一个函数 order() 中。m 个数在主函数 main() 中输入，最后在函数 main() 中输出。

第 V 篇

趣味题解

第 **32** 章

K- 均值聚类算法

空间聚类分析方法是空间数据挖掘理论中一个重要的领域，是从海量数据中发现知识的一个重要手段。K-means（均值）算法在空间聚类算法中应用非常广泛，同时它也在聚类分析中起着重要的作用。随着空间数据的不断膨胀，海量的空间数据的大小和复杂性在快速增长，远远超出了人们的解译能力，从这些空间数据中发现邻域知识迫切需要一种空间聚类算法。

本章要点（已掌握的在方框中打钩）

□ 问题描述

□ 问题分析及实现

□ 开发过程常见问题及解决

▶ 32.1　问题描述

　　首先从数据集中随机选取 **K** 个点作为初始聚类中心，然后计算各个样本到聚类中心的距离，把样本归到离它最近的那个聚类中心所在的类。计算新形成的每一个聚类的数据对象的平均值来得到新的聚类中心，如果相邻两次的聚类中心没有任何变化，说明样本调整结束，聚类准则函数已经收敛。本算法的一个特点是在每次迭代中都要考察每个样本的分类是否正确。若不正确，就要调整，在全部样本调整完后，再修改聚类中心，进入下一次迭代。如果在一次迭代算法中，所有的样本被正确分类，则不会有调整，聚类中心也不会有任何变化，这标志着已经收敛，因此算法结束。

▶ 32.2　问题分析及实现

　　拿到一个要求实现的算法问题，首先要看清、想明、把握每一个细节。只有这样，才能顺利地实现算法。以下将仔细地分析问题并实现算法。

32.2.1　问题分析

　　算法：K-means。划分的 K-means 算法基于类中对象的平均值。

　　输入：类的数目 K 和包含 N 个对象的数据库。

　　方法：

　　(1) 对于数据对象集，任意选取 K 个对象作为初始的类中心。

　　(2) 根据类中对象的平均值，将每个对象重新赋给相似的类。

　　(3) 更新类的平均值，即计算每个类中对象的平均值。

　　(4) 重复步骤(2)、(3)。

　　(5) 直到不再发生变化。

32.2.2　问题实现

　　本小节就来实现这个算法，具体代码如下。

01 计算三个数的最小值，返回其序号，代码如下（代码 32-1.txt）。

```
01  int minDist(double x,double y,double z)
02  {
03    if(x<=y&&x<=z)
04       return 0;
05    if(y<x&&y<=z)
06       return 1;
07    if(z<x&&z<y)
08       return 2;
09  }
```

02 计算当前点到中心点的距离，代码如下（代码 32-2.txt）。

```
01  double distA(int i,int j)
02  {
03    double distx,disty,distz,dist;
04    distx=(double)x[i][0]-(double)newcentral[j][0];
05    disty=(double)x[i][1]-(double)newcentral[j][1];
06    distz=(double)x[i][2]-(double)newcentral[j][2];
```

```
07    dist=sqrt(distx*distx+disty*disty+distz*distz);
08    return dist;
09  }
```

03 **更新类的中心点，代码如下（代码 32-3.txt）。**

```
01    for(i=0;i<3;i++)   /* 新旧中心点赋初值 */
02    for(j=0;j<3;j++)
03    {
04    newcentral[i][j]=(double)x[i][j];
05    oldcentral[i][j]=-9999.0;
06    }
07    for(i=0;i<3;i++) /* 头 3 个点作为初始的中心点 */
08    {
09    clas[i]=i;   /* 假设第零个点属于第 0 类，第一个点属于第 1 类……*/
10    }
11    while(1)  /* 无限循环，退出条件是新旧中心点的距离小于 0.005*/
12    {
13    for(i=0;i<3;i++)  /* 记录每一类的个数的数组赋初值 */
14    count[i]=0;
15    for(i=0;i<15;i++)  /* 对 15 个点分别计算到中心点的距离 */
16    {
17    for(j=0;j<3;j++)
18    dist[j]=distA(i,j);
19         clsno=minDist(dist[0],dist[1],dist[2]); /* 求距离最小值，返回距离最小的对应中心坐
标 */
20         clas[i]=clsno; /* 将此点归到距离最小的那一类 */
21         count[clsno]++;  /* 这一类（编号为 clsno）数目加 1 */
22       }
23     for(i=0;i<3;i++) /* 新中心点的坐标复制到旧中心点数组中，因新中心点需重新计算 */
24       for(j=0;j<3;j++)
25         oldcentral[i][j]=newcentral[i][j];
26     for(i=0;i<3;i++)   /* 对新中心点坐标赋初值，进行下面的计算 */
27       for(j=0;j<3;j++)
28         newcentral[i][j]=0.0;
29     for(i=0;i<15;i++) /* 对每一类的坐标点计算其坐标之和 */
30       for(j=0;j<3;j++)
31         newcentral[clas[i]][j] +=x[i][j];
32     for(i=0;i<3;i++) /* 坐标之和除以 count 数组元素，即得中心点坐标 */
33       for(j=0;j<3;j++)
34         newcentral[i][j]=newcentral[i][j]/count[i];
35     int flag=0;  /* 标志 */
```

04 判断是否满足收敛，代码如下（代码 32-4.txt）。

```
01    for(i=0;i<3;i++) /* 求新旧中心点的距离 */
02    {
03    cenLx=newcentral[i][0]-oldcentral[i][0];
04    cenLy=newcentral[i][1]-oldcentral[i][1];
05    cenLz=newcentral[i][2]-oldcentral[i][2];
06    cenL=sqrt(cenLx*cenLx+cenLy*cenLy+cenLz*cenLz);
07    if(cenL>0.005) /* 只要有一个距离过大，表明未收敛，重新开始循环 */
08    flag=1;
09    }
10    if(flag!=1) /* 只有当标志未被设置，退出 while 循环 */
11    break;
12    }
```

05 输出，代码如下（代码 32-5.txt）。

```
01    for(i=0;i<15;i++)  /* 打印 15 个点各自所属的类 */
02    {
03    printf("point %d(%d,%d,%d) belongs to class %d\n",i,x[i][0],x[i][1],x[i][2],clas[i]);
04    }
05       getchar();
06    }
```

32.2.3 程序运行

单击【调试】工具栏中的 **!** 按钮，即可输出结果。

【结果分析】

输入 15 个点 x[15][3]={{3,1,0},{3,2,0}···}，选其中任意 3 个点 z1、z2、z3 作为基本点，比较其余 12 点与这 3 点之间的距离，例如，某一点到 z2 的距离小于到 z1、z3 的距离，它就和 z2 算是一个类 cluster2。这样找出 12 个点分别属于哪个 cluster，划分好所有点之后一共分 3 个 cluster，求出各个 cluster 所拥有点的中心 z1'、z2'、z3'，然后再以这三个新中心点求出原 15 个点到这 3 个点之间的距离并划分成新的 3 个 cluster，再求新的 cluster 各点的中心，接着求出 15 个点分别属于哪个新的 cluster，然后一次循环下去，直到得到的中心值不变，printf 出三个不变的中心值坐标，15 个点分别属于哪个中心所在的 cluster。

▶32.3 开发过程常见问题及解决

开发过程常见问题及解决办法如下，仅供参考。

(1) 如果出现"warning C4013: 'sqrt' undefined; assuming extern returning int"的编译警告，通常需要在程序开头添加数学函数头文件"#include <math.h>"。

(2) 此程序的难点之一是如何采用两阶段反复循环过程算法，让数据元素不再重新被分配。这点在程序中已经给出一个注释，希望读者细细体会。

(3) 此程序的另一个难点是指定数据属于某个聚类，使得它与这个聚类的中心的距离比它与其他聚类中心的距离要近。

第**33**章

哥德巴赫猜想

从哥德巴赫猜想（Goldbach Conjecture）提出至今，许多数学家都在不断地努力想攻克它，但都没有成功。本章使用 C 语言从算法问题入手，一步步实现一个验证"猜想"结论正确性的程序。

本章要点（已掌握的在方框中打钩）

☐ 问题描述
☐ 问题分析及实现
☐ 开发过程常见问题及解决

▶ 33.1 问题描述

哥德巴赫猜想大致可以分为以下两个猜想。

(1) 二重哥德巴赫猜想：每个不小于 6 的偶数都可以表示为两个奇素数之和，如下：
6=3+3；8=3+5；10=5+5……

(2) 三重哥德巴赫猜想：每个不小于 9 的奇数都可以表示为 3 个奇素数的和，如下：
9=3+3+3；11=3+3+5；13=3+5+5

在这里，我们以二重哥德巴赫猜想作为研究对象，通过编写 C 语言程序来验证"猜想"的正确性。

▶ 33.2 问题分析及实现

拿到一个要求实现的算法问题，首先要看清、想明、把握每一个细节。只有这样，才能顺利地实现算法。由问题描述"每个不小于 6 的偶数都可以表示为两个奇素数之和"可知，我们要实现的是判断任何一个大于 6 的偶数都可以由两个素数相加。以下将仔细地分析问题并实现算法。

33.2.1 问题分析

我们将要编写的程序，就是为了验证哥德巴赫猜想中提到的任何一个偶数，即对大于 6 的偶数 n 可以分解成两个素数的和，这个结论是否正确。所以，程序应该可以输入一个数，判断是否为偶数，将这个偶数分解成一个小素数和一个大素数。再分别判断小素数与大素数之和是否等于这个偶数。而且，需要将结果打印输出。

在编程之前，需要明确两个数学概念：素数和偶数。

(1) 素数就是质数，指在一个大于 1 的自然数中，除了 1 和此整数自身外，无法被其他自然数整除的数。换句话说，只有两个正因数（1 和数自身）的自然数即为素数。

(2) 偶数就是能被 2 整除的自然数，如 2、4、6、8……

根据题目，要求是奇素数，即这个素数不可以是 2，一定要大于 2。我们需要划分以下两个子模块。

(1) 判断一个数是否为素数。

(2) 判断并分解大小素数的和是否等于需判断的偶数。

33.2.2 问题实现

本小节就来实现这个算法，具体代码如下。

01 判断输入的数字是否是素数

对于任何一个自然数，如何判断它是素数呢？如果自然数 n 存在两个因数，乘积等于 n，那么两个因数一个是小于 $\sqrt{n}$，一个则大于 $\sqrt{n}$，要么两个因数都等于 $\sqrt{n}$。根据这个思路，代码如下（代码 33-1.txt）。

```
01  /* 测试 n 是否是素数。如果是，返回 1，否则返回 0 */
02  int IsPrimer(unsigned long n)
03  {
04      unsigned long i;
05      unsigned long nqrt;
06      if (n == 2)
07          return 1;
08      if (n == 1 || n%2 == 0)
09          return 0;
10      /* 如果它存在两个因数，乘积等于 n，要么两个因数一定一个小于根号 n，一个大于根号 n，要么两个因数都等于根号 n*/
11      nqrt = (unsigned long)sqrt(n);
12      for(i=2; i<=nqrt; i+=1)
13      {
14          if (n%i == 0)
```

```
15        return 0;
16      }
17    return 1;
18  }
```

02 将偶数分解成两个素数，并判断"猜想"结论是否成立

取一个数 *i*，从最小素数开始到这个偶数的一半大小进行判断，当 *i* 为素数，同时 *i* − *i* 也是素数时，猜想结论成立，否则结论不成立。代码如下（代码 33-2.txt）。

```
01  int IsRight(unsigned long n, unsigned long *tmpNumA, unsigned long *tmpNumB)
02  {
03    unsigned long i;
04    unsigned long half;
05    half = n/2;
06    for (i=3; i<=half; i+=2)
07    {
08      if (IsPrimer(i) && IsPrimer(n-i))
09      {
10        *tmpNumA = i;
11        *tmpNumB = n-i;
12        return 1;
13      }
14    }
15    return 0;
16  }
```

03 要求用户输入、判断，并输出结果

在主程序中，要求用户输入一个大于 6 的偶数，调用判断函数，判断"猜想"是否成立，成立则输出等式，不成立则输出"猜想"错误。代码如下（代码 33-3.txt）。

```
01  int main(void)
02  {
03    unsigned long number;        /* 被验证的数 */
04    unsigned long a, b;          /* 和为 number 的两个素数 */
05    do
06    {
07      printf(" 请输入要验证的大于等于 6 的偶数 ( 输入 0 则退出 )：");
08      scanf("%lu", &number);
09      if (number >= 6 && (number % 2 == 0))
10      {
11        if (IsRight(number, &a, &b))
12        {
13          printf(" 哥德巴赫猜想对此数是正确的。\n");
14          printf("%lu = %lu + %lu\n", number, a, b);
15        }
16        else
17        {
18          printf("%lu，哥德巴赫猜想对此数是错误！  ", number);
```

```
19            }
20        }
21    } while(number != 0);
22
23    return 0;
24 }
```

33.2.3 程序运行

单击【调试】工具栏中的 ▮ 按钮，根据提示输入大于或等于 6 的任意一个偶数，按【Enter】键，即可输出结果。

【结果分析】

输入一个大于 6 的偶数，按【Enter】键后，程序首先判断是否是合法数据，即是否为大于 6 的数，并且这个数是否为偶数（可被 2 整除）。如果为不合法数据，程序立即退出；如果为合法数据，程序则将这个数开始分解为两个数，分别判断这两个数是否同时都为素数。

当这两个数都为素数时，即验证"猜想"是成立的，并输出等式，否则直接输出"哥德巴赫猜想对此数是错误！"。

▶33.3 开发过程常见问题及解决

开发过程常见问题及解决办法如下，仅供参考。

(1) 如果出现"warning C4013: 'sqrt' undefined; assuming extern returning int"的编译警告，通常需要在程序开头添加数学函数头文件"#include <math.h>"。

(2) 此程序的难点之一是如何判断一个数为素数。这点在程序中已经给出一个注释，希望读者细细体会。

(3) 此程序的另一个难点是分解成素数。其实就是从最小素数开始，将最小素数 i 作为素数 A，将偶数减 i 作为素数 B，在 A、B 都是素数的情况下，则分解成功。

第**34**章

猴子选大王游戏

猴子选大王（约瑟夫环）是数据结构和算法中常见的一类问题。有人使用循环队列实现，有人使用链表实现。本章使用数组的回溯算法来实现选猴王的算法程序。

本章要点（已掌握的在方框中打钩）

☐ 问题描述
☐ 问题分析及实现
☐ 开发过程常见问题及解决

▶ 34.1 问题描述

有 **M** 只猴子围成一圈，每只各分配一个从 **1** 到 **M** 中的编号，打算从中选出一个大王。经过协商，决定出选大王的规则：从第 **1** 个开始循环报数，数到 **N** 的猴子出圈，最后剩下的就是大王。

本章将以此问题作为研究对象，通过编写程序来输出站成一圈猴子的出圈顺序号。

▶ 34.2 问题分析及实现

拿到这个算法问题，首先应想到在前面提到的要领：**看清、想明、把握每一个细节**。

根据问题描述可知，我们要实现的是输出猴子出圈的顺序。简单举例，9 个猴子数到 3 出圈，则应打印 3，6，9……以下将仔细地分析问题并实现算法。

34.2.1 问题分析

我们之所以开发这个程序，就是为了使这些猴子最后留下大王。这里对猴子进行顺序编号。

假设猴子编号从 1 开始至 30，则以数到 3 为例，从 1 开始数猴子，至第 3 只猴子时，出圈，此时，圈子应该有 1，2，4，5，6，…，30，然后继续从第 4 只数起，将第 4 只猴子作为第 1 号，依次类推。这样，就产生了出圈的顺序号：3，6，9，12，15，…，29，那么最后出圈的猴子即为猴王。

34.2.2 问题实现

本小节通过编程来实现此问题，实现的代码如下。

01 让猴子站成一圈

如何让猴子站成一圈呢？根据问题分析结果，采用整型在一维数组中保存猴子的顺序号，即表示站成一排。代码如下（代码 34-1.txt）。

```
01  #include<stdio.h>
02  #include<dos.h>
03  #define MAX 30     /* 定义猴子总数为 30*/
04  int i,j,k,temp;
05  int Monkey[MAX],S;
06  void init()
07  {
08    for(i=0;i<MAX;i++)
09      Monkey[i]=i+1;
10    for(i=0;i<MAX;i++)
11      printf("%d",Monkey[i]);    /* 让猴子站成一圈 */
12    printf("\n");
13  }
```

02 将结果输出

将回溯结果输出至屏幕，以循环打印的方式，调用标准输入 / 输出函数 printf，将结果回显。代码如下（代码 34-2.txt）。

```
01  void output()
02  {
03    printf(" 猴子淘汰出圈的顺序是 :\n\r");
04    for(i=MAX-1;i>=0;i--)
```

```
05      printf(" 第 %3d  只猴子出圈 !\n\r",Monkey[i]);/* 输出结果 */
06      printf(" 猴王是：第 %d  只猴子 \n\r",Monkey[i+1]);          /* 输出结果 */
07    }
```

03 回溯法求猴子出圈顺序

在主程序中，要求用户输入出队序数，即数到 S，就让序号是 S 的猴子出队。回溯法是将猴子总个数循环，第 1 次循环都是将当前需要出圈的猴子排到数组末尾。这样，当全部猴子循环一遍后，数组头的猴子即为猴王。从数组尾开始向头循环输出，即为猴子出圈序列。代码如下（代码 34-3.txt）。

```
01  void main()
02  {
03    init();
04    printf(" 请输入出队的序数：");
05    scanf("%d",&S);   /* 读取猴子出队序数 */
06
07    for(i=MAX-1;i>=0;i--)
08    {
09      for(k=1;k<=S;k++)
10      {
11        temp=Monkey[0];
12        for(j=0;j<i;j++)
13        {
14          Monkey[j]=Monkey[j+1];
15        }
16        Monkey[i]=temp;
17      }
18    }
19    output();
20  }
```

34.2.3 程序运行

单击【调试】工具栏中的 按钮，根据提示输入出队的序数，即数到几就出列，按【Enter】键，输出结果如图所示。

【结果分析】

按【Enter】键后，程序首先初始化数组，逻辑上将猴子顺序排列，再进入主功能回溯，全部循环完毕，程序调用输出函数，将猴子出圈序号输出，并将猴王序号输出。

▶ 34.3 开发过程常见问题及解决

开发过程常见问题及解决办法如下，仅供参考。

⑴ 有时，如果程序修改后，查看不到结果的变化，则需要仔细阅读程序，看是否有地方修改错误。

⑵ 此程序的难点之一是如何正确理解回溯算法，这是程序设计中的一个难点。本章的算法类似于堆栈的概念，从这个方面理解会容易得多。通过回溯求解，把数组看作是"后进先出"的堆栈，将求出的第 1 个解放置到数据末尾，即"栈"底部，最后一个解放置到"栈"顶，但输出结果时，则从"栈"底输入。

第 **35** 章

迷宫求解

C 语言的功能是强大的，可以实现很多有意义的问题的求解。比如算法领域的经典问题——迷宫求解，在一个 m×n 的迷宫中，给定一个入口，一个出口，如何从入口走到出口？本章就来实现这一算法。

本章要点（已掌握的在方框中打钩）

☐ 问题描述
☐ 问题分析及实现
☐ 开发过程常见问题及解决

▶35.1　问题描述

用一个 **m×n** 的矩阵表示迷宫，**0** 和 **1** 分别表示迷宫中的通路和障碍。对于任意设定的迷宫，求出一条从入口到出口的通路，并输出所经过的坐标点，或得出没有通路的结论。

▶35.2　问题分析及实现

由问题描述可知，我们要实现的是从坐标 **A** 到坐标 **B**，绕过路障走一条路径出来。简单举例，从左向右走动，中间有障碍物，此时，需要向上再向右，或向下再向右，只有绕过左与右之间的障碍物，才能顺利地从左走到右。以下将仔细地分析问题并实现算法。

35.2.1　问题分析

我们将要开发的程序，就是设置一个迷宫（m×n），并设置入口点、出口点，从出口点走向入口点，将途经的坐标记录到"栈"底，在找到路径时，将弹出栈顶元素，此时就是所有途经的坐标点。

35.2.2　问题实现

本小节将通过编程求解迷宫问题，实现的代码如下。

01 采用结构体保存过程数据

通过定义两个结构体类型，分别记录栈中走过的坐标及走过的方向，采用结构体实现栈的存储。那么，根据这个思路，代码如下（代码 35-1.txt）。

```
01  #include <stdio.h>
02  #include <stdlib.h>
03  #define MAX 100      /* 栈中最大元素个数 */
04  #define NLENGTH 11          /* 地图的第一维长度 */
05  typedef struct
06  {
07      int x;    /* 行下标 */
08      int y;    /* 列下标 */
09      int d;    /* 运动方向 */
10  }DataType;
11  struct SeqStack
12  {          /* 顺序栈类型定义 */
13      int t;   /* 指示栈顶位置 */
14      DataType s[MAX];
15  };
16  typedef struct SeqStack *PSeqStack;        /* 顺序栈类型的指针类型 */
17  PSeqStack pastack;
18  PSeqStack createEmptyStack_seq( void )
19  {
20      PSeqStack pastack;
21      pastack = (PSeqStack)malloc(sizeof(struct SeqStack));
22      if (pastack == NULL)
```

```
23        printf(" 内存申请失败 !! \n");
24      else
25        pastack->t = -1;
26      return pastack;
27  }
28  /* 空栈吗?  */
29  int isEmptyStack_seq( PSeqStack pastack )
30  {
31      return pastack->t == -1;
32  }
33  /* 入栈操作：1 个参数 */
34  void Push_seq( PSeqStack pastack, DataType x )
35  {
36      if( pastack->t > MAX)
37          printf( " 堆栈溢出错误 !\n" );
38      else{
39          pastack->t++;
40          pastack->s[pastack->t] = x;
41      }
42  }
43  /* 出栈操作 */
44  void Pop_seq( PSeqStack pastack )
45  {
46      if (pastack->t == -1 )
47          printf( " 堆栈溢出错误 !\n" );
48      else
49          pastack->t--;
50  }
51  /* 取栈顶元素 */
52  DataType Top_seq( PSeqStack pastack )
53  {
54      return (pastack->s[pastack->t]);
55  }
56  /* 入栈操作：4 个参数 */
57  void Push_Stack(PSeqStack st, int x, int y, int d)
58  {
59      DataType element;
60      element.x = x;
61      element.y = y;
62      element.d = d;
63      Push_seq(st, element);
64  }
```

```
65    /* 迷宫数据 */
66    int Maze[][11] =
67    {
68        1,1,1,1,1,1,1,1,1,1,1,
69        1,0,0,0,0,1,0,0,0,1,1,
70        1,0,0,0,0,1,1,0,1,0,1,
71        1,0,0,1,0,0,0,0,1,0,1,
72        1,0,0,0,0,0,0,1,1,0,1,
73        1,0,0,0,0,0,0,0,0,0,1,
74        1,0,0,0,0,0,0,0,0,0,1,
75        1,0,0,0,0,0,0,0,0,0,1,
76        1,0,0,0,0,0,0,0,0,1,1,
77        1,0,0,0,0,0,0,0,0,0,1,
78        1,1,1,1,1,1,1,1,1,1,1
79    };
80    int direction[][2]=
81    {
82      0,1,      /*X 不变，Y+1*/
83      1,0,      /*X+1，Y 不变 */
84      0,-1,     /*X 不变，Y-1*/
85      -1,0      /*X-1，Y 不变 */
86    };          /* 向四面运动时，X、Y 的增减量，即方向 */
```

02 输出结果

将结果输出至屏幕，以循环打印的方式调用标准输入 / 输出函数 printf，将结果回显。代码如下（代码 35-2.txt）。

```
01    /* 输出路径 */
02    void OutputPath(PSeqStack st)
03    {
04      DataType element;
05      printf( "\n\n 出迷宫的路径是 :\n");
06      while(!isEmptyStack_seq(st))
07      {
08        element = Top_seq(st);
09        Pop_seq(st);
10        printf("\n 路过的节点坐标是 : 第 %d 行 第 %d 列 ", element.x, element.y);
          /* 打印路径上的每一点 */
11      }
12    }
```

03 求解经过的坐标点及方向

从入口点开始，依次试探 4 个方向，只要某个方向没有障碍，则继续这个方向，并将这个方向不是障碍物的点作为下一个当前点，循环直到到达入口点。代码如下（代码 35-3.txt）。

```
01  /* 迷宫求解主函数 */
02  void Maze_Path(int Maze[][NLENGTH], int direction[][2], int x1, int y1, int x2, int y2)
03  {
04      int i, j, k, g, h;
05      PSeqStack st;
06      DataType element;
07      st = createEmptyStack_seq( );
08      Maze[x1][y1] = 2; /* 从入口开始进入，作标记 */
09      Push_Stack(st, x1, y1, -1);    /* 入口点进栈 */
10      while ( !isEmptyStack_seq(st))
11      {       /* 回退 */
12          element = Top_seq(st);
13          Pop_seq(st);
14          i = element.x;
15          j = element.y;
16          for (k = element.d + 1; k <= 3; k++)
17          {       /* 依次试探每个方向 */
18              g = i + direction[k][0];
19              h = j + direction[k][1];
20              if (g == x2 && h == y2 && Maze[g][h] == 0)
21              {   /* 走到出口点 */
22                  Push_Stack(st, x2, y2, -1);          /* 出口点进栈 */
23                  OutputPath(st);          /* 输出路径 */
24                  return;
25              }
26              if (Maze[g][h] == 0)
27              {   /* 道路通畅，为避免重复，对走到没走过的点作标记 */
28                  Maze[g][h] = 2;
29                  Push_Stack(st, g, h, k); /* 进栈 */
30                  i = g; j = h; k = -1;     /* 下一点转换成当前点 */
31              }
32          }
33      }
34      printf("\n 未找到路径 .\n"); /* 栈退完未找到路径 */
35  }
```

35.2.3 ▶ 程序运行

单击【调试】工具栏中的 **!** 按钮，即可输出运行结果。

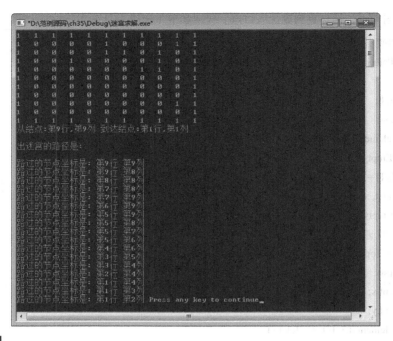

【结果分析】

程序首先初始化数组，逻辑上构造一个四周均为障碍物的环形迷宫，从出口（1，1）点开始试探每一个可能的坐标，当找到入口点时，程序结束，并打印所经过的坐标点。当程序没有找到路径时，打印未找到路径。

▶ 35.3 开发过程常见问题及解决

开发过程常见问题及解决办法如下，仅供参考。

（1）在程序中，如何表示一个坐标点呢？方法很简单，只需要用一对变量即可保存。即一个变量保存横坐标，另外一个变量保存纵坐标。

（2）此程序的一个难点就是，方向如何表示？我们知道，水平方向有两个（左和右），垂直方向也有两个（上和下），所以方向用 4 个变量就可以表示出来。

第 **36** 章
背包问题求解

生活中少不了算法。比如外出旅行需要携带随身物品，但有些是必需品，而有些则不是。那么，人们是不是会想都不想，就把物品都装上了呢？答案是否定的。本章介绍这类问题的求解。需要注意的是，本章的背包问题求解也是数据结构与算法中经典的一例。

本章要点（已掌握的在方框中打钩）

☐ 问题描述
☐ 问题分析及实现
☐ 开发过程常见问题及解决

▶ 36.1 问题描述

有 N 件物品和一个容量为 V 的背包，第 i 件物品的费用是 c，价值是 w，求解将哪些物品装入背包可使这些物品的容量总和不超过背包容量，且价值总和最大。

▶ 36.2 问题分析及实现

由问题描述可知，我们要实现的是从 N 件物品中找出价值总和最大，但又不超过背包容量 K 的值的解。简单举例：有两件物品，价值分别是 30、20，重量分别是 30、30，背包容量 K 为 30，此时，我们的解应该是 30 重量，30 价值的物品。

36.2.1 问题分析

我们将要开发的程序，就是采用一定的算法取得最优解，即重量不超过背包容量，但取得的价值最大。为了能够实现这一算法，比较简单实用的编程方法就是采用递归的方式调用，即把复杂度为 N 的问题，采用复杂度为 N－1 的方式来表示和计算，当问题的规模小到不能再小时，就会轻易地计算出最终的解了。

在计算机程序设计方面，递归是一把双刃剑，用好递归可使程序设计的难度降低一半以上，但用得不好，反受其累。

36.2.2 问题实现

本小节通过编程求解背包问题，实现的代码如下。

01 采用结构体保存过程数据

通过定义一个结构体类型来记录物品的价值和重量。那么，根据这个思路，代码如下（代码 36-1.txt）。

```
01  #include <stdio.h>
02  #define N 100        /* 物品总种数 */
03  int nType;/* 物品种数 */
04  int currentoption[N];/* 当前解 */
05  int option[N];       /* 所有解的集合 */
06  double Maxvalue;     /* 总价值 */
07  double totalValue;   /* 输入的全部物品的总价值 */
08  double limitW;       /* 输入的限制总重量 */
09  struct      /* 物品结构 */
10  {
11      double weight;
12      double value;
13  }good[N];
```

02 递归主函数

此函数主要以递归调用的方式判断并找出一个最优解。递归的方式就是函数自己以不同的参数值再一次调用自己，直到这个函数返回至最顶层调用级。代码如下（代码 36-2.txt）。

```
01  void CheckOut(int i,double tw,double totalvalue)
02  {
03      int k;
04      if(tw+good[i].weight <= MaxWeight)
```

```
05   {
06     currentoption[i]=1;
07     if(i<nType-1)
08       CheckOut(i+1,tw+good[i].weight,totalvalue);
09     else
10     {
11       for(k=0;k<nType;++k)
12         option[k]=currentoption[k];
13       Maxvalue=totalvalue;
14     }
15   }
16   currentoption[i]=0;
17   if(totalvalue-good[i].value>Maxvalue)
18   {
19     if(i<nType-1)
20       CheckOut(i+1,tw,totalvalue-good[i].value);
21     else
22     {
23       for(k=0;k<nType;++k)
24         option[k]=currentoption[k];
25       Maxvalue=totalvalue-good[i].value;
26     }
27   }
28 }
```

⑬ 要求用户输入数据，并计算最优解，将结果输出

主程序开始运行，要求用户输入物品类别个数，每种物品的顺序排列，并要求用户输入每种物品的重量、价值。然后调用递归函数计算最优解，并在最后输出解。代码如下（代码 36-3.txt）。

```
01   /* 背包问题主函数 */
02   void main()
03   {
04     int i;
05     double weight,value;
06     printf(" 请输入物品类别个数 :");
07     scanf("%d",&nType);
08     printf(" 请输入各物品的重量和价值 :");
09     totalValue=0.0;
10     for(i=0;i<nType;++i)
11     {
12       scanf("%lf %lf",&weight,&value);
13       good[i].weight = weight;
14       good[i].value = value;
15       totalValue += value;
16     }
```

```
17    ……// 省略部分代码
18    printf("%d\t",i+1);
19    printf(" 总价值为 : %2f",Maxvalue);
20    }
```

36.2.3 程序运行

单击【调试】工具栏中的 按钮，根据提示输入数据，按【Enter】键，即可输出结果。

【结果分析】

程序首先要求用户输入物品总分类个数，并循环要求用户输入每类物品对应的价值和重量，然后递归调用求解最优解，最后输出结果。

▶ 36.3 开发过程常见问题及解决

开发过程常见问题及解决办法如下，仅供参考。

（1）数据为何初始化的时候会出错呢？常见的情况其实就是数组的下标越界这类问题。所以编写程序时，对数据的访问一定要细心，在申请内存或定义数组时，应尽量"大一号"，就像穿鞋一样。

（2）此程序的难点之一是理解递归函数，递归的概念在前面已经讲过，但如何简单地理解呢？我们可以把递归看成是进入深宅大院，每递归一次，相当于进入一道门，要想从此院中"全身而退"，需要从最后进入的大门出去。

第 **37** 章

火车车厢重排

　　一列乱序排列货车车厢的火车，在经过车站时，可以从中间丢下这节车厢吗？而这节车厢是终点站的车厢。怎样才能在出发前就以最快的速度、最理想的方式排好车厢号，使之在每站只丢下最后一节车厢，并且停留很短的时间。本章就来讲解这类问题如何求解。

本章要点（已掌握的在方框中打钩）

☐ 问题描述
☐ 问题分析及实现
☐ 开发过程常见问题及解决

▶37.1 问题描述

　　一列货运列车共有 n 节车厢，每节车厢将停放在不同的车站，假定 n 个车站的编号分别为 1~n，货运列车按照第 n 站至第 1 站的次序经过这些车站，车厢的编号与它们的目的地相同。为了便于从列车上卸下相应的车厢，必须重新排列车厢，使各车厢从前至后都按照编号 1 到 n 的次序排列，当所有的车厢都按照这种次序排列时，在每个车站卸掉最后一节车厢即可。

▶37.2 问题分析及实现

　　由问题描述可知，我们要实现的是将车厢放入缓冲轨，在需要压栈时压栈，需要出栈时出栈，最后将排序结果输出。

37.2.1 问题分析

　　在这个问题的求解中，我们引入了几个缓冲铁轨，在一个缓冲铁轨中放入车厢 c，如果没有可用的缓冲铁轨，则返回 0；如果空间不足，则引发异常，否则返回 1，为车厢 c 寻找最优的缓冲铁轨。

37.2.2 问题实现

　　本小节通过编程求解火车车厢排列问题，实现的代码如下。

01 采用结构体保存过程数据

通过定义一个结构体类型，实现对列车车厢序号进行栈的存储和管理。根据这个思路，代码如下（代码 37-1.txt）。

```
01  #define StackSize 4  /* 栈大小 4 个元素 */
02  #define MaxLength 100       /* 最大字符串长度 */
03  typedef int DataType;       /* 栈元素的数据类型定义为整数 */
04  typedef struct
05  {
06    DataType data[StackSize];
07    int top;
08  }SeqStack;
09  void Initial(SeqStack *S)        /* 置空栈 */
10  {
11    S->top=-1;
12  }
13  int IsEmpty(SeqStack *S)        /* 判栈空 */
14  {
15    if(S->top==0)
16      return 1;
17    return S->top==-1;
18  }
19  int IsFull(SeqStack *S)        /* 判栈满 */
20  {
21    return S->top==StackSize-1;
22  }
```

02 输出结果

将结果输出至屏幕，以循环打印的方式调用标准输入/输出函数 printf，将结果回显。代码如下（代码 37-2.txt）。

```
01  void Output(int* minH, int* minS, SeqStack H[ ], int k, int n)
02  {
```

```
03    int i;
04    int c=Pop(&H[*minS]) ;
05    printf(" 把车厢 %d 从缓冲铁轨 %d 输出至铁轨 \n",*minH,*minS);    /* 通过检查所有的栈顶，搜索新的 minH 和
minS */
06    *minH=n+2;
07    for (i = 1; i <= k; i++)
08      if (!IsEmpty(&H[i]) && (c=Top(&H[i])) < *minH) {
09        *minH = c;
10        *minS = i;
11      }
12  }
```

03 将某节车厢号送入某段缓冲铁轨

铁轨不空时，在此铁轨顶部的车厢编号最小，否则将一个车厢号通过缓冲铁轨压入栈。代码如下（代码
37-3.txt）。

```
01    int Hold(int c,int *minH, int *minS,SeqStack H[],int k, int n)
02    {
03      int BestTrack =0,i;          /* 目前最优的铁轨 */
04      int BestTop = n + 1;         /* 最优铁轨上的头辆车厢 */
05      int x;    /* 车厢索引 扫描缓冲铁轨 */
06      for (i = 1; i <= k; i++)
07        if (!IsEmpty(&H[i]))
08        {    /* 铁轨 i 不为空 */
09          x = Top (&H[i]) ;
10          if (c<x && x < BestTop)
11          {    /* 铁轨 i 顶部的车厢编号最小 */
12            BestTop = x;
13            BestTrack = i;
14          }
15        }
16        else   /* 铁轨 i 为空 */
17        {   if (!BestTrack)
18            BestTrack = i;
19        }
20      if (!BestTrack)
21          return 0;      /* 没有可用的铁轨 */
22      Push(&H[BestTrack],c);    /* 把车厢 c 送入缓冲铁轨 */
23      printf( "把车厢 %d 送入缓冲铁轨 %d\n" ,c, BestTrack);
24      if (c<*minH)    /* 必要时修改 minH 和 minS*/
25      {
26        *minH = c;
27        *minS = BestTrack;
28      }
29      return 1;
30    }
```

04 火车车厢重排主函数

将所有火车车厢按数组规定的顺序送入缓冲铁轨等待排序。代码如下（代码 37-4.txt）。

```
01    int Railroad(int p[], int n, int k)
02    {
03      SeqStack *H;
04      int Out = 1;        /* 下一次要输出的车厢 */
05      int minH =n+1;      /* 缓冲铁轨中编号最小的车厢 */
```

```
06      int minS,i;          /*minH 号车厢对应的缓冲铁轨 */
07      H=(SeqStack*)calloc((k+1),sizeof(SeqStack)*(k+1));
08      for (i = 0; i< n; i++)
09      {
10        if (p[i] == Out)
11        {
12          printf(" 直接放置车厢 %d 至铁轨 \n",p[i]);
13          Out++;
14          /* 从缓冲铁轨中输出 */
15          while (minH == Out)
16          {
17            Output(&minH, &minS, H, k, n);
18            Out++;
19          }
20        }
21        else
22        {
23          if (!Hold(p[i], &minH, &minS, H, k, n))          /* 将 p[i] 送入某个缓冲铁轨 */
24            return 0;
25        }
26      }
27      return 1;
28    }
```

37.2.3 程序运行

单击【调试】工具栏中的 按钮，即可运行程序，结果如下图所示。

【结果分析】

程序运行后将初始化数据，模拟火车车厢当前状态，然后调用递归函数，对车厢进行重排。重排的时候通过模拟栈来实现，当排序不符合要求时，程序将数据压栈，直到火车车厢所有栈中的数据均已排好序为止，然后调用输出函数显示结果。

▶ 37.3 开发过程常见问题及解决

开发过程常见问题及解决办法如下，仅供参考。

（1）程序输出结果一直是同样的结果，不代表程序有错误，而是因为程序的目的就是要让无论列车车厢号如何乱序，最终是按照顺序排列的。

（2）此程序的难点之一是如何模拟停在铁轨上的列车。采用数组来模拟是比较普遍的一种方法。

第 **38** 章

哈夫曼编码的实现

在实际工作和生活中，需要存储的信息越来越多。在通信行业中，为了提高通信的效率，各路济济的人才可谓是绞尽脑汁。本章讲解为了减少信息的编码及通信的编码，需要重新对信息进行编码的一种非常重要的算法。哈夫曼编码现已应用到了很多行业，那么如何实现哈夫曼编码，它又有什么优势呢？

本章要点（已掌握的在方框中打钩）

☐ 问题描述
☐ 问题分析及实现
☐ 开发过程常见问题及解决

▶ 38.1 问题描述

哈夫曼编码（Huffman Coding）是一种编码方式，是可变字长编码（VLC）的一种。

Huffman 于 1952 年提出了一种编码方法，该方法完全依据字符出现的概率来构造异字头的平均长度最短的码字，有时称为最佳编码，一般称为 Huffman 编码。哈夫曼树，即最优二叉树是带权路径长度最小的二叉树，经常应用于数据压缩。本章将使用 C 语言实现一个 Huffman 编码的程序，可对预先定制的字符串及权重重新编码，打印每个字符串对应的编码。在数据通信中，经常需要将传送的文字转换成由二进制字符 0、1 组成的二进制代码，我们称之为编码。如果在编码时考虑字符出现的频率，将重复出现次数较高的字符采用尽可能短的编码，出现频率低的字符采用稍长的编码，构造一种不等长编码，则电文的代码就可能更短。因此，哈夫曼编码是一种用于构造出电文的编码总长最短的编码方案。

▶ 38.2 问题分析及实现

由问题描述可知，我们要实现的是打印 Huffman 编码。在输入、处理、输出的各个环节中，要求的输入指的是预先设定好的字符串及相应的权重，处理就是 Huffman 树创建的过程，而输出就是将最终处理后的结果打印出来。

Huffman 编码的中心目的就是使编码后的数据量比编码前的原始数据量有一个数量级的下降。换言之，就是为了压缩。无论是应用在通信行业还是信息存储方面，都是为了这一目的。那么，怎么实现呢？在问题分析阶段，我们将给出具体的更详细的讲解。

38.2.1 问题分析

Huffman 的本质是压缩，那么如何压缩呢？采用哈夫曼编码将树建好后，就等于每个节点上的编码已经编好，只需要打印出来即可。还记得前几章讲到的如何建立一个最优二叉树吗？带权路径长度最小的二叉树就是 Huffman 树。所以求树的带权路径长度就成了关键。

38.2.2 问题实现

带权路径长度最小就成了我们需要实现的目标。就是说，权重越大，离树的根部越近，这一点相当于一个单位的人员，其权力越大，他的位置离这个单位最高领导的位置就越近，相反，越无足轻重，则离领导岗位就越远。

给定字符集的哈夫曼树生成后，求哈夫曼编码的具体实现过程是：依次以叶子 T[i] 为出发点，向上回溯至根为止。上溯时走左分支则生成代码 0，走右分支则生成代码 1。实现的代码如下。

01 采用结构体保存过程数据

通过定义两个结构体类型，分别记录二叉树的信息和编码的信息。代码如下（代码 38-1.txt）。

```
01  #include <stdio.h>
02  #include <string.h>
03  #define Node 100    /* 叶子节点数 */
04  #define M 2*Node-1         /* 树中节点总数 */
05  typedef struct
06  {
07      int parent;        /* 父节点 */
08      int lchild;        /* 左子节点 */
09      int rchild;        /* 右子节点 */
10      char data[10];     /* 节点值 */
```

```
11    int weight;        /* 权重 */
12  } TreeNode;          /* 树结构体 */
13  typedef struct
14  {
15    char cd[Node];      /* 存放哈夫曼码 */
16    int start;
17  } Code;               /* 编码结构体 *//
```

02 输出结果

将结果输出至屏幕，以循环打印的方式调用标准输入 / 输出函数 printf，将结果回显。代码如下（代码 38-2.txt）。

```
01  void DispCode(TreeNode ht[],Code hcd[],int n)
02  {
03    int sum=0,m=0;
04    int i,j,k;
05    printf(" 哈夫曼编码 :\n");    /* 输出哈夫曼编码 */
06    for (i=0;i<n;i++)
07    {
08      j=0;
09      printf("      %s:\t",ht[i].data);
10      for (k=hcd[i].start;k<=n;k++)
11      {
12        printf("%c",hcd[i].cd[k]);
13        j++;
14      }
15      m+=ht[i].weight;
16      sum+=ht[i].weight*j;
17      printf("\n");
18    }
19    printf("\n 平均长度 =%g\n",1.0*sum/m);
20  }
```

03 求解 Huffman 的编码

通过对已经建立好的树进行循环遍历，向左路径记录 0，向右路径记录 1，直到所有节点均访问到。代码如下（代码 38-3.txt）。

```
01  /* 对树编码 */
02  void CreateCode(TreeNode ht[],Code hcd[],int n)
03  {
04    int i,f,c;
05    Code hc;
06    for (i=0;i<n;i++)    /* 根据哈夫曼树求哈夫曼编码 */
07    {
08      hc.start=n;c=i;
09      f=ht[i].parent;
```

```
10      while (f!=-1)       /* 循序直到树根节点 */
11      {
12        if (ht[f].lchild==c)      /* 处理左孩子节点 */
13          hc.cd[hc.start--]='0';
14        else                /* 处理右孩子节点 */
15          hc.cd[hc.start--]='1';
16        c=f;f=ht[f].parent;
17      }
18      hc.start++;          /*start 指向哈夫曼编码最开始字符 */
19      hcd[i]=hc;
20    }
21  }
```

38.2.3 程序运行

单击【调试】工具栏中的 ! 按钮，输出结果如图所示。

【结果分析】

程序首先初始化数组，开始进 Huffman 建树的函数，分别处理左右子孩子及父节点，并且已经处理过的，再不对权重进行加法运算，直到全部节点处理完毕，然后调用显示函数，显示编码前、后的信息。

▶ 38.3 开发过程常见问题及解决

开发过程常见问题及解决办法如下，仅供参考。

（1）开发中，要如何理解编码概念呢？编码就是将一种信息用另外一种信息表示出来，而一般采用的方法就是以二进制进行编码，如 ASCII（美国信息交换标准代码）。

（2）此程序的难点之一是在二叉树的建立过程中，如何对已有字符进行编码。可以将编码过程想象成将生面包放入微波炉，放进去的是生面包，但取出来的是已经烤好的面包。由此可见，编码较简单，重在建树。

（3）此程序的另一个难点是如何理解建二叉树，办法就是，将树看成一类像树的特殊链表，表中节点有几个特性，即节点存放的数据，节点的左孩子、节点的右孩子、节点的双亲节点，以及此节点的权重等。而建树的过程就相当于将这些节点用链表的方式，按照一定的约束条件将它们"串"起来。

第**39**章

八皇后问题的实现

国际象棋中，"皇后"在横、竖两个方向的对角线上都可以吃对方的棋子。如果一个棋盘上有 8 个皇后，那么如何放置才可以相互不能攻击呢？又有多少种放置方案呢？本章将通过 C 语言来实现此算法。

本章要点（已掌握的在方框中打钩）

□ 问题描述
□ 问题分析及实现
□ 开发过程常见问题及解决

▶ 39.1 问题描述

八皇后问题是一个古老而著名的问题，是回溯算法的典型例题。该问题是 19 世纪著名的数学家高斯于 1850 年提出的，它描述的是在 8×8 格的国际象棋上摆放 8 个皇后，使其不能互相攻击，即任意两个皇后都不能处于同一行、同一列或同一斜线上，问有多少种摆法。

▶ 39.2 问题分析及实现

对于此问题，首先想到的是前面提到的要领：看清、想明、把握每一个细节。由问题描述可知，我们要实现的是找到皇后的行、列坐标以及对应的方案号。

39.2.1 问题分析

我们将要开发的程序就是设置一个棋盘（$N×N$，$N=8$），并设置此棋盘上的所有点均是空的。然后一种情况一种情况地试验，遇到与问题的要求相匹配的情况时，方案数累加 1，并输出这种情况。

39.2.2 问题实现

通过分析，可以得出实现此问题的两个要点，第一个是在哪种情况下，我们可以认为是与问题的要求一致，第二个是怎么划分模块。问题实现的代码如下。

01 输出结果

将结果输出至屏幕，以循环打印的方式调用标准输入 / 输出函数 printf，将结果回显。代码如下（代码 39-1.txt）。

```
01  #include <stdio.h>
02  #define N 8
03  void Output(int bc[][N],int *count)
04  {
05      int i;
06      int j;
07      *count=*count+1;
08      printf( "第 %d 种 :\n",*count);
09      for(i=0;i<N;i++)
10      {
11          for(j=0;j<N;j++)
12          {
13              if(bc[i][j])
14                  printf("Q");          /* 在皇后位置打印 Q*/
15              else
16                  printf("0");          /* 在非皇后位置打印 0*/
17          }
18          printf("\n\r");
19      }
20      system("Pause"); /* 暂停 */
21  }
```

02 求解每种方案是否符合题目要求

采用递归的方法可以很容易地将这个问题简化，就是要想让第 8 个皇后的情况合法，需要去找第 7 个合法皇后的位置。那么，要想让第 7 个皇后的位置合法，怎么办？当然是去找第 6 个皇后的位置，依次类推，可以推到第 1 个合法皇后的位置，然后就返回调用处。代码如下（代码 39-2.txt）。

```
01  void  Queen(int board[][N],int row,int *count)
02  {
03    int OK;
04    int j ;
05    int i ;
06    if(row==N)
07    {
08      Output(board,count);       /* 找齐 8 后，则输出 */
09      return;
10    }
11    for(j=0;j<N;j++)
12    {
13      OK=1;
14      for(i=0;i<row;i++)
15      {
16        if((board[i][j])||(j-row+i>=0&&board[i][j-row+i])||(j-i+row<N&&board[i][j-i+row]))
17        {           /* 判断位置 */
18          OK=0;
19          break;
20        }
21      }
22      if(OK)
23      {    /* 找到则置标志，并在此基础上继续查找下一个皇后 */
24        board[row][j]=1;
25        Queen(board,row+1,count);        /* 继续递归 */
26        board[row][j]=0;
27      }
28    }
29  }
```

03 主程序函数

可实现对数据初始化，调用问题求解功能函数，并输出最终方案个数。代码如下（代码 39-3.txt）。

```
01  void  main()
02  {
03    int pad[N][N];
04    int count=0;
05    int i,j;
06    for(i=0;i<N;i++)
07    {
08      for(j=0;j<N;j++)
09      {
10        pad[i][j]=0;  /* 将棋盘中所有的位置置为 0 进行初始化 */
```

```
11        }
12     }
13     Queen(pad,0,&count);        /* 开始递归过程，对各种方案检查 */
14     printf(" 共有 %d 种方案 ",count);
15  }
```

39.2.3 程序运行

单击【调试】工具栏中的 ⚡ 按钮，即可输出如图所示的结果。0 代表棋盘中的格，Q 即表示皇后的位置。

【结果分析】

程序首先初始化数组，即将棋盘清空，然后调用递归函数，查询第一种情况是否符合题意，若符合，再在这种情况的基础上调用自己，依此顺序对每种方案都遍历，直到最后输出所有合法的情况、程序结果，并输出方案总个数。

▶ 39.3 开发过程常见问题及解决

开发过程常见问题及解决办法如下，仅供参考。

(1) 如何编写这个递归函数？这里所写的递归函数的主要目的确认后，就可以编写正确的函数，主要的目的是试探方案是不是合法。无论如何，在函数中一定要边写边思考，一旦条件成立，递归它时，程序运行的流程控制的对吗？还要考虑函数递归结束后，返回到上次调用的那个位置之后。而且，我们采用的变量没有传递进递归函数，因此函数返回后需要归位，即将还原某些变量的值。在本例中需要还原棋盘中最后试探的点，标为未试探，这样，程序可以一直试验其他情况。

(2) 此程序的难点之一是如何理解本例的递归函数。递归的函数，在本例只在一个地方调用自己，那就是找到一个合法皇后，再找下一个皇后，这样，只要找够 8 个皇后，则函数打印此方案并返回上次调用的位置。而在这个位置向后执行，则是继续循环查找棋盘中其他位置上放置的皇后是否合法，一旦合法，又将继续寻找本方案中的下一个合法皇后。

第 **40** 章
商人过河游戏

C 语言的功能是强大而又灵活的，特别是在算法与数据结构上，其灵活性、高效性更加明显。本章研究对商人过河问题的求解。

本章要点（已掌握的在方框中打钩）

☐ 问题描述
☐ 问题分析及实现
☐ 开发过程常见问题及解决

▶40.1　问题描述

　　3 名商人各带一个随从乘船渡河，一只小船只能容纳 2 人，由他们自己划行。随从们密约，在河的任一岸，一旦随从的人数比商人多，就杀人越货。但是如何乘船渡河的大权掌握在商人的手中，商人怎样才能安全渡河呢？

▶40.2　问题分析及实现

　　对于此问题，首先想到的是前面提到的要领：看清、想明、把握每一个细节。由问题描述可知，我们要实现的是打印安全过河的方案，即不发生杀人越货现象并能安全过河的方案。

40.2.1　问题分析

　　我们将要开发的程序就是从所有的过河方案中排除错误的方案，留下正确可行的方案。

40.2.2　问题实现

　　本小节通过编程来实现商人过河的游戏。

01 采用结构体保存过程数据

　　通过定义一个结构体类型，模拟商人过河时，所有可能的方案及此方案的状态，即需要记录当前河东（原点）有几位商人、几位随从，当前河西（目的地）有几位商人、几位随从。实现代码见配套资源中的代码 40-1.txt。

02 求解问题的主要实现函数

　　由于渡河过程有两种情况：向东渡河和向西返回，因此，在设置两个状态 0 和 1 时，均需要分别判断商人与随从的个数是否合法。代码如下（代码 40-1.txt）。

```
01   /* 判断这个状态是否可行，其中使用了 checkback 函数 */
02   int TestSucess(int a,int b,int c,int d,int n)
03   {
04     if(checkback(a,b,n)==0) return 0;
05     if(a>=0&&b>=0&&a<=3&&b<=3&&c>=0&&d>=0&&c<=3&&d<=3&&a+c==3&&b+d==3)
06     {        /* 设置判断条件，即游戏条件成立时 */
07       switch(n)
08       {
09       case 1:          /* 向西渡河，河西岸上情况 */
10         {
11           if(a==3)
12           {  /* 商人未过，保存状态 */
13             Push(a,b,n);
14             return 1;
15           }
16           else if(a==0)
17           {  /* 商人全过，保存状态 */
18             Push(a,b,n);
19             return 1;
```

```
20         }
21       else if(a==b)
22       {   /* 商人和随从在河西岸上的人数一样，保存状态 */
23         Push(a,b,n);
24         return 1;
25         }
26       else return 0;          /* 测试不成功 */
27     }
28   case 0:          /* 向东渡河，河西岸上情况 */
29     {
30      if(a==3)
31      {   /* 商人未过，保存状态 */
32        Push(a,b,n);
33        return 1;
34        }
35      else if(a==0)
36      {   /* 商人全过，保存状态 */
37        Push(a,b,n);
38        return 1;
39        }
40      else if(a>=b)
41      {   /* 商人和随从在河西岸上的人数一样，保存状态 */
42        Push(a,b,n);
43        return 1;
44        }
45      else return 0;          /* 测试不成功 */
46      }
47     }
48   }
49   else return 0;
50 }
```

03 求解问题的判断函数

如果合法，则继续递归查找剩下的商人和随从过河的方案，否则为不合法的方案，则应该将此方案放弃。放弃后，程序返回上一级，继续递归判断其他的情况是否合法，直到全部情况递归完毕。代码如下（代码40-2.txt）。

```
01  int DuHe(int shang,int pu,int n)/* 递归法解决商人渡河问题，如果这一个状态符合 */
02  {        /* 则判断下一个状态，直至问题解决 */
03   if(shang==0&&pu==0) return 1;
04
05   if(n==0)
06   {        /* 河的东岸 */
07
08    if(TestSucess(shang-1,pu-1,4-shang,4-pu,1))
```

```
09    {       /* 测试 1 商 1 随从过河是否合法 */
10        if(DuHe(shang-1,pu-1,1)==1)
11          return 1;
12    }
13    if(TestSucess(shang,pu-2,3-shang,5-pu,1))
14    {       /* 测试 0 商 2 随从过河是否合法 */
15      if(DuHe(shang,pu-2,1)==1)
16        return 1;
17    }
18    if(TestSucess(shang-2,pu,5-shang,3-pu,1))
19    {       /* 测试 2 商 0 随从过河是否合法 */
20      if(DuHe(shang-2,pu,1)==1)
21        return 1;
22    }
23    if(TestSucess(shang-1,pu,4-shang,3-pu,1))
24    {       /* 测试 1 商 0 随从过河是否合法 */
25      if(DuHe(shang-1,pu,1)==1)
26        return 1;
27    }
28    if(TestSucess(shang,pu-1,3-shang,4-pu,1))
29    {       /* 测试 0 商 1 随从过河是否合法 */
30      if(DuHe(shang,pu-1,1)==1)
31        return 1;
32    }
33    else
34    {       /* 都不合法，返回上一层 */
35      Pop();
36      return 0;
37    }
38    }
39    if(n==1)
40    {       /* 河的西岸 */
41      if(TestSucess(shang+1,pu+1,2-shang,2-pu,0))
42      {       /* 测试 1 商 1 随从过河是否合法 */
43        if(DuHe(shang+1,pu+1,0)==1)
44          return 1;
45      }
46      if(TestSucess(shang,pu+2,3-shang,1-pu,0))
47      {       /* 测试 0 商 2 随从过河是否合法 */
48        if(DuHe(shang,pu+2,0)==1)
49          return 1;
50      }
51      if(TestSucess(shang+2,pu,1-shang,3-pu,0))
```

```
52    {       /* 测试 2 商 0 随从过河是否合法 */
53      if(DuHe(shang+2,pu,0)==1)
54        return 1;
55    }
56    if(TestSucess(shang+1,pu,2-shang,3-pu,0))
57    {       /* 测试 1 商 0 随从过河是否合法 */
58      if(DuHe(shang+1,pu,0)==1)
59        return 1;
60    }
61    if(TestSucess(shang,pu+1,3-shang,2-pu,0))
62    {       /* 测试 0 商 1 随从过河是否合法 */
63      if(DuHe(shang,pu+1,0)==1)
64        return 1;
65    }
66    else
67    {       /* 都不合法，返回上一层 */
68      Pop();
69      return 0;
70    }
71    }
72    return 0;
73  }
```

40.2.3 程序运行

单击【调试】工具栏中的 ! 按钮，即可在命令行中输出结果。

程序首先直接进入递归函数，在函数中，函数判断各传入参数，分别测试各状态，一旦方案无错，则将方案入栈，并继续测试在正确方案的基础上下一步能操作的步骤，又需要判断，同样经过判断后，如果情况不正确，则需要回退至上一步的操作步骤，而且状态也需要回退，重复递归，直到找出最终解。

▶40.3 开发过程常见问题及解决

此程序的难点是如何正确理解渡河的函数运行情况。通过分析问题需要确认，人员情况需要在每次渡完河时进行判断。因为在渡河的过程中，小船只能容纳两个人，此时，小船上是安全的。

另外，如果在某一方案下，一种情况不成功，则需要回退，而且两岸人员的状态（个数等）也需要回退，否则永远找不到正确的答案。

第

41

章

K 阶斐波那契序列的实现

斐波那契（Fibonacci）序列在自然界中的出现是非常频繁的，人们深信这不是偶然的。延龄草、野玫瑰、金凤花、百合花、蝴蝶花、雏菊等，它们的花瓣的数目都具有斐波那契数。本章将实现一个求 K 阶斐波那契序列的程序。

本章要点（已掌握的在方框中打钩）

☐ 问题描述
☐ 问题分析及实现
☐ 开发过程常见问题及解决

▶ 41.1 问题描述

一个序列"**1，1，2，3，5，8**"就是一个斐波那契序列。它们都是前面相邻两项之和，构成了后一项，这就是斐波那契序列的定义。而 **K** 阶斐波那契序列是指前 **K-1** 项均为 **0**，第 **K** 项为 **1**，以后的每一项都是前 **K** 项的和。本章就来实现此序列。

▶ 41.2 问题分析及实现

由问题描述可知，我们要实现的是打印斐波那契序列。斐波那契序列计算起来比较简单，根据定义，无非就是对一个数的累加的过程。知道了斐波那契的本质是累加的一个过程，那如何编写呢？

41.2.1 问题分析

斐波那契序列求解的过程，就是打印对序列各项累加显示的过程。那么如何对一个数 N 累加呢？简单地可以理解为：从零开始，逐个将计算的结果值放进合计中，然后合计值又等于合计值加上循环变量。

41.2.2 问题实现

为了实现这个问题求解的程序，将程序分解成几个功能。一部分功能是程序所使用的数据结构的声明。在此程序中采用队列的方式记录每一个元素节点。另一部分功能是将输入、计算、输出结果合并为一个实现过程。

01 采用结构体保存过程数据

定义结构体类型的代码如下（代码 41-1.txt）。

```
01  #include <stdio.h>
02  #include <stdlib.h>
03  #define MAX 100    /* 最大队列长度 */
04  typedef struct
05  {
06      int *m_Base;        /* 初始化的动态分配存储空间 */
07      int m_Front;        /* 头指针，若队列不空，指向队列头元素 */
08      int m_Rear;         /* 尾指针，若队列不空，指向队列尾元素的下一个位置 */
09  }SqQueue;               /* 定义结构体保存队列 */
```

02 求解斐波那契序列的主函数

分两部分计算序列，第一部分，直接将前 K 项置为初始值 0；第二部分，计算 K-1 项，直到计算所得项的值超过要求的值。代码如下（代码 41-2.txt）。

```
01  int AddSum(int n,int *q)
02  {
03      int sum=0;
04      int i;
05      for(i=0;i<n;i++) sum+=q[i];
```

```
06    return sum;
07  }
08  void main()
09  {
10    int jie,AllowMaxValue,i,n,*store;
11    SqQueue Queue;
12    printf( "请输入 K 阶斐波那契的阶数 K : ");
13    scanf("%d",&jie);
14    printf(" 请输入 K 阶斐波那契序列中允许的最大数 :");
15    scanf("%d",&AllowMaxValue);
16    Queue.m_Base=(int*)malloc(jie*sizeof(int));
17    store=(int*)malloc(MAX*sizeof(int));
18    for(i=0;i<jie;i++)
19    {
20      store[i]=0;
21      Queue.m_Base[i]=0;          /* 初始化 fib 序列前 K 项 */
22    }
23    store[jie-1]=1;
24    Queue.m_Base[jie-1]=1;        /* 初始化 fib 序列 */
25    store[jie]=AddSum(jie,Queue.m_Base);
26    Queue.m_Front=0;
27    Queue.m_Rear=jie-1;
28    n=jie;
29    while(store[n]<=AllowMaxValue)
30    {
31      Queue.m_Rear=(Queue.m_Rear+1)%jie;
32      Queue.m_Base[Queue.m_Rear]=store[n];
33      n++;
34      store[n]=AddSum(jie,Queue.m_Base);          /* 利用定义累加 */
35    }
36    printf(" 此斐波那契序列的前 %d 项均小于或等于 %d\n\r",n,AllowMaxValue,'.',"\n");
37    printf(" 分别是 :\n");
38    for(i=0;i<n;i++) printf("%d%c",store[i],' ');
39    printf("\n");
40  }
```

41.2.3 程序运行

　　单击【调试】工具栏中的 ! 按钮，根据提示输入 K 的值和序列允许的最大数，按【Enter】键，即可输出结果。

【结果分析】

程序首先要求用户输入阶数 K，初始化前 K 项序列项，开始进入斐波那契建树的函数，主要方法是调用一个 while 循环，累加求序列各项。while 循环不成立时，循环结束，输出结果。

▶41.3　开发过程常见问题及解决

开发过程常见问题及解决办法如下，仅供参考。

(1) 开发中，应如何理解斐波那契呢？假设 N 为第 1 项，M 为第 2 项，那么第 3 项就是 $N+M$，第 4 项就是 $2M+N$，这样理解就会容易得多。

(2) 此程序的难点之一是斐波那契数是如何求出来的，在本例中采用的方法是简单地循环累加求第 N 项。

(3) 此程序的另一个难点是如何保存斐波那契序列中已经求出的前 N 项。在本例中，程序保存的前 N 项序列的序列存入到了一个动态数组中，这样显示结果的时候，则到直接通过 for 循环打印每一项。

第 **42** 章

最短路径的实现

　　最短路径问题是图论研究中的一个经典算法问题，旨在寻找图（由节点和路径组成的）中两节点之间的最短路径。用于解决最短路径问题的算法称作"最短路径算法"，有时简称为"路径算法"。本章讲解如何实现 Dijkstra（迪杰斯特拉）的最短路径算法。

本章要点（已掌握的在方框中打钩）

☐ 问题描述
☐ 问题分析及实现
☐ 开发过程常见问题及解决

▶42.1 问题描述

最短路径问题的形式包括以下 4 个。

(1) 确定起点的最短路径问题：即已知起始节点，求最短路径的问题。

(2) 确定终点的最短路径问题：与确定起点的问题相反，该问题是已知终结节点，求最短路径的问题。在无向图中该问题与确定起点的问题完全等同，在有向图中该问题等同于把所有路径方向反转的确定起点的问题。

(3) 确定起点和终点的最短路径问题：即已知起点和终点，求两节点之间的最短路径。

(4) 全局最短路径问题：求图中所有的最短路径。

本章使用 Dijkstra 算法来实现形式(1)的路径问题。

> **🔲提示**
>
> 　　解决最短路径最常用的算法有 A* 算法、SPFA 算法、Bellman-Ford 算法、Floyd-Warshall 算法和 Johnson 算法等。

▶42.2 问题分析及实现

Dijkstra 算法是很有代表性的最短路径算法，用于计算一个节点到其他所有节点的最短路径。主要特点是以起始点为中心向外层层扩展，直到扩展到终点为止。Dijkstra 算法能得出最短路径的最优解，比如动态路由协议（OSPF）中就用到了 Dijkstra 算法。

42.2.1 问题分析

我们一般会从原点遍历所有与原点相联接的点，寻找最短路径，再从最短路径中的那个点遍历与之相联的其他原点除外的点，依次类推。但这样做会产生很多非最短路径。Dijkstra 算法则不然，其算法为：从原点出发，遍历所有与之相联的点，将原点与这些点存放在表 S 中，同时记录两节点间的花费代价。将代价最小的价值和这两个节点移动到表 T 中，注意其中的一个是原点。把与这个节点联接的子节点找出，放在表 S 中，算出子节点到原点的代价。重复查找代价最小的节点，直到表 S 空。

42.2.2 问题实现

Dijkstra 算法的输入包含了一个有权重的有向图 G，以及 G 中的一个来源顶点 S。

为实现有向图的搜索，需要定义一个数组来记录有向图的信息，定义一个保存最短路径长度的数组。主程序初始化最短路径长度的数组，再循环计算除原点外的其他节点与原点之间的路径，记录花费最小的路径点至 Dist 的数组。最终结果中是 Dist 数组，保存的是原点与其他节点之间的最短路径长度，代码如下（代码 42-1.txt）。

```
01   void main()
02   {
03       int Final[N], i, v, w, Min;
04       /* 初始化最短路径长度数据 */
05       for (v = 0; v < N; v++)
06       {
```

```
07      Final[v] = false;
08      Dist[v] = Cost[v0][v];
09    }
10    /* 首先选 v0 到 v0 的距离一定最短, 最终数据 */
11    Final[v0] = true;
12    /* 寻找另外 N－1 个节点 */
13    for (i = 0; i < N-1; i++)
14    {
15      Min = M;        /* 初始最短长度无穷大 */
16      /* 寻找最短的边 */
17      for (w = 0; w < N; w++)
18      {
19        if (!Final[w] && Dist[w] < Min)
20        {
21          Min = Dist[w];
22          v = w;
23        }
24      }
25      Final[v] = true; /* 加入新边 */
26      for (w = 0; w < N; w++)
27      {        /* 更新 Dist[] 数据 */
28        if (!Final[w] && Dist[v] + Cost[v][w] < Dist[w])
29        {
30          Dist[w] = Dist[v] + Cost[v][w];
31        }
32      }
33    }
34    for (i = 0; i < N; i++)
35    {        /* 输出结果 */
36      printf(" 原点 %c-> 目标节点 %c 最短路径长度 : %2d\n\r", v0 + 65, i + 65, Dist[i]);
37    }
38 }
```

42.2.3 ▶ 程序运行

单击【调试】工具栏中的 ! 按钮，输出结果如下图所示。

【结果分析】

程序首先进入循环，初始化有向图中各节点的路径长度，然后查找另外 $N-1$ 个节点，将结果保存到各节点路径长度数组。循环结束后，所有节点的最短路径全部计算完成，再循环输出结果。

▶42.3 开发过程常见问题及解决

开发过程常见问题及解决办法如下，仅供参考。

(1) 在编译程序的时候，如果在编译前只做了一个小小的改动，但编译时却发生了很多错误，此时建议使用【Ctrl+Z】组合键撤销最后一次所做的更改，重新编译。

(2) OSPF 是什么？OSPF（Open Shortest Path First，开放最短路径优先）算法是 Dijkstra 算法在网络路由中的一个具体实现。怎么理解这一算法？可以这样理解，就是不管它下面有多少个节点，取权值最小的那个，依次类推，遍历完所有的节点为止。